嵌入式 SoC 系统开发与工程实例

包海涛 编著

北京航空航天大学出版社

内 容 简 介

本书以 C8051F41x 为例介绍 SoC 单片机内核的一些共性问题，同时也突出其自身所具有的特点，如更高的指令执行速度，低功耗，相对于其他 C8051 系列，具有新型外设的集成，低廉的价格，丰富外设的合理规划与布局。作者在介绍每一种外设时均给出了应用代码，使读者可尽快掌握并应用该模块。

本书言简意赅地介绍了 μC/OS-Ⅱ 的核心和常用模块，并以 C8051F41x 为平台，结合作者的项目实际，给出了工程应用实例，其中许多实例经过科研与生产实践检验，有较高参考价值，可帮助读者更好地应用此单片机，缩短学习与应用的距离。本书所有的实例和调试代码均采用 C 语言编程，以增强程序代码的可读性和移植性。

本书可供使用 C8051F 系列单片机进行产品硬件和软件设计开发的工程技术人员参考，部分内容对其他类型单片机的开发也具有一定的参考借鉴价值。

图书在版编目(CIP)数据

嵌入式 SoC 系统开发与工程实例/包海涛编著. —北京：
北京航空航天大学出版社，2009.1
ISBN 978-7-81124-460-1

Ⅰ.嵌… Ⅱ.包… Ⅲ.单片微型计算机－系统设计
Ⅳ.TP368.1

中国版本图书馆 CIP 数据核字(2008)第 165367 号

©2009，北京航空航天大学出版社，版权所有。
未经本书出版者书面许可，任何单位和个人不得以任何形式或手段复制本书及所附光盘内容。
侵权必究。

嵌入式 SoC 系统开发与工程实例
包海涛　编著

责任编辑　张军香　朱红芳　刘福军　冯　颖
＊
北京航空航天大学出版社出版发行
北京市海淀区学院路 37 号(100191)　发行部电话：(010)82317024　传真：(010)82328026
http://www.buaapress.com.cn　E-mail:emsbook@gmail.net
北京时代华都印刷有限公司印装　各地书店经销
＊
开本：787×960　1/16　印张：28　字数：627 千字
2009 年 1 月第 1 版　2009 年 1 月第 1 次印刷　印数：5 000 册
ISBN 978-7-81124-460-1　定价：49.00 元(含光盘 1 张)

前　言

　　微处理器在社会发展中扮演着非同寻常的角色，几乎渗透到了各行各业。经过不断的发展与创新，单片机大致可分为 4 位、8 位、16 位和 32 位。其中 32 位系列是最近几年才发展起来的新系列，大有后来居上的态势，多用于信息量较大但运算负担又不太重的设备上（如掌上设备等）。16 位单片机越来越边缘化，曾经辉煌一时的 MCS96 也不可避免地走向衰落，现在这一系列品种较少，影响较大的有 MSP430。但它所处的位置很尴尬，主要用于运算量小，且控制要求不是很复杂的中低端场合，这种场合使用 4 位或 8 位机也可很好地实现，而且更具性价比优势。在中高端应用场合，其性能又无法和 32 位机相比，目前其价格优势也不明显。应该说在低端的控制领域，8 位机仍是主力军，笔者断言这种趋势短时期不会改变。8 位机在我国的普及程度最高的非 51 莫属，尽管相对于其他种类 8 位机并没有绝对的技术优势，甚至还有劣势，但认同是硬道理，君不见应用者数以亿计，资料浩如烟海。也正是如此，各家公司开发的许多产品都是基于 51 内核的。基于 51 内核的系列单片机处在不断改进的过程之中，这是因为芯片设计技术在发展，如果不对缺陷进行改造，就等于坐以待毙。8 位单片机在 CPU 结构、外围模块及总线和集成开发环境等各个方面，都发生了巨大变化。单片机的设计也已经从积木扩展模式跨入了集成度、可靠性、性价比都非常高的片上系统 SoC 时代。

　　传统的 51 单片机有 111 条指令，丰富的指令可以认为是它的一个优点，但笔者认为这恰好也是它的一大缺陷，众多的指令在增加灵活性的同时也给程序执行带来了低效性。针对这一特点出现了 AVR 精简指令单片机，尽管性能获得了飞速提升，但也带来了如兼容性这样的大问题，这是一种对传统 51 单片机的割裂，同时也是对应用者的一种抛弃。

　　C8051F 系列单片机的问世可以说是 51 单片机应用者的福音。该系列单片机保留了所有 51 单片机的指令与 8052 的所有资源，此举意味着对传统 51 单片机的最大兼容，用户要注意的只是速度与时序的匹配。同时为了提高速度与性能，把原 51 单片机内核改造为功能更强大的 CIP-51 内核。该内核以流水线方式处理指令，废除了原 51 单片机中的机器周期，由原来 12 个时钟执行一条指令改进为一个时钟执行一条单周期指令，大多数指令执行所需的时钟周期数与指令的字节数相同，这使得 C8051F 单片机的运行速度和性能大大提高，平均速度约为

前 言

同频 51 单片机的 10 倍。同时为改变原 51 系统单片机外围模块单一，复杂系统必须扩展的缺陷，片内扩展了丰富的外设，如 FLASH、XRAM、A/D、D/A、温度传感器，有的还扩展了智能时钟和 CRC 引擎等。用户不需要考虑太多的扩展就可以使单片完成设计任务成为可能。同时，它的编译环境得到了 KEIL C 的支持，使得开发过程并没有改变，能够很好地适应过去 51 开发的方法和习惯。片内集成了高频振荡源，并具备了多级分频系统以满足各种个性化的需求。强大的非侵入式 JTAG/C2 调试手段，是传统仿真器式调试模式所不能比拟的，可使内核和全部资源完全透明化和可操作化，可以方便地完成下载和硬件仿真，且不占用片内资源。C2 接口通过共享技术达到 I/O 口 0 占用。丰富的接口除了 SMBus/I^{2}C、SPI、UART 这些必备的接口外，有的产品还支持 CAN、USB、LIN 等，给应用者带来了方便。晶振以及片上温度传感器等外设集合为一体。增加了交叉开关，可灵活地将片内资源分配到 I/O 端口，此举可让应用者更方便地应用外设，对系统的总体规划非常有益。3.3 V 的供电模式，内核的低电压使系统功耗进一步降低。学习和掌握如此高性价比的产品，必将给开发工作带来非常大的方便。

本书所论述的 C8051F410 是一款小体积的产品，除具有 C8051 的自身优点外还包括了一些自身的特点。比如：芯片上除了 P0～P2，还包括温度传感器和电源，27 个 I/O 端均可以被编程为 A/D 的输入端，A/D 的数据最多 16 次累加功能可提高数据的处理能力。片内独有的 47 位智能时钟可以单片实现一些无人值守任务。片内 2 KB XRAM 内存可以作为数据缓冲区，并可实现循环存储的功能。还有许多的特点这里不一一例举，就请读者在阅读本书过程中慢慢体会。

作者对每种外设均给出了应用代码，所有的程序均调试通过，读者可以放心引用。同时作者还结合自己的项目经历，给出了一些典型应用的源代码。所有代码见随书光盘。

作者在本书的编写过程中得到了院领导大力支持，同时得到了大连理工大学数字化研究所所长王德伦教授的支持和帮助，在这里一并表示由衷的感谢。

参与本书编写的人员还有大连理工大学数字化研究所的各位同仁，他们是朱林剑、孙守林、毛范海、董慧敏、马雅丽、高媛、梁丰、陈庆红、杨光辉、钱锋、姜立学、陈观慈等。

另外，韩素英、包明周、武丽敏、包初胜、尹云、王皓、刘建伟等人完成了部分资料搜集以及部分章节的文字校对工作。在此对他们的支持、帮助表示感谢。最后，还要感谢我的妻子、女儿以及父母多年来对我的支持。

感谢新华龙电子有限公司在资料技术方面的大力支持。

我是拿出了 100％的责任感来完成此书的，但限于本人的水平，肯定还存在一些缺陷，非常希望阅读此书的读者能批评指正。有兴趣的读者可以发送邮件到：soc_reader@yahoo.com.cn，与作者进一步交流；也可发送邮件到：buaafy@sina.com，与本书策划编辑进行交流。

包海涛

2008 年 10 月于大连理工大学东山

目 录

第1章 片上系统内核与功能总汇

- 1.1 与 MCS-51 的兼容性与差异性 …………………………………… 2
- 1.2 内核功能的扩展 …………………………………………………… 2
- 1.3 存储空间的映射 …………………………………………………… 3
- 1.4 扩展的中断系统 …………………………………………………… 4
  - 1.4.1 中断源和中断向量 …………………………………………… 5
  - 1.4.2 中断的优先级与响应时间 …………………………………… 6
  - 1.4.3 外部中断源 …………………………………………………… 7
  - 1.4.4 中断控制寄存器 ……………………………………………… 7
- 1.5 内核指令集说明 …………………………………………………… 12
- 1.6 内核的工作状态 …………………………………………………… 17
  - 1.6.1 内核的几种工作模式 ………………………………………… 17
  - 1.6.2 工作状态的设置与特点 ……………………………………… 17
- 1.7 特殊功能寄存器 …………………………………………………… 19
  - 1.7.1 特殊功能寄存器的分布 ……………………………………… 19
  - 1.7.2 特殊功能寄存器的定义 ……………………………………… 20
- 1.8 流水线式指令预取引擎 …………………………………………… 23
- 1.9 片内可编程稳压器 ………………………………………………… 23
- 1.10 SoC 的仿真与调试 ……………………………………………… 25
  - 1.10.1 内置的 C2 仿真接口 ……………………………………… 26
  - 1.10.2 C2 引脚共享 ……………………………………………… 27
- 1.11 芯片引脚定义及电气参数 ……………………………………… 28
  - 1.11.1 总体直流电气特性 ………………………………………… 28

目录

  1.11.2 引脚和定义 ··· 30

第 2 章 可编程输入/输出端口与外设资源匹配

 2.1 I/O 口优先权交叉开关译码器原理 ··· 34
 2.2 外设资源初始化配置 ··· 36
 2.3 通用端口 I/O 初始化设置 ··· 39
 2.4 I/O 匹配应用实例 ·· 44

第 3 章 多通道 12 位模/数转换器(ADC0)

 3.1 多路模拟开关选择器与片内温度传感器 ······································· 48
 3.2 A/D 的配置 ·· 49
  3.2.1 转换启动方式 ··· 49
  3.2.2 A/D 跟踪与工作方式 ··· 50
  3.2.3 A/D 的时序要求 ·· 51
  3.2.4 输出转换码 ·· 53
  3.2.5 建立时间的要求 ·· 53
 3.3 可编程窗口检测器 ·· 54
 3.4 寄存器的定义与设置 ··· 55
 3.5 ADC0 的电气参数 ··· 59
 3.6 A/D 转换器应用实例 ·· 61
  3.6.1 A/D 定时采样实例 ··· 62
  3.6.2 硬件数据累加器使用实例 ··· 66
  3.6.3 芯片工作环境监测 ··· 70
  3.6.4 CPU 无扰门限比较 ·· 74

第 4 章 可叠加或独立的 12 位电流模式 DAC

 4.1 D/A 转换寄存器 ·· 79
  4.1.1 D/A 寄存器说明 ·· 79
  4.1.2 IDAC 输出字格式 ··· 81
 4.2 D/A 转换的输出方式选择 ·· 82
  4.2.1 程控立即更新模式 ··· 82
  4.2.2 定时器时控输出更新模式 ··· 82
  4.2.3 外部触发信号边沿的输出更新模式 ·································· 83
 4.3 D/A 转换的应用设置与电气参数 ··· 83

4.4 D/A 转换的应用实例 ··· 84
　4.4.1 D/A 的调试与程控立即更新模式应用 ············· 84
　4.4.2 DAC 定时器模式应用 ····································· 87
　4.4.3 可编程正弦波发生 ··· 90

第 5 章 片内可编程电压基准与片内比较器

5.1 片内电压基准 ··· 94
　5.1.1 片内电压基准结构原理 ·································· 94
　5.1.2 片内电压基准控制寄存器与电气参数 ············· 95
5.2 比较器 ·· 97
　5.2.1 比较器的结构与原理 ····································· 97
　5.2.2 比较器相关寄存器设置与使用 ······················· 100

第 6 章 循环冗余检查单元

6.1 CRC 结构功能 ·· 105
　6.1.1 CRC 寄存器 ··· 106
　6.1.2 执行 CRC 计算 ·· 107
　6.1.3 访问 CRC 结果 ·· 107
6.2 CRC 的位序反转功能 ·· 108
6.3 CRC 模块功能应用实例 ··· 108

第 7 章 SoC 复位源

7.1 上电复位 ·· 114
7.2 掉电复位和 V_{DD} 监视器 ·· 114
7.3 外部复位 ·· 116
7.4 时钟丢失检测器复位 ··· 116
7.5 比较器 0 复位 ··· 116
7.6 PCA 看门狗定时器复位 ··· 116
7.7 FLASH 错误复位 ··· 117
7.8 智能时钟复位 ··· 117
7.9 软件复位 ·· 117
7.10 软件复位操作实例 ·· 118

目 录

第 8 章　FLASH 存储单元

8.1　FLASH 存储单元的编程 …………………………………………………… 121
　8.1.1　FLASH 编程锁定和关键字设置 ……………………………………… 121
　8.1.2　FLASH 擦写的操作 …………………………………………………… 122
8.2　FLASH 数据的安全保护 …………………………………………………… 124
8.3　FLASH 可靠写和擦除的几点要求 ………………………………………… 126
8.4　FLASH 读定时设置与应用 ………………………………………………… 128
8.5　非易失性数据存储程序示例 ………………………………………………… 130

第 9 章　振荡器

9.1　可编程内部振荡器设置与使用 ……………………………………………… 136
9.2　外部振荡器的配置与使用 …………………………………………………… 138
　9.2.1　外部晶体模式 …………………………………………………………… 140
　9.2.2　外部 RC 模式 …………………………………………………………… 140
　9.2.3　外部电容模式 …………………………………………………………… 141
　9.2.4　外部振荡器作为定时器时钟 …………………………………………… 141
9.3　时钟乘法器 …………………………………………………………………… 141
9.4　系统时钟的选择 ……………………………………………………………… 143

第 10 章　智能实时时钟

10.1　智能时钟的全局接口寄存器 ……………………………………………… 146
　10.1.1　智能时钟的接口寄存器定义 ………………………………………… 146
　10.1.2　智能时钟锁定和解锁 ………………………………………………… 147
10.2　智能时钟的内部寄存器 …………………………………………………… 148
　10.2.1　使用接口寄存器间接访问智能时钟的内部寄存器 ………………… 150
　10.2.2　接口寄存器的数据自动读地址自增功能与设置 …………………… 150
10.3　智能时钟的时钟源选择 …………………………………………………… 151
　10.3.1　使用标准钟表振荡器的晶体方式 …………………………………… 151
　10.3.2　无片外振荡器的自振荡方式 ………………………………………… 151
　10.3.3　振荡器时钟丢失的检测 ……………………………………………… 152
10.4　智能时钟定时和报警功能 ………………………………………………… 152
　10.4.1　定时器值的设置和访问 ……………………………………………… 152
　10.4.2　报警门限值的设置 …………………………………………………… 153

目录

10.5 后备电源稳压器和后备 RAM ……………………………………… 154
10.6 智能时钟的应用实例 …………………………………………………… 154
    10.6.1 智能时钟定时应用 ………………………………………………… 154
    10.6.2 智能时钟后备 RAM 的数据存取示例 …………………………… 162

第 11 章 SMBus 总线

11.1 SMBus 配置与外设扩展 ……………………………………………… 166
11.2 SMBus 的通信概述 …………………………………………………… 166
    11.2.1 总线仲裁 ………………………………………………………… 166
    11.2.2 总线时序 ………………………………………………………… 168
    11.2.3 总线状态 ………………………………………………………… 168
11.3 SMBus 寄存器的定义与配置 ………………………………………… 169
    11.3.1 SMBus 初始配置寄存器 ………………………………………… 170
    11.3.2 SMBus 状态控制寄存器 ………………………………………… 172
    11.3.3 SMBus 数据收/发寄存器 ………………………………………… 175
11.4 SMBus 工作方式选择 ………………………………………………… 175
    11.4.1 主发送方式 ……………………………………………………… 175
    11.4.2 主接收方式 ……………………………………………………… 176
    11.4.3 从接收方式 ……………………………………………………… 177
    11.4.4 从发送方式 ……………………………………………………… 177
11.5 SMBus 状态译码 ……………………………………………………… 178
11.6 SMBus 总线扩展应用实例 …………………………………………… 180
    11.6.1 以主发送器方式扩展 ZLG7290 的应用实例 …………………… 180
    11.6.2 利用 SMBus 扩展 24C256 …………………………………………… 189
    11.6.3 利用 SMBus 总线进行双机通信 ………………………………… 198

第 12 章 同步/异步串口 UART0

12.1 增强的波特率发生器 ……………………………………………………… 208
12.2 串行通信工作方式选择 ………………………………………………… 213
    12.2.1 8 位通信模式 ……………………………………………………… 214
    12.2.2 9 位通信模式 ……………………………………………………… 214
12.3 多机通信 ………………………………………………………………… 215
12.4 串行通信相关寄存器说明 ……………………………………………… 216
12.5 串口 UART0 实例 ……………………………………………………… 217

目 录

12.5.1 片上系统串口自环调试实例 …… 217
12.5.2 上下位机点对点通信示例 …… 221

第 13 章 增强型全双工同步串行外设接口

13.1 SPI0 的信号定义 …… 227
13.2 SPI0 主工作方式 …… 227
13.3 SPI0 从工作方式 …… 229
13.4 SPI0 中断源说明 …… 229
13.5 串行时钟时序 …… 230
13.6 SPI 特殊功能寄存器 …… 233
13.7 SPI 主工作方式下扩展 74HC595 LED 显示实例 …… 235

第 14 章 定时器

14.1 定时器 0 和定时器 1 …… 241
14.1.1 定时器 0/1 的工作方式 0、1 …… 242
14.1.2 定时器 0/1 的工作方式 2 …… 243
14.1.3 定时器 0/1 的工作方式 3 …… 243
14.1.4 定时器 0/1 的相关寄存器 …… 245
14.2 定时器 2 …… 248
14.2.1 定时器 2 的 16 位自动重装载方式 …… 249
14.2.2 定时器 2 的 8 位自动重装载方式 …… 249
14.2.3 外部/智能时钟捕捉方式 …… 250
14.2.4 定时器 2 的相关寄存器 …… 251
14.3 定时器 3 …… 253
14.3.1 16 位自动重装载方式 …… 254
14.3.2 8 位自动重装载定时器方式 …… 254
14.3.3 外部/智能时钟捕捉方式 …… 255
14.3.4 定时器 3 的相关寄存器 …… 256
14.4 智能时钟振荡频率捕捉应用实例 …… 258

第 15 章 可编程计数器阵列

15.1 PCA 计数器/定时器 …… 264
15.2 PCA 的捕捉/比较模块 …… 264
15.2.1 PCA 边沿触发的捕捉方式 …… 266

目录

- 15.2.2　PCA 软件定时器方式 …… 267
- 15.2.3　PCA 高速输出方式 …… 267
- 15.2.4　PCA 频率输出方式 …… 269
- 15.2.5　8 位脉宽调制器方式 …… 269
- 15.2.6　16 位脉宽调制器方式 …… 270
- 15.3　看门狗定时器方式 …… 271
  - 15.3.1　看门狗定时器操作 …… 271
  - 15.3.2　看门狗定时器的配置与使用 …… 272
- 15.4　PCA 寄存器说明 …… 273
- 15.5　PCA 应用实例 …… 277
  - 15.5.1　方波发生输出 …… 277
  - 15.5.2　8 位 PWM 发生 …… 281
  - 15.5.3　16 位 PWM 发生 …… 284
  - 15.5.4　频率捕获功能应用 …… 287

第 16 章　嵌入式操作系统

- 16.1　嵌入式操作系统的定义 …… 292
- 16.2　嵌入式实时操作系统的功能 …… 293
- 16.3　几种常用的操作系统 …… 294
- 16.4　可移植与 51 系列的操作系统 …… 296
  - 16.4.1　RTX51 实时操作系统 …… 296
  - 16.4.2　嵌入式实时操作系统 μC/OS-Ⅱ …… 296
- 16.5　μC/OS-Ⅱ 功能概述 …… 297
  - 16.5.1　任务类操作函数 …… 298
  - 16.5.2　时间类函数 …… 300
  - 16.5.3　信号类函数 …… 302
  - 16.5.4　信箱类函数 …… 304
- 16.6　基于 μC/OS-Ⅱ 的串口测温应用实例 …… 306

第 17 章　SoC 应用设计经验点滴

- 17.1　SoC 选型问题 …… 312
- 17.2　SoC 系统设计的几点建议 …… 313

目 录

第 18 章　应用设计实例

18.1　LCD 模块与片上系统接口应用实例 …………………………………………… 316
　　18.1.1　ST7565 功能介绍 ………………………………………………………… 317
　　18.1.2　基于 ST7565 的模块与处理器接口 ……………………………………… 321
　　18.1.3　ST7565 的模块与片上系统接口实例程序 ……………………………… 322
18.2　FFT 变换与谱分析 ……………………………………………………………… 338
　　18.2.1　快速傅里叶变换(FFT)算法的原理 …………………………………… 338
　　18.2.2　利用 FFT 进行频谱分析 ………………………………………………… 338
　　18.2.3　FFT 算法在片上系统上的实现 ………………………………………… 339
　　18.2.4　结果与思考 ……………………………………………………………… 344
18.3　低频自定义信号发生器 ………………………………………………………… 347
　　18.3.1　系统功能概述 …………………………………………………………… 347
　　18.3.2　系统结构与原理 ………………………………………………………… 347
　　18.3.3　系统软件设计 …………………………………………………………… 351
　　18.3.4　结　果 …………………………………………………………………… 355
18.4　低成本无人值守数据采集器 …………………………………………………… 356
　　18.4.1　数据采集功能概述 ……………………………………………………… 356
　　18.4.2　基于 C8051F410 的采集系统 …………………………………………… 358
　　18.4.3　系统软件部分 …………………………………………………………… 363
　　18.4.4　总结与思考 ……………………………………………………………… 372
18.5　智能水压力发生器 ……………………………………………………………… 372
　　18.5.1　背　景 …………………………………………………………………… 372
　　18.5.2　主控芯片在系统编程 …………………………………………………… 373
　　18.5.3　在系统编程功能寄存器说明 …………………………………………… 374
　　18.5.4　系统编程的实现过程 …………………………………………………… 375
　　18.5.5　智能水压力发生器的开发设计 ………………………………………… 376

参考文献

第 1 章

片上系统内核与功能总汇

C8051Fxxx 系列单片机是完全集成的混合信号系统级芯片,具有与 8051 兼容的微控制器内核,与 51 指令集完全兼容。除了具有标准 8052 的数字外设部件之外,片内还集成了数据采集和控制系统中常用的模拟部件和其他数字外设及功能部件。MCU 中的外设或功能部件包括模拟多路选择器、可编程增益放大器、ADC、DAC、电压比较器、电压基准、温度传感器、SMBus/I^2C、UART、SPI、可编程计数器/定时器阵列(PCA)、定时器、数字 I/O 端口、电源监视器、看门狗定时器(WDT)和时钟振荡器等。所有器件都有内置的 FLASH 程序存储器和 256 字节的内部 RAM,有些器件内部还有位于外部数据存储器空间的 RAM,即 XRAM。

C8051Fxxx 单片机采用流水线结构,机器周期由标准的 12 个系统时钟周期降为 1 个系统时钟周期,处理能力大大提高,峰值性能可达 25 MIPS。C8051Fxxx 单片机是真正能独立工作的片上系统(SoC)。每个 MCU 都能有效地管理模拟和数字外设,可以关闭单个或全部外设以节省功耗。FLASH 存储器还具有在系统重新编程能力,可用于非易失性数据存储,并允许现场更新 8051 固件。应用程序可以使用 MOVC 和 MOVX 指令对 FLASH 进行读或改写,每次读或写一个字节。这一特性允许将程序存储器用于非易失性数据存储以及在软件控制下更新程序代码。

片内集成了调试支持功能,允许使用安装在最终应用系统上的产品 MCU 进行非侵入式(不占用片内资源)、全速、在系统调试。该调试系统支持观察和修改存储器和寄存器,支持断点、单步、运行和停机命令。在使用 JTAG 调试时,所有的模拟和数字外设都可全功能运行。

不同系列的单片机,其扩展的中断系统的中断源不同系列最多达到 22 个,而标准 8051 只有 7 个中断源,允许大量的模拟和数字外设中断微控制器。一个中断驱动的系统需要较少的 MCU 干预,却有更高的执行效率。在设计一个多任务实时系统时,这些增加的中断源是非常有用的。

SiliconLabs 根据市场的需要开发了小体积、低功耗、高性能、低价格的新产品。该类芯片片内寄存器不分页,给使用带来了方便。比较适合于手持类产品的开发,Fxxx、F3xx 都属这样的系列,只是片内的资源有所不同。本书所论述的芯片 C8051F410 是 C8051F 片上系统的 F4xx 系列,该芯片对片上系统的功能进行了较好的优化,去除了一些外设,同时增加了部分外设,提高了产品性能。以下将介绍该产品的一些共性与特性,有助于读者较好地领会后面章节的内容。

1.1 与 MCS-51 的兼容性与差异性

C8051F41x 系列器件使用的微控制器核是 CIP-51。它与 MCS-51 指令集完全兼容，与传统 51 系列编译器兼容。该器件完全兼容 8052 的所有外设，并在此基础上增加了许多有用的外设。

为改善指令执行的累加器瓶颈，CIP-51 采用流水线结构，与标准的 8051 结构相比其指令执行速度提高很大。标准的 8051 中，除 MUL 和 DIV 以外所有指令都需要至少 12 个系统时钟周期，最大系统时钟频率范围为 12~24 MHz。而对于 CIP-51 核，70%的指令的执行时间为 1 或 2 个系统时钟周期，最长的指令也仅 8 个系统时钟周期。

当 CIP-51 内核工作在 50 MHz 的时钟频率时，指令执行的峰值速度可达到 50 MIPS。除此之外，兼容的 MCS-51 具有 111 条指令。这些指令执行的周期数是有差异的，表 1.1 列出了指令条数与执行时所需的系统时钟周期数的关系。具体指令对应的周期数请读者查询本章后续内容。

表 1.1 指令执行周期数与指令数的对应关系

执行周期数	1	2	2/4	3	3/5	4	5	4/6	6	8
指令数	26	50	5	10	7	5	2	1	2	1

1.2 内核功能的扩展

C8051F41x 片上系统系列在 CIP-51 内核和外设方面有几项关键性的改进，提高了整体性能，更易于在系统中应用。

扩展了中断系统，允许大量的模拟和数字外设独立于微控制器工作，只在必要时中断微控制器。一个中断驱动的系统需要较少的微控制器的干预，具有更高的执行效率，并使多任务实时系统的实现更加容易。

MCU 有 9 个复位源：上电复位电路、片内 V_{DD} 监视器、看门狗定时器、时钟丢失检测器、由比较器 0 提供的电压检测器、智能时钟报警与智能时钟丢失检测器复位、软件强制复位、外部复位引脚复位和 FLASH 非法访问保护电路复位。除了上电复位、输入引脚 RST 及 FLASH 操作错误这 3 个复位源之外，其他复位源都可以被软件禁止。在一次上电复位之后的 MCU 初始化期间，WDT 可以被永久性使能。

C8051F41x 器件的片内集成了振荡器，其频率在出厂时已经被校准为(24.5±2%) MHz。同时，片外还可以使用多种振荡源。在器件内还集成了外部振荡器驱动电路，允许使用外部晶体、陶瓷谐振器、电容、RC 或 CMOS 时钟源产生系统时钟。使用时钟乘法器可获得 50 MHz 的时钟频率。专用的智能时钟振荡器在低功耗系统中非常有用，它允许在 MCU 不供电或内部振荡器被挂起的情况下使系统维持精确的时间，同时还可用于使 MCU 复位或唤醒内部振荡器。

C8051F41x 器件内部包含一个低压降稳压器 REG0。从 VREGIN 引脚输入到 REG0 的电压可高达 5.25 V。REG0 的输出可以通过软件选择：2.1 V 或 2.5 V。当被使能时，REG0 的输出连接到 V_{DD} 引脚，为微控制器核供电，并可为外部器件提供电源。复位后 REG0 被使能，可以通过软件禁止。

C8051F41x 器件具有片内 2 线 C2 接口调试电路，支持使用安装在最终应用系统中的产品器件进行非侵入式、全速的在系统调试。调试系统支持观察和修改存储器和寄存器，支持断点和单步执行。不需要额外的目标 RAM、程序存储器、定时器或通信通道。在调试时所有的模拟和数字外设都正常工作。当 MCU 单步执行或遇到断点而停止运行时，所有的外设（ADC 和 SMBus 除外）都停止运行，以保持与指令执行同步。

C8051F41x 系列器件包含一个 2 字节指令预取引擎。由于 FLASH 存储器访问时间的限制，需要有预取引擎才能使程序全速执行。预取引擎每次从 FLASH 存储器读取 2 个指令字节，送给 CIP-51 处理器核执行。当运行线性代码时，程序没有任何跳转，预取引擎允许指令全速执行。当程序发生转移时处理器可能停止一到两个时钟周期，等待下一组代码字节被从 FLASH 存储器读出。

1.3 存储空间的映射

C8051F41x 程序与数据总线共用，与标准 8051 兼容。片内包括 256 字节的数据 RAM，其中高 128 字节为双映射。用间接寻址访问通用 RAM 即 IDATA 空间，用直接寻址访问 128 字节的寄存器地址空间。数据 RAM 的低 128 字节可用直接或间接寻址方式访问。前 32 字节为 4 个通用寄存器区，接下来的 16 字节是位寻址区，可以按位寻址。

F41x 片内包括了 FLASH 存储器，F410/411 的程序存储器为 32 KB，F412/413 的程序存储器为 16 KB。FLASH 存储器是可重复擦写的，以 512 字节为一个扇区，可在系统编程，且不需要特别的编程电压，擦写次数可达到 10 000 次。图 1.1 所示为 MCU 系统的存储器结构。

数据存储器的低 32 字节地址 0x00～0x1F 是 4 个通用寄存器区。每个区有编号为 R0～R7 的 8 个寄存器。工作时只能选择一个寄存器区。程序状态字中的 RS0(PSW.3) 和 RS1 (PSW.4) 位用于选择当前的寄存器区。寄存器区的切换可用于进入子程序或中断服务程序时的现场保护。间接寻址方式使用 R0 和 R1 作为间址寄存器。

除可按字节访问数据存储器外，0x20～0x2F 的 16 个数据存储器单元还可以作为 128 个独立寻址位访问。每个位有自己的位地址，为 0x00～0x7F。从 0x20 的最低位开始到 0x2F 的最高位，位地址按 0x00 到 0x7F 依次分布。寻址时只要指出对应的位地址即可找到对应的所

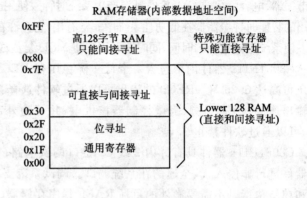

图 1.1 存储器的结构

在位。内核可以根据所用指令的类型来区分是位寻址还是字节寻址。

1.4 扩展的中断系统

C8051F41x 支持多中断系统,可支持 18 个中断源,每个中断源有两个优先级。中断源与片内外设相关,随资源配置不同而有所区别。每个中断源至少有一个中断标志,发生中断后该标志置位,作为发生中断的信号。当一个外设或外部源满足有效的中断条件时,相应的中断标志被置为逻辑 1。

当一个中断源被允许时,中断标志置位时将产生中断请求。执行完正在执行的指令后,CPU 将跳转到预定地址,开始执行中断服务程序(ISR)。中断服务程序以 RETI 指令结束,返回后回到中断前执行的那条指令的下一条指令。如果中断未被允许,中断标志将被忽略,程序继续正常执行。标志位的置1与中断允许/禁止状态无关。

每个中断源都可以被开放或关闭的，允许或禁止通过扩展中断允许寄存器中的对应使能位来设置，但是必须首先开放全局中断控制位 EA 位(IE.7)，以保证每个单独的中断允许位有效。不管各中断允许位的设置如何，清除 EA 位将禁止所有中断。在 EA 位被清 0 期间所发生的中断请求被挂起，直到 EA 位被置 1 后才能得到服务。

某些中断标志在 CPU 进入中断服务程序时被自动清除，但大多数中断标志不是由硬件清除的，必须在中断返回前用软件清除，此举是为了较好地实现用户程序和硬件良好的握手。如果一个中断标志在 CPU 执行完中断返回(RETI)指令后仍然保持置位状态，则会立即产生一个新的中断请求，CPU 将在执行完下一条指令后再次进入该 ISR。

1.4.1 中断源和中断向量

对应外设包括 18 个中断源。可以采用软件方法模拟一个中断，即将某个中断源的中断标志设置为逻辑 1。如果中断标志被允许，系统将产生一个中断请求，CPU 将转向与该中断标志对应的 ISR 地址。表 1.2 给出了 MCU 中断源、对应的向量地址、优先级和控制位一览表。关于外设有效中断条件和中断标志位工作状态方面的详细信息，请参见与特定外设相关的章节。

表 1.2 中断一览表

中断源	中断向量	优先级	中断标志	位寻址	硬件清除	中断允许	优先级控制
复位	0x0000	最高	无	N/A	N/A	始终允许	总是最高
外部中断 0($\overline{INT0}$)	0x0003	0	IE0(TCON.1)	Y	Y	EX0(IE.0)	PX0(IP.0)
定时器 0 溢出	0x000B	1	TF0(TCON.5)	Y	Y	ET0(IE.1)	PT0(IP.1)
外部中断 1($\overline{INT1}$)	0x0013	2	IE1(TCON.3)	Y	Y	EX1(IE.2)	PX1(IP.2)
定时器 1 溢出	0x001B	3	TF1(TCON.7)	Y	Y	ET1(IE.3)	PT1(IP.3)
UART0	0x0023	4	RI0(SCON0.0) TI0(SCON0.1)	Y	N	ES0(IE.4)	PS0(IP.4)
定时器 2 溢出	0x002B	5	TF2H(TMR2CN.7) TF2L(TMR2CN.6)	Y	N	ET2(IE.5)	PT2(IP.5)
SPI0	0x0033	6	SPIF(SPI0CN.7) WCOL(SPI0CN.6) MODF(SPI0CN.5) RXOVRN(SPI0CN.4)	Y	N	ESPI0(IE.6)	PSPI0(IP.6)

续表 1.2

中断源	中断向量	优先级	中断标志	位寻址	硬件清除	中断允许	优先级控制
SMB0	0x003B	7	SI(SMB0CN.0)	Y	N	ESMB0 (EIE1.0)	PSMB0 (EIP1.0)
smaRTClock	0x0043	8	ALRM(RTC0CN.2) OSCFAIL(RTC0CN.5)	N	N	ERTC0 (EIE1.1)	PRTC0 (EIP1.1)
ADC0 窗口比较	0x004B	9	AD0WINT (ADC0CN.3)	Y	N	EWADC0 (EIE1.2)	PWADC0 (EIP1.2)
ADC0 转换结束	0x0053	10	AD0INT (ADC0CN.5)	Y	N	EADC0C (EIE1.3)	PADC0 (EIP1.3)
可编程计数器阵列	0x005B	11	CF(PCA0CN.7) CCFn(PCA0CN.n)	Y	N	EPCA0 (EIE1.4)	PPCA0 (EIP1.4)
比较器 0	0x0063	12	CP0FIF(CPT0CN.4) CP0RIF(CPT0CN.5)	N	N	ECP0 (EIE1.5)	PCP0 (EIP1.5)
比较器 1	0x006B	13	CP1FIF(CPT1CN.4) CP1RIF(CPT1CN.5)	N	N	ECP1 (EIE1.6)	PCP1 (EIP1.6)
定时器 3 溢出	0x0073	14	TF3H(TMR3CN.7) TF3L(TMR3CN.6)	N	N	ET3 (EIE1.7)	PT3 (EIP1.7)
稳压器电压降落	0x007B	15	N/A	N/A	N/A	EREG0 (EIE2.0)	PREG0 (EIP2.0)
端口匹配	0x0083	16	N/A	N/A	N/A	EMAT (EIE2.1)	PMAT (EIP2.1)

1.4.2 中断的优先级与响应时间

每个中断源都具有两个优先级：低优先级或高优先级。低优先级的中断服务程序可以被高优先级的中断所中断，但高优先级的中断不能被中断，此即中断嵌套。每个中断在 IP 或 EIP1、EIP2 寄存器中都有一个配置其优先级的中断优先级设置位，缺省值为低优先级。如果两个中断同时发生，具有高优先级的中断先得到服务。如果这两个中断的优先级相同，则由固定的优先级顺序决定哪一个中断先得到服务，优先级的具体情况见表 1.2。

中断响应时间并不是唯一的，还与中断发生时 CPU 的状态有关。中断系统在每个系统时钟周期对中断请求标志采样并对优先级译码。最快的响应时间为 7 个系统时钟周期：一个周期用于检测中断，一个周期用于执行一条指令，5 个周期用于完成对中断服务程序的长调用。如果中断标志有效时 CPU 正在执行 RETI 指令，则需要再执行一条指令才能进入中断服务程序。因此在没有其他中断正被服务或新中断具有较高优先级时，最长的中断响应时间发生在 CPU 正在执行 RETI 指令，而下一条指令是 DIV 的情况。在这种情况下，响应时间为 19 个系统时钟周期：1 个时钟周期检测中断，5 个时钟周期执行 RETI，8 个时钟周期完成 DIV 指令，5 个时钟周期执行对中断服务程序的长调用。如果 CPU 正在执行一个具有相同或更高优先级的中断的 ISR，则新中断要等到当前执行完中断服务程序，包括 RETI 和下一条指令才能得到服务。

1.4.3 外部中断源

与传统 MCS-51 一样，C8051F410 有两个外部中断源 $\overline{INT0}$ 和 $\overline{INT1}$，该中断源可被配置为低电平有效或高电平有效，边沿触发或电平触发。IT01CF 寄存器中的 IN0PL 和 IN1PL 位用于选择 $\overline{INT0}$ 与 $\overline{INT1}$ 是高电平有效还是低电平有效；TCON 中的 IT0 和 IT1 位用于选择电平触发或边沿触发。表 1.3 列出了可能的配置组合。

$\overline{INT0}$ 和 $\overline{INT1}$ 所使用的端口引脚在 IT01CF 寄存器中定义，见相关寄存器定义。$\overline{INT0}$ 和 $\overline{INT1}$ 的端口引脚分配与交叉开关的设置无关。$\overline{INT0}$ 和 $\overline{INT1}$ 监视分配给它们的端口引脚，不影响被交叉开关分配了相同引脚的外设。如果要将一个端口引脚只分配给 $\overline{INT0}$ 或 $\overline{INT1}$，则应使交叉开关跳过此引脚。这可以通过设置寄存器 XBR0 中的相应位来实现，详见第 2 章。

表 1.3 $\overline{INT0}$ 与 $\overline{INT1}$ 可能的配置组合

IT0	IN0PL	$\overline{INT0}$ 中断
1	0	低电平有效，边沿触发
1	1	高电平有效，边沿触发
0	0	低电平有效，电平触发
0	1	高电平有效，电平触发

IE0 寄存器的 TCON.1 位和 IE1 寄存器的 TCON.3 位分别为外部中断 $\overline{INT0}$ 和 $\overline{INT1}$ 的中断标志。如果 $\overline{INT0}$ 或 $\overline{INT1}$ 外部中断被配置为边沿触发，则 CPU 转向中断服务程序，同时用硬件自动清除相应的中断标志。当被配置为电平触发时，在输入有效期间，根据极性控制位 IN0PL 或 IN1PL 的定义决定，中断标志将保持在逻辑 1 状态，在输入无效期间该标志保持逻辑 0 状态。电平触发的外部中断源必须一直保持输入有效，直到中断请求被响应，在程序返回前必须使该中断请求无效，否则将产生另一个中断请求。

1.4.4 中断控制寄存器

中断系统对于提高系统响应的实时性来说很有效，但是不正确的设置可能导致不稳定。表 1.4~表 1.10 所列为用于允许中断源和设置中断优先级的特殊功能寄存器。除支持传统 MCS-51 的所有中断源外，C8051F410 扩展了许多外设的中断源，对它们的使能通过扩展中断允许寄存器设置来实现。外部中断除支持所有的原有功能外，还扩展了中断输入引脚再分配，使设计应用更灵活方便了。关于外设有效中断条件和中断标志位工作状态方面的详细信息,请见与特定片内外设相关的章节。

表1.4 中断允许寄存器(IE)

读写允许	R/W	R/W	R/W	R/W	R/W	R/W	R/W	R/W
位定义	EA	ESPI0	ET2	ES0	ET1	EX1	ET0	EX0
位号	位7	位6	位5	位4	位3	位2	位1	位0
寄存器地址		0xA8			复位值		00000000	

位7:EA,全局中断使能位,该位允许/禁止所有中断。优先级高于单个中断。
  0 禁止所有中断源。
  1 开放中断。每个中断的允许与否由各自对应的设置决定。
位6:ESPI0,SPI0 串口中断允许位,该位用于开关 SPI0 的中断。
  0 禁止 SPI0 中断。
  1 允许 SPI0 的中断请求。
位5:ET2,定时器2 中断允许位,该位用于开关定时器2 的中断。
  0 禁止定时器2 中断。
  1 允许 TF2L 或 TF2H 标志产生中断请求。
位4:ES0,UART0 中断允许位,该位开关 UART0 的中断。
  0 禁止 UART0 中断。
  1 允许 UART0 中断。
位3:ET1,定时器1 中断允许位,该位用于开关定时器1 的中断。
  0 禁止定时器1 中断。
  1 允许 TF1 标志位产生中断请求。
位2:EX1,外部中断1 允许位,该位用于开关外部中断1 的中断。
  0 禁止外部中断1。
  1 允许 $\overline{INT1}$ 引脚产生中断请求。
位1:ET0,定时器0 中断允许位,该位用于开关定时器0 的中断。
  0 禁止定时器0 中断。
  1 允许 TF0 标志位产生中断请求。
位0:EX0,外部中断0 允许位,该位用于允许/禁止外部中断0 的中断。
  0 禁止外部中断0。
  1 允许 $\overline{INT0}$ 引脚的中断请求。

表1.5 中断优先级寄存器(IP)

读写允许	R/W	R/W	R/W	R/W	R/W	R/W	R/W	R/W
位定义	—	PSPI0	PT2	PS0	PT1	PX1	PT0	PX0
位号	位7	位6	位5	位4	位3	位2	位1	位0
寄存器地址		0xB8			复位值		00000000	

位 7:未用。读返回值为 1,写无效。
位 6:PSPI0,增强型全双工串行外设接口(SPI0)中断优先级控制位。
    0   将 SPI0 的中断设置为低优先级。
    1   将 SPI0 的中断设置为高优先级。
位 5:PT2,定时器 2 中断优先级控制位。
    0   将定时器 2 的中断设置为低优先级。
    1   将定时器 2 的中断设置为高优先级。
位 4:PS0,同步/异步串口 UART0 中断优先级控制位。
    0   将 UART0 中断的优先级设置为低优先级。
    1   将 UART1 中断的优先级设置为高优先级。
位 3:PT1,定时器 1 中断优先级控制位。
    0   将定时器 1 的中断设置为低优先级。
    1   将定时器 1 的中断设置为高优先级。
位 2:PX1,外部中断 1 优先级控制位。
    0   将外部中断 1 的优先级设置为低优先级。
    1   将外部中断 1 的优先级设置为高优先级。
位 1:PT0,定时器 0 中断优先级控制位。
    0   将定时器 0 的中断设置为低优先级。
    1   将定时器 0 的中断设置为高优先级。
位 0:PX0,外部中断 0 优先级控制位。
    0   将外部中断 0 的中断设置为低优先级。
    1   将外部中断 0 的中断设置为高优先级。

表 1.6　扩展中断允许寄存器 1(EIE1)

读写允许	R/W	R/W	R/W	R/W	R/W	R/W	R/W	R/W
位定义	ET3	ECP1	ECP0	EPCA0	EADC0	EWADC0	ERTC0	ESMB0
位号	位 7	位 6	位 5	位 4	位 3	位 2	位 1	位 0
寄存器地址	0xE6				复位值	00000000		

位 7:ET3,定时器 3 中断允许位,该位开关定时器 3 的中断。
    0   禁止定时器 3 中断。
    1   允许 TF3L 或 TF3H 标志产生中断请求。
位 6:ECP1,比较器 1(CP1)中断允许位,该位开关 CP1 的中断。
    0   禁止 CP1 中断。
    1   允许 CP1RIF 或 CP1FIF 标志产生中断请求。
位 5:ECP0,比较器 0(CP0)中断允许位,该位开关 CP0 的中断。
    0   禁止 CP0 中断。
    1   允许 CP0RIF 或 CP0FIF 标志产生中断请求。
位 4:EPCA0,可编程计数器阵列(PCA0)中断允许位,该位开关 PCA0 的中断。
    0   禁止所有 PCA0 中断。

1　允许 PCA0 产生中断请求。
位 3：EADC0，ADC0 转换结束中断允许位，该位设置 ADC0 转换结束后是否触发中断。
　　　0　禁止 ADC0 转换结束中断。
　　　1　允许 AD0INT 标志产生中断请求。
位 2：EWADC0，ADC0 窗口比较中断允许位，该位设置 ADC0 窗口比较中断是否发生。
　　　0　禁止 ADC0 窗口比较中断。
　　　1　允许 ADC0 窗口比较标志(AD0WINT)产生中断请求。
位 1：ERTC0，smaRTClock 中断允许位，该位设置 smaRTClock 中断是否发生。
　　　0　禁止 smaRTClock 中断。
　　　1　允许 ALRM 和 OSCFAIL 标志产生中断请求。
位 0：ESMB0，SMBus 中断允许位，该位开关 SMBus(SMB0)的中断。
　　　0　禁止 SMB0 中断。
　　　1　允许 SMB0 产生中断请求。

表 1.7　扩展中断优先级寄存器 1(EIP1)

读写允许	R/W	R/W	R/W	R/W	R/W	R/W	R/W	R/W
位定义	PT3	PCP1	PCP0	PPCA0	PADC0	PWADC0	PRTC0	PSMB0
位号	位 7	位 6	位 5	位 4	位 3	位 2	位 1	位 0
寄存器地址	0xF6				复位值	00000000		

位 7：PT3，定时器 3 中断优先级控制，该位设置定时器 3 中断的优先级。
　　　0　将定时器 3 中断设置为低优先级。
　　　1　将定时器 3 中断设置为高优先级。
位 6：PCP1，比较器 1(CP1)中断优先级控制，该位设置 CP1 中断的优先级。
　　　0　将 CP1 中断设置为低优先级。
　　　1　将 CP1 中断设置为高优先级。
位 5：PCP0，比较器 0(CP0)中断优先级控制，该位设置 CP0 中断的优先级。
　　　0　将 CP0 中断设置为低优先级。
　　　1　将 CP0 中断设置为高优先级。
位 4：PPCA0，可编程计数器阵列(PCA0)中断优先级控制，该位设置 PCA0 中断的优先级。
　　　0　将 PCA0 中断设置为低优先级。
　　　1　将 PCA0 中断设置为高优先级。
位 3：PADC0，ADC0 转换结束中断优先级控制，该位设置 ADC0 转换结束中断的优先级。
　　　0　将 ADC0 转换结束中断设置为低优先级。
　　　1　将 ADC0 转换结束中断设置为高优先级。
位 2：PWADC0，ADC0 窗口比较器中断优先级控制，该位设置 ADC0 窗口中断的优先级。
　　　0　将 ADC0 窗口中断设置为低优先级。
　　　1　将 ADC0 窗口中断设置为高优先级。
位 1：PRTC0，smaRTClock 中断优先级控制，该位设置 smaRTClock 中断的优先级。
　　　0　将 smaRTClock 窗口中断设置为低优先级。

  1 将 smaRTClock 窗口中断设置为高优先级。
位 0：PSMB0，SMBus(SMB0) 中断优先级控制，该位设置 SMB0 中断的优先级。
  0 将 SMB0 中断设置为低优先级。
  1 将 SMB0 中断设置为高优先级。

表 1.8 扩展中断允许寄存器 2(EIE2)

读写允许	R/W	R/W	R/W	R/W	R/W	R/W	R/W	R/W
位定义	—	—	—	—	—	—	EMAT	EREG0
位号	位 7	位 6	位 5	位 4	位 3	位 2	位 1	位 0
寄存器地址	0xE7				复位值		00000000	

位 7～2：未用。读返回值为 000000，写无效。
位 1： EMAT，端口匹配中断允许位，该位开关端口匹配中断。
   0 禁止端口匹配中断。
   1 允许端口匹配中断。
位 0： EREG0，稳压器中断允许位，该位设置稳压器电压压降中断。
   0 禁止稳压器电压压降中断。
   1 允许稳压器电压压降中断。

表 1.9 扩展中断优先级寄存器 2(EIP2)

读写允许	R/W	R/W	R/W	R/W	R/W	R/W	R/W	R/W
位定义	—	—	—	—	—	—	PMAT	PREG0
位号	位 7	位 6	位 5	位 4	位 3	位 2	位 1	位 0
寄存器地址	0xF7				复位值		00000000	

位 7～2：未用。读返回值为 000000，写无效。
位 1： PMAT，端口匹配中断优先级控制，该位设置端口匹配中断的优先级。
   0 设置端口匹配中断为低优先级。
   1 设置端口匹配中断为高优先级。
位 0： PREG0，稳压器中断优先级控制，该位设置稳压器电压降落中断的优先级。
   0 设置稳压器中断为低优先级。
   1 设置稳压器中断为高优先级。

表 1.10 INT0/INT1 配置寄存器(IT01CF)

读写允许	R/W	R/W	R/W	R/W	R/W	R/W	R/W	R/W
位定义	IN1PL	IN1SL2	IN1SL1	IN1SL0	IN0PL	IN0SL2	IN0SL1	IN0SL0
位号	位 7	位 6	位 5	位 4	位 3	位 2	位 1	位 0
寄存器地址	0xE4				复位值		00000000	

位 7： IN1PL，$\overline{INT1}$极性选择。
        0　$\overline{INT1}$为低电平有效。
        1　$\overline{INT1}$为高电平有效。

位 6～4：IN1SL2～0，$\overline{INT1}$端口引脚选择位，这些位用于选择分配给$\overline{INT1}$的端口引脚。该引脚分配与交叉开关无关，$\overline{INT1}$将监视分配给它的端口引脚，但不影响被交叉开关分配了相同引脚的外设。要希望将某引脚专门用于中断用途，通过将寄存器 P0SKIP 中的对应位置 1 来实现。表 1.11 是外部中断$\overline{INT1}$输入引脚再分配。

位 3： IN0PL，$\overline{INT0}$极性选择。
        0　$\overline{INT0}$为低电平有效。
        1　$\overline{INT0}$为高电平有效。

位 2～0：IN0SL2～0，$\overline{INT0}$端口引脚选择位，这些位用于选择分配给$\overline{INT0}$的端口引脚。该引脚分配与交叉开关无关，$\overline{INT0}$将监视分配给它的端口引脚，但不影响被交叉开关分配了相同引脚的外设。要希望将某引脚专门用于中断用途，通过将寄存器 P0SKIP 中的对应位置 1 来实现。表 1.12 是外中断$\overline{INT0}$输入引脚再分配。

表 1.11　外中断 INT1 输入引脚再分配

IN1SL2～0	$\overline{INT1}$端口引脚
000	P0.0
001	P0.1
010	P0.2
011	P0.3
100	P0.4
101	P0.5
110	P0.6
111	P0.7

表 1.12　外中断 INT0 输入引脚再分配

IN0SL2～0	$\overline{INT0}$端口引脚
000	P0.0
001	P0.1
010	P0.2
011	P0.3
100	P0.4
101	P0.5
110	P0.6
111	P0.7

1.5　内核指令集说明

    片上系统内核的指令集与标准 MCS-51 指令集完全兼容，可以使用标准 8051 的开发工具开发 CIP-51 的软件。所有的指令在二进制码和功能上与同类的 MCS-51 产品完全等价，包括操作码、寻址方式和对 PSW 标志位的影响，但是指令时序与标准 8051 不同，在速度慢的外设扩展时要有所考虑。

    MCS-51 是一个大家族，其衍生产品数量惊人，在很多 8051 产品中，存在着机器周期和时钟周期的差别，一般的机器周期的长度在 2～12 个时钟周期之间，CIP-51 只基于时钟周期，所有指令时序都以时钟周期计算。

由于 CIP-51 采用了流水线结构，大多数指令执行所需的时钟周期数与指令的字节数一致。条件转移指令在不发生转移时的执行周期数比发生转移时少 2 个。

MOVX 指令一般用于访问外部数据存储器空间的数据。在 CIP-51 中，MOVX 指令还可用于写或擦除可重编程的片内 FLASH 程序存储器。这一特性为 CIP-51 提供了由用户程序更新程序代码和将程序存储器空间用于非易失性数据存储的机制。

表 1.13 给出了 CIP-51 指令全集一览表，包括每条指令的助记符、字节数和时钟周期数。本指令集时钟周期数是在所有的指令执行时间都假设指令预取引擎已使能，即 PFEN=1 的前提下得到的。MOVC 指令需 4～7 个时钟周期，周期数不定，这取决于指令在存储器中的排列情况，并且还与指令预取 FLRT 的设置有关。

表 1.13　CIP-51 指令集一览表

助记符		功能说明	字节数	时钟周期数
算术操作类指令				
ADD	A,Rn	寄存器 Rn 的值加到累加器	1	1
ADD	A,direct	直接寻址字节的值加到累加器	2	2
ADD	A,@Ri	Ri 所指 RAM 内容加到累加器	1	2
ADD	A,#data	立即数加到累加器	2	2
ADDC	A,Rn	Rn 寄存器的值加到累加器(带进位)	1	1
ADDC	A,direct	直接寻址字节的值加到累加器(带进位)	2	2
ADDC	A,@Ri	Ri 所指 RAM 的值加到累加器(带进位)	1	2
ADDC	A,#data	立即数加到累加器(带进位)	2	2
SUBB	A,Rn	累加器减去 Rn 寄存器(带借位)	1	1
SUBB	A,direct	累加器减去直接寻址字节的值(带借位)	2	2
SUBB	A,@Ri	累加器减去 Ri 所指 RAM 的值(带借位)	1	2
SUBB	A,#data	累加器减去立即数(带借位)	2	2
INC	A	累加器加 1	1	1
INC	Rn	寄存器加 1	1	1
INC	direct	直接寻址字节加 1	2	2
INC	@Ri	Ri 所指 RAM 的值加 1	1	2
DEC	A	累加器减 1	1	1
DEC	Rn	寄存器 Rn 减 1	1	1
DEC	direct	直接寻址字节的值减 1	2	2
DEC	@Ri	Ri 所指 RAM 的值减 1	1	2

续表 1.13

助记符		功能说明	字节数	时钟周期数
INC	DPTR	数据地址加 1	1	1
MUL	AB	累加器与寄存器 B 相乘	1	4
DIV	AB	累加器除以寄存器 B	1	8
DA	A	累加器十进制调整	1	1
逻辑操作类指令				
ANL	A,Rn	寄存器 Rn"与"到累加器	1	1
ANL	A,direct	直接寻址字节"与"到累加器	2	2
ANL	A,@Ri	Ri 所指 RAM 的值"与"到累加器	1	2
ANL	A,#data	立即数"与"到累加器	2	2
ANL	direct,A	累加器"与"到直接寻址字节的值	2	2
ANL	direct,#data	立即数"与"到直接寻址字节	3	3
ORL	A,Rn	寄存器 Rn"或"到累加器	1	1
ORL	A,direct	直接寻址字节的值"或"到累加器	2	2
ORL	A,@Ri	Ri 所指 RAM 的值"或"到累加器	1	2
ORL	A,#data	立即数"或"到累加器	2	2
ORL	direct,A	累加器"或"到直接寻址字节	2	2
ORL	direct,#data	立即数"或"到直接寻址字节	3	3
XRL	A,Rn	寄存器 Rn"异或"到累加器	1	1
XRL	A,direct	直接寻址字节的值"异或"到累加器	2	2
XRL	A,@Ri	Ri 所指 RAM 的值"异或"到累加器	1	2
XRL	A,#data	立即数"异或"到累加器	2	2
XRL	direct,A	累加器"异或"到直接寻址字节	2	2
XRL	direct,#data	立即数"异或"到直接寻址字节	3	3
CLR	A	累加器清零	1	1
CPL	A	累加器求反	1	1
RL	A	累加器循环左移	1	1
RLC	A	带进位的累加器循环左移	1	1
RR	A	累加器循环右移	1	1
RRC	A	带进位的累加器循环右移	1	1
SWAP	A	累加器内高低半字节交换	1	1

续表 1.13

助记符		功能说明	字节数	时钟周期数
数据传送类指令				
MOV	A,Rn	寄存器 Rn 中的值传送到累加器	1	1
MOV	A,direct	直接寻址字节的值传送到累加器	2	2
MOV	A,@Ri	Ri 所指 RAM 的值传送到累加器	1	2
MOV	A,#data	立即数传送到累加器	2	2
MOV	Rn,A	累加器的值传送到寄存器	1	1
MOV	Rn,direct	直接寻址字节的值传送到寄存器 Rn	2	2
MOV	Rn,#data	立即数传送到寄存器 Rn	2	2
MOV	direct,A	累加器的值传送到直接寻址字节	2	2
MOV	direct,Rn	寄存器 Rn 的值传送到直接寻址字节	2	2
MOV	direct,direct	直接寻址字节的值传送到直接寻址字节	3	3
MOV	direct,@Ri	Ri 所指 RAM 的值传送到直接寻址字节	2	2
MOV	direct,#data	立即数传送到直接寻址字节	3	3
MOV	@Ri,A	累加器的值传送到间址 RAM	1	2
MOV	@Ri,direct	直接寻址字节的值传送到间址 RAM	2	2
MOV	@Ri,#data	立即数传送到 Ri 所指 RAM	2	2
MOV	DPTR,#data16	16 位常数装入 DPTR	3	3
MOVC	A,@A+DPTR	相对于 DPTR 的代码字节传送到累加器	1	4~7
MOVC	A,@A+PC	相对于 PC 的代码字节传送到累加器	1	4~7
MOVX	A,@Ri	Ri 所指外部 RAM(8 位地址)的值传送到累加器	1	3
MOVX	@Ri,A	累加器的值传到外部 RAM(8 位地址)	1	3
MOVX	A,@DPTR	外部 RAM(16 位地址)的值传送到累加器	1	3
MOVX	@DPTR,A	累加器的值传到外部 RAM(16 位地址)	1	3
PUSH	direct	直接寻址字节的值压入栈顶	2	2
POP	direct	栈顶数据弹出到直接寻址字节	2	2
XCH	A,Rn	寄存器的值和累加器的值交换	1	1
XCH	A,direct	直接寻址字节的值与累加器的值交换	2	2
XCH	A,@Ri	Ri 所指 RAM 的值与累加器的值交换	1	2
XCHD	A,@Ri	Ri 所指 RAM 的值和累加器交换低半字节	1	2

续表 1.13

助记符		功能说明	字节数	时钟周期数
位操作类指令				
CLR	C	清进位位	1	1
CLR	bit	清直接寻址位	2	2
SETB	C	进位位置1	1	1
SETB	bit	直接寻址位置位	2	2
CPL	C	进位位取反	1	1
CPL	bit	直接寻址位取反	2	2
ANL	C,bit	直接寻址位"与"到进位位	2	2
ANL	C,/bit	直接寻址位的反码"与"到进位位	2	2
ORL	C,bit	直接寻址位"或"到进位位	2	2
ORL	C,/bit	直接寻址位的反码"或"到进位位	2	2
MOV	C,bit	直接寻址位传送到进位位	2	2
MOV	bit,C	进位位传送到直接寻址位	2	2
JC	rel	若进位位为1则跳转	2	2/4
JNC	rel	若进位位为0则跳转	2	2/4
JB	bit,rel	若直接寻址位为1则跳转	3	3/5
JNB	bit,rel	若直接寻址位为0则跳转	3	3/5
JBC	bit,rel	若直接寻址位为1则跳转,并清除该位	3	3/5
控制转移类指令				
ACALL	addr11	绝对调用子程序	2	4
LCALL	addr16	长调用子程序	3	5
RET		从子程序返回	1	6
RETI		从中断返回	1	6
AJMP	addr11	绝对转移	2	6
LJMP	addr16	长转移	3	5
SJMP	rel	短转移(相对地址)	2	4
JMP	@A+DPTR	相对DPTR的间接转移	1	4
JZ	rel	累加器为0则转移	2	2
JNZ	rel	累加器为非0则转移	2	2

续表 1.13

助记符		功能说明	字节数	时钟周期数
CJNE	A,direct,rel	比较直接寻址字节与累加器的值,不相等则转移	3	3
CJNE	A,#data,rel	比较立即数与累加器的值,不相等则转移	3	3
CJNE	Rn,#data,rel	比较立即数与寄存器的值,不相等则转移	3	3
CJNE	@Ri,#data,rel	比较立即数与Ri所指RAM的值,不相等则转移	3	4
DJNZ	Rn,rel	寄存器Rn的值减1,不为0则转移	2	2
DJNZ	direct,rel	直接寻址字节的值减1,不为0则转移	3	3
NOP		空操作	1	1

1.6 内核的工作状态

SoC与其他微处理器一样有多种工作状态可供选择。这些状态的选择与处理器工作的任务量和功耗有关。这些状态有的在一定的条件进入或退出,有的则是无条件的。

1.6.1 内核的几种工作模式

SoC内核有两种可编程的电源管理方式:空闲方式和停机方式。由于在空闲方式下时钟仍然运行,所以功耗与进入空闲方式之前的系统时钟频率和处于活动状态的外设数目有关,停机方式消耗最小的功率。

在空闲方式,CPU停止运行,而外设和时钟处于活动状态。在停机方式,CPU停止运行,除时钟丢失检测器外所有的中断和定时器都处于非活动状态,系统时钟停止,模拟外设保持在所选择的状态,外部振荡器不受影响。

与其他8051结构的单片机一样,内核进入空闲和停机方式可使功耗降低,改变外设的工作情况,可以使整个MCU的功耗降到最低。每个模拟外设在不用时都可以被禁止,使其进入低功耗方式。像定时器、串行总线这样的数字外设在不使用时消耗很少的功率。关闭振荡器可以大大降低功耗,但需要复位来重新启动MCU。

另外,C8051F41x器件还有一个低功耗的挂起方式。在该方式下内部振荡器停止运行,直到有唤醒事件发生。表1.14给出了不同工作状态所对应的实现条件与特性。

1.6.2 工作状态的设置与特点

要进入空闲方式需将空闲方式选择位PCON.0置1。当执行完对该位置1的指令后MCU立即进入空闲方式,此时内核停止运行,断开供给CPU的时钟信号,但定时器、中断、串口和模拟外设保持活动状态。所有内部寄存器和存储器都保持原来的数据不变。所有模拟和数字外设在空闲方式期间都可以保持活动状态。

表 1.14 工作状态一览表

工作状态	特 性	功 耗	进入条件	退出条件
活 动	① SYSCLK 活动 ② CPU 活动(访问 FLASH) ③ 外设可能是活动的或非活动的 ④ smaRTClock 活动或不活动	全功耗	—	—
空 闲	① SYSCLK 活动 ② CPU 不活动(不访问 FLASH) ③ 外设可能是活动的或非活动的 ④ smaRTClock 活动或不活动	低于全功耗的情况	IDLE (PCON.0)	任何被使能的中断或器件复位
挂 起	① SYSCLK 不活动 ② CPU 不活动(不访问 FLASH) ③ 外设使能(但不是活动的)或禁止取决于用户设置 ④ smaRTClock 活动或不活动	低	SUSPEND (OSCICN.5)	唤醒事件或外部或 MCU 复位
停 机	① SYSCLK 不活动 ② CPU 不活动(不访问 FLASH) ③ 数字外设不活动,模拟外设使能(但不运行)或禁止取决于用户设置 ④ smaRTClock 不活动	很低	STOP (PCON.1)	外部或 MCU 复位

当有被允许的中断或复位发生时将结束空闲方式。中断发生时后,空闲方式选择位 PCON.0 被清 0,CPU 将恢复为继续工作。该中断将得到服务,中断返回后将开始执行设置空闲方式选择位的那条指令的下一条指令,此时如果没有再进入空闲方式的设置,将恢复为活动状态。如果空闲方式因一个内部或外部复位而结束,则内核将进行正常的复位过程并从地址 0x0000 开始执行程序。利用内部看门狗复位,结束空闲方式,可以保护系统不会因为对 PCON 寄存器的意外写入而导致永久性停机。如果不需要这种功能,可以在进入空闲方式之前禁止 WDT。这将进一步降低功耗,允许系统一直保持在空闲状态,等待一个外部激励唤醒系统。

要进入停机方式需将停机方式选择位 PCON.1 置 1。当执行完对该位置 1 的指令后 MCU 立即进入停机方式。在停机方式下,内部振荡器、CPU 和所有的数字外设都停止工作,但外部振荡器电路的状态不受影响。在进入停机方式之前,每个模拟外设包括外部振荡器电路都可以被单独关断。只有内部或外部复位能结束停机方式,复位时内核进行正常的复位过程并从地址 0x0000 处开始执行程序。如果时钟丢失检测器被使能,那么将产生一个内部复位,从而结束停机方式。如果想要使 CPU 的休眠时间长于 100 μs,则应禁止时钟丢失检测器。

C8051F41x 还扩展了一个低功耗的挂起方式,在该方式下内部振荡器停止运行,直到有唤醒事件发生。关于挂起方式的使用请见第 9 章。

空闲和停机方式是通过设置电源控制寄存器 PCON 获得的。表 1.15 是对内核电源管理方式的电源控制寄存器 PCON 的说明。

表 1.15 电源控制寄存器(PCON)

读写允许	R/W	R/W	R/W	R/W	R/W	R/W	R/W	R/W
位定义	保留	保留	保留	保留	保留	保留	STOP	IDLE
位号	位 7	位 6	位 5	位 4	位 3	位 2	位 1	位 0
寄存器地址	0x87				复位值		00000000	

位 7~2:保留。
位 1:   STOP,停机方式选择,将该位置 1 使 CIP-51 进入停机方式,该位的读出值总为 0。
         1 进入停机方式。
位 0:   IDLE,空闲方式选择,将该位置 1 使 CIP-51 进入空闲方式,该位的读出值总为 0。
         1 CPU 进入空闲方式。

1.7 特殊功能寄存器

0x80~0xFF 的直接寻址存储器空间为特殊功能寄存器。这些寄存器提供对内核以及外设资源的控制与数据交换。该空间包括了标准 8051 中的全部 SFR,还扩展了一些用于配置和访问外设的专有子系统的寄存器。此举保证了在与 MCS-51 指令集兼容的前提下增加扩展了新的外设以强化芯片处理的功能。

程序的堆栈用于程序执行的现场保护。堆栈指针可以指向 256 字节数据存储器中的任何位置。堆栈指针 SP 地址为 0x81 指定堆栈区域。SP 指向最后使用的位置。下一个压入堆栈的数据将被存放在 SP+1,然后 SP 加 1。复位后堆栈指针被初始化为地址 0x07,指针如不改变则第一个被压入堆栈的数据将被存放在地址 0x08,这也是寄存器区 1 的第一个寄存器 R0。如果使用不止一个寄存器区,SP 应被初始化为数据存储器中不用于数据存储的位置。堆栈深度最大可达 256 字节。

1.7.1 特殊功能寄存器的分布

特殊功能寄存器分布在 0x80~0xFF 的存储器空间内,任何时刻可以用直接寻址方式访问它们。其中,地址以 0 或 8 结尾的寄存器,如 P0、TCON、IE 等,既可以按字节寻址也可以按位寻址,所有其他寄存器只能按字节寻址。寄存器空间中未使用的地址保留,为将来使用,访问这些地址会产生不确定的结果,应予以避免。表 1.16 列出了 CIP-51 系统控制器中的全部特殊功能寄存器的地址分布。

表 1.16 特殊功能寄存器的地址分布

	位寻址区域							
F8	SPI0CN	PCA0L	PCA0H	PCA0CPL0	PCA0CPH0	PCA0CPL4	PCA0CPH4	VDM0CN
F0	B	P0MDIN	P1MDIN	P2MDIN	IDA1L	IDA1H	EIP1	EIP2
E8	ADC0CN	PCA0CPL1	PCA0CPH1	PCA0CPL2	PCA0CPH2	PCA0CPL3	PCA0CPH3	RSTSRC
E0	ACC	XBR0	XBR1	PFE0CN	IT01CF		EIE1	EIE2
D8	PCA0CN	PCA0MD	PCA0CPM0	PCA0CPM1	PCA0CPM2	PCA0CPM3	PCA0CPM4	CRC0FLIP
D0	PSW	REF0CN	PCA0CPL5	PCA0CPH5	P0SKIP	P1SKIP	P2SKIP	P0MAT
C8	TMR2CN	REG0CN	TMR2RLL	TMR2RLH	TMR2L	TMR2H	PCA0CPM5	P1MAT
C0	SMB0CN	SMB0CF	SMB0DAT	ADC0GTL	ADC0GTH	ADC0LTL	ADC0LTH	P0MASK
B8	IP	IDA0CN	ADC0TK	ADC0MX	ADC0CF	ADC0L	ADC0H	P1MASK
B0	P0ODEN	OSCXCN	OSCICN	OSCICL		IDA1CN	FLSCL	FLKEY
A8	IE	CLKSEL	EMI0CN	CLKMUL	RTC0ADR	RTC0DAT	RTC0KEY	ONESHOT
A0	P2	SPI0CFG	SPI0CKR	SPI0DAT	P0MDOUT	P1MDOUT	P2MDOUT	
98	SCON0	SBUF0	CPT1CN	CPT0CN	CPT1MD	CPT0MD	CPT1MX	CPT0MX
90	P1	TMR3CN	TMR3RLL	TMR3RLH	TMR3L	TMR3H	IDA0L	IDA0H
88	TCON	TMOD	TL0	TL1	TH0	TH1	CKCON	PSCTL
80	P0	SP	DPL	DPH	CRC0CN	CRC0IN	CRC0DAT	PCON
	0(8)	1(9)	2(A)	3(B)	4(C)	5(D)	6(E)	7(F)

1.7.2 特殊功能寄存器的定义

片上系统集成了各种功能模块,每种外设都包含了一些功能寄存器。对外设的操作实际就是对寄存器操作,或是对某一特定的地址单元操作。表 1.17 给出了特殊功能寄存器的定义与名称,有关它们的详细介绍请参见对应章节。

表 1.17 特殊功能寄存器定义与名称

寄存器	地址	说明	寄存器	地址	说明
ACC	0xE0	累加器	FLKEY	0xB7	FLASH 锁定和关键码寄存器
ADC0CF	0xBC	ADC0 配置寄存器	FLSCL	0xB6	FLASH 存储器读定时控制寄存器
ADC0CN	0xE8	ADC0 控制寄存器	IDA0CN	0xB9	电流模式 DAC0 控制寄存器
ADC0H	0xBE	ADC0 数据字高字节	IDA0H	0x97	电流模式 DAC0 数据字高字节
ADC0L	0xBD	ADC0 数据字低字节	IDA0L	0x96	电流模式 DAC0 数据字低字节
ADC0GTH	0xC4	ADC0 下限(大于)比较字高字节	IDA1CN	0xB5	电流模式 DAC0 控制寄存器
ADC0GTL	0xC3	ADC0 下限(大于)比较字低字节	IDA1H	0xF5	电流模式 DAC0 数据字高字节
ADC0LTH	0xC6	ADC0 上限(小于)比较字高字节	IDA1L	0xF4	电流模式 DAC0 数据字低字节
ADC0LTL	0xC5	ADC0 上限(小于)比较字低字节	IE	0xA8	中断允许寄存器
ADC0MX	0xBA	ADC0 通道选择寄存器	IP	0xB8	中断优先级寄存器
B	0xF0	B 寄存器	IT01CF	0xE4	INT0/INT1 配置寄存器
CKCON	0x8E	时钟控制寄存器	ONESHOT	0xAF	FLASH 单次读定时周期寄存器
CKMUL	0xAB	时钟乘法器寄存器	OSCICL	0xB3	内部振荡器校准寄存器
CLKSEL	0xA9	时钟选择寄存器	OSCICN	0xB2	内部振荡器控制寄存器
CPT0CN	0x9B	比较器 0 控制寄存器	OSCXCN	0xB1	外部振荡器控制寄存器
CPT0MD	0x9D	比较器 0 方式选择寄存器	P0	0x80	端口 0 锁存器
CPT0MX	0x9F	比较器 0MUX 选择寄存器	P0MASK	0xC7	端口 0 屏蔽寄存器
CPT1CN	0x9A	比较器 1 控制寄存器	P0MAT	0xD7	端口 0 匹配寄存器
CPT1MD	0x9C	比较器 1 方式选择寄存器	P0MDIN	0xF1	端口 0 输入方式配置寄存器
CPT1MX	0x9E	比较器 1MUX 选择寄存器	P0MDOUT	0xA4	端口 0 输出方式配置寄存器
CRC0CN	0x84	CRC0 控制寄存器	P0ODEN	0xB0	端口 0 驱动方式寄存器
CRC0IN	0x84	CRC0 数据输入寄存器	P0SKIP	0xD4	端口 0 跳过寄存器
CRC0DAT	0x86	CRC0 数据输出寄存器	P1	0x90	端口 1 锁存器
CRC0FLIP	0xDF	CRC0 位序反转寄存器	P1MASK	0xBF	端口 1 屏蔽寄存器
DPH	0x83	数据指针高字节	P1MAT	0xCF	端口 1 匹配寄存器
DPL	0x82	数据指针低字节	P1MDIN	0xF2	端口 1 输入方式配置寄存器
EIE1	0xE6	扩展中断允许寄存器 1	P1MDOUT	0xA5	端口 1 输出方式配置寄存器
EIE2	0xE7	扩展中断允许寄存器 2	P1SKIP	0xD5	端口 1 跳过寄存器
EIP1	0xF6	扩展中断优先级寄存器 1	P2	0xA0	端口 2 锁存器
EIP2	0xF7	扩展中断优先级寄存器 2	P2MDIN	0xF3	端口 2 输入方式配置寄存器
EMI0CN	0xAA	外部存储器接口控制寄存器	P2MDOUT	0xA6	端口 2 输出方式配置寄存器

续表 1.17

寄存器	地址	说明	寄存器	地址	说明
P2SKIP	0xD6	端口 2 跳过寄存器	SBUF0	0x99	UART0 数据缓冲器
PCA0CN	0xD8	PCA 控制寄存器	SCON0	0x98	UART0 控制寄存器
PCA0CPH0	0xFC	PCA 捕捉模块 0 高字节	SMB0CF	0xC1	SMBus 配置寄存器
PCA0CPH1	0xEA	PCA 捕捉模块 1 高字节	SMB0CN	0xC0	SMBus 控制寄存器
PCA0CPH2	0xEC	PCA 捕捉模块 2 高字节	SMB0DAT	0xC2	SMBus 数据寄存器
PCA0CPH3	0xEE	PCA 捕捉模块 3 高字节	SP	0x81	堆栈指针
PCA0CPH4	0xFE	PCA 捕捉模块 4 高字节	SPI0CFG	0xA1	SPI 配置寄存器
PCA0CPH5	0xD3	PCA 捕捉模块 5 高字节	SPI0CKR	0xA2	SPI 时钟频率控制寄存器
PCA0CPL0	0xFB	PCA 捕捉模块 0 低字节	SPI0CN	0xF8	SPI 控制寄存器
PCA0CPL1	0xE9	PCA 捕捉模块 1 低字节	SPI0DAT	0xA3	SPI 数据寄存器
PCA0CPL2	0xEB	PCA 捕捉模块 2 低字节	TCON	0x88	计数器/定时器控制寄存器
PCA0CPL3	0xED	PCA 捕捉模块 3 低字节	TH0	0x8C	计数器/定时器 0 高字节
PCA0CPL4	0xFD	PCA 捕捉模块 4 低字节	TH1	0x8D	计数器/定时器 1 高字节
PCA0CPL5	0xD2	PCA 捕捉模块 5 低字节	TL0	0x8A	计数器/定时器 0 低字节
PCA0CPM0	0xDA	PCA 模块 0 方式寄存器	TL1	0x8B	计数器/定时器 1 低字节
PCA0CPM1	0xDB	PCA 模块 1 方式寄存器	TMOD	0x89	计数器/定时器方式寄存器
PCA0CPM2	0xDC	PCA 模块 2 方式寄存器	TMR2CN	0xC8	计数器/定时器 2 控制寄存器
PCA0CPM3	0xDD	PCA 模块 3 方式寄存器	TMR2H	0xCD	计数器/定时器 2 高字节
PCA0CPM4	0xDE	PCA 模块 4 方式寄存器	TMR2L	0xCC	计数器/定时器 2 低字节
PCA0CPM5	0xCE	PCA 模块 5 方式寄存器	TMR2RLH	0xCB	计数器/定时器 2 重载值高字节
PCA0H	0xFA	PCA 计数器高字节	TMR2RLL	0xCA	计数器/定时器 2 重载值低字节
PCA0L	0xF9	PCA 计数器低字节	TMR3CN	0x91	计数器/定时器 3 控制寄存器
PCA0MD	0xD9	PCA 方式寄存器	TMR3H	0x95	计数器/定时器 3 高字节
PCON	0x87	电源控制寄存器	TMR3L	0x94	计数器/定时器 3 低字节
PFE0CN	0x87	预取引擎控制寄存器	TMR3RLH	0x93	计数器/定时器 3 重载值高字节
PSCTL	0x8F	程序存储读/写控制寄存器	TMR3RLL	0x92	计数器/定时器 3 重载值低字节
PSW	0xD0	程序状态字	VDM0CN	0xFF	VDD 监视器控制寄存器
REF0CN	0xD1	电压基准控制寄存器	XBR0	0xE1	端口 I/O 交叉开关控制 0
REG0CN	0xC9	稳压器控制寄存器	XBR1	0xE2	端口 I/O 交叉开关控制 1
RSTSRC	0xEF	复位源寄存器			

1.8 流水线式指令预取引擎

FLASH 存储器访问是有时间限制的,不能速度太快。为了加快取指速度,C8051F41x 系列器件内部包含一个 2 字节指令预取引擎。当指令预取引擎使能后,在执行线性代码时可使程序全速执行。前面所述指令与执行周期也是在指令预取引擎使能后得到的。预取引擎每次从 FLASH 存储器读取 2 个指令字节,送给内核执行。当运行线性代码时,即程序没有任何转移,预取引擎允许指令全速执行。当程序跳转时,内核要停止 1~2 个时钟周期,等待下一组代码字节被读出。FLRT 位(FLSCL.4)决定读一组两字节代码所用的时钟周期数。当系统时钟频率为 25 MHz 或更低时,FLRT 位应被清 0,使预取引擎的每次读操作只用一个时钟周期。当系统时钟频率高于 25 MHz(最大 50 MHz)时,FLRT 位应被置 1,使预取引擎的每次读操作使用两个时钟周期。当改变 FLRT 位设置时,预取引擎应被禁止。

预取引擎控制寄存器如表 1.18 所列。

表 1.18 预取引擎控制寄存器(PFE0CN)

读写允许	R	R	R/W	R	R	R	R	R/W
位定义								
位号	位 7	位 6	位 5	位 4	位 3	位 2	位 1	位 0
寄存器地址	0xAF				复位值	00100000		

位 7~6:未用。读返回值为 0,写无效。
位 5:　PFEN,预取使能位,该位使能预取引擎。
　　　　0　预取引擎禁止。
　　　　1　预取引擎使能。
位 4~1:未用。读返回值为 0,写无效。
位 0:　FLBWE,FLASH 块写使能位,该位允许软件对 FLASH 存储器进行块写操作。
　　　　0　写操作时每个字节都被单独写入 FLASH。
　　　　1　写操作时按 2 字节为一组写入 FLASH。

1.9 片内可编程稳压器

C8051F41x 片内集成了一个低压降稳压器 REG0。该稳压器输入电压可高达 5.25 V,从 VREGIN 引脚输入。REG0 的输出可以编程为 2.1 V 或 2.5 V。当被使能时,REG0 的输出连到 V_{DD} 引脚,为微控制器核供电,并可为外部器件提供电源。复位后 REG0 被使能,可以通过软件禁止。

第1章 片上系统内核与功能总汇

稳压器的输入引脚 VREGIN 和输出引脚 V_{DD} 与地之间都应接一个起保护作用的大电容,数值可以为 $4.7\mu F$ 与 $0.1\mu F$。该电容起退耦作用,能有效地消除电源尖峰,并提供微控制器所需要的稳定电源。该电容很重要,尤其是 V_{DD} 脚上的电容,没有它将会影响电源电压稳定性,噪声可能造成 C2 口无法正确通信,即识别不到 EC5。图 1.2 为稳压器输入/输出电容匹配图。有关稳压器控制寄存器的详细说明如表 1.19 所列。稳压器电气特性如表 1.20 所列。

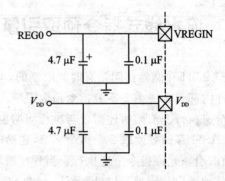

图 1.2 稳压器输入/输出电容匹配图

表 1.19 稳压器控制寄存器 (REG0CN)

读写允许	R/W	R/W	R	R/W	R	R	R	R
位定义								
位号	位 7	位 6	位 5	位 4	位 3	位 2	位 1	位 0
寄存器地址	0xC9				复位值	00010000		

位 7: REGDIS,稳压器禁止位,该位禁止/使能稳压器。
    0 稳压器使能。
    1 稳压器禁止。

位 6: 保留,读返回值为 0,写必须为 0。

位 5: 未用,读返回值为 0,写无效。

位 4: REG0MOD,稳压器方式选择位,该位选择稳压器的输出电压。
    0 稳压器输出为 2.1 V。
    1 稳压器输出为 2.5 V (缺省值)。

位 3~1: 未用,读返回值为 0,写无效。

位 0: DROPOUT,稳压器掉电指示位。
    0 稳压器未掉电。
    1 稳压器输出处于或接近掉电状态。

表 1.20 稳压器电气特性

参 数	条 件	最小值	典型值	最大值	单 位
输入电压范围*	$-40 \sim +85°C$	2.15*	—	5.25	V
电压降落(V_{DO})	输出电流=1 mA	—	10	TBD	mV
	输出电流=50 mA	—	500	TBD	

续表 1.20

参　　数	条　　件	最小值	典型值	最大值	单　位
输出电压(V_{DD})	输出电流=1～50 mA REG0MD=0 REG0MD=1	TBD TBD	2.1 2.5	TBD TBD	V
偏置电流	REG0MD=0 REG0MD=1	— —	1 1	TBD TBD	μA
降落指示检测阈值			50	—	mV
输出电压温度系数			TBD		mV/℃
VREG 建立时间	$V_{REGIN}=2.5\,V$，负载电流=50 mA V_{DD}负载电容=4.8 μF				

注：＊最小输入电压是 2.15 V 和 $V_{DD}+V_{DO}$（最大负载）中的较大者。

1.10　SoC 的仿真与调试

　　单片机开发过程中使用仿真器可以提高开发速度，对初学者更是如此。仿真器的生产在国内有多年的历史，其中使用的技术根据时间和性能的不同大约分成以下几种：

　　首先是仿真开发系统，这种技术主要在仿真器的初级阶段被广泛采用。当时没有好的仿真技术或仿真芯片，仿真器设计成了一个双平台的系统并根据用户的要求在监控系统和用户系统中切换。这种仿真系统性能完全依赖于设计者的水平，实际的最终性能厂家之间相差很大，产品质量参差不齐。不过所有的产品或多或少需要占用一定的用户资源并且设计复杂，现在基本上已经淘汰，只是使用在一些开发学习系统中。

　　其次是 Bondout 技术，一般来说，人们常常说的专用仿真芯片其实就是 Bondout。这种仿真芯片一般也是一种单片机，但是内部具有特殊的配合仿真的时序。当进入仿真状态后，可以冻结内部的时序运行，可以查看/修改静止时单片机的内部资源。使用 Bondout 制作的仿真器一般具有时序运行准确，设计制作成本低等优点；Bondout 芯片一般是由单片机生产厂家提供的，因此它只能仿真该厂商指定的单片机，仿真的品种很少。

　　再次是 HOOKS 仿真技术，它是 PHILIPS 公司拥有的一项仿真技术，主要解决不同品种单片机的仿真问题。使用该专利技术可以仿真所有具有 HOOKS 特性的单片机，即使该单片机是不同厂家制造的。使用 HOOKS 技术制造的仿真器可以兼容仿真不同厂家的多种单片机，而且仿真的电气性能非常接近于真实的单片机。但是 HOOKS 技术对仿真器的制造厂家

第 1 章 片上系统内核与功能总汇

的技术要求特别高,不同的仿真器生产厂家同时得到 HOOKS 技术的授权,但是设计的仿真器的性能差别很大,即使到了今天,也是如此。

随着芯片技术的发展,很多单片机生产厂商在芯片内部增加了仿真功能,一般通过 JTAG 接口进行控制。C8051Fxxx 系列片上的系统就是这种情况,多引脚大系统的芯片一般采用 JTAG 接口与用户板连接,而少引脚的 C8051F3xx、C8051F4xx 一般采用 C2 接口模式。

1.10.1 内置的 C2 仿真接口

C8051F41x 器件内集成了一个 2 线 C2 调试接口。该接口是仿真、调试、编程接口,支持 FLASH 的在应用编程。C2 接口使用一个时钟信号(C2CK)和一个双向的 C2 数据信号 (C2D)在器件和宿主机之间传送信息。其中,C2CK 共用 $\overline{\text{RST}}$ 引脚,C2D 共用 P2.0 引脚。有关 C2 协议的详细信息见 C2 接口规范。表 1.21~表 1.25 所列为对与 FLASH 编程有关的 C2 寄存器进行说明。对所有 C2 寄存器的访问都要通过 C2 接口实现。本节说明 C2 的调试接口,读者可略过。

表 1.21 C2 地址寄存器(C2ADD)

读写允许	R/W	R/W	R/W	R/W	R/W	R/W	R/W	R/W
位定义								
位号	位 7	位 6	位 5	位 4	位 3	位 2	位 1	位 0
寄存器地址				复位值		00000000		

位 7~0:该寄存器是访问 C2 接口的通道,向目标板传送数据的读和写命令,如下所列。

地 址	说 明
0x00	选择器件 ID 寄存器(数据读指令)
0x01	选择版本 ID 寄存器(数据读指令)
0x02	选择 C2 FLASH 编程控制寄存器(数据读/写指令)
0xB4	选择 C2 FLASH 编程数据寄存器(数据读/写指令)

表 1.22 C2 器件 ID 寄存器(DEVICEID)

读写允许	R	R	R	R	R	R	R	R
位定义								
位号	位 7	位 6	位 5	位 4	位 3	位 2	位 1	位 0
寄存器地址				复位值		00001011		

该只读寄存器返回 8 位的器件 ID 号:0x0B 为 C8051F41x。

表 1.23 C2 版本 ID 寄存器(REVID)

读写允许	R	R	R	R	R	R	R	R
位定义								
位号	位7	位6	位5	位4	位3	位2	位1	位0
寄存器地址				复位值			00000000	

该只读寄存器返回 8 位的版本 ID 号：0x00 为版本 A。

表 1.24 C2 FLASH 编程控制寄存器(FPCTL)

读写允许	R/W	R/W	R/W	R/W	R/W	R/W	R/W	R/W
位定义								
位号	位7	位6	位5	位4	位3	位2	位1	位0
寄存器地址				复位值			00000000	

位 7～0：FPCTL，FLASH 编程控制寄存器，该寄存器用于使能通过 C2 接口对 FLASH 编程。为了使能 C2 FLASH 编程，必须按顺序写代码：0x02、0x01。一旦 C2 FLASH 编程被使能，必须进行一次系统复位才能恢复正常工作。

表 1.25 C2 FLASH 编程数据寄存器(FPDAT)

读写允许	R/W	R/W	R/W	R/W	R/W	R/W	R/W	R/W
位定义								
位号	位7	位6	位5	位4	位3	位2	位1	位0
寄存器地址			0xE1		复位值		00000000	

位 7～0：FPDAT，C2 FLASH 编程数据寄存器。该寄存器在 C2 FLASH 访问期间传递 FLASH 编程命令、地址和数据。下面列出了有效的编程命令(详见表 1.26)。

表 1.26 有效的编程命令字

代码	命令	代码	命令
0x06	读 FLASH 块	0x08	页面擦除
0x07	写 FLASH 块	0x03	擦除 FLASH 所有页

1.10.2 C2 引脚共享

一般片内附加了仿真功能的芯片，仿真引脚是专用的，例如满足 JTAG 协议的接口。C2 协议允许 C2 引脚与用户功能共享，可以进行在系统调试和 FLASH 编程。这种共享之所以可能，是因为 C2 通信通常发生在器件的停止运行状态。在这种状态下片内外设和用户软件停

第1章 片上系统内核与功能总汇

止工作,C2接口可以安全地"借用"C2CK正常方式为$\overline{\text{RST}}$和C2D正常方式为P2.0引脚。在大多数情况下,需要使用外部电阻对C2接口和用户应用进行隔离。如图1.3所示为C2脚共享隔离电路。其实这是考虑了对共享引脚的调试要求,如果正常运行没有仿真要求是没有问题的。

图1.3电路应用的前提是:① 在目标器件的停止运行状态,用户输入Input(b)不能改变状态。② 目标器件的$\overline{\text{RST}}$引脚只能被作为输入使用。

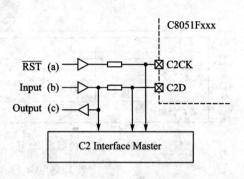

图1.3 C2脚共享隔离电路

1.11 芯片引脚定义及电气参数

1.11.1 总体直流电气特性

总体直流电气特性如表1.27所列。

表1.27 总体直流电气特性

(−40~+85 ℃,50 MHz系统时钟,典型值对应25 ℃)

参 数	条 件	最小值	典型值	最大值	单 位
输入电源电压(V_{REGIN})	输出电流=1 mA (见注①)	2.15	—	5.25	V
内核电源电压(V_{DD})		2.0	—	2.75	V
I/O电源电压(V_{IO})		2.0	—	5.25	V
后备电源电压($V_{\text{RTC-BACKUP}}$)	(见注②)	1.0	—	5.25	V

后备电源电流($I_{\text{RTC-BACKUP}}$)	$V_{\text{DD}}=0$ V
	$f_{\text{smaRTClock}}=32$ kHz
	$V_{\text{RTC-BACKUP}}=1.0$ V:
	  −40 ℃
	  25 ℃
	  85 ℃
	$V_{\text{RTC-BACKUP}}=1.8$ V:
	  −40 ℃
	  25 ℃
	  85 ℃
	$V_{\text{RTC-BACKUP}}=2.5$ V:
	  −40 ℃
	  25 ℃
	  85 ℃
			—
			—
			—
			
			—
			—
			—
			
			—
			—
			—
				0.65
				0.9
				1.4
				
				0.7
				0.92
				1.45
				
				0.72
				0.95
				1.5
					TBD
					TBD
					TBD
					
					TBD
					TBD
					TBD
					
					TBD
					TBD
					TBD
						μA
						μA
						μA
						
						μA
						μA
						μA
						
						μA
						μA
						μA

续表 1.27

参　数	条　件	最小值	典型值	最大值	单　位
CPU 活动时的内核电源电流	$V_{DD}=2.0$ V				
	$f_{Clock}=32$ kHz	—	13	TBD	μA
	$f_{Clock}=200$ kHz	—	45	—	μA
	$f_{Clock}=1$ MHz	—	0.3	TBD	mA
	$f_{Clock}=25$ MHz	—	5.5	—	mA
	$f_{Clock}=50$ MHz	—	9.5	TBD	mA
	$V_{DD}=2.5$ V				
	$f_{Clock}=32$ kHz	—	17	TBD	μA
	$f_{Clock}=200$ kHz	—	80	—	μA
	$f_{Clock}=1$ MHz	—	0.43	TBD	mA
	$f_{Clock}=25$ MHz	—	8.3	—	mA
	$f_{Clock}=50$ MHz	—	13.5	TBD	mA
CPU 不活动(不访问 FLASH)时的内核电源电流	$V_{DD}=2.0$ V				
	$f_{Clock}=32$ kHz	—	10	TBD	μA
	$f_{Clock}=200$ kHz	—	22	—	μA
	$f_{Clock}=1$ MHz	—	0.15	TBD	mA
	$f_{Clock}=25$ MHz	—	2.8	—	mA
	$f_{Clock}=50$ MHz	—	5	TBD	mA
	$V_{DD}=2.5$ V				
	$f_{Clock}=32$ kHz	—	11	TBD	μA
	$f_{Clock}=200$ kHz	—	30	—	μA
	$f_{Clock}=1$ MHz	—	0.21	TBD	mA
	$f_{Clock}=25$ MHz	—	3.8	—	mA
	$f_{Clock}=50$ MHz	—	7.5	TBD	mA
挂起方式(suspend)下的内核电源电流	振荡器不运行，$V_{DD}=2.5$ V	—	150	TBD	nA
停机方式(shutdown)下的内核电源电流	振荡器不运行，$V_{DD}=2.5$ V	—	150	TBD	nA
内核 RAM 数据保持电源电压		—	TBD	—	V
SYSCLK(系统时钟)	(见注③和注④)	0		50	MHz
额定工作温度范围		−40	—	+85	℃

注：① 有关 V_{REGIN} 特性的详细信息，见相关表。
② 后备电源电压($V_{RTC\text{-}BACKUP}$)仅用于为 smaRTClock 外设供电。
③ SYSCLK 是内部时钟。若要求工作频率高于 25 MHz，必须使用内部时钟乘法器来获得 SYSCLK。
④ 使用调试功能时，SYSCLK 至少应为 32 kHz。

1.11.2 引脚和定义

C8051F410引脚分布如图1.4所示,引脚定义如表1.28所列。

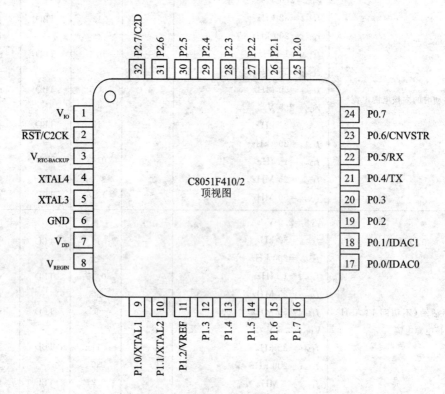

图1.4 C8051F410引脚分布

表1.28 C8051F41x引脚定义

引脚名称	F410/2 引脚号	F411/3 引脚号	引脚类型	说　明
V_{DD}	7	6	—	内核电源
V_{IO}	1	28	—	I/O电源
GND	6	5	—	地
$V_{RTC-BACKUP}$	3	2	—	smaRTClock后备电源
V_{REGIN}	8	7	—	片上稳压器输入
$\overline{RST}$	2	1	数字I/O	器件复位。内部上电复位或V_{DD}监视器的漏极开路输出。一个外部源可以通过将该引脚保持低电平(至少15 μs)将启动一次系统复位。建议在该引脚与V_{DD}之间接1 kΩ的上拉电阻
C2CK			数字I/O	C2调试接口的时钟信号

续表 1.28

引脚名称	F410/2 引脚号	F411/3 引脚号	引脚类型	说　明
P2.7 C2D	32	27	数字 I/O 数字 I/O	端口 P2.7 C2 调试接口的双向数据信号
XTAL3	5	4	模拟输入	smaRTClock 振荡器晶体输入
XTAL4	4	3	模拟输出	smaRTClock 振荡器晶体输出
P0.0 IDAC0	17	16	数字 I/O 或模拟输入 模拟输出	端口 P0.0 IDAC0 输出
P0.1 IDAC1	18	17	数字 I/O 或模拟输入 模拟输出	端口 P0.1 IDAC1 输出
P0.2	19	18	数字 I/O 或模拟输入	端口 P0.2
P0.3	20	19	数字 I/O	端口 P0.3
P0.4 TX	21	20	数字 I/O 或模拟输入 数字输出	端口 P0.4 UARTTX 引脚
P0.5 RX	22	21	数字 I/O 或模拟输入 数字输入	端口 P0.5 UARTRX 引脚
P0.6 CNVSTR	23	22	数字 I/O 或模拟输入 数字输入	端口 P0.6 ADC0、IDA0 和 IDA1 的外部转换启动输入
P0.7	24	23	数字 I/O 或模拟输入	端口 P0.7
P1.0 XTAL1	9	8	数字 I/O 或模拟输入 模拟输入	端口 P1.0 外部时钟输入。对于晶体或陶瓷谐振器,该引脚是外部振荡器电路的反馈输入
P1.1 XTAL2	10	9	数字 I/O 或模拟输入 模拟 I/O 或数字输入	端口 P1.1 外部时钟输出。该引脚是晶体或陶瓷谐振器的激励驱动器。对于 CMOS 时钟、电容或 RC 振荡器配置,该引脚是外部时钟输入
P1.2 VREF	11	10	数字 I/O 或模拟输入 模拟输入	端口 P1.2 外部电压基准输入
P1.3	12	11	数字 I/O 或模拟输入	端口 P1.3
P1.4	13	12	数字 I/O 或模拟输入	端口 P1.4
P1.5	14	13	数字 I/O 或模拟输入	端口 P1.5
P1.6	15	14	数字 I/O 或模拟输入	端口 P1.6
P1.7	16	15	数字 I/O 或模拟输入	端口 P1.7
P2.0	25	24	数字 I/O 或模拟输入	端口 P2.0
P2.1	26	25	数字 I/O 或模拟输入	端口 P2.1
P2.2	27	26	数字 I/O 或模拟输入	端口 P2.2
P2.3 *	28	—	数字 I/O 或模拟输入	端口 P2.3
P2.4 *	29	—	数字 I/O 或模拟输入	端口 P2.4
P2.5 *	30	—	数字 I/O 或模拟输入	端口 P2.5
P2.6 *	31	—	数字 I/O 或模拟输入	端口 P2.6

注: * 仅限于 C8051F410/2。

第 2 章

可编程输入/输出端口与外设资源匹配

C8051F 系列单片机的一大特性是：可在系统重组，自由分配 I/O 口功能。设计者可以完全根据设计需要利用交叉开关设置控制数字功能的引脚分配，定义引脚功能，只受物理 I/O 引脚数的限制。不论交叉开关的设置如何，端口 I/O 引脚的状态总是可以被读到相应的端口锁存器。这种资源分配的灵活性是通过使用优先权交叉开关译码器实现的。此种分配方式与思想是 C8051F 片上系统的一大特色。

C8051F410 有 24 个 I/O 端口可供使用，这些引脚可以被内部数字和模拟功能模块定义。端口引脚属于 3 个 8 位端口 P0.0~P2.7，每个端口引脚都可以被定义为通用 I/O，与一般单片机用法相似，也可以按一定规律为其重定义，使其具有模拟或数字功能。图 2.1 是端口 I/O 功能与交叉开关分配方式框图。

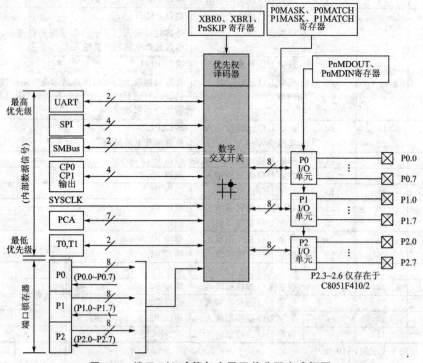

图 2.1　端口 I/O 功能与交叉开关分配方式框图

第 2 章 可编程输入/输出端口与外设资源匹配

端口驱动电压 V_{IO} 同样是本芯片的特色之一。对于一些使用低于 5 V 电压的芯片来说,与 5 V 标准外设接口无疑带来一些麻烦,需要采用电平转换,这样无疑会增加体积和复杂度。C8051F 系列早期芯片,由于片内 I/O 端口采用了耐 5 V 设计,可以采用上拉电阻模式。而本芯片采用端口电压 V_{IO} 模式使得 I/O 输出的电平可以方便地在 5 V 以内设定,省去了外部连接元件。

所有端口 I/O 都进行了 5 V 耐压设计,工作电压由 V_{IO} 设定,它也要满足最大耐压值要求。P1 和 P2 口的驱动电压不应高于 V_{IO} 的电平,否则 V_{IO} 会产生吸收电流。端口 I/O 单元可以方便地被配置为漏极开路或推挽输出方式。可通过设置 PnMDOUT 的值得到想要的输出方式,具体设置请参看寄存器的详细定义。图 2.2 所示为端口 I/O 内部单元框图。表 2.1 所列为端口 I/O 的直流电气特性。

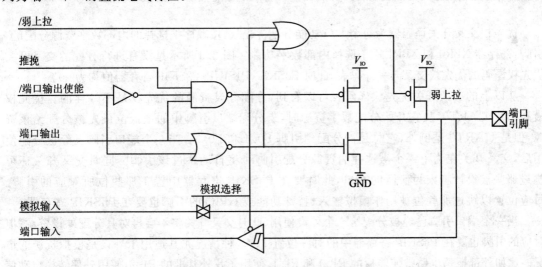

图 2.2 端口 I/O 单元框图

表 2.1 端口 I/O 直流电气特性

$V_{DD}=2.0\sim5.25$ V,$-40\sim+85$ ℃

参 数	条 件	最小值	典型值	最大值	单 位
输出高电压(V_{OH})	$I_{OH}=-3$ mA,端口 I/O 为推挽方式	1.5	—	—	V
	$I_{OH}=-70$ μA,端口 I/O 为推挽方式	1.95	—	—	
输出低电压(V_{OL})	$V_{IO}=2.0$ V:				mV
	$I_{OL}=70$ μA	—	—	50	
	$I_{OL}=8.5$ mA	—	—	750	
	$V_{IO}=4.0$ V:				
	$I_{OL}=70$ μA	—	—	40	
	$I_{OL}=8.5$ mA	—	—	400	

续表 2.1

参　数	条　件	最小值	典型值	最大值	单　位
输入高电压(V_{IH})		TBD	—	—	V
输入低电压(V_{IL})		—	—	TBD	V
输入漏电流	弱上拉禁止		<0.1	TBD	μA
弱上拉阻抗			100		$k\Omega$

2.1　I/O口优先权交叉开关译码器原理

优先权交叉开关译码器为每个 I/O 功能分配优先权，按顺序把选择的内部数字资源分配 I/O 引脚，寄存器 XBR0 和 XBR1 用于选择内部数字功能。图 2.3 所示是没有进行分配的交叉开关优先权译码的优先权交叉开关译码表，此时 P0SKIP、P1SKIP、P2SKIP 寄存器值均为 00。

从以上的交叉开关优先权译码表可以看到，分配外设资源的优先权是不一样的。优先权最高的是 UART0，从它开始分配数字资源时，未分配端口引脚中的最低位最先被分配给该资源，但是 UART0 是例外，它总是被分配到引脚 P0.4 和 P0.5。当一个端口引脚已经被分配使用后，交叉开关在为下一个被选择的资源分配引脚时将自动跳过该引脚。同时交叉开关还可跳过那些被设计者人为保留的端口，此时要在 PnSKIP 寄存器中置 1 那些位所对应的引脚。对应位置以跳过那些位被用作模拟输入、特殊功能或 GPIO 的引脚也要在 PnSKIP 寄存器。

当一个端口引脚已经被分配给一个外设使用，此时交叉开关将不会再对其分配外设资源，但对应的引脚也要在 PnSKIP 寄存器中的对应位置 1。这种情况尤其适用于外设是模拟资源的情况。比如外部振荡电路被使能后的 P1.0 和 P1.1，使用了片外基准的 P1.2，使用外部转换启动信号 NVSTR 的 P0.6，将 P0.0 或 P0.1 引脚作为 D/A 输出使用以及任何被选择为 ADC 或比较器输入的引脚。如此作法的目的是尽可能减少 I/O 电路对模拟外设的影响，此影响可能导致输入或输出信号偏离真值。读者可以通过实验观察 PnSKIP 置 0 和置 1 时对外设的影响。

图 2.4 所示为 XTAL1(P1.0)引脚和 XTAL2(P1.1)引脚被跳过的情况下，对应 P1SKIP＝0x03 的交叉开关优先权译码表。

寄存器 XBR0 和 XBR1 用于将数字资源分配给 I/O 引脚上，比如串口外设 UART、SMBus、SPI 等。但要注意的是，这些外设的口线分配时也是有先后顺序的，交叉开关将为 SMBus 分配两个引脚，并且总是先分配 SDA 后分配 SCL。UART 的分配也是固定的，TX0 端总是被分配到 P0.4，RX0 端总是被分配到 P0.5。SPI 可以工作在三线或四线方式，它的三根口线 SCK、MISO、MOSI 也是按先后顺序分配的。如此分配是由于芯片设计的需要简化了难度。即使在优先功能和要跳过的引脚被分配之后的 I/O，其端口仍是连续的，地址不变。需要注意的是，NSS 信号只在四线方式时出现并可以连到端口引脚。

第 2 章 可编程输入/输出端口与外设资源匹配

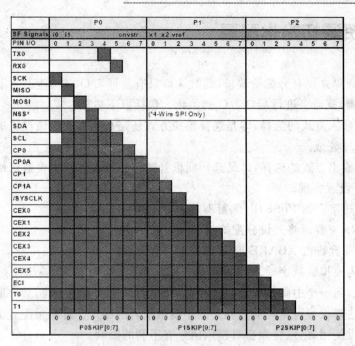

图 2.3 没有资源分配的交叉开关优先权译码表

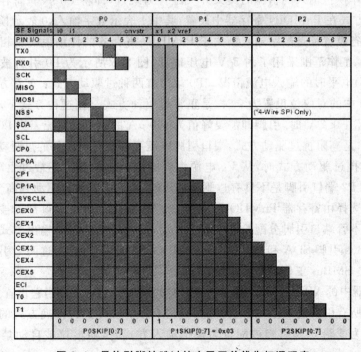

图 2.4 晶体引脚被跳过的交叉开关优先权译码表

2.2 外设资源初始化配置

上电后外设资源并没有分配给端口,此时端口只有普通 I/O 口功能。为了将所需的功能分配给端口的引脚,就需要进行端口 I/O 初始化。包括以下步骤:

① 端口引脚输入方式的选择,即是选择模拟方式还是数字方式。该设置通过端口输入方式寄存器 PnMDIN 完成。

② 端口引脚输出方式的选择,即是选择漏极开路还是推挽。该设置通过端口输出方式寄存器 PnMDOUT 设置实现。

③ 用端口跳过寄存器 PnSKIP,保留不参加分配的引脚。

④ 利用 XBRn 寄存器将外设分配给引脚。

⑤ 将交叉开关允许位 XBARE 置 1,使以上设置有效。

端口可配置为模拟或数字输入。用作比较器或 ADC 输入、D/A 输出用途的引脚都应被配置为模拟输入。当一个引脚被配置为模拟输入时,内部驱动为弱上拉,数字驱动器和数字接收器都被禁止。这样设置可以降低功耗并减小模拟输入的噪声。即使被配置为数字输入的引脚仍可被模拟外设使用,但这样做会对模拟信号有不利的影响。

同时应将用作模拟输入的引脚的交叉开关配置为跳过,即将 PnSKIP 寄存器中的对应位置 1。端口输入方式在 PnMDIN 寄存器中设置,其中 1 表示数字输入,0 表示模拟输入。复位后所有引脚的缺省设置都是数字输入。关于 PnMDIN 寄存器的详细说明见相关寄存器。P0 口引脚在整个 V_{IO} 工作范围采用了耐 5 V 电压设计,图 2.5 所示为 P0 引脚被过驱动到高于 V_{IO}(V_{IO} 为 3.3 V)电平时的输入电流情况。P0 端口有两种过驱动方式:正常方式和高阻抗方式。当 P0ODEN 中的对应位设置为 0 时,是正常过驱动方式。在这种方式下,当端口引脚上的电压达到约 V_{IO}+0.7 V 时,引脚即需要峰值为 150 μA 的过驱动电流。当 P0ODEN 中的对应位设置为 1 时,是高阻抗过驱动方式,端口引脚电压不需要任何额外的过驱动电流。但当引脚被配置为高阻抗过驱动方式时,从 V_{IO} 电源消耗的电流比配置为正常过驱动方式时稍大。注意:P1 端口和 P2 端口引脚是不具有过驱动特性的,因此不能被过驱动到高于 V_{IO} 电平的。

输出方式的选择由寄存器 PnMDOUT 中的对应位决定。每个端口都可被配置为漏极开路或推挽方式。不管端口引脚分配给某个数字外设,都需要对端口的输出方式进行设置。唯一例外的是 SMBus 引脚 SDA 和 SCL,不管 PnMDOUT 的设置如何,这两个引脚总是被配置为漏极开路,这是 SMBus 工作特性要求的。

XBR1 寄存器中的 WEAKPUD 位为所有引脚的弱上拉允许位。当它设置为 0 时,输出方式为漏极开路的所有引脚的弱上拉都被使能,但它不影响被配置为推挽方式的引脚。当漏极开路输出被驱动为逻辑 0 或引脚被配置为模拟输入方式时,弱上拉被自动禁止以降低功率消耗。

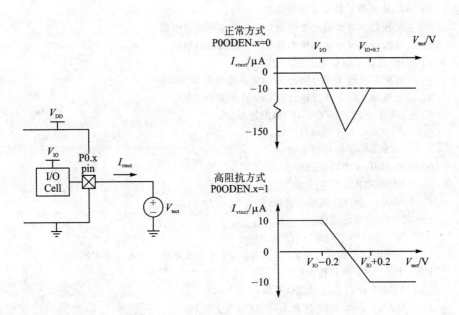

图 2.5　端口 0 输入过驱动电流范围

寄存器 XBR0 和 XBR1 必须被设置为正确的值,以保证把数字外设功能模块匹配到对应的 I/O 上。XBR1 中的 XBARE 位是使能交叉开关的允许位。在该位被允许之前,XBRn 寄存器的设置不影响引脚的状态,端口仍保持标准 I/O 输入方式。可以使用优先权译码表确定 I/O 引脚分配及 XBRn 的取值。为使端口 I/O 引脚工作在输出方式,交叉开关必须被使能。当交叉开关被禁止时,端口输出驱动器被禁止。表 2.2~表 2.3 所列为端口 I/O 交叉开关寄存器 0(XBR0)和端口 I/O 交叉开关寄存器 1(XBR1)的一些定义。

表 2.2　端口 I/O 交叉开关寄存器 0(XBR0)

读写允许	R/W	R/W	R/W	R/W	R/W	R/W	R/W	R/W
位定义	CP1AE	CP1E	CP0AE	CP0E	SYSCKE	SMB0E	SPI0E	URT0E
位号	位7	位6	位5	位4	位3	位2	位1	位0
寄存器地址	0xE1				复位值	00000000		

位 7：　CP1AE,比较器 1 异步输出使能位。
　　　　0　比较器 1 异步输出使能端 CP1A 不连到端口引脚;
　　　　1　比较器 1 异步输出使能端 CP1A 连到端口引脚。
位 6：　CP1E,比较器 1 同步输出使能位。
　　　　0　比较器 1 同步锁存输出使能端 CP1 不连到端口引脚;
　　　　1　比较器 1 同步锁存输出使能端 CP1 连到端口引脚。

第2章 可编程输入/输出端口与外设资源匹配

位5： CP0AE,比较器0异步输出使能位。
    0   比较器0异步输出使能端CP0A不连到端口引脚；
    1   比较器0异步输出使能端CP0A连到端口引脚。

位4： CP0E,比较器0同步输出使能位。
    0   比较器0同步锁存输出端CP0不连到端口引脚；
    1   比较器0同步锁存输出端CP0连到端口引脚。

位3： SYSCKE 系统时钟(SYSCLK)输出使能位。
    0   SYSCLK 不连到端口引脚；
    1   SYSCLK 连到端口引脚。

位2： SMB0E,SMBus 串口使能位。
    0   SMBus 串口不连到端口引脚；
    1   SMBus 串口连到端口引脚。

位1： SPI0E,SPI 串口使能位。
    0   SPI 串口不连到端口引脚；
    1   SPI 串口连到端口引脚。（注意：SPI可以被分配3个或4个GPIO引脚。）

位0： URT0E,UART 串口使能位。
    0   UART 串口不连到端口引脚；
    1   UART TX0、RX0 连到端口引脚 P0.4 和 P0.5。

表2.3 端口 I/O 交叉开关寄存器 1(XBR1)

读写允许	R/W	R/W	R/W	R/W	R/W	R/W	R/W	R/W
位定义	WEAKPUD	XBARE	T1E	T0E	ECIE	PCA0ME		
位号	位7	位6	位5	位4	位3	位2	位1	位0
寄存器地址	0xE2				复位值	00000000		

位7： WEAKPUD,端口 I/O 弱上拉禁止位。
    0   弱上拉使能(将 I/O 配置给模拟外设时弱上拉自动禁止)；
    1   弱上拉禁止。

位6： XBARE,交叉开关使能位。
    0   交叉开关禁止；
    1   交叉开关使能。

位5： T1E,定时器1使能位。
    0   T1 不连到端口引脚；
    1   T1 连到端口引脚。

位4： T0E,定时器0使能位。
    0   T0 不连到端口引脚；
    1   T0 连到端口引脚。

位3： ECIE,PCA0 外部计数输入使能位。
    0   ECI 不连到端口引脚；
    1   ECI 连到端口引脚。

位 2~0：PCA0ME，PCA 模块 I/O 使能位。

  000 PCA 所有的 I/O 都不连到端口引脚；
  001 CEX0 连到端口引脚；
  010 CEX0、CEX1 连到端口引脚；
  011 CEX0、CEX1、CEX2 连到端口引脚；
  100 CEX0、CEX1、CEX2、CXE3 连到端口引脚；
  101 CEX0、CEX1、CEX2、CXE3、CXE4 连到端口引脚；
  110 CEX0、CEX1、CEX2、CXE3、CXE4、CXE5 连到端口引脚；
  111 保留。

2.3 通用端口 I/O 初始化设置

  未分配外设的端口引脚和没有被模拟外设使用的端口引脚都可以作为通用 I/O。可以通过对应的端口数据寄存器 P0~P2 访问它们，这些寄存器既可以按位寻址也可以按字节寻址。向端口写入时，数据被锁存到端口数据寄存器中，以保持引脚上的输出数据值不变。从端口读出时，端口引脚的逻辑电平被读入，而与 XBRn 的设置值无关，即使在引脚被交叉开关分配给另一个信号端口时，端口寄存器总是读其对应的端口 I/O 引脚状态。但也有一些例外的场合，主要指对端口锁存器执行一些读-修改-写指令时，比如 ANL、ORL、XRL、JBC、CPL、INC、DEC、DJNZ 以及 MOV、CLR、SETB。这些指令读取的是端口寄存器而不是引脚的值，数据修改后再将结果写回端口寄存器。

  该芯片除了包括通用 I/O 全部功能之外，P0 和 P1 口还具有端口匹配功能，即端口输入引脚的逻辑电平与一个软件控制的预设值匹配。如果 P0&P0MASK 的值不等于 P0MATCH&P0MASK 的值或如果 P1&P1MASK 的值不等于 P1MATCH&P1MASK 的值，则会产生端口匹配事件。如果 EMAT(EIE2.1)被置 1，端口匹配事件可以产生中断。该功能允许在 P0 或 P1 输入引脚状态改变时，软件可以很方便地识别这种变化，该功能与 XBRn 的具体设置无关。端口匹配事件可以将内部振荡器从 SUSPEND 方式唤醒，详见第 9 章。表 2.4~表 2.20 给出了端口 P0、P1、P2 各设置寄存器的定义。

表 2.4 端口 0 寄存器(P0)

读写允许	R/W	R/W	R/W	R/W	R/W	R/W	R/W	R/W
位定义	P0.7	P0.6	P0.5	P0.4	P0.3	P0.2	P0.1	P0.0
位号	位7	位6	位5	位4	位3	位2	位1	位0
寄存器地址	0x80				复位值	11111111		

位 7~0：对应于 P0 口的 P0.0~P0.7 位写输出 I/O 口逻辑状态与交叉开关寄存器的设置有关。

  0 逻辑低电平输出；
  1 逻辑高电平输出，相应的 P0MDOUT.n 位置 0 则为高阻态。

第2章 可编程输入/输出端口与外设资源匹配

读 — 读那些在 P0MDIN 中被配置为模拟输入的引脚时返回值总是 0；读被配置为数字输入的引脚可直接读端口引脚的状态。

表 2.5 端口 0 输入方式寄存器（P0MDIN）

读写允许	R/W	R/W	R/W	R/W	R/W	R/W	R/W	R/W
位定义								
位号	位7	位6	位5	位4	位3	位2	位1	位0
寄存器地址	0xF1				复位值	11111111		

位7～0：模拟输入配置位与 P0.7～P0.0 分别对应。当端口引脚被配置为模拟输入时为弱上拉，数字驱动器和数字接收器都被禁止。

0　对应的 P0.n 引脚被配置为模拟输入；
1　对应的 P0.n 引脚不配置为模拟输入。

表 2.6 端口 0 输出方式寄存器（P0MDOUT）

读写允许	R/W	R/W	R/W	R/W	R/W	R/W	R/W	R/W
位定义								
位号	位7	位6	位5	位4	位3	位2	位1	位0
寄存器地址	0xA4				复位值	00000000		

位7～0：输出方式配置位与 P0.7～P0.0 分别对应。该寄存器设置端口 0 的输出方式，如果 P0MDIN 寄存器中的对应位为逻辑 0，则输出方式配置位被忽略。

0　对应的 P0.n 输出为漏极开路；
1　对应的 P0.n 输出为推挽方式。

当 SDA 和 SCL 被配置在端口引脚上时，总是被配置为漏极开路，与 P0MDOUT 的设置值无关。

表 2.7 端口 0 跳过寄存器（P0SKIP）

读写允许	R/W	R/W	R/W	R/W	R/W	R/W	R/W	R/W
位定义								
位号	位7	位6	位5	位4	位3	位2	位1	位0
寄存器地址	0Xd4				复位值	00000000		

位7～0：P0SKIP[7:0]，端口 0 交叉开关跳过使能位。这些位通过交叉开关译码器选择跳过的端口引脚。用作模拟输入 ADC、比较器或其他外设，如 VREF 输入、外部振荡器电路、CNVSTR 输入的引脚都应被交叉开关跳过。

0　对应的 P0.n 不被交叉开关跳过；
1　对应的 P0.n 被交叉开关跳过。

第 2 章 可编程输入/输出端口与外设资源匹配

表 2.8 端口 0 匹配寄存器(P0MAT)

读写允许	R/W	R/W	R/W	R/W	R/W	R/W	R/W	R/W
位定义								
位号	位 7	位 6	位 5	位 4	位 3	位 2	位 1	位 0
寄存器地址	0XD7				复位值	11111111		

位 7~0：P0MAT[7:0]，端口 0 匹配值，该寄存器须与 P0MASK 寄存器配合使用，设置值控制未被屏蔽的 P0 端口引脚的比较值。如果 P0 & P0MASK 的值不等于 P0MATCH & P0MASK，则会产生端口匹配事件。

表 2.9 端口 0 屏蔽寄存器(P0MASK)

读写允许	R/W	R/W	R/W	R/W	R/W	R/W	R/W	R/W
位定义								
位号	位 7	位 6	位 5	位 4	位 3	位 2	位 1	位 0
寄存器地址	0XC7				复位值	00000000		

位 7~0：P0MASK[7:0]，端口 0 屏蔽值，该寄存器须与 P0MAT 寄存器配合使用，这些位选择哪些端口引脚与 P0MAT 中存储器的值比较：
    0   对应的 P0.n 引脚被忽略，不能产生端口匹配事件；
    1   对应的 P0.n 引脚与 P0MAT 中的对应位比较。

表 2.10 端口 0 过驱动方式寄存器(P0ODEN)

读写允许	R/W	R/W	R/W	R/W	R/W	R/W	R/W	R/W
位定义								
位号	位 7	位 6	位 5	位 4	位 3	位 2	位 1	位 0
寄存器地址	0XB0				复位值	00000000		

位 7~0：P0.7~P0.0 的高阻抗过驱动方式使能位与 P0 口分别对应。端口引脚被配置为高阻抗过驱动方式时不需要额外的过驱动电流，但选择该方式会导致电源总电流稍有增加。当端口引脚被配置为正常过驱动方式时，引脚电压达到约 $V_{IO}+0.7$ V 时，需要约 150 μA 的峰值过驱动电流。
    0   对应的 P0.n 被配置为正常过驱动方式；
    1   对应的 P0.n 被配置为高阻抗过驱动方式。

表 2.11 端口 1 寄存器(P1)

读写允许	R/W	R/W	R/W	R/W	R/W	R/W	R/W	R/W
位定义	P1.7	P1.6	P1.5	P1.4	P1.3	P1.2	P1.1	P1.0
位号	位 7	位 6	位 5	位 4	位 3	位 2	位 1	位 0
寄存器地址	0x90				复位值	11111111		

第 2 章 可编程输入/输出端口与外设资源匹配

位 7～0：与端口 P1 的 P1.7～P1.0 分别对应。

写 - 输出 I/O 口的逻辑状态与交叉开关寄存器的设置有关。

0　逻辑低电平输出；

1　逻辑高电平,相应的 P1MDOUT.n 位置 0 则为高阻态。

读 - 读那些在 P1MDIN 中被选择为模拟输入的引脚时总返回 0,读被配置为数字输入的引脚可直接读端口引脚状态。

0　P1.n 为逻辑低电平；

1　P1.n 为逻辑高电平。

表 2.12　端口 1 输入方式寄存器(P1MDIN)

读写允许	R/W	R/W	R/W	R/W	R/W	R/W	R/W	R/W
位定义								
位号	位 7	位 6	位 5	位 4	位 3	位 2	位 1	位 0
寄存器地址	0XF2				复位值	11111111		

位 7～0：模拟输入配置位与 P1.7～P1.0 分别对应,该寄存器决定 P1 口的哪些位工作在模拟输入模式,当端口引脚被配置为模拟输入时,为弱上拉,数字驱动器和数字接收器都被禁止。

0　对应的 P1.n 引脚被配置为模拟输入；

1　对应的 P1.n 引脚不配置为模拟输入。

表 2.13　端口 1 输出方式寄存器(P1MDOUT)

读写允许	R/W	R/W	R/W	R/W	R/W	R/W	R/W	R/W
位定义								
位号	位 7	位 6	位 5	位 4	位 3	位 2	位 1	位 0
寄存器地址	0XA5				复位值	00000000		

位 7～0：输出方式配置位与 P1.7～P1.0 分别对应,该寄存器设置端口 1 的输出方式,如果 P1MDIN 寄存器中的对应位为逻辑 0,则输出方式配置位被忽略。

0　对应的 P1.n 输出为漏极开路；

1　对应的 P1.n 输出为推挽方式。

表 2.14　端口 1 跳过寄存器(P1SKIP)

读写允许	R/W	R/W	R/W	R/W	R/W	R/W	R/W	R/W
位定义								
位号	位 7	位 6	位 5	位 4	位 3	位 2	位 1	位 0
寄存器地址	0xD5				复位值	00000000		

第 2 章 可编程输入/输出端口与外设资源匹配

位 7~0：P1SKIP[7：0]，端口 1 交叉开关跳过使能位。这些位与 P1 端口一一对应，可设置使交叉开关译码器跳过的端口引脚。用作模拟输入 ADC、比较器或其他外设，如 VREF 输入、外部振荡器电路、CNVSTR 输入的引脚都应被交叉开关跳过。

  0 对应的 P1.n 不被交叉开关跳过；
  1 对应的 P1.n 被交叉开关跳过。

表 2.15 端口 1 匹配寄存器(P1MAT)

读写允许	R/W	R/W	R/W	R/W	R/W	R/W	R/W	R/W
位定义								
位号	位 7	位 6	位 5	位 4	位 3	位 2	位 1	位 0
寄存器地址	0xCF				复位值	11111111		

位 7~0：P1MAT[7：0]，端口 1 匹配值，该寄存器须与 P1MASK 寄存器配合使用，设置值控制未被屏蔽的 P1 端口引脚的比较值。如果 P1&P1MASK 的值不等于 P1MATCH&P1MASK，则会产生端口匹配事件。

表 2.16 端口 1 屏蔽寄存器(P1MASK)

读写允许	R/W	R/W	R/W	R/W	R/W	R/W	R/W	R/W
位定义								
位号	位 7	位 6	位 5	位 4	位 3	位 2	位 1	位 0
寄存器地址	0xBF				复位值	00000000		

位 7~0：P1MASK[7：0]，端口 1 屏蔽值，该寄存器须与 P1MAT 寄存器配合使用，这些位选择哪些端口引脚与 P1MAT 中存储器的值比较。

  0 对应的 P1.n 引脚被忽略，不能产生端口匹配事件；
  1 对应的 P1.n 引脚被与 P1MAT 中的对应位比较。

表 2.17 端口 2 寄存器(P2)

读写允许	R/W	R/W	R/W	R/W	R/W	R/W	R/W	R/W
位定义	P2.7	P2.6	P2.5	P2.4	P2.3	P2.2	P2.1	P2.0
位号	位 7	位 6	位 5	位 4	位 3	位 2	位 1	位 0
寄存器地址	0xA0				复位值	00000000		

位 7~0：对应于 P2 口的 8 条 I/O 口线 P2.7~P2.0

  写 - 输出 I/O 口的逻辑状态与交叉开关寄存器的设置有关。
    0 逻辑低电平输出；
    1 逻辑高电平输出，相应的 P2MDOUT.n 位须置 0；
  读 - 直接读端口引脚电平状态。

表 2.18 端口 2 输入方式寄存器(P2MDIN)

读写允许	R/W	R/W	R/W	R/W	R/W	R/W	R/W	R/W
位定义								
位号	位 7	位 6	位 5	位 4	位 3	位 2	位 1	位 0
寄存器地址	0xF3				复位值	11111111		

位 7~0：模拟输入配置位与 P2.7~P2.0 分别对应，该寄存器决定 P2 口的哪些位工作在模拟输入模式，当端口引脚被配置为模拟输入时，为弱上拉，数字驱动器和数字接收器都被禁止。
    0   对应的 P2.n 引脚被配置为模拟输入；
    1   对应的 P2.n 引脚不配置为模拟输入。

表 2.19 端口 2 输出方式寄存器(P2MDOUT)

读写允许	R/W	R/W	R/W	R/W	R/W	R/W	R/W	R/W
位定义								
位号	位 7	位 6	位 5	位 4	位 3	位 2	位 1	位 0
寄存器地址	0xA6				复位值	00000000		

位 7~0：输出方式配置位与 P2.7~P2.0 分别对应。该寄存器设置端口 2 的输出方式，如果 P2MDIN 寄存器中的对应位为逻辑 0，则输出方式配置位被忽略。
    0   对应的 P2.n 输出为漏极开路；
    1   对应的 P2.n 输出为推挽方式。

表 2.20 端口 2 跳过寄存器(P2SKIP)

读写允许	R/W	R/W	R/W	R/W	R/W	R/W	R/W	R/W
位定义								
位号	位 7	位 6	位 5	位 4	位 3	位 2	位 1	位 0
寄存器地址	0xD6				复位值	00000000		

位 7~0：P2SKIP[7：0]，端口 2 交叉开关跳过使能位。这些位与 P2 端口一一对应，可设置使交叉开关译码器跳过的端口引脚。用作模拟输入 ADC、比较器或其他外设如 VREF 输入、外部振荡器电路、CNVSTR 输入的引脚都应被交叉开关跳过。
    0   对应的 P2.n 不被交叉开关跳过；
    1   对应的 P2.n 被交叉开关跳过。

2.4 I/O 匹配应用实例

    片上系统的可编程 I/O 口 P0 口与 P1 口有一个很有用的功能，那就是端口匹配功能。匹配寄存器 P0MAT 的匹配值根据实际情况设定，该寄存器与 P0MASK 寄存器配合使用。而屏蔽寄存器 P0MASK 则是选择哪些端口引脚与 P0MAT 中存储器的值比较。如果 P0 & P0MASK 的值不等于 P0MATCH & P0MASK，则会产生端口匹配事件。当设置好匹配值和屏蔽值后，上述的匹配过程不需要 CPU 参与的，CPU 只是在产生匹配事件后再去处理，如此可使其节约大量的时间。对于测控系统来说，人机对话中按键信息的输入采用 CPU 定时查询，既占用其带宽，实时性又要受影响。采用专用芯片组既增加了成本又增加了复杂性。利用 I/O 端口的匹配功能，可以很方便地组成按键输入功能。实例中给出了这一功能在 P0 口的用法，该功能同样适用于 P1 口。实例中采用了匹配事件触发中断的方式，同样也可以采用查询方式。

```
#include "C8051F410.h"
#include <INTRINS.H>
#define uint unsigned int
#define uchar unsigned char
#define nop() _nop_();_nop_();
uchar iostate,ionew;
void Port_IO_Init();
void PCA_Init();
void Oscillator_Init();
void Interrupts_Init();
void Init_Device(void);
void Port_IO_Init() {
    //P0MDOUT = 0xFF;
     P0MASK = 0x03;
    P0MAT = 0xFF;
}
void PCA_Init(){
    PCA0MD& = ~0x40;
    PCA0MD = 0x00;
}
void Oscillator_Init(){
    //uchar i;
    OSCICN = 0x87        //系统频率为(24.5) MHz
    //OSCICN = 0x86;      系统频率为(24.5/2) MHz
    //OSCICN = 0x85;      系统频率为(24.5/4) MHz
    //OSCICN = 0x84;      系统频率为(24.5/8) MHz
    //OSCICN = 0x83;      系统频率为(24.5/16) MHz
    //OSCICN = 0x82;      系统频率为(24.5/32) MHz
    //OSCICN = 0x81;      系统频率为(24.5/64) MHz
    //OSCICN = 0x80;      系统频率为(24.5/128) MHz
    /* OSCICN = 0x87;
```

第2章 可编程输入/输出端口与外设资源匹配

```
        CLKMUL = 0x80;
        for (i = 0; i < 20; i++);        // Wait 5 μs for initialization
        CLKMUL |= 0xC0;
        while ((CLKMUL & 0x20) == 0);    */
    }
    void Interrupts_Init() {
        EIE2 = 0x02;
        IE = 0x80;
    }

    void Init_Device(void) {
        PCA_Init();
        Port_IO_Init();
        Oscillator_Init();
        Interrupts_Init();
    }

    main() {
    Init_Device();
    iostate = 0;
    ionew = 0;
    //P0 = 0xff;
    iostate = P0;
    while(1);
    }
    void IOmatch_ISR() interrupt 16 {    //I/O匹配中断处理
        ionew = P0;
        nop()
    }
```

执行结果如图 2.6 和图 2.7 所示。

Name	Value	
iostate	0x37	...
P0	0x37	...
ionew	0x00	...

图 2.6 匹配时间发生前

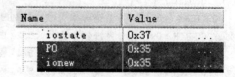

图 2.7 匹配时间发生后

设定的匹配值为 0x37,当 P0.1 接地后,使得 P0 口的状态发生变化,产生了匹配事件,iostate 记录的是发生匹配时间之前 P0 口值,ionew 记录的是发生匹配事件之后 P0 口的值。

第 3 章

多通道 12 位模/数转换器(ADC0)

模/数转换在大多数工业应用中是一个重要的不可或缺的功能。对于传统的 51 单片机系统,这一功能多采用片外扩展。

片外的 A/D 芯片很多,价格也较贵,特别是一些中速或高速的转换芯片,费用比微处理器本身要贵好多倍。

除了一般 12 位逐次逼近 A/D 的基本功能,C8051F41x 还扩展了很多功能,比如自动累加、窗口比较、低功耗的突发模式,可以把 CPU 干扰降到最小,给编程应用带来了诸多方便。

C8051F41x 器件内部有一个 12 位 SAR ADC0 和一个 27 通道单端输入多路选择器,该 ADC0 的最大转换速率为 200 ksps。ADC0 系统包含一个可编程的模拟多路选择器,用于选择 ADC0 的输入。端口 0~2 可以作为 ADC0 的输入;另外,片内温度传感器的输出和电源电压(V_{DD})也可以作为 ADC0 的输入。用户可以很方便地将 ADC0 置于关断状态或使用突发模式以降低功耗。

A/D 转换的启动方式有 4 种,分别是:软件命令、定时器 2 溢出、定时器 3 溢出和外部转换启动信号。可灵活地使用软件事件、周期性(定时器溢出)信号或外部硬件信号触发转换。在完成 1、4、8 或 16 次采样并由硬件累加器完成累加后,一个状态位指示转换完成并产生中断(如果被允许)。转换结束后,结果数据字被锁存到 ADC0 数据寄存器中。当系统时钟频率很低时,突发模式允许 ADC0 自动从低功耗停机状态被唤醒,采集和累加样本值,然后重新进入低功耗停机状态,不需要 CPU 干预。

窗口比较寄存器可被配置为当 ADC0 数据位于一个规定的范围之内或之外时,向控制器申请中断。ADC0 可以用后台方式连续监视一个关键电压,当转换数据位于规定的范围之内/外时才向控制器申请中断,该功能对于一些门限监视很有效,可大幅度减少 CPU 的干预时间。

图 3.1 所示为该模/数转换模块的功能框图。

第 3 章 多通道 12 位模/数转换器(ADC0)

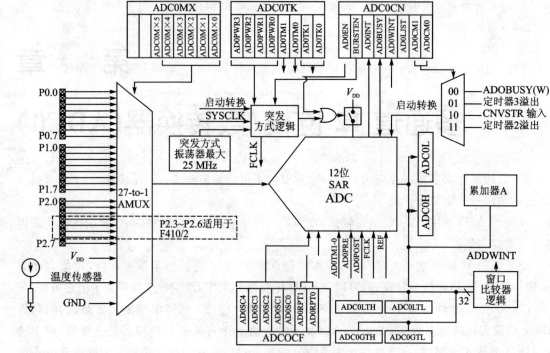

图 3.1 ADC0 功能框图

3.1 多路模拟开关选择器与片内温度传感器

模拟开关的作用是用来分时选择 ADC0 的输入通道。由图 3.1 ADC0 功能框图可知这些通道包括 P0.0～P2.7、片内温度传感器输出、内核电源(V_{DD})或 GND，它们中的任何一个都可以被选择为转换输入。模/数转换器只能工作在单端方式，即所有信号测量都是相对于 GND 的。这些输入通道是由寄存器 ADC0MX 来选择。

A/D 是一个模拟外设，被选择为 ADC0 输入的引脚应被配置为模拟输入。根据交叉开关的设置，除要进行输入配置外还要在对应位跳过，即应将 PnMDIN(n=0,1,2)寄存器中的对应位置 0。同时还要跳过该引脚，应将 PnSKIP(n=0,1,2)寄存器中的对应位置 1。

片上系统内部集成了一个温度传感器，并且已连接到了多路模拟开关上，使能工作后再通过寄存器 ADC0MX 的设置就可以使用了。这个温度传感器可应用于内部需要温度补偿的场合，考虑封装的影响后也可以检测片外的温度。

温度传感器的典型传输函数如图 3.2 所示。当温度传感器被寄存器 ADC0MX 中的 ADC0MX4～0 位选中时，输出电压(V_{TEMP})为 ADC0 的输入。由图 3.2 可知该传感器的线性不错，实测也是这样。图中 V_{TEMP} 为与温度对应的输出电压，TBD 在这里代表无量纲的比例系数，

TEMPc对应所处的摄氏温标读数,TBDmV代表特性曲线的偏移数值。图中曲线所对应的数值是典型值,与具体的产品是有差别的,即厂家并未标定传感器,偏移值和单位温度的电压增益也未知,造成数值离散。要想使用此传感器就要先标定,否则无法得出绝对温度值。笔者所使用的这片F410的比例系数约为0.00295,偏移值约为0.9,其他的应相差不多。要得到准确数值必须标定。

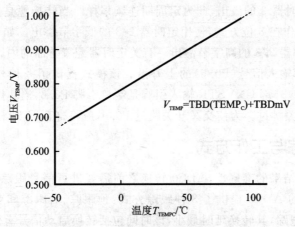

图 3.2 温度传感器典型传输函数

3.2 A/D 的配置

在一个典型系统中,用下面的步骤来配置ADC0:

① 选择转换启动源。有多种方式可以触发一次A/D转换,根据实际情况选择。

② 选择正常方式或突发方式,此为设定A/D的采样方式,如果使用突发方式,还需选择ADC0空闲电源状态并设置上电时间。

③ 选择跟踪方式。(注意:预跟踪方式只能用于正常转换方式。)

④ 计算需要的建立时间,并用AD0TK位设置转换启动后的跟踪时间。

⑤ 选择重复次数,即选择A/D的累加次数。

⑥ 选择输出码格式,分为数据右对齐或左对齐。

⑦ 相关中断的使能或禁止,包括转换结束及窗口比较中断(另在3.3节详细介绍)。

以下将围绕这些步骤进行详细说明。

3.2.1 转换启动方式

ADC0CN中的ADC0转换启动方式位(ADC0M1~0)的状态决定采用哪一种方式启动A/D转换。有4种A/D转换启动方式,可以触发一次A/D转换。对应于这4种启动方式的转换触发源有:

第 3 章 多通道 12 位模/数转换器(ADC0)

① 写 1 到 ADC0CN 的 AD0BUSY 位。此方式为直接立即式,即用软件直接控制 ADC0 转换。AD0BUSY 位在转换期间被置 1,转换结束后恢复为 0。当中断允许时,AD0BUSY 位的下降沿触发中断,并置位 ADC0CN 中的中断标志(AD0INT)。当工作在查询方式时,使用 ADC0 中断标志(AD0INT)作为查询 ADC0 转换是否完成的标志。当 AD0INT 位为逻辑 1 时,ADC0 数据寄存器(ADC0H:ADC0L)中的转换结果有效。

② 定时器 2 或定时器 3 的溢出,此为定周期连续采样。当转换源是定时器 2 或定时器 3 溢出时,如果定时器工作在 8 位方式,使用定时器 2/3 的低字节溢出。如果定时器 2/3 工作在 16 位方式,则使用定时器 2/3 的高字节溢出。有关定时器配置方面的内容请参看第 14 章。

③ CNVSTR 外部输入信号(P0.6)的上升沿。该模式提供了一种外部输入信号与片内 A/D 握手的方式。对应外部 CNVSTR 输入引脚是端口引脚 P0.6,当使用 CNVSTR 模式时,P0.6 应被数字交叉开关跳过。为使交叉开关跳过 P0.6,应将寄存器 P0SKIP 中的位 6 置 1。

3.2.2 A/D 跟踪与工作方式

为保证 A/D 转换结果的准确性,ADC0 转换之前需要进行信号跟踪,必须保证最小的跟踪时间。C8051F41x 的 ADC0 提供了 3 种跟踪方式:预跟踪、后跟踪和双跟踪。预跟踪方式是在启动信号之前即跟踪,其转换延时最小,该时间包括转换启动信号有效到转换结束。该方式需要软件支持,以满足最短跟踪时间的要求。后跟踪方式在转换启动信号有效之后进行且跟踪的时间长度是可编程的,该方式由硬件管理。双跟踪方式等效于前两者之和,即转换启动信号前、后都跟踪,其所需时间最长。图 3.3 给出了这 3 种跟踪方式的例子。

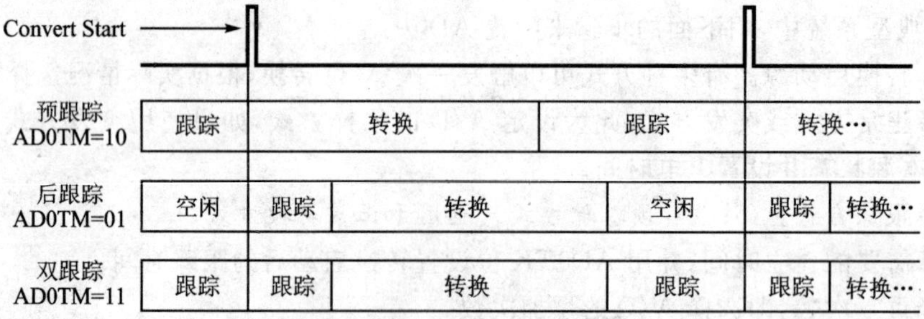

Convert Start						
预跟踪 AD0TM=10	跟踪	转换	跟踪		转换…	
后跟踪 AD0TM=01	空闲	跟踪	转换	空闲	跟踪	转换…
双跟踪 AD0TM=11	跟踪	跟踪	转换	跟踪	跟踪	转换…

图 3.3 ADC0 跟踪方式

ADC0 工作在预跟踪方式时,跟踪只是发生在启动信号有效之前,有转换信号后立即启动转换。ADC0 在不转换时会一直跟踪。因此,需要在每次转换结束和下一次转换启动信号之间保证最小的跟踪时间。ADC0 被使能与第一个转换启动信号之间也必须满足最小跟踪时间。

当 ADC0 选择后跟踪方式时,跟踪只是发生在启动信号有效之后,启动信号有效后才开始立即启动跟踪,跟踪时间可用 AD0TK 寄存器编程。在编程的跟踪时间结束后开始转换。转换结束后,不再跟踪输入信号。采样电容与输入断开,输入引脚呈现高阻抗,直到下一个转换启动信号有效。

ADC0 工作在双跟踪方式时,在转换启动信号有效前后均进行跟踪,其中有效信号之后的跟踪时间可用 AD0TK 寄存器编程。在编程的跟踪时间结束后开始转换，转换结束后，ADC0 继续跟踪输入信号，直到下一次转换开始。

在改变 MUX 设置之后，ADC0 输入的信号发生变化，实际需要的跟踪时间也要发生变化。具体建立时间的要求见本章 3.3.5 小节。

介于功耗方面的考虑，ADC0 也提供了两种工作模式：正常模式、突发模式。正常模式是非省电模式，对于一些电池或需要省电的场合，可以使用突发模式。

突发模式具有节省功耗的功能特性，ADC0 在两次转换期间保持低功耗状态。当突发模式被使能时，ADC0 从低功耗状态唤醒，用内部突发模式时钟(约 25 MHz)累加 1、4、8 或 16 (与重复次数有关)个采样值，然后又重新进入低功耗状态。突发模式时钟独立于系统时钟。即使系统时钟频率很低(如 32.768 kHz)或被挂起，ADC0 可以在一个系统时钟周期内完成多次转换并重新进入低功耗状态。将 BURSTEN 位置 1 即使能突发模式，此时 AD0EN 控制 ADC0 的空闲电源状态，即 ADC0 不跟踪也不执行转换时进入的状态。如果 AD0EN 被置 0，ADC0 在每次突发转换后进入断电状态；如果 AD0EN 被置 1，ADC0 在每次突发转换后仍保持使能状态。断电和进入低功耗状态是不一样的，ADC0 被断电，它会自动上电并等待一个可编程的上电时间，该上电时间由 AD0PWR 位控制。每来一次转换启动信号，ADC0 都会被从低功耗状态唤醒。否则 ADC0 会立即启动跟踪和转换。图 3.4 所示为系统时钟频率较低且重复次数为 4 时的突发模式示例。当突发模式被使能时，只能使用后跟踪或双跟踪方式，因为之前 A/D 并没有工作。一次转换启动将进行多次转换，转换次数等于重复次数。当突发模式被禁止时，每次转换都需要有转换启动信号。在正常模式和突发模式下，ADC0 转换结束中断标志置位，与设置的重复次数有关，即必须达到累加次数后才会置位。同样对于窗口比较也有类似的性质，即必须达到累加次数后，窗口比较器才会将结果与"大于"或"小于"寄存器进行比较。突发模式转换启动信号不能高于 SYSCLK 频率的 1/4。

3.2.3 A/D 的时序要求

ADC0 定时需要 FCLK 时钟支持。FCLK 的时钟源可以来自于系统时钟或是独立于系统时钟之外，由 BURSTEN 位选择。当 BURSTEN 为逻辑 0 时，FCLK 源自当前的系统时钟；当 BURSTEN 为逻辑 1 时，FCLK 源自突发独立振荡器的时钟源，其最高频率为 25 MHz。当 ADC0 执行一次转换时，它需要一个比 FCLK 慢的 SAR 转换时钟。这个时钟由 FCLK 分频得到。分频系数用 ADC0CF 寄存器中的 AD0SC 位控制。在任一给定时刻，ADC0 处于跟踪、转换或空闲这 3 种状态之一。跟踪时间取决于所选择的跟踪方式。对于前跟踪方式，跟踪时间由软件编程决定，转换启动信号开始后立即启动转换。对于后跟踪和双跟踪方式，转换启动信号有效后的跟踪时间等于由 AD0TK 决定的时间加上两个 FCLK 周期。跟踪结束后立即开始转换。ADC0 转换时间(从转换开始到转换结束)总是为 13 个 SAR 时钟加上两个 FCLK 周期。图 3.5 给出了前跟踪方式的一次转换和后跟踪或双跟踪方式跟踪时间与转换的时序图。在该例中，重复次数被设置为 1。

第 3 章 多通道 12 位模/数转换器(ADC0)

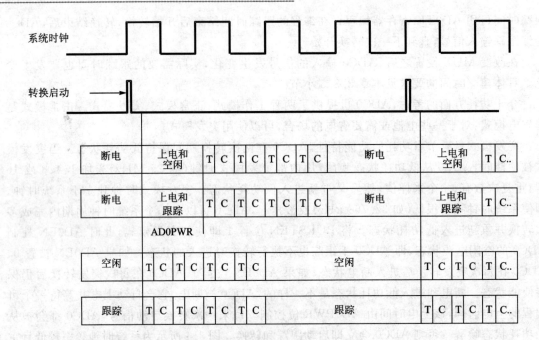

图 3.4 12 位 ADC0 突发模式示例(重复次数为 4)

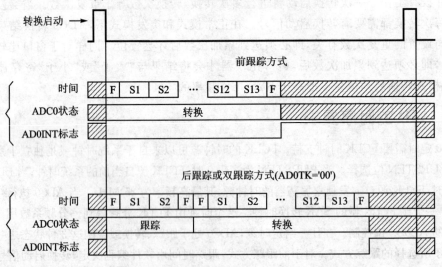

图 3.5 12 位 ADC0 跟踪方式时序图

3.2.4 输出转换码

结果寄存器 ADC0H 和 ADC0L 保存着转换码的高字节和低字节。当重复次数被设置为 1 时，转换码以 12 位无符号整数形式表示，并且输出转换码在每次转换后被更新。数字范围为 0~4095，对应电压值输入范围为 $0 \sim V_{REF} \times (4095/4096)$。数据格式可以是右对齐或左对齐，由 AD0LJST 位(ADC0CN.2)的设置决定。ADC0H 和 ADC0L 寄存器中未使用的位被清 0。表 3.1 给出了右对齐和左对齐的转换码示例。

表 3.1　ADC0 右对齐和左对齐数据示例

输入电压	右对齐 ADC0H:ADC0L (AD0LJST=0)	左对齐 ADC0H:ADC0L (AD0LJST=1)
$V_{REF} \times (4095/4096)$	0x0FFF	0xFFF0
$V_{REF} \times (2048/4096)$	0x0800	0x8000
$V_{REF} \times (2047/4096)$	0x07FF	0x7FF0
0	0x0000	0x0000

当 ADC0 重复次数大于 1 时，输出转换码是所有转换值累加的结果，数据更新发生在最后一次转换结束后。可以将 4、8 或 16 个连续采样值累加并以无符号整数形式表示。重复次数用 ADC0CF 寄存器中的 AD0RPT 位选择。重复次数大于 1，输出格式必须是右对齐的，ADC0H 和 ADC0L 寄存器中未使用的位被清 0。表 3.2 给出了对应不同输入电压和重复次数的右对齐结果示例。当从 ADC0 返回的所有采样结果都相同时，累加 $2n$ 个采样值等价于左移 n 位。

表 3.2　不同输入电压下的 ADC0 重复次数示例

输入电压	重复次数=4	重复次数=8	重复次数=16
$V_{REF} \times (4095/4096)$	0x3FFC	0x7FF8	0xFFF0
$V_{REF} \times (2048/4096)$	0x2000	0x4000	0x8000
$V_{REF} \times (2047/4096)$	0x1FFC	0x3FF8	0x7FF0
0	0x0000	0x0000	0x0000

3.2.5 建立时间的要求

进行一次精确的转换之前对跟踪时间是有要求的，该跟踪时间由多路模拟开关上的电阻、ADC0 采样电容、外部信号源阻抗及所要求的转换精度决定。图 3.6 给出了等效的 ADC0 输入电路。t 为所需要的建立时间，以秒为单位，R_{TOTAL} 为 AMUX0 电阻与外部信号源电阻之和，

n 为 ADC0 的分辨率,用 12 位表示。

对于一个给定的建立精度(S_A),所需要的 ADC0 建立时间可以用式(3.1)估算。当测量温度传感器的输出或 V_{DD}(相对于 GND)时,R_{TOTAL} 减小到 R_{MUX}。表 3.13 和表 3.14 给出了 ADC0 的最小建立时间要求。S_A 是建立精度,用一个 LSB 的分数表示建立精度 0.25 对应 1/4LSB。

$$t = \ln\left(\frac{2^n}{S_A}\right) \times R_{TOTAL} C_{SAMPLE} \qquad (3.1)$$

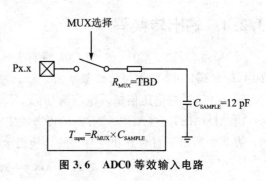

图 3.6　ADC0 等效输入电路

3.3　可编程窗口检测器

ADC0 可编程窗口检测器具有硬件比较功能。该功能将 ADC0 输出与用户设置的阈值进行比较,看是否满足所要求的条件,即编程者所设置的开区间或闭区间条件。若满足条件,则专用中断源置位并通知内核。这在一个中断驱动的系统中尤其有效,可以节省代码空间和提高内核的响应时间并减小对其的依赖。窗口检测器中断标志位 AD0WINT 也可被用于查询方式。ADC0 下限大于寄存器 ADC0GTH:ADC0GTL 和 ADC0 上限小于寄存器 ADC0LTH:ADC0LTL 是该方式的几个存储器。窗口检测器标志既可以编程在两个阈值以内有效(闭区间用法),也可以编程在两个阈值以外时有效(开区间用法),这取决于 ADC0GT 和 ADC0LT 寄存器的编程值。

图 3.7 给出了使用右对齐数据窗口比较的两个例子。左边的例子所使用的极限值为:ADC0LTH:ADC0LTL=0x0200(512d) 和 ADC0GTH:ADC0GTL=0x0100(256d);右边的例子所

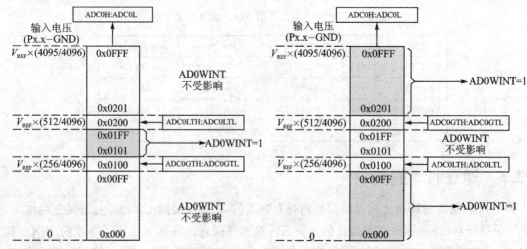

图 3.7　ADC0 窗口中断示例(左对齐数据)

使用的极限值为：ADC0LTH：ADC0LTL=0x0100 和 ADC0GTH：ADC0GTL=0x0200。输入电压范围是 $0\sim V_{REF}\times(4095/4096)$，转换码为 12 位无符号整数。重复次数设置为 1。对于左边的例子，如果 ADC0 转换字（ADC0H：ADC0L）位于由 ADC0GTH：ADC0GTL 和 ADC0LTH：ADC0LTL 定义的范围之内（即 0x0100＜ADC0H：ADC0L＜0x0200），则会产生一个 AD0WINT 中断。对于右边的例子，如果 ADC0 转换结果数据字位于由 ADC0GT 和 ADC0LT 定义的范围之外（即 ADC0H：ADC0L＜0x0100 或 ADC0H：ADC0L＞0x0200），则会产生一个 AD0WINT 中断。

3.4 寄存器的定义与设置

要很好地利用 A/D 的功能必须要很好地掌握寄存器的定义与设置，表 3.3～表 3.13 所列为 A/D 的功能寄存器。

表 3.3 ADC0 通道选择寄存器（ADC0MX）

读写允许	R	R	R	R/W	R/W	R/W	R/W	R/W
位定义	—	—	—	AD0MX				
位号	位 7	位 6	位 5	位 4	位 3	位 2	位 1	位 0
寄存器地址	0xBB				复位值	00011111		

位 7～5：未使用。读返回 000b，写无效。
位 4～0：AD0MX4～0，AMUX0 输入选择见表 3.4 所列。

表 3.4 ADC0 输入选择的 I/O 引脚定义

AD0MX4～0	ADC0 输入通道	AD0MX4～0	ADC0 输入通道
00000	P0.0	01110	P1.6
00001	P0.1	01111	P1.7
00010	P0.2	10000	P2.0
00011	P0.3	10001	P2.1
00100	P0.4	10010	P2.2
00101	P0.5	10011	P2.3*
00110	P0.6	10100	P2.4*
00111	P0.7	10101	P2.5*
01000	P1.0	10110	P2.6*
01001	P1.1	10111	P2.7
01010	P1.2	11000	温度传感器
01011	P1.3	11001	VDD
01100	P1.4	11010～11111	GND
01101	P1.5		

全部输入都适用于 C8051F410/2，对于 C8051F411/3 由于缩减了 I/O 口，带 * 的被保留。

第 3 章 多通道 12 位模/数转换器(ADC0)

表 3.5 ADC0 配置寄存器 ADC0CF

读写允许	R/W	R/W	R/W	R/W	R/W	R/W	R/W	R/W
位定义			AD0SC				AD0RPT	保留
位号	位 7	位 6	位 5	位 4	位 3	位 2	位 1	位 0
寄存器地址	0xBC				复位值	11111000		

位 7~3: AD0SC4~0,ADC0 SAR 转换时钟周期控制位,SAR 转换时钟来源于 f_{CLK},由式(3.2)给出,其中 N_{AD0SC} 表示 AD0SC4~0 中保存的 5 位数值。
BURSTEN=0: f_{CLK} 为当前系统时钟。
BURSTEN=1: f_{CLK} 独立于系统时钟,最大值为 25 MHz。

$$N_{AD0SC} = \frac{f_{CLK}}{f_{CLKSAR}} - 1 \quad \text{或} \quad f_{CLKSAR} = \frac{f_{CLK}}{N_{AD0SC}+1} \tag{3.2}$$

位 2~1: AD0RPT,ADC0 重复次数,控制 ADC0 转换结束后到 AD0INT 和 ADC0 窗口比较中断 AD0WINT 置位要进行的 A/D 的转换和累加次数。在非突发模式时,每次转换都需要一次转换启动。在突发模式下,一次转换启动能触发多个自定时的转换。在这两种模式下,转换结果都被自动累加到 ADC0H:ADC0L 寄存器。当 AD0RPT1~0 的设置值不为 00 时,ADC0CN 寄存器中的 AD0LJST 位必须被清 0(此时数据格式为右对齐)。

  00 执行 1 次转换;
  01 执行 4 次转换,转换和累加;
  10 执行 8 次转换,转换和累加;
  11 执行 16 次转换,转换和累加。

位 0: 保留。读返回 0,必须写 0b。

表 3.6 ADC0 数据字高字节寄存器 ADC0H

读写允许	R/W	R/W	R/W	R/W	R/W	R/W	R/W	R/W
位定义								
位号	位 7	位 6	位 5	位 4	位 3	位 2	位 1	位 0
寄存器地址	0xBE				复位值	00000000		

位 7~0: ADC0 数据字高 8 位。对于 AD0LJST=0 和下面的 AD0RPT 取值:
  00 位 3~0 为累加结果的高 4 位,位 7~4 为 0000b;
  01 位 5~0 为累加结果的高 6 位,位 7~6 为 00b;
  10 位 6~0 为累加结果的高 7 位,位 7 为 0b;
  11 位 7~0 为累加结果的高 8 位。
对于 AD0LJST=1(AD0RPT 必须为"00"),位 7~0 是 12 位 ADC0 结果的高 8 位。

第3章 多通道12位模/数转换器(ADC0)

表3.7 ADC0 数据字低字节寄存器 ADC0L

读写允许	R/W	R/W	R/W	R/W	R/W	R/W	R/W	R/W
位定义								
位号	位7	位6	位5	位4	位3	位2	位1	位0
寄存器地址	0xBD				复位值	00000000		

位7~0： ADC0 数据字低8位。

    AD0LJST=0   位7~0 是 ADC0 累加结果的低8位；

    AD0LJST=1   （AD0RPT 必须为"00"）位7~4 是 12位 ADC0 结果的低4位，位3~0 为 0000b。

表3.8 ADC0 控制寄存器 ADC0CN

读写允许	R/W	R/W	R/W	R/W	R/W	R/W	R/W	R/W
位定义	AD0EN	BURSTEN	AD0INT	AD0BUSY	AD0WINT	AD0LJST	AD0CM1	AD0CM0
位号	位7	位6	位5	位4	位3	位2	位1	位0
寄存器地址	0xE8				复位值	00000000		

位7： AD0EN, ADC0 使能位。

    0   ADC0 禁止，ADC0 处于低功耗关断状态；

    1   ADC0 使能，ADC0 处于活动状态，可以进行转换数据。

位6： BURSTEN, ADC0 突发模式使能位。

    0   ADC0 突发模式禁止；

    1   ADC0 突发模式使能。

位5： AD0INT, ADC0 转换结束中断标志。

    0   从上一次 AD0INT 清 0 后，ADC0 还没有完成一次数据转换；

    1   ADC0 完成了一次数据转换。

位4： AD0BUSY, ADC0 忙标志位。

    读0   ADC0 转换结束或当前不再进行数据转换，AD0INT 在 AD0BUSY 的下降沿被置1；

    读1   ADC0 正在进行转换。

    写0   无作用；

    写1   若 AD0CM1-0=00b 则启动 ADC0 转换。

位3： AD0WINT, ADC0 窗口比较中断标志，该位必须用软件清 0。

    0   自该标志最后一次被清除后，未发生 ADC0 窗口比较数据匹配；

    1   发生了 ADC0 窗口比较数据匹配。

位2： AD0LJST, ADC0 左对齐选择位。

    0   ADC0H:ADC0L 中的数据为右对齐；

    1   ADC0H:ADC0L 中的数据为左对齐。在重复次数大于1时(AD0RPT 为 01b、10b 或 11b)不应使用该选项。

位1~0： AD0CM1~0, ADC0 转换启动方式选择。

00　每向AD0BUSY写1时启动ADC0转换；
01　定时器3溢出启动ADC0转换；
10　外部CNVSTR输入信号的上升沿启动ADC0转换；
11　定时器2溢出启动ADC0转换。

表3.9　ADC0跟踪方式选择寄存器ADC0TK

读写允许	R/W	R/W	R/W	R/W	R/W	R/W	R/W	R/W
位定义	AD0PWR				AD0TM		AD0TK	
位号	位7	位6	位5	位4	位3	位2	位1	位0
寄存器地址	0xBA				复位值	00000000		

位7~4：　AD0PWR3~0，ADC0突发模式上电时间控制位。
　　　　BURSTEN=0　　　ADC0电源状态受AD0EN控制；
　　　　BURSTEN=1且AD0EN=1　ADC0保持使能状态，不会进入低功耗状态；
　　　　BURSTEN=1且AD0EN=0　ADC0进入低功耗状态(见表3.13和表3.14)并在每次转换启动信号有效时被使能。上电时间根据式(3.3)编程：

$$N_{AD0PWR} = \frac{启动时间}{200\ ns} - 1 \quad 或 \quad 启动时间 = (N_{AD0PWR} + 1) \times 200\ ns \tag{3.3}$$

位3~2：　AD0TM1-0，ADC0跟踪方式选择位。
　　　　00　保留；
　　　　01　ADC0配置为后跟踪方式；
　　　　10　ADC0配置为前跟踪方式；
　　　　11　ADC0配置为双跟踪方式(默认)。

位1~0：　AD0TK1~0，ADC0后跟踪时间。AD0TK对后跟踪时间的控制如下：
　　　　00　后跟踪时间等于2个SAR时钟周期+2个FCLK周期；
　　　　01　后跟踪时间等于4个SAR时钟周期+2个FCLK周期；
　　　　10　后跟踪时间等于8个SAR时钟周期+2个FCLK周期；
　　　　11　后跟踪时间等于16个SAR时钟周期+2个FCLK周期。

表3.10　ADC0下限(大于)数据字高字节寄存器ADC0GTH

读写允许	R/W	R/W	R/W	R/W	R/W	R/W	R/W	R/W
位定义								
位号	位7	位6	位5	位4	位3	位2	位1	位0
寄存器地址	0xC4				复位值	11111111		

位7~0：　ADC0下限数据字高字节。

表 3.11 ADC0 下限(大于)数据字低字节寄存器 ADC0GTL

读写允许	R/W	R/W	R/W	R/W	R/W	R/W	R/W	R/W
位定义								
位号	位 7	位 6	位 5	位 4	位 3	位 2	位 1	位 0
寄存器地址	0xC3				复位值	11111111		

位 7~0: ADC0 下限数据字低字节。

表 3.12 ADC0 上限(小于)数据字高字节寄存器 ADC0LTH

读写允许	R/W	R/W	R/W	R/W	R/W	R/W	R/W	R/W
位定义								
位号	位 7	位 6	位 5	位 4	位 3	位 2	位 1	位 0
寄存器地址	0xC6				复位值	00000000		

位 7~0: ADC0 上限数据字高字节。

表 3.13 ADC0 上限(小于)数据字低字节寄存器 ADC0LTL

读写允许	R/W	R/W	R/W	R/W	R/W	R/W	R/W	R/W
位定义								
位号	位 7	位 6	位 5	位 4	位 3	位 2	位 1	位 0
寄存器地址	0xC5				复位值	00000000		

位 7~0: ADC0 上限数据字低字节。

3.5 ADC0 的电气参数

ADC0 的电器参数如表 3.13 和表 3.14 所列,分为 $V_{DD}=2.5$ V 与 $V_{DD}=2.1$ V 的情况。

表 3.13 ADC0 电气特性($V_{DD}=2.5$ V,$V_{REF}=2.2$ V)

$V_{DD}=2.5$ V,$V_{REF}=2.2$ V(REFSL=0),$-40\sim+85$ ℃(除非特别说明)

参 数	条 件	最小值	典型值	最大值	单 位
直流精度					
分辨率			12		位
积分非线性		—	—	±1	LSB
微分非线性	保证单调	—	—	±1	LSB
偏移误差		—	±1	TBD	LSB

续表 3.13

参　数	条　件	最小值	典型值	最大值	单　位
满度误差		—	±1	TBD	LSB
动态性能(动态信号：10 kHz，正弦波差分输入，满度值之下 0～1 dB，200 ksps)					
信号与噪声加失真比		66	69	—	dB
总谐波失真	到 5 次谐波	—	−77	—	dB
无失真动态范围		—	−94	—	dB
A/D 时间特性					
SAR 转换时钟		—	—	10	MHz
转换时间(SAR 时钟数)	注①		13		时钟
跟踪/保持捕获时间	注②	1	—	—	μs
转换速率				200	ksps
模拟输入					
输入电压范围		0	—	V_{REF}	V
输入电容			12		pF
温度传感器					
线性度	注③、④	—	±TBD	—	℃
增益	注④		TBD	—	μV/℃
偏移	注④(温度＝0 ℃)		TBD		mV
电源供给要求					
V_{DD} 给 ADC0 供电	工作方式 200 ksps	—	680	TBD	μA
突发模式(空闲)			TBD		μA
电源抑制比		—	TBD	—	mV/V

注：① 两个额外的 FCLK 周期用于启动和结束转换。
② 根据连接到 ADC0 输入的信号源输出阻抗不同，可能需要增加跟踪时间。
③ 代表偏离平均值一个标准差。
④ 包括 ADC0 偏移、增益和线性度变化。
⑤ TBD 即 to be determination，待定之意。

表 3.14　ADC0 电气特性(V_{DD}＝2.1 V，V_{REF}＝1.5 V)

V_{DD}＝2.1 V，V_{REF}＝1.5 V(R_{EFSL}＝0)，−40～+85 ℃(除非特别说明)

参　数	条　件	最小值	典型值	最大值	单　位
直流精度					
分辨率			12		位
积分非线性		—	—	±1	LSB

续表 3.14

参　数	条　件	最小值	典型值	最大值	单　位
微分非线性	保证单调	—	—	±1	LSB
偏移误差		—	±1	TBD	LSB
满度误差		—	±1	TBD	LSB
动态性能(动态信号：10 kHz，正弦波差分输入，满度值之下 0～1 dB，200 ksps)					
信号与噪声加失真比		66	68	—	dB
总谐波失真	到 5 次谐波	—	−75	—	dB
无失真动态范围		—	−90	—	dB
A/D 时间特性					
SAR 转换时钟		—	—	10	MHz
转换时间(SAR 时钟数)	注①	—	13	—	时钟
跟踪/保持捕获时间	注②	1	—	—	μs
转换速率		—	—	200	ksps
模拟输入					
输入电压范围		0	—	V_{REF}	V
输入电容		—	12	—	pF
温度传感器特性					
线性度	注③、④	—	±TBD	—	℃
增益	注④	—	TBD	—	μV/℃
偏移	注④(温度=0 ℃)	—	TBD	—	mV
电源供给要求					
V_{DD}给 ADC0 供电	工作方式,200ksps	—	650	TBD	μA
突发模式(空闲)		—	TBD	—	μA
电源抑制比		—	TBD	—	mV/V

注：① 两个额外的 FCLK 周期用于启动和结束转换。
② 根据连接到 ADC0 输入的信号源输出阻抗不同，可能需要增加跟踪时间。
③ 代表偏离平均值一个标准差。
④ 包括 ADC0 偏移、增益和线性度变化。
⑤ TBD 即 to be determination，待定之意。

3.6　A/D 转换器应用实例

本节通过几个具体的应用实例，说明 A/D 定时采样以及查询中断等控制方式。同时，给出了 A/D 转换的诸如自动累加、窗口比较、片内温度传感器等一些较为新型功能的实例。

3.6.1　A/D 定时采样实例

定时采样是数据采集中最常用的方式,此种方式可以保证等周期采样,一般通过硬件或软件定时器,获得等时的采样脉冲,以此作为采样信号。对应的数据读取也有两种方式,查询法和中断法。本实例利用片上系统的定时器 3 的溢出信号作为采样脉冲,并采用了查询 A/D 转换完成标志位 AD0INT 来作为数据读取的握手信号。本例中使用 P2.0 和 P2.1 作为模拟输入通道,其中 P2.0 上联结了电压信号源,P2.1 悬空。

```c
#include "C8051F410.h"
#include <INTRINS.H>
#define uint unsigned int
#define uchar unsigned char
#define nop() _nop_();_nop_();
uchar dis_buf[4],update;
uint addata;
uchar cou;
float temp;
xdata uint ad1[32],ad2[32];

sfr16 TMR3RL = 0x92;              //T3 的重载值
sfr16 TMR3 = 0x94;                //T3 计数器值
#define SYSCLK    24500000/8      //系统工作频率定义
void PCA_Init();
void Timer_Init();
void delay(uint time);
void ADC0_Init();
void Voltage_Reference_Init();
void Port_IO_Init();
void Oscoullator_Init();
void Init_Device(void);
void adtimeset(uint adt);

//采样周期定义,单位为 ms,在 8 分频状态下最大设定值 255 ms
void adtimeset(uint adt) {
    unsigned long int tt;
    tt = 65536 -(SYSCLK/12/1000) * adt;
```

```c
    TMR3RL = tt;
    TMR3 = tt;
    }
//定时器 3 初始化工作在 16 位自动重载模式
void Timer_Init() {
    TMR3CN = 0x04;  //0x08,0x0c
}
//A/D 转换初始化
void ADC0_Init() {
    ADC0MX = 0x10;
    ADC0CN = 0x81;
}
//参考电压源设定为内部 2.25 V 且不驱动到 $V_{REF}$ 脚
void Voltage_Reference_Init() {
    REF0CN = 0x10;
}
//I/O 口功能分配与重组
void Port_IO_Init() {
    P2MDIN = 0xFC;    //将 P2.0,P2.1 分配给 A/D 输入通道,其他作为 I/O
    P2SKIP = 0x03;    //同时 P2.0,P2.1 的 SKIP 开关使能
}
//可编程计数器阵列设定
void PCA_Init() {
    PCA0MD& = ~0x40;    //看门狗禁止
    PCA0MD = 0x00;
}
//系统震荡频率设定
void Oscoullator_Init() {
    OSCICN = 0x87;      //系统频率为 24.5 MHz
    //OSCICN = 0x86;    系统频率为(24.5/2) MHz
    //OSCICN = 0x85;    系统频率为(24.5/4) MHz
    //OSCICN = 0x84;    系统频率为(24.5/8) MHz
    //OSCICN = 0x83;    系统频率为(24.5/16) MHz
    //OSCICN = 0x82;    系统频率为(24.5/32) MHz
    //OSCICN = 0x81;    系统频率为(24.5/64) MHz
    //OSCICN = 0x80;    系统频率为(24.5/128) MHz
}
```

第3章 多通道12位模/数转换器(ADC0)

```c
//系统硬件初始化包括可编程计数器阵列设定、定时器、A/D、参考电压、I/O口、晶振
void Init_Device(void) {
    PCA_Init();
    Timer_Init();
    ADC0_Init();
    Voltage_Reference_Init();
    Port_IO_Init();
    Oscoullator_Init();
}

//简易延时
void delay(uint time) {        //最小延迟约为1 ms
    uint i,j;
    for (i=0;i<time;i++){
        for(j=0;j<300;j++);
    }
}

/*数据输入函数,函数功能为采用定时器3溢出模式,定时采样读取数据采用AD0INT位查询实现*/
void indata() {
    for (cou=0;cou<32;cou++) {
        ADC0MX = 0x10;
        delay(2);
        //AD0BUSY = 1;
        AD0INT = 0;
        while(AD0INT == 0){;}
        TMR3CN = TMR3CN&0x0f;       //清溢出标志位
        addata = ADC0H * 256;       //采用单字节读取12位A/D值可用SFR16一次性读取
        addata += ADC0L;
        ad1[cou] = addata;
        delay(2);
        ADC0MX = 0x11;
        delay(2);
        //AD0BUSY = 1;
        AD0INT = 0;
        while(AD0INT == 0) {;}
        TMR3CN = TMR3CN&0x0f;
        addata = ADC0H * 256;
        addata += ADC0L;            //可用SFR16一次性读取
```

```
        ad2[cou] = addata;                    //将采样地址存入长度为 20 的数组中
    }
}
main() {
Init_Device();
delay(30);                                    //延时 30 ms 等待信号或外设稳定
for (cou = 0;cou<32;cou++) {                  //数组 1 与数组 2 清零
        ad1[cou] = 0;
        ad2[cou] = 0;
    }
    adtimeset(10);                            //设值采样周期为 10 ms
    indata();
    while(1);
}
```

程序的执行结果如图 3.8 和图 3.9 所示，两个模拟通道同时工作，通道 1 连接有电压信号，通道 2 未连接测试信号。数据显示窗口取自 Keil C51。

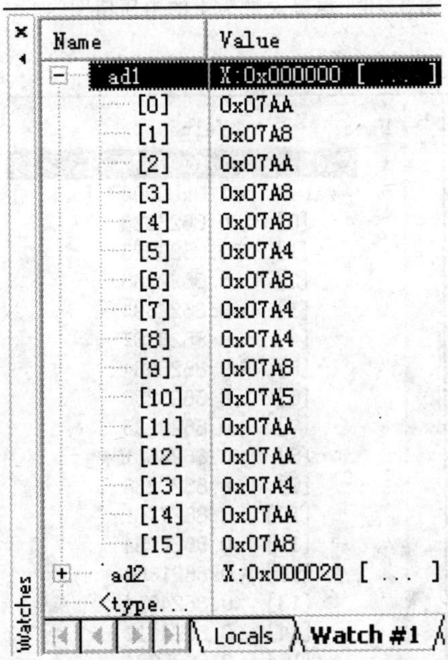
Name
Value
ad1
X:0x000000 [...]
[0] 0x07AA
[1] 0x07A8
[2] 0x07AA
[3] 0x07A8
[4] 0x07A8
[5] 0x07A4
[6] 0x07A8
[7] 0x07A4
[8] 0x07A4
[9] 0x07A8
[10] 0x07A5
[11] 0x07AA
[12] 0x07AA
[13] 0x07A4
[14] 0x07AA
[15] 0x07A8
ad2
X:0x000020 [...]
<type...
Watches
Locals
Watch #1

图 3.8　通道 1 输据显示

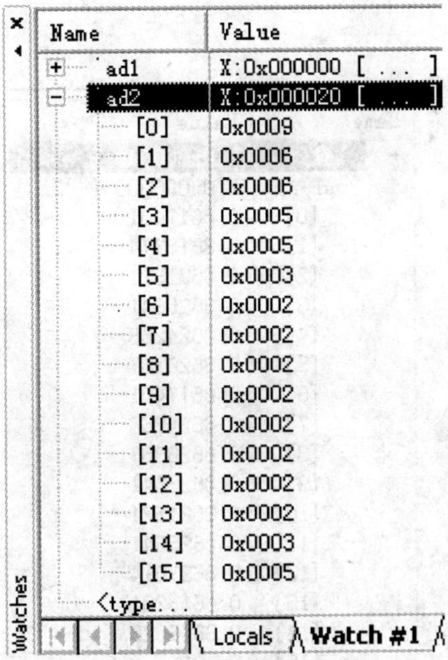
Name
Value
ad1
X:0x000000 [...]
ad2
X:0x000020 [...]
[0] 0x0009
[1] 0x0006
[2] 0x0006
[3] 0x0005
[4] 0x0005
[5] 0x0003
[6] 0x0002
[7] 0x0002
[8] 0x0002
[9] 0x0002
[10] 0x0002
[11] 0x0002
[12] 0x0002
[13] 0x0002
[14] 0x0003
[15] 0x0005
<type...
Watches
Locals
Watch #1

图 3.9　通道 2 输据显示

3.6.2 硬件数据累加器使用实例

C8051F410 的一个新功能是具备了硬件数据累加功能,完成这一累加过程不需要 CPU 参与,最多可完成 16 次累加,相当于 16 次转换后数据求和。这一功能无疑可以减少 CPU 负担,并可以一定意义上实现过采样。本例就是利用了这一功能,采用定时器 3 完成定时采样,中断读取转换数据,CPU 仅在读取累加完成后的数据时才参与,其他时间 CPU 把读回来的十六进制数据标定成十进制浮点电压值。为了加深体会累加器的作用,数据是 1 次、4 次、16 次累加的数据结果,如图 3.10～图 3.12 所示,请读者观察数据的差别。

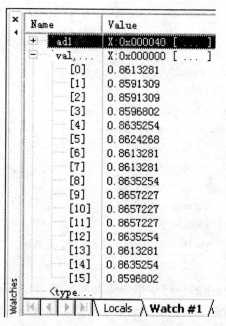

图 3.10 重复次数为 1 的电压值图

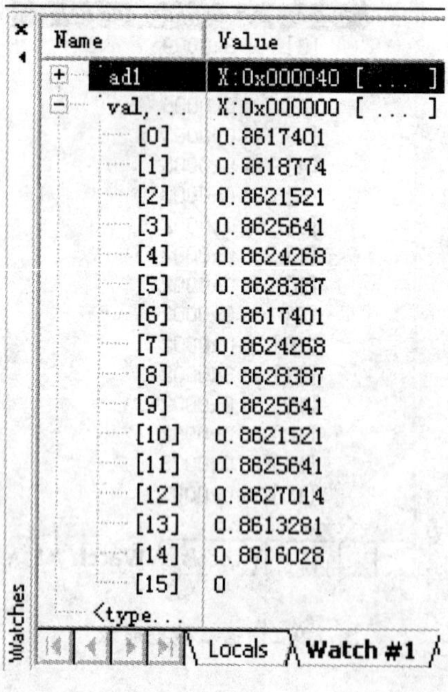

图 3.11 重复次数为 4 的电压值

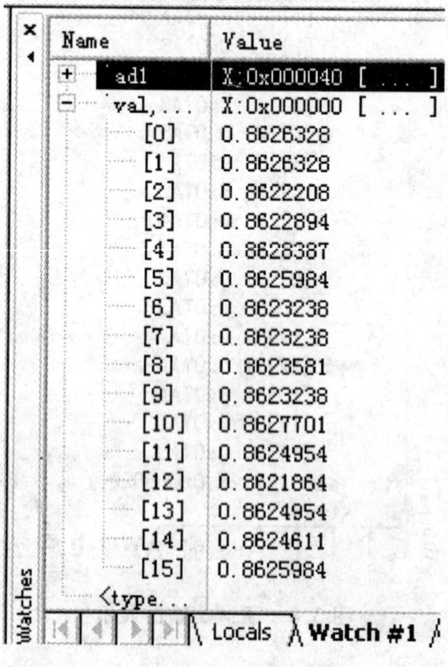

图 3.12 重复次数为 16 的电压值

第3章 多通道12位模/数转换器(ADC0)

```c
#include "C8051F410.h"
#include <INTRINS.H>
#define uint unsigned int
#define uchar unsigned char
#define nop() _nop_();_nop_();
uchar dis_buf[4],update;
uint addata;
uchar cou;
float temp;
xdata uint ad1[16];
xdata float val[16];
sfr16 TMR3RL = 0x92;            //Timer2 重载值
sfr16 TMR3 = 0x94;              //Timer2 计数值
sfr16 ADC0VAL = 0xbd;
sfr16 ADC0GT = 0xc3;
sfr16 ADC0LT = 0xc5;
#define SYSCLK   24500000 / 8   //SYSCLK 频率,单位 Hz
void PCA_Init();
void Timer_Init();
void delay(uint time);
void ADC0_Init();
void Voltage_Reference_Init();
void Port_IO_Init();
void Oscoullator_Init();
void Interrupts_Init();
void Init_Device(void);
void adtimeset(uint adt);

void adtimeset(uint adt) {
    unsigned long int tt;
      tt = 65536 -(SYSCLK/12/1000) * adt;
      TMR3RL = tt;
    TMR3 = tt;
  }
void PCA_Init() {
    PCA0MD& = ~0x40;
    PCA0MD = 0x00;
}
void Timer_Init() {
    TMR3CN = 0x04;
}
```

第3章 多通道12位模/数转换器(ADC0)

```c
void ADC0_Init() {
    ADC0MX = 0x10;
    //ADC0CF = 0xFe;                    4 = 0xfa,8 = FC ,16 = fe
    ADC0CN = 0x81;
}

void Voltage_Reference_Init() {
    REF0CN = 0x10;
}

void Port_IO_Init() {
    P2MDIN = 0xFC;
    P2SKIP = 0x03;
}

void Oscillator_Init() {
    OSCICN = 0x87;        //系统频率为 24.5 MHz
    //OSCICN = 0x86;      系统频率为(24.5/2) MHz
    //OSCICN = 0x85;      系统频率为(24.5/4) MHz
    //OSCICN = 0x84;      系统频率为(24.5/8) MHz
    //OSCICN = 0x83;      系统频率为(24.5/16) MHz
    //OSCICN = 0x82;      系统频率为(24.5/32) MHz
    //OSCICN = 0x81;      系统频率为(24.5/64) MHz
    //OSCICN = 0x80;      系统频率为(24.5/128) MHz
}

void Interrupts_Init() {
    EIE1 = 0x08;
    IE = 0x80;
}

//器件初始化函数
// Call Init_Device() from your main program
void Init_Device(void) {
    PCA_Init();
    Timer_Init();
    ADC0_Init();
    Voltage_Reference_Init();
    Port_IO_Init();
    Oscillator_Init();
    Interrupts_Init();
}
```

```c
void delay(uint time) {    //延迟 1 ms
    uint i,j;
    for (i=0;i<time;i++){
        for(j=0;j<300;j++);
    }
}
main() {
    uchar cou1;
    Init_Device();
    delay(10);
    for (cou=0;cou<16;cou++) {
        ad1[cou] = 0;
        val[cou] = 0;
//      ad2[cou] = 0;
    }
    adtimeset(10);
    // indata();
    AD0INT = 0;
    cou = 0;
    cou1 = 0;
    while(cou1<=16) {
        if(cou1<cou) {
            temp = ad1[cou1];
            temp = 2.25*temp/4096;    //4096,16384,32768,65536
            val[cou1] = temp;
            cou1++;
        }
    }
    while(1);
}
void ADC0_ISR (void) interrupt 10 {
    AD0INT = 0;
    TMR3CN = TMR3CN&0x0f;
    ad1[cou] = ADC0VAL;
    cou++;
    if(cou>=16) {
        EA = 0;
    }
}
```

第3章 多通道12位模/数转换器(ADC0)

3.6.3 芯片工作环境监测

片上系统内集成了一个温度传感器,测温也很方便。以下是程序实例:

```c
#include "C8051F410.h"
typedef unsigned int uint;
typedef unsigned char uchar;
typedef unsigned long ulong;
#define SYSCLK 24500000 / 8          //系统频率为 24.5 MHz 的 8 分频
uchar cou;
//bit isnewdata;
uint addata;
float temp;
xdata float ad1[16],ictem,vdd,gnd;   //存放温度检测数据,为 16 个数据
xdata int   ad[16];
sfr16 TMR3RL = 0x92;                  // 定时器 3 重装值
sfr16 TMR3 = 0x94;                    // 定时器 3 计数值
void delay(uint time);
void adtimeset(uint adt);
void PCA_Init();
void Timer_Init();
void ADC0_Init();
void Voltage_Reference_Init();
void Port_IO_Init();
void Oscillator_Init();
void Init_Device(void);

void adtimeset(uint adt) {            //采样周期设定
    unsigned long int tt;
    tt = 65536 -(SYSCLK/12/1000) * adt;
    TMR3RL = tt;
    TMR3 = tt;
}
void PCA_Init() {
    PCA0MD& = ~0x40;
    PCA0MD = 0x00;
}

void Timer_Init() {
    TMR3CN = 0x04;
}
```

```
void ADC0_Init() {
    ADC0MX = 0x10;
    //ADC0CF = 0xFE;
    ADC0CN = 0x81;
}

void Voltage_Reference_Init() {
    REF0CN = 0x3e;
}

void Port_IO_Init() {
    P1MDIN = 0xFB;
    P2MDIN = 0xFC;
    P2SKIP = 0x03;
    P1SKIP = 0x04;
}

void Oscillator_Init() {
    OSCICN = 0x87;           //系统频率为 24.5 MHz
    //OSCICN = 0x86;         系统频率为(24.5/2) MHz
    //OSCICN = 0x85;         系统频率为(24.5/4) MHz
    //OSCICN = 0x84;         系统频率为(24.5/8) MHz
    //OSCICN = 0x83;         系统频率为(24.5/16) MHz
    //OSCICN = 0x82;         系统频率为(24.5/32) MHz
    //OSCICN = 0x81;         系统频率为(24.5/64) MHz
    //OSCICN = 0x80;         系统频率为(24.5/128) MHz
}
void Init_Device(void) {
    PCA_Init();
    Timer_Init();
    ADC0_Init();
    Voltage_Reference_Init();
    Port_IO_Init();
    Oscillator_Init();
}

void delay(uint time){       //延迟 1 ms
    uint i;
    uint j;
    for (i = 0;i<time;i++){
```

```c
            for(j=0;j<300;j++);
    }
}

void main() {
    cou = 0;
    Init_Device();
    delay(10);
    adtimeset(50);
    ADC0MX = 0x19;
    delay(2);
    AD0INT = 0;
    //AD0BUSY = 1;
    while(AD0INT == 0) {;}
    TMR3CN = TMR3CN&0x0f;
    addata = ADC0H * 256;
    addata += ADC0L;        //可用 sfr16 一次性读取
    //vdd = (float)addata/65536.0;
    vdd *= 2.226;           //基准实测值为 2.226,读内核电压值
    ADC0MX = 0xff;
    delay(2);
    AD0INT = 0;
    //AD0BUSY = 1;
    while(AD0INT == 0) {;}
    TMR3CN = TMR3CN&0x0f;
    addata = ADC0H * 256;
    addata += ADC0L;        //可用 sfr16 一次性读取
    //gnd = (float)addata/65536.0;
    gnd = (float)addata/4096;
    gnd *= 2.226;           //地噪声
    delay(10);
    while(1) {
        ADC0MX = 0x18;
        for (cou = 0;cou<16;cou++) {
            delay(2);
            AD0INT = 0;
            //AD0BUSY = 1;
            while(AD0INT == 0) {;}
            TMR3CN = TMR3CN&0x0f;
            addata = ADC0H * 256;
            addata += ADC0L;        //可用 sfr16 一次性读取
```

```
        ad[cou] = addata;
    }
    for (cou = 0;cou<16;cou++) {
        addata = ad[cou];
        //ictem = (float)addata/65536.0;
        ictem = (float)addata/4096.0;
        ictem * = 2.226;
        ictem - = 0.9;
        ictem - = gnd;              //减去地噪声
        ictem/ = 0.00295;           //将测量值转化成真实温度值
        ictem - = 2.5;              //芯片内与外温差补偿
        ad1[cou] = ictem;
    }
}
```

图 3.13 是本程序的运行结果,此结果与笔者的水银温度计相比较,大体相等,相差小于 1 ℃。图 3.14 是笔者做的开机过程中芯片内温度平衡过程的实验,该数据是在自然冷却的条件下得到的,可以在测试环境温度时参考。

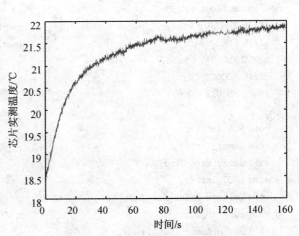

图 3.13　当前系统所处环境温度　　　　图 3.14　开机过程中芯片内温度平衡过程

3.6.4 CPU 无扰门限比较

本例使用了片上系统的另一新功能——数据窗口比较功能。一般系统对于模拟输入数据进行门限或边界的比较时需要 CPU 的参与。如果输入信号是一个缓变信号,就要耗费 CPU 的大量带宽。数据窗口比较功能可以大大减少 CPU 的花费,且门限边界可以自定义。信号在门限范围之外,CPU 可以放心地去做其他工作,而不用顾及信号是否超限。本例 CPU 比较信号无效之前可以显示当前值以及监控其他输入情况。当信号超限时发生监控中断,进而 CPU 进行必要处理。本例十分适合温度、压力、湿度等缓变信号监控。本例监控范围为 (0x1000,0x3000) 内有效,范围外则无效。

```c
#include "C8051F410.h"
#include <INTRINS.H>
#define uint unsigned int
#define uchar unsigned char
#define nop() _nop_();_nop_();
#define SYSCLK 24500000 / 16        //系统频率为 24.5 MHz 的 16 分频

uint addata;
uchar cou;
float temp;
long total;
bit watchbit,update;
xdata uint ad1[16];
//xdata float val[16];
sfr16 TMR3RL = 0xca;                //Timer2 重装值
sfr16 TMR3 = 0xcc;                  //Timer2 计数值
sfr16 ADC0VAL = 0xbd;
sfr16 ADC0GT = 0xc3;
sfr16 ADC0LT = 0xc5;

void PCA_Init();
void Timer_Init();
void delay(uint time);
void ADC0_Init();
void Voltage_Reference_Init();
void Port_IO_Init();
void Oscoullator_Init();
void Interrupts_Init();
void Init_Device(void);
void adtimeset(uint adt);
```

```c
void adc0_watch1(uint Gt,uint Le);
void adc0_watch1(uint Gt,uint Le);

void adtimeset(uint adt) {
    unsigned long int tt;
    tt = 65536 -(SYSCLK/12/1000) * adt;
    TMR3RL = tt;
    TMR3 = tt;
}
void PCA_Init() {
    PCA0MD&= ~0x40;    //看门狗禁止
    PCA0MD = 0x00;
}
void Timer_Init() {
    TMR2CN = 0x04;     //定时器2工作在16位数据重装并立即启动该定时器
}
void ADC0_Init() {
    ADC0MX = 0x10;
    ADC0CF = 0xFA;     //数据叠加次数为4
    ADC0CN = 0x83;
}

void Voltage_Reference_Init() {
    REF0CN = 0x17;     //选择片内基准,实测值为2.2267,温度传感器、电压偏置器、内部缓冲器使能
}

void Oscillator_Init() {
    //OSCICN = 0x87;   //系统频率为 24.5 MHz
    //OSCICN = 0x86;   系统频率为(24.5/2) MHz
    //OSCICN = 0x85;   系统频率为(24.5/4) MHz
    //OSCICN = 0x84;   系统频率为(24.5/8) MHz
    OSCICN = 0x83;     系统频率为(24.5/16) MHz
    //OSCICN = 0x82;   系统频率为(24.5/32) MHz
    //OSCICN = 0x81;   系统频率为(24.5/64) MHz
    //OSCICN = 0x80;   系统频率为(24.5/128) MHz
}

void Interrupts_Init() {
    EIE1 = 0x0c;       //数据采集完成、数据窗口监控中断使能
    IE = 0x80;    //开全局中断
}
```

第3章 多通道12位模/数转换器(ADC0)

```c
//Initialization function for device,
//Call Init_Device() from your main program
void Init_Device(void) {
    PCA_Init();
    Timer_Init();
    ADC0_Init();
    Voltage_Reference_Init();
    Oscillator_Init();
    Interrupts_Init();
}
void delay(uint time){      //延迟 1 ms
    uint i,j;
    for (i = 0;i<time;i++){
        for(j = 0;j<300;j++);
    }
}
void adc0_watch1(uint Gt,uint Le){   //Gt 和 Le 设置监控范围,监控范围为 Gt,Le 值之内
    ADC0GT = Gt;
    ADC0LT = Le;
    AD0WINT = 0;
    //EIE1| = 0x04;
}
void adc0_watch2(uint Gt,uint Le){   //Gt 和 Le 设置监控范围,监控范围为 Gt,Le 值之外
    ADC0LT = Gt;
    ADC0GT = Le;
    AD0WINT = 0;
//    EIE1| = 0x04;
}
main() {
    uchar cou1;
    Init_Device();
    delay(10);
      for (cou = 0;cou<16;cou++) {
        ad1[cou] = 0;
        //val[cou] = 0;
        //ad2[cou] = 0;
      }
    adc0_watch1(0x1000,0x3000);
    adtimeset(30);
    AD0INT = 0;
```

```c
        update = 0;
        watchbit = 0;
        cou = 0;
        cou1 = 0;
        while(1) {
          if(update == 1) {                //数据是最新的
            temp = 0;
            total = 0;
            for(cou1 = 0;cou1<16;cou1 ++ ) {
            total = total + ad1[cou1]; }
              temp = total/16;             //对数据再求平均
              temp = 2.226 * temp/16384;   //数据叠加次数为 4,求信号实时值
              update = 0;
              cou = 0;
          }
          if(watchbit == 1) {              //窗口监控已经作用
              /* 处理程序 */
              EIE1| = 0x04;                //恢复监控中断
              watchbit = 0;                //监控标志位清零
          }
        }
}
void ADC0watch_ISR (void) interrupt 9 {
    AD0WINT = 0;
    //EA = 0;
    addata = ADC0VAL;
    watchbit = 1;
    EIE1& = 0xfb;                          //禁止监控中断,避免重复中断
}
void ADC0_ISR (void) interrupt 10 {
    AD0INT = 0;
    TMR3CN = TMR3CN&0x0f;
    if(update == 0) {
        ad1[cou] = ADC0VAL;                //读取实时值
        cou ++ ;
        if(cou> = 16) {                    //数组是否已装满,以便置位更新数据标志
            update = 1;
        }
    }
}
```

第 4 章

可叠加或独立的 12 位电流模式 DAC

D/A 转换是嵌入式系统中相当重要的一个外设功能,是系统模拟量输出的通道。D/A 转换芯片广泛应用于计算机系统、通信系统、工业控制系统、智能化仪器仪表等领域,例如处理语音信号、波形产生等。一般 PC 机的声卡其核心元件就是高精度 D/A 转换芯片。

C8051F41x 内部集成有两个 12 位的电流模式的 D/A 转换器 IDAC,其输出电流最大值有 4 种不同的设置(0.25 mA、0.5 mA、1 mA 和 2 mA),两个 IDAC 有相互独立的寄存器,并且可以分别使能或禁止 IDAC。当两个 IDAC 都被使能时,还可以设置使它们的输出叠加并合并到一个引脚。当 IDAC 被使能时,内部的带隙偏置发生器为其提供基准电流。IDAC 有多种触发更新模式,可以用软件命令、定时器溢出或外部引脚边沿触发。如图 4.1 所示为 IDAC 功能框图。

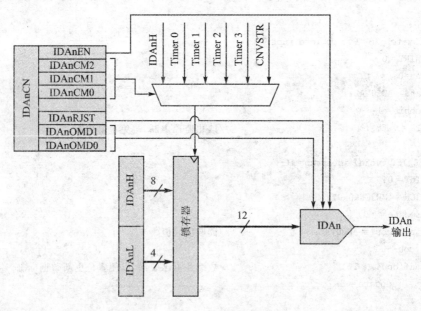

图 4.1　IDAC 功能框图

第4章 可叠加或独立的12位电流模式DAC

4.1 D/A 转换寄存器

4.1.1 D/A 寄存器说明

D/A 各寄存器说明如表 4.1～表 4.6 所列。

表 4.1 D/A 控制寄存器（IDA0CN）

读写允许	R/W	R/W	R/W	R/W	R	R/W	R/W	R/W
位定义	IDA0EN	IDA0CM			—	IDA0RJST	IDA0OMD	
位号	位7	位6	位5	位4	位3	位2	位1	位0
寄存器地址	0xB9				复位值	01110011		

位7： IDA0EN，IDA0 的使能位，该位决定 IDA0 外设输出是否有效。
    0   IDA0 禁止；
    1   IDA0 使能。

位6～4： IDA0CM[2～0]，IDA0 输出更新模式选择位，通过该位的设置选择需要的更新方式。
    000   定时器0溢出触发 DAC0 输出更新；
    001   定时器1溢出触发 DAC0 输出更新；
    010   定时器2溢出触发 DAC0 输出更新；
    011   定时器3溢出触发 DAC0 输出更新；
    100   外部脉冲信号的上升沿触发 DAC0 输出更新；
    101   外部脉冲信号的下降沿触发 DAC0 输出更新；
    110   外部脉冲信号的两个边沿触发 DAC0 输出更新；
    111   写 IDA0H 触发 DAC0 输出更新。

位3： 未使用，读操作返回值为0，写操作无效。

位2： IDA0RJST，该位是 IDA0 数据的右对齐选择位，表示输入数据的格式。
    0   IDA0H：IDA0L 中的 IDA0 数据为左对齐；
    1   IDA0H：IDA0L 中的 IDA0 数据为右对齐。

位1～0： IDA0OMD[1～0]，IDA0 输出模拟信号的幅值方式选择位。
    00   0.25 mA 满度输出电流；
    01   0.5 mA 满度输出电流；
    10   1.0 mA 满度输出电流；
    11   2.0 mA 满度输出电流。

表 4.2 IDA0 的数据字高字节寄存器（IDA0H）

读写允许	R/W	R/W	R/W	R/W	R/W	R/W	R/W	R/W
位定义								
位号	位7	位6	位5	位4	位3	位2	位1	位0
寄存器地址	0x97				复位值	00000000		

位 7～0：IDA0 数据字的高 8 位。
　　　　IDA0RJST＝0 时　　位 7～0 是 12 位 IDA0 数据字的高 8 位；
　　　　IDA0RJST＝1 时　　位 3～0 是 12 位 IDA0 数据字的高 4 位；位 7～4 为 0000b。

表 4.3　IDA0 的数据字低字节寄存器（IDA0L）

读写允许	R/W	R/W	R/W	R/W	R/W	R/W	R/W	R/W
位定义								
位号	位 7	位 6	位 5	位 4	位 3	位 2	位 1	位 0
寄存器地址	0x96				复位值	00000000		

位 7～0：12 位 IDA0 数据字的低 8 位。
　　　　IDA0RJST＝0 时　　数据为左对齐位，位 7～4 是 12 位 IDA0 数据字的低 4 位，位 3～0 为 0000b；
　　　　IDA0RJST＝1 时　　数据为右对齐位，位 7～0 是 12 位 IDA0 数据字的低 8 位。

表 4.4　IDA1 的控制寄存器（IDA1CN）

读写允许	R/W	R/W	R/W	R/W	R	R/W	R/W	R/W
位定义	IDA1EN	IDA1CM			—	IDA1RJST	IDA1OMD	
位号	位 7	位 6	位 5	位 4	位 3	位 2	位 1	位 0
寄存器地址	0xB5				复位值	01110011		

位 7：　IDA1EN，IDA1 使能位，该位决定 IDA0 外设输出是否有效。
　　　　0　　IDA1 禁止；
　　　　1　　IDA1 使能。
位 6～4：IDA1CM[2～0]，IDA1 输出更新模式选择位。
　　　　000　　定时器 0 溢出触发 DAC1 输出更新；
　　　　001　　定时器 1 溢出触发 DAC1 输出更新；
　　　　010　　定时器 2 溢出触发 DAC1 输出更新；
　　　　011　　定时器 3 溢出触发 DAC1 输出更新；
　　　　100　　外部脉冲信号的上升沿触发 DAC1 输出更新；
　　　　101　　外部脉冲信号的下降沿触发 DAC1 输出更新；
　　　　110　　外部脉冲信号的两个边沿触发 DAC1 输出更新；
　　　　111　　写 IDA1H 触发 DAC1 输出更新。
位 3：　未使用，读操作返回值为 0，写操作无效。
位 2：　IDA0RJST，该位是 IDA1 数据的右对齐选择位，表示输入数据的格式。
　　　　0　　IDA1H：IDA1L 中的 IDA1 数据为左对齐；
　　　　1　　IDA1H：IDA1L 中的 IDA1 数据为右对齐。

位 1～0：IDA1OMD[1～0]，IDA1 输出模拟信号的幅值方式选择位。
  00 0.25 mA 满度输出电流；
  01 0.5 mA 满度输出电流；
  10 1.0 mA 满度输出电流；
  11 2.0 mA 满度输出电流。

表 4.5 IDA1 的数据字高字节寄存器(IDA1H)

读写允许	R/W	R/W	R/W	R/W	R/W	R/W	R/W	R/W
位定义								
位号	位 7	位 6	位 5	位 4	位 3	位 2	位 1	位 0
寄存器地址	0xF5				复位值	00000000		

位 7～0：IDA1 数据字的高 8 位。
  IDA1RJST=0 时 数据为左对齐，位 7～0 是 12 位 IDA1 数据字的高 8 位；
  IDA1RJST=1 时 数据为右对齐，位 3～0 是 12 位 IDA1 数据字的高 4 位，位 7～4 为 0000b。

表 4.6 IDA1 的数据字低字节寄存器(IDA1L)

读写允许	R/W	R/W	R/W	R/W	R/W	R/W	R/W	R/W
位定义								
位号	位 7	位 6	位 5	位 4	位 3	位 2	位 1	位 0
寄存器地址	0xF4				复位值	00000000		

位 7～0：12 位 IDA1 数据字的低 8 位。
  IDA1RJST=0 时 数据为左对齐，位 7～4 是 12 位 IDA1 数据字的低 4 位，位 3～0 为 0000b。
  IDA1RJST=1 时 数据为右对齐，位 7～0 是 12 位 IDA1 数据字的低 8 位。

4.1.2 IDAC 输出字格式

  IDAC 数据寄存器由高字节和低字节两部分组成，数据可以是左对齐或右对齐的。当左对齐时，数据的高 8 位(D11～4)被映射到 IDAnH 的位 D7～0，而数据字的低 4 位 D3～0 被映射到 IDAnL 的位 D7～4。当右对齐时，数据字的高 4 位 D11～8 被映射到 IDAnH 的位 D3～0，而数据字的低 8 位 D7～0 被映射到 IDAnL 的位 D7～0。数据格式由 IDAnRJST 位 IDAnCN.2 选择。

  IDAC 的输出电流范围由 IDAnOMD 位(IDAnCN[1～0])选择。默认情况下，IDAC 的最大输出电流被设置为 2 mA。通过配置 IDAnOMD 位可以将最大输出电流设置为 0.25 mA、0.5 mA 或 1 mA。表 4.7 所列为数据格式不同与输出之间的关系。

第4章 可叠加或独立的12位电流模式DAC

表 4.7 IDAC 数据字格式

数据结构	IDAnH								IDAnL							
左对齐	D11	D10	D9	D8	D7	D6	D5	D4	D3	D2	D1	D0	—	—	—	—
右对齐	—	—	—	—	D11	D10	D9	D8	D7	D6	D5	D4	D3	D2	D1	D0
IDAn 数据字 (D11~D0)	输出电流与 IDAnOMD 位设置的关系															
	'11'(2 mA)				'10'(1 mA)				'01'(0.5 mA)				'00'(0.25 mA)			
0x000	0 mA				0 mA				0 mA				0 mA			
0x001	(1/4096×2) mA				(1/4096)×1 mA				(1/4096)×0.5 mA				(1/4096)×0.25 mA			
0x800	(2048/4096)×2 mA				(2048/4096)×1 mA				(2048/4096)×0.5 mA				(2048/4096)×0.25 mA			
0xFFF	(4095/4096)×2 mA				(4095/4096)×1 mA				(4095/4096)×0.5 mA				(4095/4096)×0.25 mA			

注：左对齐数据是指 IDAnRJST=0，右对齐数据是指 IDAnJST=1。

4.2 D/A 转换的输出方式选择

IDAC 具有多种输出更新方式，可以做到无扰数据更新，允许从 0 到满度的变化。IDAC 具有以下几种更新模式：程控立即更新模式（通过写 IDAC 数据寄存器实现）；定时器时控输出更新模式（由定时器溢出信号实现）；外部触发信号边沿的输出更新模式（由外部脉冲信号触发）。

4.2.1 程控立即更新模式

IDAC 的默认更新模式为立即更新模式，更新过程需要软件的支持，更新发生在写数据寄存器高字节时。在该模式下，写数据寄存器低字节时数据被保持，输出也不发生变化。当寄存器高字节被写入后，完整的数据被锁存到 D/A 转换的数据寄存器，如果要向数据寄存器写 12 位的数据字，则要先写数据的低 8 位，然后再写数据的高 4 位，否则将得不到所要求的输出。当数据字为左对齐时，D/A 工作在 8 位模式，此时先将数据低位寄存器初始化为一个所希望的数值，相当于给输出一个偏置，然后只对数据寄存器的高 8 位操作即可。此模式不受其他触发信号限制，只和装入数据这一事件有关。

4.2.2 定时器时控输出更新模式

IDAC 的输出可以由定时器溢出事件触发更新。这一特性对于周期性的输出以及信号发生都有积极意义，比如利用此功能可以很方便地生成诸如正弦波之类的周期波形。此时的输出对 CPU 的依赖最小，更新实质是硬件实现的，此举可以避免中断及指令时间的延迟对 IDAC 输出时序的影响。当控制寄存器 6~4 位被设置为 000、001、010 或 011 时，分别对应了定时器 0、1、2、3 溢出触发模式。数据寄存器的数据先被保持，定时器溢出事件发生时，数据寄存器的内容才被复制到 IDAC 输入锁存器,完成数据更新。当使用定时器 2 或定时器 3 溢出进行更新时,如果定时器工作在 8 位方式,则更新发生在低字节溢出时刻;如果定时器工作在 16 位方式,则更新发生在高字节溢出时刻。

4.2.3 外部触发信号边沿的输出更新模式

可以利用外部的信号控制 IDAC 更新,编程配置为在外部触发信号的上升沿、下降沿或两个边沿进行输出更新。控制寄存器 6~4 位被设置为 100、101 或 110 时,分别对应了上升沿有效、下降沿有效、上升沿和下降沿都有效的触发信号。同样待更新的数据被保持,直到外部触发信号输入引脚的有效边沿发生。当相应的边沿发生时,数据存储器的内容被复制到 IDAC 输入锁存器,IDAC 按保持的值实现更新。此模式可应用在与外部触发信号需要同步的场合。

4.3 D/A 转换的应用设置与电气参数

C8051F410 具有双路电流输出模式的 D/A,且输出电流的幅值可变。该 D/A 使用非常灵活,既可单路单独应用,也可双路组合应用。

当两个 D/A 单独使用时,IDA0 的输出连接到 P0.0 引脚上,IDA1 的输出连接到 P0.1 引脚上。叠加输出时两路 D/A 均连接到 P0.0 引脚上。该叠加功能是用电压基准控制寄存器 REF0CN 的最高位 IDAMRG 来使能的,IDAMRG 取 0 时两种 D/A 独立输出,取 1 时输出叠加。具体内容请参照第 5 章。叠加输出时,两种 D/A 的叠加的幅值最高可达到 4 mA。

当两个 IDAC 的使能位都被清 0 时,IDAC 的功能被禁止,此时的引脚为正常的 GPIO 引脚。当 IDAC 被允许时,对应引脚的数字驱动器和弱上拉功能被自动禁止,引脚将作为 IDAC 输出。当使用 IDAC 功能时,所选择的 IDAC 引脚应被交叉开关跳过。寄存器对应位置 1。图 4.2 所示为 IDA0 和 IDA1 的引脚连接原理图。从图中可以看到,当两路 IDAC 都被使能且 IDAMRG 被置 1 时,两路 IDAC 的输出被合并到 P0.0 上。

IDAC 的电气特性如表 4.8 所列。

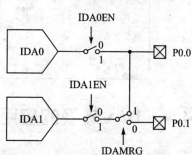

图 4.2 IDAC 引脚连接原理图

表 4.8 IDAC 的电气特性

$V_{DD}=2.0\ V$,满度输出电流设置为 2 mA,$-40\sim+85\ ℃$(除非特别说明)

参 数	条 件	最小值	典型值	最大值	单 位
静态性能					
分辨率			12		位
积分非线性		—	—	±10	LSB

续表 4.8

参　数	条　件	最小值	典型值	最大值	单　位
微分非线性	保证单调	—	—	±1	LSB
输出范围		—	—	$V_{DD}-1.2$	V
输出噪声	$I_{OUT}=$TBD; $R_{LOAD}=$TBD	—	TBD	—	pA/rtHz
偏移误差		—	0	—	LSB
增益误差	2 mA 满度输出电流	—	0.05	—	%
增益误差温度系数		—	TBD	—	ppm/℃
V_{DD}电源抑制比		—	TBD	—	dB
输出电容		—	TBD	—	pF
动态性能					
启动时间		—	TBD	—	μs
增益变化 （从 2 mA 范围）	1 mA 满度输出电流 0.5 mA 满度输出电流 0.25 mA 满度输出电流	—	0.5 0.5 0.5	— — —	% % %
功耗					
电源电流	2 mA 满度输出电流 1 mA 满度输出电流 0.5 mA 满度输出电流 0.25 mA 满度输出电流	—	2.1 1.1 0.6 0.35	— — — —	mA mA mA mA

4.4　D/A 转换的应用实例

以下将通过几个例子，详细说明 DAC 的几种典型应用。

4.4.1　D/A 的调试与程控立即更新模式应用

此方式为 DAC 仅在 CPU 控制下工作，不需要其他外设，对 CPU 的依赖最强。当然此种应用也最简单，不用考虑时序上的一些匹配。无论是左对齐方式还是右对齐方式，DAC 的启动信号都是以写 IDAC 的数据字高位为起始的，因此此种方式 IDAC 数据字必须分开写入，先写低字节后写高字节。SFR16 写入方式将导致低位数据无法赋值。

```
#include "C8051F410.h"
#include <INTRINS.H>
#define uint unsigned int
```

第4章 可叠加或独立的12位电流模式 DAC

```c
#define uchar unsigned char
#define nop() _nop_();_nop_();
//用联合体定义16位双字节操作
union tcfint16{
    uint myword;
    struct{uchar hi;uchar low;}bytes;
}myint16;
uint daval;


//sfr16 IDA0DAT = 0x96;
//sfr16 IDA1DAT = 0xf4;
//函数说明
void delay(uint time);           //延时函数
void Oscillator_Init();          //晶振初始化
void Port_IO_Init();             //I/O交叉开关资源分配
void DAC_Init();                 //DAC转换初始化
void PCA_Init();                 //PCA单元初始关看门狗
void Init_Device();              //硬件资源初始化
void chbyte(uint dadata, bit DAflag);  //将转化数字分成双字节并赋给DAC0或DAC1
//////////////////////////////////////////////
void chbyte(uint dadata, bit DAflag) {
    myint16.myword = dadata;
    if( DAflag == 0) {
        IDA0L = myint16.bytes.low;
        IDA0H = myint16.bytes.hi;
    }
      else {
        IDA1L = myint16.bytes.low;
        IDA1H = myint16.bytes.hi;
      }
}
void delay(uint time){
    uint i,j;
    for (i=0;i<time;i++){
        for(j=0;j<300;j++);
    }
}
void PCA_Init() {
    PCA0MD&= ~0x40;
```

第 4 章 可叠加或独立的 12 位电流模式 DAC

```
    PCA0MD = 0x00;
}
void DAC_Init() {
    IDA0CN = 0xF7;    //D/A0 使能并应用为写字节立即转换模式
    IDA1CN = 0xF7;    //D/A1 使能并应用为写字节立即转换模式
}
void Oscillator_Init() {
    OSCICN = 0x87;    //系统频率为 24.5 MHz
    //OSCICN = 0x86;  系统频率为(24.5/2) MHz
    //OSCICN = 0x85;  系统频率为(24.5/4) MHz
    //OSCICN = 0x84;  系统频率为(24.5/8) MHz
    //OSCICN = 0x83;  系统频率为(24.5/16) MHz
    //OSCICN = 0x82;  系统频率为(24.5/32) MHz
    //OSCICN = 0x81;  系统频率为(24.5/64) MHz
    //OSCICN = 0x80;  系统频率为(24.5/128) MHz
}
void Port_IO_Init() {
    P0SKIP = 0x03;
}
void Init_Device(void) {
    PCA_Init();
    Oscillator_Init();
    DAC_Init();
    Port_IO_Init();
}
main() {
    uchar tem;

    Init_Device();    //初始化硬件设置
    delay(10);

    tem = 0;
    daval = 0;
    chbyte(daval, 0);
    for(tem = 0;tem <= 15;tem ++ ) {
        daval = daval + 0x100;
        chbyte(daval - 1, 0);
    }
    tem = 0;
```

```
        daval = 0;
        chbyte(daval,1);
        for(tem = 0;tem<= 15;tem++){
            daval = daval + 0x100;
            chbyte(daval - 1, 1);
        }
        while(1);
}
```

4.4.2 DAC 定时器模式应用

本例是利用定时器的溢出信号作为 DAC 的启动信号。此时 DAC 转换的发生并不是写 IDAC 数据高字节时发生,因此可以使用 SFR16 方式写入。应用定时器可以减少 DAC 对 CPU 的依赖性,只要在定时器延时阶段写入数据都是有效的,利用其周期性可以比较方便地产生周期性信号。当然此时对时序还是有要求的,尤其是定时时间较短,要避免数据没有完全更新(即发生 DAC 启动事件)。要保证良好的时基是不能进行等待的,否则会造成周期性信号频率波动。

本例利用 T3 定时中断,更新 DAC1 输出(DAC1 为锯齿波输出),并在中断过程中进行数据更新。当定时时间过短此种更新可能存在 DAC 输出与数据更新时间上的交叉,也就是上面说的时序问题。参考程序如下:

```
#include "C8051F410.h"
#include <INTRINS.H>
#define uint unsigned int
#define uchar unsigned char
#define ulong unsigned long int
#define nop() _nop_();_nop_();
//用联合体定义 16 位双字节操作
union tcfint16{
    uint myword;
    struct{uchar hi;uchar low;}bytes;
}myint16;

uchar tem;
uint daval;

sfr16 IDA0DAT = 0x96;
sfr16 IDA1DAT = 0xf4;
//函数说明
void delay(uint time);          //延时函数
void Oscillator_Init();         //晶振初始化
```

第4章 可叠加或独立的12位电流模式DAC

```c
void Port_IO_Init();            //I/O 交叉开关资源分配
void DAC_Init();                //DAC 转换初始化
void PCA_Init();                //PCA 单元初始关看门狗
void Timer_Init();
void Init_Device();             //硬件资源初始化
void chbyte(uint dadata, bit DAflag);  //将转化数字分成双字节并赋给 DAC0 或 DAC1
/////////////////////////////////////////////////////

#define SYSCLK       24500000        // SYSCLK frequency in Hz
sfr16 TMR3RL = 0x92;                 //Timer3 reload value
sfr16 TMR3 = 0x94;                   //Timer3 counter
//sbit ET3 = EIE1^7
void timeset(uint time) {
    ulong tt;
    tt = 65536 -(SYSCLK/12/1000) * time;
    TMR3RL = tt;
    TMR3 = tt;
}

void chbyte(uint dadata, bit DAflag) {   //将自分成字节并赋给 D/A
    myint16.myword = dadata;
    if( DAflag == 0) {
        IDA0L = myint16.bytes.low;
        IDA0H = myint16.bytes.hi;
    }
    else {
        IDA1L = myint16.bytes.low;
        IDA1H = myint16.bytes.hi;
    }
}

void delay(uint time) {   //延迟 1 ms
    uint i,j;
    for (i = 0;i<time;i++){
        for(j = 0;j<300;j++);
    }
}

void DAC_Init() {
    // IDA0CN = 0xf7;        //D/A0 使能并应用
    //IDA1CN = 0xf7;         //D/A1 使能并应用
    IDA0CN = 0xb7;           //D/A0 使能并应用 T3 模式
```

```
    IDA1CN = 0xb7;          //D/A1 使能并应用 T3 模式
}
void Oscillator_Init() {
    OSCICN = 0x87;          //系统频率为 24.5 MHz
    //OSCICN = 0x86;    系统频率为(24.5/2) MHz
    //OSCICN = 0x85;    系统频率为(24.5/4) MHz
    //OSCICN = 0x84;    系统频率为(24.5/8) MHz
    //OSCICN = 0x83;    系统频率为(24.5/16) MHz
    //OSCICN = 0x82;    系统频率为(24.5/32) MHz
    //OSCICN = 0x81;    系统频率为(24.5/64) MHz
    //OSCICN = 0x80;    系统频率为(24.5/128) MHz
}
void Port_IO_Init() {
    P0SKIP = 0x03;
}
void Timer_Init() {
    //CKCON = 0x40;          //T3 时钟为系统时钟,默认 12 分频

    TMR3CN = 0x04;           //0x08,0x0c
}
void PCA_Init() {
    PCA0MD& = ~0x40;
    PCA0MD = 0x00;
}
void Init_Device(void) {
    PCA_Init();
    Oscillator_Init();
    Timer_Init();
    DAC_Init();
    Port_IO_Init();
    Timer_Init();
}
main() {
    Init_Device();           //初始化硬件设置
    delay(10);
    daval = 0;
    chbyte(daval,1);
    timeset(32);
    EA = 1;                  //开全局中断
    TR3 = 1;                 //启动定时器 T3
    EIE1 = EIE1|0x80;
```

```
    while(1) {
    daval++;
    if(daval>=0x1000)
    daval=0;
    chbyte(daval,1);
    }
}
void T3_ISR() interrupt 14 {
    TF3H=0;
    IDA1DAT=IDA1DAT+0x0f;
    if(IDA1DAT>=0x1000)
        IDA1DAT=0;
    chbyte(daval,1);
}
```

4.4.3 可编程正弦波发生

本程序的功能是正弦波发生，C51库函数中包含了正弦函数。本波形所用数据可以经过计算后再赋值，但是正弦函数计算量较大，以至于消耗大量时间，使得发生频率不可能很高。本例采用在信号发生之前先计算生成所需函数表，然后再查表取值的方法，可节省大量的时间，使得有效发生频率提高很大。采用256点表也是为了采用字节变量，以减少时间消耗。中断服务程序应尽可能短，否则会影响数据的更新输出。

```
#include "C8051F410.h"
#include <INTRINS.H>
#include <math.H>
#define uint unsigned int
#define uchar unsigned char
#define ulong unsigned long int
#define nop() _nop_();_nop_();
union tcfint16{
    uint myword;
    struct{uchar hi;uchar low;}bytes;
}myint16;          //用联合体定义16位操作
uint daval;
xdata uint sinsj[256];

sfr16 IDA0DAT = 0x96;
sfr16 IDA1DAT = 0xf4;
//函数说明
void delay(uint time);      //延时函数
```

```c
void Oscillator_Init();        //晶振初始化
void Port_IO_Init();           //I/O 交叉开关资源分配
void DAC_Init();               //DAC 转换初始化
void PCA_Init();               //PCA 单元初始关看门狗
void Timer_Init();
void Init_Device();            //硬件资源初始化
void chbyte(uint dadata, bit DAflag);   //将转化数字分成双字节并赋给 DAC0 或 DAC1
void fset(uint adt);           //频率设置

#define SYSCLK      24500000
sfr16 TMR3RL = 0x92;           //T3 重载
sfr16 TMR3 = 0x94;             //T3 计数
//sbit ET3 = EIE1^7
void fset(uint adt) {
    ulong con;
    //con = 65536 - (SYSCLK/12/1000) * adt;
    con = 65536 - (SYSCLK/adt/255);
    TMR3RL = con;
    TMR3 = con;
}
void chbyte(uint dadata, bit DAflag) {    //将字分成字节并赋给 D/A
    myint16.myword = dadata;
    if( DAflag == 0) {
        IDA0L = myint16.bytes.low;
        IDA0H = myint16.bytes.hi;
    }
    else {
        IDA1L = myint16.bytes.low;
        IDA1H = myint16.bytes.hi;
    }
}
void delay(uint time){
    uint i,j;
    for(i = 0;i<time;i++){
        for(j = 0;j<300;j++);
    }
}

void DAC_Init() {
    //IDA0CN = 0xb7;             //D/A0 使能并应用 T3 模式
    //IDA1CN = 0xb7;             //D/A1 使能并应用 T3 模式
    IDA0CN = 0xF7;               //D/A0 使能并应用为写字节立即转换模式
```

第4章 可叠加或独立的12位电流模式DAC

```
    IDA1CN = 0xF7;           //D/A1 使能并应用为写字节立即转换模式
}
void Oscillator_Init() {
    OSCICN = 0x87;         //系统频率为 24.5 MHz
    //OSCICN = 0x86;       系统频率为(24.5/2) MHz
    //OSCICN = 0x85;       系统频率为(24.5/4) MHz
    //OSCICN = 0x84;       系统频率为(24.5/8) MHz
    //OSCICN = 0x83;       系统频率为(24.5/16) MHz
    //OSCICN = 0x82;       系统频率为(24.5/32) MHz
    //OSCICN = 0x81;       系统频率为(24.5/64) MHz
    //OSCICN = 0x80;       系统频率为(24.5/128) MHz
    // * OSCICN = 0x87;
}
void Port_IO_Init() {
    P0SKIP = 0x03;
}
void Timer_Init() {
  CKCON = 0x40;
  //CKCON = 0x40;     T3 时钟为系统时钟,默认12分频
  TMR3CN = 0x04;      //0x08,0x0c
}
void PCA_Init() {
    PCA0MD& = ~0x40;
    PCA0MD = 0x00;
}
void Init_Device(void) {
    PCA_Init();
    Oscillator_Init();
    DAC_Init();
    Port_IO_Init();
    Timer_Init();
}
main() {
    float p;
    Init_Device();      //初始化硬件设置
    delay(10);
    for(tem = 0;tem<255;tem ++ ) {
        p = 2048 * (sin(2 * 3.1415926 * tem/256) + 1);
        if(p> = 4095)
        {p = 4095;}
        sinsj[tem] = p;
    }
```

第 4 章 可叠加或独立的 12 位电流模式 DAC

```
    daval = 0;

    chbyte(daval, 1);
    fset(800);              //800 Hz 正弦波
    EA = 1;
    TR3 = 1;                //启动定时器 T3
    EIE1 = EIE1|0x80;
    tem = 0;
    while(1)
    {;}
}

void T3_ISR() interrupt 14 {
    //T3 定时中断,更新 DAC1 数据
    IDA1DAT = sinsj[tem];      //此数据未更新输出
    tem++;
    TMR3CN& = ~(0x80);
}
```

图 4.3 所示为程序执行后利用示波器观察到的结果。

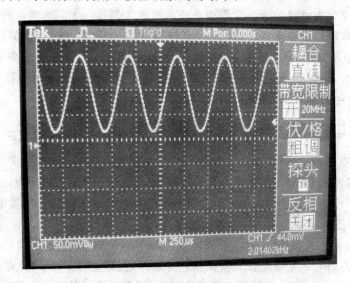

图 4.3　示波器反映的结果

第 5 章

片内可编程电压基准与片内比较器

5.1 片内电压基准

C8051F41x 片内集成有电压基准,该电压基准稳定性较好,可以满足 12 位模拟外设的要求,可以供片内外设使用,同时也可供片外外设使用。基准源的来源是可编程的,可以为内部电压基准、片外基准或电源电压 V_{DD},具体结构功能如图 5.1 所示。基准控制寄存器 REF0CN 中的 REFSL 位用于选择基准源。选择使用外部或内部基准时,REFSL 位应被清 0,选择 V_{DD} 作为基准源时,REFSL 应被置 1。

片内电压基准发生电路包含一个带隙电压基准发生器和一个两倍增益的输出缓冲放大器,该基准发生器具有较好的温度特性,可以达到 14 位左右的精度。输出电压可以编程为 1.5 V 或 2.2 V。内部电压基准可以从 V_{REF} 引脚输出,V_{REF} 引脚对地的负载电流小于 200 μA。当使用内部电压基准时,最好在 V_{REF} 和 GND 之间并联 0.1 μF 和 4.7 μF 的旁路电容以降低基准的噪声,如果不使用内部基准,REFBE 位应被清 0。

5.1.1 片内电压基准结构原理

REF0CN 寄存器中的 BIASE 位控制内部偏置电压发生器。一些模拟外设(如 ADC、温度传感器、内部振荡器和 IDAC)都要使用该偏置电压。当这些外设中的任何一个被使能时,BIASE 位被自动置 1,也可以通过向 REF0CN 中的 BIASE 位写 1 来使能偏置电压发生器,具体见 REF0CN 寄存器的详细说明。

引脚 P1.2 被用作外部 V_{REF} 的输入通道或内部 V_{REF} 的输出通道,不管使用的是外部电压基准还是内部基准,P1.2 应被配置为模拟输入并被跳过,即应将 P1MDIN 寄存器的位 2 清 0,将 P1SKIP 寄存器的位 2 置 1。如果省略了这一步,就会对模拟外设的性能造成不利影响。具体参见第 2 章。REF0CN 中的 TEMPE 位用于使能/禁止温度传感器。当被禁止时,温度传感器为高阻状态,此时对温度传感器的任何温度测量结果都是无意义的。

第 5 章 片内可编程电压基准与片内比较器

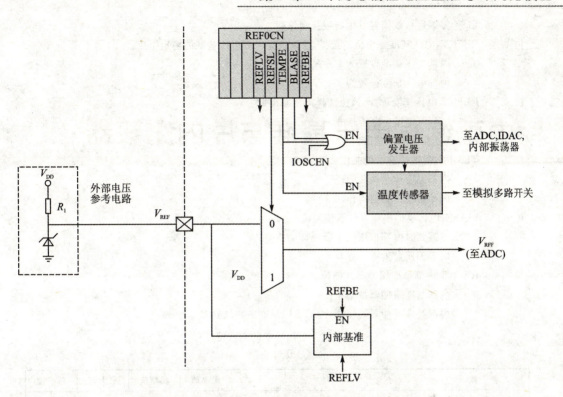

图 5.1 电压基准功能框图

5.1.2 片内电压基准控制寄存器与电气参数

电压基准控制寄存器如表 5.1 所列,电压基准相关电气参数如表 5.2 所列。

表 5.1 电压基准控制寄存器(REF0CN)

读写允许	R/W	R/W	R/W	R/W	R/W	R/W	R/W	R/W
位定义	IDAMRG	GF	ZTCEN	REFLV	REFSL	TEMPE	BIASE	REFBE
位号	位7	位6	位5	位4	位3	位2	位1	位0
寄存器地址	0xD1				复位值	00000000		

位 7: IDAMRG,IDAC 输出合并选择,即将两路 D/A 值叠加输出。
   0 IDA1 输出为 P0.1,两路 D/A 独立;
   1 IDA1 两路 D/A 合并输出为 P0.0。
位 6: GF,通用标志,该位作为软件控制的通用标志位使用。
位 5: ZTCEN,零温度系数偏置使能位。
   0 零温度系数偏置发生器在需要时被自动使能;

第5章 片内可编程电压基准与片内比较器

    1 零温度系数偏置发生器被强制使能。
位4： REFLV，电压基准输出值的选择，该位选择内部电压基准的输出电压。
    0 内部电压基准设置为1.5 V；
    1 内部电压基准设置为2.2 V。
位3： REFSL，电压基准选择，该位选择电压基准源。
    0 V_{REF}引脚作为电压基准；
    1 V_{DD}作为电压基准。
位2： TEMPE，温度传感器使能位。
    0 内部温度传感器关闭；
    1 内部温度传感器工作。
位1： BIASE，内部模拟偏压发生器使能位。
    0 当需要时内部偏压发生器被自动使能；
    1 内部偏压发生器一直有效。
位0： REFBE，内部基准缓冲器使能位。
    0 内部基准缓冲器被禁止；
    1 内部基准缓冲器被使能，内部电压基准被驱动到V_{REF}引脚。

表5.2 电压基准的电气特性

$V_{DD}=2.0\ V, -40\sim +85\ ℃$

参 数	条 件	最小值	典型值	最大值	单 位
内部基准(REFBE=1)					
输出电压	环境温度25 ℃(REFLV=0) 环境温度25 ℃(REFLV=1),$V_{DD}=2.5\ V$	1.47 2.16	1.5 2.2	1.53 2.24	V
V_{REF}短路电流		—	3.0	—	mA
V_{REF}温度系数			TBD		ppm/℃
负载调整	负载=0~200 μA 到 GND	—	10		ppm/μA
V_{REF}开启时间	4.7 μF钽电容,0.1 μF陶瓷旁路电容 0.1 μF陶瓷旁路电容		TBD TBD		ms μs
电源抑制比			TBD		ppm/V
外部基准(REFBE=0)					
输入电压范围		0	—	V_{DD}	V
输入电流	采样率=200 ksps,$V_{REF}=$TBDV	—	TBD		μA
电源指标					
ADC 偏压发生器	BIASE=1	—	22	—	μA
功耗(内部)			50		μA

5.2 比较器

C8051F41x 器件内部集成有 2 个可编程的电压比较器：比较器 0 与比较器 1。两个比较器工作方式完全相同，但只有比较器 0 可以用作复位源。

5.2.1 比较器的结构与原理

图 5.2 所示为比较器 0 功能框图。

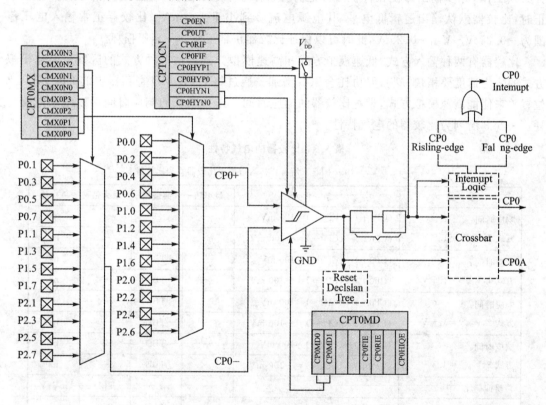

图 5.2 比较器 0 功能框图

比较器 0 使用 CPT0MX 寄存器来选择输入端，其中 CMX0P3～CMX0P0 位选择比较器 0 的同向输入，CMX0N3～CMX0N0 位选择比较器 0 的反向输入。比较器 1 用 CPT1MX 寄存器来选择输入端，其中 CMX1P3～CMX1P0 位选择比较器 1 的同向输入，CMX1N3～CMX1N0 位选择比较器 1 的反向输入。比较器的输入引脚应被配置为模拟输入，同时应被配置为跳过这些引脚。

第 5 章　片内可编程电压基准与片内比较器

比较器的响应时间、回差电压、输入端和输出端都是可编程的。端口经模拟输入多路器连到了它的同向端和反向端。可以选择同步"锁存"输出方式，对应输出口定义为 CP0 与 CP1；或选择异步"直接"输出方式，对应输出口定义为 CP0A 与 CP1A。工作在异步输出方式，即使系统时钟停止，CP0A 信号仍然有效，这就保证了比较器在停机方式时可正常工作。比较器的输出可以被配置为漏极开路或推挽输出方式，注意只有比较器 0 才可被用作复位源。

比较器的输出状态可以被软件查询，可以作为中断源和内部振荡器挂起的唤醒源，还可以被连到端口引脚。当从引脚输出时，该输出可以与系统时钟同步或者异步。同步输出时钟必须工作，异步输出即使在停机或挂起方式，系统时钟停止，输出信号仍然可用。当被禁止时，比较器默认输出逻辑低电平，其电源电流降到小于 100 nA。比较器正常输入电压范围为 $-0.25\ \text{V} \sim V_{DD} + 0.25\ \text{V}$，此时可以保证比较器正常工作并不至于损坏。

比较器有两种输入方式：低速模拟方式和高速模拟方式。这两种方式的区别是高速模拟方式的响应速度要稍快一些，但功耗会稍有增加。通过将 CPTnMD 寄存器中的 CPTnHIQE 位置 1 来使能高速模拟方式，设置比较器的响应时间。选择较长的响应时间可以减小电流消耗。表 5.3 所列为比较器的电气特性。

表 5.3　比较器的电气特性

$V_{DD}=2.0\ \text{V}, -40 \sim +85\ ℃$ 所有指标均适用于比较器 0 和比较器 1

参　数	条　件	最小值	典型值	最大值	单　位
响应时间： 方式 0, $V_{cm}①=1.5\ \text{V}$	(CP0+)-(CP0-)=100 mV	—	25	—	ns
	(CP0+)-(CP0-)=-100 mV	—	25	—	ns
响应时间： 方式 1, $V_{cm}①=1.5\ \text{V}$	(CP0+)-(CP0-)=100 mV	—	TBD	—	ns
	(CP0+)-(CP0-)=-100 mV	—	TBD	—	ns
响应时间： 方式 2, $V_{cm}①=1.5\ \text{V}$	(CP0+)-(CP0-)=100 mV	—	TBD	—	ns
	(CP0+)-(CP0-)=-100 mV	—	TBD	—	ns
响应时间： 方式 3, $V_{cm}①=1.5\ \text{V}$	(CP0+)-(CP0-)=100 mV	—	TBD	—	ns
	(CP0+)-(CP0-)=-100 mV	—	TBD	—	ns
共模抑制比		—	1.5	TBD	mV/V
正向回差电压 1	CP0HYP1、0=00	—	0.5	2.0	mV
正向回差电压 2	CP0HYP1、0=01	TBD	4.5	TBD	mV
正向回差电压 3	CP0HYP1、0=10	TBD	9.0	TBD	mV
正向回差电压 4	CP0HYP1、0=11	TBD	18.0	TBD	mV
负向回差电压 1	CP0HYN1、0=00	—	-0.5	-2.0	mV
负向回差电压 2	CP0HYN1、0=01	TBD	-4.5	TBD	mV
负向回差电压 3	CP0HYN1、0=10	TBD	-9.0	TBD	mV

第5章 片内可编程电压基准与片内比较器

续表 5.3

参数	条件	最小值	典型值	最大值	单位
负向回差电压4	CP0HYN1,0=11	TBD	−18.0	TBD	mV
反相或同相输入电压范围		−0.25	—	$V_{DD}+0.25$	V
输入电容		—	TBD	—	pF
输入偏置电流		—	TBD	—	nA
输入偏移电压		−10	—	+10	mV
输入阻抗	高质方式(CP1HIQE=1) 低质方式(CP1HIQE=0)	—	TBD TBD	—	K K
电源					
电源抑制比[2]		—	TBD	TBD	mV/V
上电时间		—	TBD	—	μs
功耗	高质方式(CP1HIQE=1) 低质方式(CP1HIQE=0)	—	TBD TBD	—	mA mA
电源电流(DC)	方式0	—	13	TBD	μA
	方式1	—	6.0	TBD	μA
	方式2	—	3.0	TBD	μA
	方式3	—	1.0	TBD	μA

注：① V_{cm}是CP0+和CP0−上的共模电压。
　　② 由设计和/或特性测试保证。

比较器的回差电压可通过比较器控制寄存器CPTnCN软件编程设定，用户可以参照输入电压进行回差电压值编程，也可以对门限电压两侧的正向和负向回差编程。

可以使用比较器控制寄存器CPTnCN中的位3~0对比较器的回差值进行编程。其中负向回差电压值由CPnHYN位决定。如表5.3所列，可以设置20 mV、10 mV或5 mV等多种的负向回差电压值，或者禁止负向回差电压。类似地，可以通过编程CPnHYP位设置正向回差电压值。为形象地表示该回差的示意，图5.3给出了比较回差电压曲线。需要注意的是，上述数值是理论值，具体设置值与此会有差别，可能会因目标板不同而不同。

比较器输出的上升沿和下降沿都可以产生中断。其中，下降沿置位CPnFIF中断标志，比较器的上升沿置位CPnRIF中断标志。这些位不能硬件清0，一旦被置1必须软件清0。通过将CPnRIE设置为逻辑1来允许比较器上升沿中断；通过将CPnFIE设置为逻辑1来允许比较器下降沿中断。

比较器的输出状态可以通过读取CPnOUT位得到。置位CP0EN位可以使能比较器，清0该位可以禁止比较器。需要注意的是，在上电、设置回差电压以及响应时间控制位时，检测到的上升沿或下降沿可能不是真实的。因此，最好在比较器被使能或方式位改变后并延时一段时间，然后再清除上升沿或下降沿标志。

第 5 章 片内可编程电压基准与片内比较器

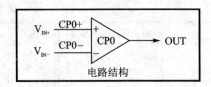

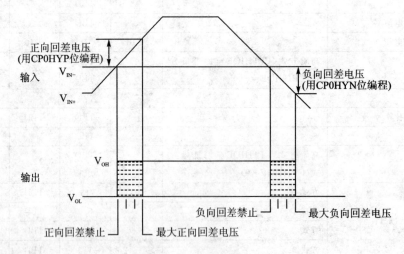

图 5.3 比较器回差电压曲线

5.2.2 比较器相关寄存器设置与使用

表 5.4、表 5.5、表 5.8、表 5.10、表 5.11、表 5.14 所列为比较器相关寄存器说明。

表 5.4 比较器 0 控制寄存器(CPT0CN)

读写允许	R/W	R	R/W	R/W	R/W	R/W	R/W	R/W
位定义	CP0EN	CP0OUT	CP0RIF	CP0FIF	CP0HYP1	CP0HYP0	CP0HYN1	CP0HYN0
位号	位 7	位 6	位 5	位 4	位 3	位 2	位 1	位 0
寄存器地址	0x9B				复位值	00000000		

位 7： CP0EN，比较器 0 使能位。
   0 比较器 0 禁止；
   1 比较器 0 使能。
位 6： CP0OUT，比较器 0 输出状态标志。
   0 电压值 CP0+＜CP0−；
   1 电压值 CP0+＞CP0−。
位 5： CP0RIF，比较器 0 上升沿中断标志。
   0 自该标志位上一次被清除后，未检测到比较器 0 上升沿；
   1 检测到比较器 0 上升沿。

位 4： CP0FIF，比较器 0 下降沿中断标志。
   0 自该标志位上一次被清除后，未检测到比较器 0 下降沿；
   1 检测到比较器 0 下降沿。
位 3～2：CP0HYP1～0，比较器 0 正向回差电压控制位。
   00 禁止正向回差电压；
   01 正向回差电压设置为 5 mV；
   10 正向回差电压设置为 10 mV；
   11 正向回差电压设置为 20 mV。
位 1～0：CP0HYN1～0，比较器 0 负向回差电压控制位。
   00 禁止负向回差电压；
   01 负向回差电压设置为 5 mV；
   10 负向回差电压设置为 10 mV；
   11 负向回差电压设置为 20 mV。

表 5.5　比较器 0 多路输入选择寄存器 CPT0MX

读写允许	R/W	R/W	R/W	R/W	R/W	R/W	R/W	R/W
位定义	CMX0N3	CMX0N2	CMX0N1	CMX0N0	CMX0P3	CMX0P2	CMX0P1	CMX0P0
位号	位 7	位 6	位 5	位 4	位 3	位 2	位 1	位 0
寄存器地址	0x9F				复位值	11111111		

位 7～4：CMX0N3～0，比较器 0 负输入选择，这些位选择作为比较器 0 负输入的端口引脚，如表 5.6 所列。
位 3～0：CMX0P3～0，比较器 0 正输入选择，这些位选择作为比较器 0 正输入的端口引脚，如表 5.7 所列。

表 5.6　比较器 0 反向端引脚定义

CMX0N3	CMX0N2	CMX0N1	CMX0N0	负输入
0	0	0	0	P0.1
0	0	0	1	P0.3
0	0	1	0	P0.5
0	0	1	1	P0.7
0	1	0	0	P1.1
0	1	0	1	P1.3
0	1	1	0	P1.5
0	1	1	1	P1.7
1	0	0	0	P2.1
1	0	0	1	P2.3*
1	0	1	0	P2.5*
1	0	1	1	P2.7
1	1	x	x	保留

* 仅存在于 C8051F410/2。

表 5.7　比较器 0 正向端引脚定义

CMX0P3	CMX0P2	CMX0P1	CMX0P0	正输入
0	0	0	0	P0.0
0	0	0	1	P0.2
0	0	1	0	P0.4
0	0	1	1	P0.6
0	1	0	0	P1.0
0	1	0	1	P1.2
0	1	1	0	P1.4
0	1	1	1	P1.6
1	0	0	0	P2.0
1	0	0	1	P2.2
1	0	1	0	P2.4*
1	0	1	1	P2.6*
1	1	x	x	保留

* 仅存在于 C8051F410/2。

第5章 片内可编程电压基准与片内比较器

表5.8 比较器0方式选择寄存器(CPT0MD)

读写允许	R/W	R/W	R/W	R/W	R/W	R/W	R/W	R/W
位定义	CP0HIQE	—	CP0RIE	CP0FIE	—	—	CP0MD1	CP0MD0
位号	位7	位6	位5	位4	位3	位2	位1	位0
寄存器地址	0x9D				复位值	00000010		

位7：   CP0HIQE，高速模拟方式使能位。
   0 比较器0输入配置为低速模拟方式；
   1 比较器0输入配置为高速模拟方式。
位6：   未用。读返回值为0，写无效。
位5：   CP0RIE，比较器0上升沿中断允许。
   0 比较器0上升沿中断禁止；
   1 比较器0上升沿中断允许。
位4：   CP0FIE，比较器0下降沿中断允许。
   0 比较器0下降沿中断禁止；
   1 比较器0下降沿中断允许。
位3~2：未用。读返回值为0，写无效。
位1~0：CP0MD1~0，比较器0方式选择，这两位选择比较器0的响应时间。其中上升沿响应时间约为下降沿响应时间的两倍，如表5.9所列。

表5.9 比较器0方式选择表

方式	CP0MD1	CP0MD0	CP0下降沿响应时间(典型值)	方式	CP0MD1	CP0MD0	CP0下降沿响应时间(典型值)
0	0	0	最快响应时间	2	1	0	
1	0	1	—	3	1	1	响应最慢，功耗最低

表5.10 比较器1控制寄存器(CPT1CN)

读写允许	R/W	R	R/W	R/W	R/W	R/W	R/W	R/W
位定义	CP1EN	CP1OUT	CP1RIF	CP1FIF	CP1HYP1	CP1HYP0	CP1HYN1	CP1HYN0
位号	位7	位6	位5	位4	位3	位2	位1	位0
寄存器地址	0x9A				复位值	00000000		

位7：   CP1EN，比较器1使能位。
   0 比较器1禁止；
   1 比较器1使能。
位6：   CP1OUT，比较器1输出状态标志。
   0 电压值CP1+＜CP1-；

第5章 片内可编程电压基准与片内比较器

　　　　　1　　　电压值 CP1+>CP1−。
位5：　CP1RIF，比较器1上升沿中断标志。
　　　　　0　　　自该标志位上一次被清除后，未检测到比较器1上升沿；
　　　　　1　　　检测到比较器1上升沿。
位4：　CP1FIF，比较器1下降沿中断标志。
　　　　　0　　　自该标志位上一次被清除后，未检测到比较器1下降沿；
　　　　　1　　　检测到比较器1下降沿。
位3~2：CP1HYP1~0，比较器1正向回差电压控制位。
　　　　　00　　禁止正向回差电压；
　　　　　01　　正向回差电压设置为5 mV；
　　　　　10　　正向回差电压设置为10 mV；
　　　　　11　　正向回差电压设置为20 mV。
位1~0：CP1HYN1~0，比较器1负向回差电压控制位。
　　　　　00　　禁止负向回差电压；
　　　　　01　　负向回差电压设置为5 mV；
　　　　　10　　负向回差电压设置为10 mV；
　　　　　11　　负向回差电压设置为20 mV。

表 5.11　比较器 1 MUX 选择寄存器(CPT1MX)

读写允许	R/W	R/W	R/W	R/W	R/W	R/W	R/W	R/W
位定义	CMX1N3	CMX1N2	CMX1N1	CMX1N0	CMX1P3	CMX1P2	CMX1P1	CMX1P0
位号	位7	位6	位5	位4	位3	位2	位1	位0
寄存器地址	0x9E				复位值	11111111		

位7~4：CMX1N3~0，比较器1负输入选择引脚，这些位选择作为比较器1负输入的端口引脚。
　　　　表5.12所列为比较器负输入引脚选择。
位3~0：CMX1P3~0，比较器1正输入选择引脚，这些位选择作为比较器1正输入的端口引脚。表5.13
　　　　所列为比较器正输入引脚选择。

表 5.12　比较器负输入引脚选择

CMX1N3	CMX1N2	CMX1N1	CMX1N0	负输入	CMX1N3	CMX1N2	CMX1N1	CMX1N0	负输入
0	0	0	0	P0.1	0	1	1	1	P1.7
0	0	0	1	P0.3	1	0	0	0	P2.1
0	0	1	0	P0.5	1	0	0	1	P2.3*
0	0	1	1	P0.7	1	0	1	0	P2.5*
0	1	0	0	P1.1	1	0	1	1	P2.7
0	1	0	1	P1.3	1	1	x	x	保留
0	1	1	0	P1.5					

*　仅存在于 C8051F410/2 中。

第5章 片内可编程电压基准与片内比较器

表 5.13 比较器正输入引脚选择

CMX1P3	CMX1P2	CMX1P1	CMX1P0	正输入	CMX1P3	CMX1P2	CMX1P1	CMX1P0	正输入
0	0	0	0	P0.0	0	1	1	1	P1.6
0	0	0	1	P0.2	1	0	0	0	P2.0
0	0	1	0	P0.4	1	0	0	1	P2.2
0	0	1	1	P0.6	1	0	1	0	P2.4*
0	1	0	0	P1.0	1	0	1	1	P2.6*
0	1	0	1	P1.2	1	1	x	x	保留
0	1	1	0	P1.4					

* 仅存在于 C8051F410/2。

表 5.14 比较器1方式选择寄存器(CPT1MD)

读写允许	R/W	R/W	R/W	R/W	R/W	R/W	R/W	R/W
位定义	CP1HIQE	—	CP1RIE	CP1FIE	—	—	CP1MD1	CP1MD0
位号	位7	位6	位5	位4	位3	位2	位1	位0
寄存器地址	0x9C				复位值	00000010		

位7: CP1HIQE,高速模拟方式使能位。
    0 比较器1输入配置为低速模拟方式;
    1 比较器1输入配置为高速模拟方式。
位6: 未用。读返回值为0b,写无效。
位5: CP1RIE,比较器1上升沿中断允许。
    0 比较器1上升沿中断禁止;
    1 比较器1上升沿中断允许。
位4: CP1FIE,比较器1下降沿中断允许。
    0 比较器1下降沿中断禁止;
    1 比较器1下降沿中断允许。
位3~2:未用。读返回值为00b,写无效。
位1~0:CP1MD1~0,比较器1方式选择,这两位选择比较器1的响应时间。上升沿响应时间约为下降沿响应时间的两倍。表5.15所列为比较器1响应时间选择。

表 5.15 比较器1响应时间选择

方式	CP1MD1	CP1MD0	CP1下降沿响应时间(典型值)	方式	CP1MD1	CP1MD0	CP1下降沿响应时间(典型值)
0	0	0	最快响应时间	2	1	0	—
1	0	1	—	3	1	1	响应最慢,功耗最低

第 6 章

循环冗余检查单元

实现检错功能的差错控制方法很多,传统的有:奇偶校验、校验和校测、重复码校验、恒比码校验、行列冗余码校验等。这些方法都增加数据的冗余量,将校验码和数据一起发送到接收端。接收端对接收到的数据进行相同校验,再将得到的校验码和接收到的校验码比较,如果二者一致则认为传输正确。但这些方法都有各自的缺点,误判的概率比较高。循环冗余校验CRC(CyclicRedundancyCheck)是由分组线性码的分支而来,主要应用是二元码组,编码简单且误判概率很低,在通信系统中得到了广泛的应用。

6.1 CRC 结构功能

CRC 校验采用多项式编码方法,被处理的数据块可以看作是一个 n 阶的二进制多项式。采用 CRC 校验时,发送方和接收方用同一个生成多项式 $g(x)$。

C8051F41x 片内集成了一个循环冗余检查单元 CRC0,它能使用 16 位或 32 位多项式进行 CRC 运算。CRC0IN 寄存器输入 8 位数据后,内部寄存器即输出 16 位或 32 位的结果。结果寄存器可以用 CRC0PNT 和 CRC0DAT 寄存器间接访问。CRC0 内还包含一个具有位序反转功能的寄存器,采用硬件进行数据处理,大大提高了操作效率。CRC0 功能如图 6.1 所示。

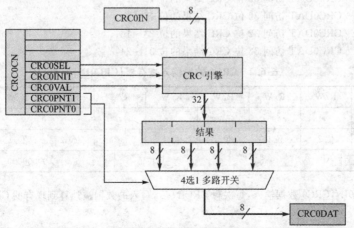

图 6.1 循环冗余检查单元功能框图

第6章 循环冗余检查单元

6.1.1 CRC 寄存器

表 6.1～表 6.4 所列为 CRC0 相关寄存器的说明。

表 6.1 CRC0 控制寄存器(CRC0CN)

读写允许	R/W	R/W	R/W	R/W	R/W	R/W	R/W	R/W
位定义	—	—	—	CRC0SEL	CRC0INIT	CRC0VAL	CRC0PNT	
位号	位7	位6	位5	位4	位3	位2	位1	位0
寄存器地址	0x84				复位值	00000000		

位 7～5：未用,读返回值为 000b,写无效。
位 4： CRC0SEL,CRC0 多项式选择位。
    0   使用 16 位多项式 0x1021 计算 CRC 结果;
    1   使用 32 位多项式 0x04C11DB7 计算 CRC 结果。
位 3： CRC0INIT,CRC0 结果初始化位,向该位写 1 将根据 CRC0VAL 初始化整个 CRC 结果。
位 2： CRC0VAL,CRC0 设置值选择位,该位选择 CRC 结果的设置值。
    0   在向 CRC0INIT 写 1 时,将 CRC 结果设置为 0x00000000;
    1   在向 CRC0INIT 写 1 时,将 CRC 结果设置为 0xFFFFFFFF。
位 1～0：CRC0PNT,这两位指定将 CRC0 结果指针对 CRC0DAT 的哪个字节进行读/写操作。
    CRC0SEL=0 时,
    00   CRC0DAT 访问 16 位 CRC 结果的位 7～0;
    01   CRC0DAT 访问 16 位 CRC 结果的位 15～8;
    10   CRC0DAT 访问 16 位 CRC 结果的位 7～0;
    11   CRC0DAT 访问 16 位 CRC 结果的位 15～8。
    CRC0SEL=1 时,
    00   CRC0DAT 访问 32 位 CRC 结果的位 7～0;
    01   CRC0DAT 访问 32 位 CRC 结果的位 15～8;
    10   CRC0DAT 访问 32 位 CRC 结果的位 23～16;
    11   CRC0DAT 访问 32 位 CRC 结果的位 31～24。

表 6.2 CRC0 数据输入寄存器(CRC0IN)

读写允许	R/W	R/W	R/W	R/W	R/W	R/W	R/W	R/W
位定义								
位号	位7	位6	位5	位4	位3	位2	位1	位0
寄存器地址	0x85				复位值	00000000		

位 7～0：CRC0IN,CRC0 数据输入,每次写 CRCIN 后,写入的数据被计算到现有的 CRC 结果中。

表 6.3 CRC0 数据输出寄存器(CRC0DAT)

读写允许	R/W	R/W	R/W	R/W	R/W	R/W	R/W	R/W
位定义								
位号	位7	位6	位5	位4	位3	位2	位1	位0
寄存器地址	0x86				复位值	00000000		

位 7~0：CRC0DAT，间接 CRC0 结果数据位，每次读 CRC0DAT 时，由 CRCPNT 指针确定。

表 6.4 CRC0 位反序寄存器(CRC0FLIP)

读写允许	R/W	R/W	R/W	R/W	R/W	R/W	R/W	R/W
位定义								
位号	位7	位6	位5	位4	位3	位2	位1	位0
寄存器地址	0xDF				复位值	00000000		

位 7~0：CRC0FLIP，CRC 位序反序数据位，写入到 CRC0FLIP 的任何字节被读出时都是反位序的。即写入时的 LSB 在读出时变成 MSB。

6.1.2 执行 CRC 计算

进行 CRC 计算需要进行相关初始设置，即选择所需要的多项式和结果预设值。有两个多项式可供选择：16 位多项式 0x1021 和 32 位多项式 0x04C11DB7，CRC0 结果可以预设为两个值：0x0000 0000 或 0xFFFF FFFF。

可参照下面的步骤初始化 CRC0：

① 选择 16 位或 32 位多项式；
② 选择结果的初始值全 0 或全 1；
③ 设置预设值，即将 CRC0INIT 位置 1。

一旦 CRC0 被初始化，即可按顺序向 CRC0IN 输入数据，每次一个字节。数据输入完成后，CRC0 结果将被自动更新。

6.1.3 访问 CRC 结果

CRC0 结果根据选择多项式的不同，分为 16 位或 32 位两种。寄存器只有 8 位宽度，对结果中的某一字节进行读或写操作须通过 CRC0PNT 位选择。每次只是对 CRC0DAT 进行读/写操作，操作的位置由 CRC0PNT 位决定。

计算结果将一直保持在内部 CRC0 结果寄存器中，直到结果寄存器被重新设置、覆盖或有新数据写入 CRC0IN。

6.2 CRC 的位序反转功能

CRC0 具有能使一个字节中每一位的位序反转的硬件功能。如图 6.2 所示,写入到 CRC0FLIP 的字节数据被读出时即是位序反转的。例如,将 0xC0 写入 CRC0FLIP,则读回的数据是 0x03。位序反转在一些算法(如 FFT)中是一种很有用的变换功能。

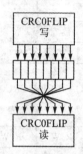

图 6.2 位序反转寄存器

6.3 CRC 模块功能应用实例

本实例测试片上系统内置的 CRC 模块的使用功能。CRC 模块硬件可进行 16 位或 32 位多项式运算。硬件运算可以节约大量的时间,在通信或数据传输的场合很有价值。实例中应用了此单元的位序反转功能。

```c
#include "C8051F410.h"
#include <INTRINS.H>
#define uint unsigned int
#define uchar unsigned char
#define ulong unsigned long
#define nop() _nop_();_nop_();
union tcfint16{
    uint myword;
    struct{uchar hi;uchar low;}bytes;
}myint16;           //用联合体定义 16 位操作
union tcfint32{
    ulong mydword;
    struct{uchar by4;uchar by3;uchar by2;uchar by1;}bytes;
}myint32;           //用联合体定义 32 位操作
uchar tem,num;
uint daval;
bit upda;
xdata uint crcval16[10];
xdata ulong crcval32[10];
//sfr16 IDA0DAT = 0x96;
//sfr16 IDA1DAT = 0xf4;
#define SYSCLK 24500000     //SYSCLK frequency in Hz
void delay(uint time);
```

```c
void rtcset();
void Timer_Init();
void Oscillator_Init();
void Port_IO_Init();
void PCA_Init();
void Init_Device(void);
void rdcrc16();            //16 位多项式读取程序
void rdcrc32();            //32 位多项式读取程序
crcflip(uchar oldby);      //位序反转测试程序
void delay(uint time) {
    uint i,j;
    for (i = 0;i<time;i++){
        for(j = 0;j<300;j++);
    }
}
void Timer_Init() {
    CKCON = 0x40;
    //CKCON = 0x40; T3 时钟为系统时钟,默认 12 分频
    TMR3CN = 0x10; //0x08,0x0c
}
void Oscillator_Init() {
    OSCICN = 0x87;     //系统频率为 24.5 MHz
    //OSCICN = 0x86;   系统频率为(24.5/2) MHz
    //OSCICN = 0x85;   系统频率为(24.5/4) MHz
    //OSCICN = 0x84;   系统频率为(24.5/8) MHz
    //OSCICN = 0x83;   系统频率为(24.5/16) MHz
    //OSCICN = 0x82;   系统频率为(24.5/32) MHz
    //OSCICN = 0x81;   系统频率为(24.5/64) MHz
    //OSCICN = 0x80;   系统频率为(24.5/128) MHz
    //OSCICN = 0x87;
}
void Port_IO_Init()
{ }
void PCA_Init() {
    PCA0CN = 0x40;
    PCA0MD& = ~0x40;
}
void Init_Device(void) {
    PCA_Init();
    Timer_Init();
    Port_IO_Init();
```

第6章 循环冗余检查单元

```c
    Oscillator_Init();
}
void rdcrc16() {                        //uchar tem1,tem2;
    CRC0CN &= 0xfc;
    myint16.bytes.low = CRC0DAT;
    //CRC0CN++;
    myint16.bytes.hi = CRC0DAT;
}
void rdcrc32() {
    uchar tem1;
    CRC0CN = 0x14;
    tem1 = CRC0DAT;
    myint32.bytes.by1 = tem1;
    CRC0CN = 0x15;
    tem1 = CRC0DAT;
    myint32.bytes.by2 = tem1;
    CRC0CN = 0x16;
    tem1 = CRC0DAT;
    myint32.bytes.by3 = tem1;
    CRC0CN = 0x17;
    tem1 = CRC0DAT;
    myint32.bytes.by4 = CRC0DAT;
}
crcflip(uchar oldby) {
    CRC0FLIP = oldby;
    oldby = CRC0FLIP;
    return(oldby);
}
/////////////////////////////////主函数/////////////////////////
main() {
    uchar i,crcdata;
    Init_Device();      //初始化硬件设置
    delay(10);
    for(i = 0;i<10;i++) {
        crcval16[i] = 0;
        crcval32[i] = 0;
    }
    CRC0CN = 0x00;           //使用16位多项式0x1021
    CRC0CN |= 0x04;
    CRC0CN |= 0x08;
    rdcrc16();
    crcdata = 77;
```

```
for(i = 0;i<10;i++){
  CRC0IN = crcdata;
  crcdata++;
  rdcrc16();
  crcval16[i] = myint16.myword;
}
delay(10);
CRC0CN = 0x10;            //使用 32 位多项式 0x04c11db7
CRC0CN| = 0x04;
CRC0CN| = 0x08;
rdcrc32();
crcdata = 56;
for(i = 0;i<10;i++){
  CRC0IN = crcdata;
  crcdata++;
  rdcrc32();
  crcval32[i] = myint32.mydword;
}
num = 0x55;               //验证位序反转功能
tem = crcflip(num);
nop();
while(1)
{;}
}
```

多项式运算的是 10 个值 77~86 的 16 位 CRC 计算结果,如图 6.3 所示。
图 6.4 是位序反转功能测试,输入数据为 0x55,反转后结果为 0xAA。

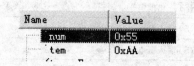

图 6.3　16 位 CRC 运算结果　　　　图 6.4　位序反转测试

第 7 章

SoC 复位源

对于任何微处理器,复位电路都是必需的。为了增强可靠性,有的处理器甚至包括了多复位源。复位电路允许很容易地将控制器置于一个预定的缺省状态。处理器由于干扰等因素影响造成了无法纠正错误的发生,此时最有效也是最必须的就是复位,只有这样才能避免更大损失的发生。

C8051F410 内部包括了多种复位源,任何其中之一发生复位,都将发生以下过程:

① CIP-51 内核停止程序运行。
② 特殊功能寄存器被初始化为默认的复位值。
③ 外部端口引脚被置于一个已知状态。
④ 中断和定时器被禁止。

复位后寄存器被初始化为预定值,具体的复位值请参照相关寄存器说明。在复位期间数据存储器的内容不变。但由于堆栈指针 SP 被复位,尽管堆栈中的数据未发生变化,其中存储的压栈信息实际已失去意义。

端口锁存器的复位值为 0xFF,输出方式为漏极开路。复位期间及复位之后弱上拉被使能。复位状态时,V_{DD} 监视器、上电复位、外部复位引脚 $\overline{RST}$ 均被驱动为低电平。退出复位状态后,程序计数器(PC)被复位,MCU 使用内部振荡器作为系统时钟 24.5 MHz/128。看门狗定时器被使能,并且使用系统时钟的 12 分频作为其时钟源。程序从地址 0x0000 开始执行。图 7.1 所示为复位源组成框图。表 7.1 所列为复位源的电气特性。

表 7.1 复位源电气特性

参 数	条 件	最小值	典型值	最大值	单 位
$\overline{RST}$ 输出低电平	$I_{OL}=8.5$ mA, $V_{DD}=2.0$ V	—	—	TBD	V
$\overline{RST}$ 输入高电平		$0.7 \times V_{DD}$	—	—	V
$\overline{RST}$ 输入低电平		—	—	$0.3 \times V_{DD}$	V
$\overline{RST}$ 输入上拉电流	$\overline{RST}=0.0$ V	—	10	TBD	μA
V_{DD} 监视器复位门限 ($V_{RST-LOW}$)		TBD	1.95	TBD	V

续表 7.1

参　数	条　件	最小值	典型值	最大值	单　位
V_{DD} 监视器复位门限（$V_{RST\text{-}HIGH}$）		TBD	2.3	TBD	V
时钟丢失检测器超时	从最后一个系统时钟上升沿到产生复位，$V_{DD}=2.5\ V$	TBD	350	650	μs
复位时间延迟	从退出复位到开始执行位于 0x0000 地址的代码之间的延时	TBD	—	—	μs
产生系统复位的最小 $\overline{RST}$ 低电平时间		TBD			μs
V_{DD} 监视器电源电流	—		TBD	TBD	μA
V_{DD} 上升时间	$V_{DD}=0\ V$ 到 $V_{DD}=V_{RST}$	—	—	1	ms

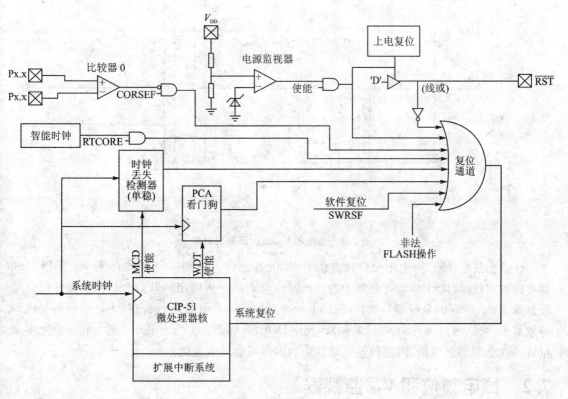

图 7.1　复位源组成框图

第 7 章　SoC 复位源

7.1　上电复位

在上电期间,器件保持在复位状态,$\overline{\text{RST}}$引脚处于低电平,直到V_{DD}上升到超过V_{RST}电平。从复位开始到退出复位状态要经过一个延时,该延时随着V_{DD}上升时间的增大而减小,V_{DD}上升时间被定义为V_{DD}从 0 V 上升到V_{RST}所用的时间。图 7.2 所示为上电和V_{DD}监视器复位的时序。有效的上升时间小于 1 ms,上电复位延时通常小于 0.3 ms。最大的V_{DD}上升时间为 1 ms,上升时间超过该最大值时可能导致器件在V_{DD}达到V_{RST}电平之前退出复位状态。

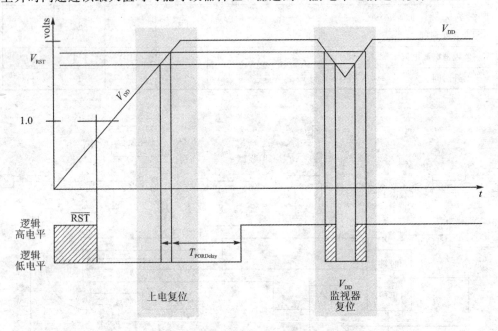

图 7.2　上电和V_{DD}监视器复位时序

在退出复位状态后,上电复位标志位 PORSF 标志位 RSTSRC.1 被硬件置 1。当 PORSF 标志位被置位时,RSTSRC 寄存器中的其他复位标志都是不确定的,PORSF 可以被任何其他复位源清 0。所有的复位都导致程序从同一个地址 0x0000 开始执行程序,为区分何种复位源导致复位,可以通过读 RSTSRC 来判断,其中 PORSF 标志置 1 为上电产生的复位。在上电复位后,V_{DD}监视器被禁止,内部数据存储器中的内容可能发生变化。

7.2　掉电复位和V_{DD}监视器

当V_{DD}监视器被选择为复位源时,如发生掉电或因电源波动导致V_{DD}降到V_{RST}以下,电源监视器将RST引脚驱动为低电平并使 CIP-51 内核保持复位状态。当 V_{DD} 又回到高于 V_{RST} 的电平时，CIP-51 内核也将退出复位状态。虽然内部数据存储器的内容可能没有因掉电复位而发生改变，但无法确定 V_{DD} 是否降到了数据保持所要求的最低电平以下。如果 PORSF 标志位的读出值为 1，则内部 RAM 的数据就可能不再可靠。上电复位后 V_{DD} 监视器被允许作为复位源，此后使能/禁止 V_{DD} 监视器不受其他复位源的影响。也就是说，在 V_{DD} 监视器被禁止后执行一次软件复位，复位后 V_{DD} 监视器仍然为禁止状态。如果要在程序中擦除或写 FLASH 存储器的程序，为了保护 FLASH 操作的可靠性，V_{DD} 监视器必须使能并将其选择为复位源。如果 V_{DD} 监视器未被使能，对 FLASH 存储器执行擦除或写操作都将导致 FLASH 错误，使器件复位。

要想把 V_{DD} 监视器作为复位源，必须先使能 V_{DD} 监视器。需要注意的是，对 V_{DD} 监视器的设置一定在其稳定之后，否则可能导致系统复位。在 V_{DD} 监视器复位后没有复位延时。当写 RSTSRC 以使能其他复位源或触发一次软件复位时，程序设计应谨慎，以防意外禁止 V_{DD} 监视器作为复位源。每次写 RSTSRC 的操作都用显式语言将 PORSF 置 1，以保持 V_{DD} 监视器被使能为复位源。使能 V_{DD} 监视器和将其配置为复位源的步骤如下：

① 使能 V_{DD} 监视器将 VDM0CN 寄存器中的 VDMEN 位置 1。

② 等待 V_{DD} 监视器稳定，延时 5 s 以上。如果程序中包含擦除或写 FLASH 存储器的过程，则延时应被省略。

③ 选择 V_{DD} 监视器作为复位源，设置 RSTSRC 寄存器中的 PORSF 位为 1。

表 7.2 为 V_{DD} 监视器控制寄存器 VDM0CN 的详细定义。

表 7.2 V_{DD} 监视器控制寄存器（VDM0CN）

读写允许	R/W	R	R/W	R	R	R	R	R
位定义	VDMEN	VDDSTAT	VDMLVL	保留	保留	保留	保留	保留
位号	位 7	位 6	位 5	位 4	位 3	位 2	位 1	位 0
寄存器地址	0xFF			复位值		可变		

位 7： VDMEN，V_{DD} 监视器使能位，该位控制 V_{DD} 监视器电源的通断。V_{DD} 监视器必须被选择为复位源才可产生系统复位。在被选择为复位源之前，V_{DD} 监视器必须处于稳定状态。在 V_{DD} 监视器稳定之前就选择其为复位源可能导致系统复位。

  0 禁止 V_{DD} 监视器；

  1 使能 V_{DD} 监视器，默认为使能状态。

位 6： VDDSTAT，V_{DD} 状态。该位指示当前电源状态，V_{DD} 监视器输出状态。

  0 V_{DD} 等于或低于 V_{DD} 监视器阈值；

  1 V_{DD} 高于 V_{DD} 监视器阈值。

位 5： VDMLVL，V_{DD} 电平选择。

  0 V_{DD} 监视器阈值设定到 $V_{RST\text{-}LOW}$，这是默认值。

  1 V_{DD} 监视器阈值设定到 $V_{RST\text{-}HIGH}$，该设定推荐在任何系统包括擦写 FLASH 存储器。

位 4~0：保留，读操作值不确定，写无效。

7.3 外部复位

外部 $\overline{RST}$ 引脚提供了使用外部电路强制 MCU 进入复位状态的手段。这是所有微处理器都具有的一种复位方式。在 $\overline{RST}$ 引脚上加一个低电平有效信号将产生复位。复位引脚上应接一个上拉电阻与去耦电容，增强复位引脚的抗干扰性。从外部复位状态退出后，PINRSF 标志位 RSTSRC.0 被置 1。详见表 7.3 复位源寄存器(RSTSRC)。

7.4 时钟丢失检测器复位

时钟丢失检测器 MCD 由系统时钟触发的单稳态电路构成。如果系统时钟保持在高电平或低电平的时间大于 100 μs，单稳态电路将超时并产生复位。在发生 MCD 复位后，MCDRSF 标志 RSTSRC.2 的读出值为 1，表示本次复位源为 MCD，否则该位读出值为 0。向 MCDRSF 位写 1 将使能时钟丢失检测器，写 0 禁止时钟丢失检测器。$\overline{RST}$ 引脚的状态不受该复位的影响。详见表 7.3 复位源寄存器(RSTSRC)。

7.5 比较器 0 复位

复位源寄存器 RSTSR 的 RSTSRC.5 位是 CC0RSEF 标志位，向该位写 1 可以将比较器 0 配置为复位源。在比较器 0 使能须延时一段时间等待输出稳定，以防止通电瞬间在输出端产生抖动，从而引起不必要的复位。比较器 0 复位为低电平有效：如果同相端输入电压 CP0+ 小于反相端输入电压 CP0-，则器件将被置于复位状态。在发生比较器 0 复位后，C0RSEF 标志位 RSTSRC.5 被置 1，表示本次复位源为比较器 0，否则该位读出值为 0。$\overline{RST}$ 引脚的状态不受该复位的影响。详见表 7.3 复位源寄存器(RSTSRC)。

7.6 PCA 看门狗定时器复位

看门狗功能是新一代微处理器必备的一项抗干扰措施，可用于在系统运行紊乱的情况下自行恢复。C8051F41x 的看门狗技术包含在 PCA 的几个功能模块中。可以软件使能或禁止 PCA 的 WDT 功能，具体请参看第 15 章。每次复位后，看门狗定时器使用 SYSCLK/12 作为时钟。当出现两次更新 WDT 的时间大于看门狗的时间间隔时，WDT 将产生复位，WDTRSF 看门狗标志位即 RSTSRC.5 位将被置 1。外部复位 $\overline{RST}$ 引脚的状态不受该复位的影响。详见表 7.3 所列复位源寄存器 RSTSRC 的详细设置。

7.7　FLASH 错误复位

为保护 FLASH 操作的安全性与可靠性,须避免在 FLASH 进行读/写/擦除操作时如处理不当将可能发生的保护性系统复位。以下任一情况都将导致 FLASH 操作错误复位:

① 写地址超范围,即 FLASH 写或擦除地址超出了实际代码空间。这种情况发生在 PSWE 被置 1,并且 MOVX 写操作的地址大于锁定字节地址时。

② 读地址超范围,即读取 FLASH 时其地址超出了实际代码空间,即 MOVC 操作的地址大于锁定字节地址。

③ 程序读超出了用户代码空间。这种情况发生在用户代码试图读取大于锁定字节地址的数据时。

④ 当 FLASH 读、写或擦除时未按要求而被禁止访问。

⑤ 当 V_{DD} 监视器被禁止,试图进行 FLASH 写或擦除操作时。

在发生 FLASH 错误复位后,复位源寄存器 RSTSR 的 FERROR 位(RSTSRC.6)被置 1。$\overline{RST}$ 引脚的状态不受该复位的影响。详见表 7.3 复位源寄存器(RSTSRC)。

7.8　智能时钟复位

有两种事件可使智能时钟产生系统复位:smaRTClock 振荡器故障或 smaRTClock 报警。当 smaRTClock 时钟丢失检测器被使能时,如果时钟频率低于约 20 kHz,则会发生时钟振荡器故障事件。当时钟报警被使能且时钟定时器值与报警寄存器一致时,即在某一特定时刻会发生 smaRTClock 报警事件。通过将时钟复位标志位 RTC0RE 位(RSTSRC.7)写 1 来将其配置为复位源。$\overline{RST}$ 引脚的状态不受该复位的影响。详见表 7.3 复位源寄存器(RSTSRC)。

7.9　软件复位

可以利用软件操作强制产生一次系统复位。具体操作可通过将复位源寄存器 RSTSR 的 SWRSF 位置 1 来实现。在发生软件强制复位后,SWRSF 位被置 1。$\overline{RST}$ 引脚的状态不受该复位的影响。详见表 7.3 复位源寄存器(RSTSRC)。

表 7.3　复位源寄存器(RSTSRC)

读写允许	R	R	R/W	R/W	R	R/W	R/W	R
位定义	RTC0RE	FERROR	C0RSEF	SWRSF	WDTRSF	MCDRSF	PORSF	PINRSF
位号	位 7	位 6	位 5	位 4	位 3	位 2	位 1	位 0
寄存器地址	0xEF				复位值		可变	

位 7： RTC0RE，智能时钟复位使能和标志位。
　　0　读，最后一次复位的原因，不是来自 smaRTClock；
　　　　写，不将 smaRTClock 告警或振荡器故障事件设置为复位源。
　　1　读，最后一次复位是由于 smaRTClock 告警或振荡器故障事件产生的；
　　　　写，将 smaRTClock 设置为复位源，当发生告警或振荡器故障事件产生复位事件。

位 6： FERROR，FLASH 错误复位标志。
　　0　最后一次复位的原因不是来自 FLASH 读/写/擦除错误；
　　1　最后一次复位是由于 FLASH 读/写/擦除错误产生的。

位 5： C0RSEF，比较器 0 复位使能和标志。
　　0　读，最后一次复位的原因不是来自比较器 0；
　　　　写，不将比较器 0 设置为复位源之一。
　　1　读，最后一次复位的原因来自比较器 0；
　　　　写，将比较器 0 设置为复位源。

位 4： SWRSF，软件强制复位和标志。
　　0　读，最后一次复位不是写 SWRSF 位；
　　　　写，无作用。
　　1　读，最后一次复位是由于写 SWRSF 位产生的；
　　　　写，强制产生一次系统复位。

位 3： WDTRSF，看门狗定时器复位标志。
　　0　最后一次复位不是由 WDT 超时产生的；
　　1　最后一次复位由 WDT 超时产生的。

位 2： MCDRSF，时钟丢失检测器标志。
　　0　读，最后一次复位不是由时钟丢失检测器超时产生的；
　　　　写，禁止时钟丢失检测器。
　　1　读，最后一次复位由时钟丢失检测器超时产生的；
　　　　写，使能时钟丢失检测器；检测到时钟丢失条件时触发复位。

位 1： PORSF，上电复位强制和标志。
　　该位在上电复位后被置 1。对该位写入可以使能/禁止 V_{DD} 监视器作为复位源。
　　在 V_{DD} 监视器被使能和稳定之前向该位写 1 可能导致系统复位。
　　0　读，最后一次复位不是上电复位或 V_{DD} 监视器复位；
　　　　写，禁止 V_{DD} 监视器为复位源。
　　1　读，最后一次复位是上电或 V_{DD} 监视器复位，所有其他复位标志不确定；
　　　　写，使能 V_{DD} 监视器为复位源。

位 0： PINRSF，硬件引脚复位标志。
　　0　最后一次复位不是来自 $\overline{RST}$ 引脚；
　　1　最后一次复位来自 $\overline{RST}$ 引脚。

7.10　软件复位操作实例

对于既作为复位源使能写操作又作为复位指示标志读操作的那些位而言，读-修改-写指令只能读和修改复位源使能状态。这些位是：RTC0RE、C0RSEF、SWRSF、MCDRSF 和 PORSF。

以上说的复位源除软件复位外都是由外部事件产生，软件只能控制其有效否，并不能在时间上进行控制，而软件复位可以根据需要进行操作，很有实用价值。下列程序为软件复位的实验程序，由于软件复位后内部的寄存器值将恢复默认，PC 值归 0。在复位前保存了一些寄存器的值以和复位后的默认值对比。复位前 ACC、B、DPTR、P0 均被赋值。复位后 P0 变为 0xFF，其他寄存器都恢复为零。

```c
#include "C8051F410.h"
#include <INTRINS.H>
#define uint unsigned int
#define uchar unsigned char
#define nop() _nop_();_nop_();
uchar iostate0,iostate1,iostate2,ionew0,ionew1,ionew2,sfrold,sfrnew;
void Port_IO_Init();
void PCA_Init();
void Oscillator_Init();
void Init_Device(void);
//////////////////////////////////////////////////////////
sfr16 DPTR = 0x82;
void Port_IO_Init() {
    P0MDOUT = 0xFF;
    P1MDOUT = 0xFF;
    P2MDOUT = 0xFF;
    XBR1 = 0x40;
}
void PCA_Init() {
    PCA0MD& = ~0x40;          //禁止开门狗
    PCA0MD = 0x00;
}
void Oscillator_Init() {
    OSCICN = 0x87;            //系统频率为 24.5 MHz
    //OSCICN = 0x86;          系统频率为(24.5/2) MHz
    //OSCICN = 0x85;          系统频率为(24.5/4) MHz
    //OSCICN = 0x84;          系统频率为(24.5/8) MHz
    //OSCICN = 0x83;          系统频率为(24.5/16) MHz
    //OSCICN = 0x82;          系统频率为(24.5/32) MHz
    //OSCICN = 0x81;          系统频率为(24.5/64) MHz
    //OSCICN = 0x80;          系统频率为(24.5/128) MHz
}
```

第7章 SoC 复位源

```c
void Init_Device(void) {
    PCA_Init();
    Port_IO_Init();
    Oscillator_Init();
}
main() {
    Init_Device();
    if((RSTSRC&0x10) == 0x10) {
        ionew0 = P0;
        ionew1 = ACC;                   //复位后初始默认值
        ionew2 = B;
        sfrnew = RSTSRC;                //复位后 RSTSRC 值
    }
    RSTSRC = 0;
    P0 = 0x88;
    ACC = 0x66;
    B = 0x99;
    iostate0 = P0;                      //复位前值
    iostate1 = ACC;
    iostate2 = B;
    DPTR = 0x5655;
    sfrold = RSTSRC;                    //复位前 RSTSRC 值
    RSTSRC |= 0x10;                     //进行软件复位,内部寄存器将重新赋值
}
```

第 8 章

FLASH 存储单元

C8031F41x 内部有可编程的 FLASH 存储器，用于程序代码和非易失性数据存储。这就允许在程序运行时计算和存储类似标定系数这样的数据。数据写入时用 MOVX 指令，MOVX 读指令总是指向 XRAM。FLASH 的读出使用 MOVC 指令。还可以通过 C2 接口对 FLASH 存储器进行在系统编程，每次一个字节。一个 FLASH 位一旦被清 0，必须经过擦除才能再回到 1 状态。在进行重新编程之前，一般要将数据字节擦除置为 0xFF，原因是 FLASH 写操作只能将某位改写成 0，却无法将某位改写成 1。为了保证操作正确，写和擦除操作由硬件自动定时，不需要进行数据查询来判断写/擦除操作何时结束。在 FLASH 写/擦除操作期间，程序停止执行。

8.1 FLASH 存储单元的编程

对 FLASH 存储器编程的最简单的方法是使用由官方提供的编程工具，如 EC5 等通过 C2 接口编程，这也是对未被初始化过的器件的唯一编程方法。如想在应用系统中擦除或写 FLASH 存储器（如存储非易失参数），为了保证 FLASH 内容的完整性，必须将 V_{DD} 监视器使能为较高的电平设置，并随后立即将其选择为复位源。在 V_{DD} 监视器被禁止期间，对 FLASH 存储器执行任何擦除或写操作都将导致 FLASH 错误器件复位。

8.1.1 FLASH 编程锁定和关键字设置

为了保证 FLASH 存储器的可靠性，用户在程序中对 FLASH 进行写或擦除操作，受 FLASH 锁定和关键字功能的保护。也就是说，进行上述操作之前必须进行相关的解锁操作，即按顺序向 FLKEY 寄存器中写入正确的关键字。关键字格式位为：0xA5，0xF1。关键字的写入时序必须按顺序写。如果未写入正确的关键字或写入顺序有误，将导致 FLASH 写和擦除操作都将被禁止，此时必须进行一次系统复位才可解除禁止状态。每次 FLASH 写和擦除操作之后，FLASH 锁定功能复位，下一次 FLASH 写或擦除操作之前，还必须重新写入关键字。表 8.1 所列为 FLASH 锁定和关键码寄存器 FLKEY。

第 8 章 FLASH 存储单元

表 8.1 FLASH 锁定和关键字寄存器（FLKEY）

读写允许	R/W	R/W	R/W	R/W	R/W	R/W	R/W	R/W
位定义								
位号	位7	位6	位5	位4	位3	位2	位1	位0
寄存器地址	0xB7				复位值	00000000		

位 7～0：FLKEY，FLASH 锁定和关键字寄存器。

写：FLASH 擦除和写操作的锁定和关键字保护功能由该寄存器提供。顺序的向该寄存器按顺序写入 0xA5 和 0xF1 可以允许 FLASH 的写和擦除操作。一次写或擦除操作后，接下来的 FLASH 写或擦除操作将被自动禁止。FLKEY 的输入不正确或在写或擦除操作被禁止时进行 FLASH 的擦写操作，则 FLASH 将被锁定。在下次器件复位之前是不能对其进行写或擦除操作，直到下一次器件复位。如果应用中无向 FLASH 写的操作，可以用软件向 FLKEY 写入一个非 0xA5 的值，以此来锁定 FLASH 禁止擦写。

读，位 1～0 指示当前的 FLASH 锁定状态。
- 00   FLASH 写/擦除被锁定；
- 01   第一个关键码 0xA5 已被写入；
- 10   FLASH 处于解锁状态允许写/擦除；
- 11   FLASH 写/擦除操作被禁止，直到下一次复位。

8.1.2 FLASH 擦写的操作

FLASH 存储器在系统中的操作与 XRAM 类似，也是使用 MOVX 指令。像一般的 MOVX 指令要求一样，须提供待编程的地址和数据字节。未写入之前 FLASH 状态一般是只读的，因此在写入之前必须先允许 FLASH 写操作。此时须先将程序存储读/写控制寄存器 PSCTL 的允许位 PSWE 即 PSCTL.0 设置为逻辑 1，使 MOVX 操作指向目标 FLASH 存储器，正确地向 FLASH 锁定寄存器 FLKEY 中写入关键字解除锁定。此后 PSWE 位将保持置位状态，直到被软件清除。表 8.2 是程序存储读/写控制寄存器 PSCTL。

表 8.2 程序存储读/写控制寄存器（PSCTL）

读写允许	R	R	R	R	R	R	R/W	R/W
位定义	—						PSEE	PSWE
位号	位7	位6	位5	位4	位3	位2	位1	位0
寄存器地址	0x8F				复位值	00000000		

位 7～2：未使用，读返回值为 000000b，写无效。

位 1：   PSEE，程序存储擦除允许位。将该位置 1 后允许擦除 FLASH 存储器中的一个页，前提是 PSWE 位也被置 1。在将该位置 1 后，用 MOVX 指令进行一次写操作将擦除包含 MOVX 指令寻址地址的那个 FLASH 页。写操作的数据可以是任意值。

  0 禁止擦除 FLASH 存储器；
  1 允许擦除 FLASH 存储器。
位 0： PSWE，程序存储器写允许位。将该位置 1 后允许用 MOVX 指令向 FLASH 存储器写一个字节。
    在写数据之前必须先进行擦除，以便先使存储器各字节恢复为 0xFF。
  0 禁止写 FLASH 存储器；
  1 允许写 FLASH 存储器，MOVX 写指令寻址 FLASH 存储器。

  FLASH 存储器是按扇区为单位组织的，每个扇区为 512 字节。每次擦除操作最小的单位是一个扇区，即将扇区内的所有字节置为 0xFF。写 FLASH 存储器的操作实质是将每个字节对应 0 的位由 1 变为 0，这也是为什么写入前先擦除的道理。只有擦除操作才能将 FLASH 中的数据位置 1。擦除一页的步骤如下：
  ① 禁止中断防止有其它中断调用；
  ② 向 FLKEY 写第一个关键字：0xA5；
  ③ 向 FLKEY 写第二个关键字：0xF1；
  ④ 程序存储器擦除允许位 PSCTL 寄存器中的 PSEE 位置 1，以允许 FLASH 扇区的擦除操作；
  ⑤ 程序存储器写允许位 PSCTL 寄存器中的 PSWE 位置 1，以允许 FLASH 写入操作；
  ⑥ 用 MOVX 指令向待擦除页内的任何一个地址写入一个数据字节；
  ⑦ 清除 PSWE 和 PSEE 位；
  ⑧ 擦除结束，重新使能中断。

  对 FLASH 存储器的写入操作，可以一次单字节写入，也可以一次两字节写入。两种写入方式寄存器 PFE0CN 中的 FLBWE 位控制。当 FLBWE 被清 0 时，每次 FLASH 写操作写入一个字节，当 FLBWE 被置 1 时，每次 FLASH 写操作写入两个字节。双字节(块写)时间与单字节方式写的时间相同，写入大量数据时可以节省时间。单字节方式写入，数据是每个字节分别写入的，即每个 MOVX 写指令执行一次 FLASH 写操作。单字节方式写 FLASH 用软件对 FLASH 字节编程的步骤如下：
  ① 禁止中断防止有其他中断调用；
  ② 选择单字节写方式，清除寄存器 PFE0CN 的 FLBWE 位；
  ③ 向 FLKEY 写第一个关键字：0xA5；
  ④ 向 FLKEY 写第二个关键字：0xF1；
  ⑤ 将寄存器 PSCTL 的 PSWE 位置 1，以允许 FLASH 写入操作；
  ⑥ 清除寄存器 PSCTL 的 PSEE 位，以允许 FLASH 扇区擦除操作；
  ⑦ 用 MOVX 指令向扇区内的目标地址写入一个数据字节；
  ⑧ 清除 PSWE 位；
  ⑨ 单字节写结束，重新使能中断。

重复步骤③~⑧,直到写完每个字节。其中 FLASH 的擦除操作在一个页 512 字节之内进行一次,其他步骤重复进行。本页写满后如进行下一个页操作也要先进行一次擦除操作。

对于 FLASH 双字节写(块写),只在每个块的最后一个字节被写入后才执行 FLASH 写过程。FLASH 写入块包括两字节,写操作按先偶地址再奇地址的顺序进行,即先写以 0b 结尾的地址,后写以 1b 结尾的地址。FLASH 写过程发生在对以 1b 结尾的地址进行的 MOVX 写操作之后。如果写入的是 0xFF,实际上是不需要更新的,因为初始状态各字节就是 0xFF。FLASH 块写的步骤如下:

① 禁止中断,防止有其他中断调用;
② 将寄存器 PFE0CN 的 FLBWE 位置 1,可通过选择块写方式;
③ 向 FLKEY 写第一个关键字:0xA5;
④ 向 FLKEY 写第二个关键字:0xF1;
⑤ FLASH 写操作使能,将 PSCTL 中的 PSWE 位置 1;
⑥ FLASH 扇区擦除操作使能,清除 PSCTL 中的 PSEE 位;
⑦ 向块中的偶地址(以 0b 结尾)写入第一个数据字节;
⑧ 清除 PSWE 位;
⑨ 向 FLKEY 写第一个关键字:0xA5;
⑩ 向 FLKEY 写第二个关键字:0xF1;
⑪ 将 PSWE 位置 1;
⑫ 清除 PSEE 位;
⑬ 向块中的奇地址(以 1b 结尾)写入第二个数据字节;
⑭ 清除 PSWE 位;
⑮ 块写结束,重新允许中断。

重复步骤③~⑭,直到写完每个块。其中 FLASH 的擦除操作在一个页 512 字节之内进行一次,其他步骤重复进行。写满后如进行下一个页操作要先进行一次擦除操作。

8.2 FLASH 数据的安全保护

CIP-51 提供了安全选项以保护 FLASH 存储器不会被软件意外修改或恶意读取,以保护产品的知识产权。写允许寄存器 PSCTL 中的 PSWE 位和程序存储器擦除允许寄存器 PSCTL 中的 PSEE 位保护 FLASH 存储器不会被软件意外修改。在用软件修改 FLASH 存储器的内容之前,PSWE 必须被置 1。在用软件擦除 FLASH 存储器之前,PSWE 位和 PSEE 位都必须被置 1。此外,CIP-51 还提供了可以防止通过 C2 接口读取程序代码和数据常数的安全保护功能。

代码防止被窃取是利用 FLASH 用户空间的最后一个字节中的安全锁定字节。设置它可

第8章 FLASH存储单元

以保护FLASH存储器,使其不能被非法通过C2接口读、写或擦除。该安全机制允许用户从0页为地址0x0000~0x01FF开始锁定n个512字节的FLASH页,其中n是安全锁定字节的反码。在没被锁定的页,锁定字节的所有位均为1,此时安全锁定字节的所在页不被锁定。当有FLASH页被锁定时,锁定字节的所有位不全为,此时安全锁定字节的所在页也被锁定。图8.1所示为FLASH程序存储器的具体结构分布,关于对锁定字节的使用请参照示例。

安全锁定字节:11111101　b;反码:00000010;

被锁定的FLASH页:3(前两个FLASH页+锁定字节页);

被锁定的地址:0x0000~0x03FF(前两个FLASH页)和0x7C00~0x7DFF或0x0E00~0x0FFF或0x0600~0x07FF(锁定字节页)。

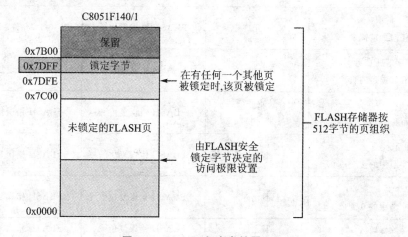

图8.1　FLASH程序存储器组织

FLASH安全级别取决于对FLASH访问的方式。以下3种访问方式是被限制的:经C2调试接口、在非锁定页执行的用户代码、在锁定页执行对FLASH的读、写和擦除程序。表8.3所列为C8051F41x器件的FLASH安全保护特性。

表8.3　FLASH安全保护一览表

操　作	C2调试接口	用户固件所在执行区域	
		未锁定页	被锁定页
读、写或擦除未锁定页 (锁定字节所在页除外)	允许	允许	允许
读、写或擦除被锁定页 (锁定字节所在页除外)	不允许	FLASH错误复位[②]	允许

续表 8.3

操 作	C2 调试接口	用户固件所在执行区域	
		未锁定页	被锁定页
读或写所在页包含锁定字节 (如果没有被锁定的页)	允许	允许	允许
读或写所在页包含锁定字节 (如果有任何页被锁定)	不允许	FLASH 错误复位②	允许
读锁定字节的值 (如果没有被锁定的页)	允许	允许	允许
读锁定字节的值 (如果有任何页被锁定)	不允许	FLASH 错误复位②	允许
擦除锁定字节所在页 (如果没有被锁定的页)	允许	FLASH 错误复位②	FLASH 错误复位②
擦除锁定字节所在页——解锁 所有页(如果有任何页被锁定)	只能进行 C2 器件擦除①	FLASH 错误复位②	FLASH 错误复位②
锁定附加页 (将锁定字节中的 1 变成 0)	不允许	FLASH 错误复位②	FLASH 错误复位②
解锁定单个页 (将锁定字节中的 0 变成 1)	不允许	FLASH 错误复位②	FLASH 错误复位②
读、写或擦除保留区	不允许	FLASH 错误复位②	FLASH 错误复位②

注:① 擦除所有 FLASH 页,包括锁定字节所在页。
② 不允许相应的操作,若操作将导致 FLASH 错误器件复位(复位后寄存器 RSTSRC 中的 FERROR 位为 1)。
C2 接口被禁止的操作都被忽略,但不会导致器件复位。
锁定 FLASH 页时,包含锁定字节所在页也被锁定。
锁定字节一旦被写入便不能被修改,除非用 C2 器件全擦除。
用户程序中设定了锁定字节,则在下一次复位之后锁定功能才生效。

8.3 FLASH 可靠写和擦除的几点要求

修改 FLASH 内容的代码处理不当可能会导致 FLASH 存储器内容的改变,该问题只能通过重新烧写 FLASH 来解决。如果 V_{DD}、系统时钟频率或温度的额定范围超过要求的限度,这种情况下具有 FLASH 代码写或擦除的系统是存在危险性的,即可能意外执行写或擦除 FLASH 的代码。为了防止意外修改 FLASH,V_{DD} 监视器必须被使能并被选择为复位源,只有这样 FLASH 才能被正确改写。如果 V_{DD} 监视器未被使能或未被选择为复位源,则当固件试图改写 FLASH 时会产生 FLASH 错误器件复位。将从下述几点说明如何保证 FLASH 可靠操作。

1. 电源和电源监视器的要求

为保证 FLASH 操作的正确性,对电源和电源监视器的要求如下:

① 电源瞬态保护。由于电源易受电压或电流尖峰的干扰,增加瞬变保护器件 TVS 等,确保电源电压不超过极限值。

② 欠压保护。保证满足 1 ms 的最小上升时间,如果系统不满足这个最小上升时间指标,则要在器件的复位引脚加一个外部 V_{DD} 欠压检测电路,以使器件在 V_{DD} 达到 2.7 V 之前保持复位状态,此时并不执行代码,当然也没有 FLASH 操作。

③ V_{DD} 监视器使能为复位源。尽可能早地使能片内 V_{DD} 监视器并将其使能为复位源。可以在复位后最先执行。对于用 C 语言开发的系统,要做到这一点须修改 C 编译器提供的启动代码。对于 C8051F41x 器件,V_{DD} 监视器和 V_{DD} 监视器复位源都必须被使能,只有如此才不会在擦除或写 FLASH 时产生 FLASH 错误器件复位。这样可避免 FLASH 写入不完整或写入错误,保障了系统的安全和可靠性。

④ 确保 V_{DD} 监视器被使能,即在擦除和写 FLASH 存储器的函数中显式地使能 V_{DD} 监视器和将其使能为复位源。使能 V_{DD} 监视器的指令应紧接在将 PSWE 置 1 的指令之后,但位于 FLASH 写或擦除操作指令之前。

⑤ 位操作使用显示语言。写复位源寄存器 RSTSRC 的指令都使用直接赋值操作符显式赋值,不要使用位操作(如 AND 或 OR)。例如,"RSTSRC=0x02"是正确的,而"RSTSRC|=0x02"是存在隐患的。

⑥ 复位源检查。保证所有写 RSTSRC 寄存器的指令都显式地将 PORSF 位置1。检查使能其他复位源的初始化代码(例如时钟丢失检测器或比较器)和强制软件复位的指令。

2. 写允许操作位 PSWE 的操作

置 1 程序存储器写允许位,即 PSCTL 寄存器中的 PSWE 位,以允许 FLASH 写入操作。为了避免误操作请按下列要求进行:

① 减少将 PSWE 位 PSCTL 的位 0 置 1 的位置数。可采用模块化设计,在代码中应只使用一个将 PSWE 置 1 的模块。其它程序要有 FLASH 写操作。需要时可以调用该模块。

② 在 PSWE 被置 1 期间,尽量减少变量访问次数。即在 PSWE=1~PSWE=0 的区域之外处理指针地址更新和改变循环变量。

③ PSWE 置 1 之前须禁止中断,并保持中断的禁止状态直到 PSWE 被清 0。在 FLASH 写或擦除操作期间所产生的任何中断都会在 FLASH 操作完成和中断被软件重新使能之后按优先级顺序得到服务。

④ 空间不重叠。保证 FLASH 写和擦除指针变量不与 XRAM 空间地址重叠。

⑤ 地址边界检查。在写或擦除 FLASH 存储器的代码中增加地址边界检查,以保证使用非法地址不会修改 FLASH。

3. 系统时钟稳定性

稳定的系统频率是 FLASH 可靠的操作保证,片内晶振经过优化设计,稳定性较高。因此所做的操作一定保证片内晶振为系统振源。

① 如果系统使用外部晶体工作,应注意晶体的电气干扰设计,包括对布局布线及温度变化敏感的考虑。如果系统工作在有强电气噪声的环境,建议使用内部振荡器或外部 CMOS 时钟。

② 使用外部振荡器工作,建议在 FLASH 写或擦除操作期间将系统时钟切换到内部振荡器。CPU 可以在 FLASH 操作结束后切换回外部振荡器。外部振荡器可以继续运行。

8.4 FLASH 读定时设置与应用

复位后,C8051F41x 的 FLASH 读操作定时设置是对应最高 25 MHz 的系统时钟。如果系统时钟不超过 25 MHz,则 FLASH 定时寄存器可以不必重复设置。

对每次 FLASH 读数据或取指操作,FLASH 存储器即被内核提供的读选通信号选中。该读选通信号持续一或两个系统时钟周期,它的宽度由 FLRT 寄存器的 FLSCL.4 位设置。如果系统时钟大于 25 MHz,则 FLRT 位必须被设置为逻辑 1,否则,无法正确读取相关内容。

当 FLASH 读选通信号有效时,FLASH 存储器处于活动状态。当 FLASH 读选通信号无效时,FLASH 存储器处于低功耗状态。对于可靠的 FLASH 读和取指操作,FLASH 读选通信号的有效时间不需大于 80 ns。当系统时钟大于 12.5 MHz 但小于 25 MHz 时,FLASH 读选通信号的宽度受系统时钟周期的限制。当系统时钟小于 12.5 MHz 时,FLASH 读选通信号的宽度受可编程单稳态触发器的限制,其周期缺省为 80 ns,即(1/12.5) ns。这一节电功能在系统时钟频率很低时可很好的发挥效用,如系统时钟频率为 32.768 kHz,此时周期大于 30 000 ns,应用此功能就非常有利。表 8.4 是 FLASH 读定时控制寄存器 FLSCL。

表 8.4 FLASH 读定时控制寄存器(FLSCL)

读写允许	R/W	R/W	R/W	R/W	R/W	R/W	R/W	R/W
位定义	保留	保留	保留	FLRT	保留	保留	保留	保留
位号	位7	位6	位5	位4	位3	位2	位1	位0
寄存器地址	0xB6				复位值	00000000		

位 7~5:保留,读返回值为 000b,写操作必须写 000b。
位 4: FLRT,FLASH 读时间控制,该位应被编程为所允许的最小值。
  0 SYSCLK≤25 MHz 时 FLASH 读选通信号为一个系统时钟。
  1 SYSCLK>25 MHz 时 FLASH 读选通信号为两个系统时钟。

位 3~0：保留。读返回值为 0000b，写操作必须写 0000b。

要进一步节省功耗，还可以将单稳态触发器编程为小于 80 ns，可以通过设置表 8.5 所列 ONESHOT 寄存器实现调整单稳态触发器的编程值。单稳态触发器的周期不能被编程为小于电器特性表中所给出的最小读周期时间。

表 8.5　FLASH 单次读周期寄存器（ONESHOT）

读写允许	R	R	R	R	R/W	R/W	R/W	R/W
位定义	—	—	—	—	PERIOD			
位号	位 7	位 6	位 5	位 4	位 3	位 2	位 1	位 0
寄存器地址	0xAF				复位值	00001111		

位 7~4：未用，读返回值为 000b，写无效。

位 3~0：PERIOD，FLASH 单次读周期控制位，这些位限制内部 FLASH 读选通信号的宽度。当 FLASH 读选通信号无效时，FLASH 存储器在剩余的系统周期内进入低功耗状态。当系统时钟大于 12.5MHz 和 FLRT=0 时，这些位不起作用。读周期设置应满足式(8-1)。

$$FLASHRDMAX = 5\ ns + (PERIOD \times 5\ ns)$$

正确设置 FLSCL 和 ONESHOT 寄存器的步骤如下：
① 选择 SYSCLK 使其频率小于或等于 25 MHz；
② 禁止指令预取引擎，将 PFE0CN 寄存器中的 PFEN 位清 0；
③ 将 FLSCL 寄存器中的 FLRT 清 0；
④ 设置 ONESHOT 周期位，须满足最小读周期公式；
⑤ 如果要使 SYSCLK 频率高于 25 MHz，则应将 FLRT 置 1；
⑥ 指令预取引擎使能，将 PFE0CN 寄存器中的 PFEN 位置 1。

表 8.6 给出了 FLASH 的一些典型电气参数，为保证数据操作的可靠性，技术指标请参照表 8.6。

表 8.6　FLASH 存储器电气特性

$V_{DD} = 2.7 \sim 3.6\ V$，$-40 \sim +85\ ℃$（除非特别说明）

参　数	条　件	最小值	典型值	最大值	单　位
FLASH 尺寸	C8051F410/1 C8051F412/3	32768* 16384	—		字节
擦写寿命	$V_{DD} \geqslant 2.2\ V$	20k	90k	—	擦/写
擦除时间		16	20	24	ms
写入时间	25 MHz 系统时钟	38	46	57	μs

注：* 位于 0x7E00~0x7FFF 的 512 字节保留。

第8章 FLASH存储单元

8.5 非易失性数据存储程序示例

仪表内常有一些参数经常要随着使用过程修改,并且所做修改断电后应能保存。这些参数是可变的但变化次数又不是太过频繁。非易失存储器可满足这样的要求,常用的有24XX,93XX,还有现在较为新型的无限次擦写寿命的铁电存储器。一般写完程序后还会剩余部分空间,如果擦写次数有限完全可以利用剩余的FLASH作为参数存储之用。FLASH的擦写是有寿命的,在一些电表水表中应用就不可靠了。下面的程序给出了对FLASH的擦写、读取、写入等操作。

在线调试时,写入程序之前要设置选项卡中的"off-chip code memory"选项。如图8.2中标记处。具体值要根据实际FLASH存储器用量来定,以此来避免每次更新程序对全部32KB程序空间的擦除。造成对观察数据变化的不利。

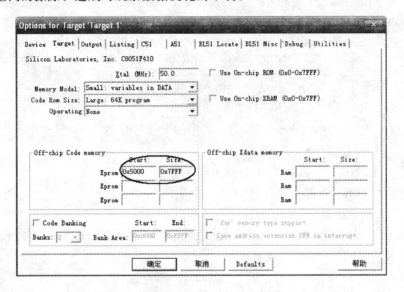

图8.2 FLASH空间设置

```
#include "C8051F410.h"
#include <INTRINS.H>
#define uint unsigned int
#define uchar unsigned char
#define ulong unsigned long
#define nop() _nop_();_nop_();
typedef uint FLADDR;
uchar flread[10];
//sfr16 IDA0DAT = 0x96;
```

```c
//sfr16 IDA1DAT = 0xf4;
#define SYSCLK 24500000          // SYSCLK frequency in Hz
sfr16 TMR3RL = 0x92;             // Timer3 reload value
sfr16 TMR3 = 0x94;               // Timer3 counter
sfr16 PCA0CP0 = 0xfb;
sfr16 PCA0CP1 = 0xe9;
sfr16 PCA0CP2 = 0xeb;
sfr16 PCA0CP3 = 0xed;
sfr16 PCA0CP4 = 0xfd;
sfr16 PCA0CP5 = 0xd2;
void delay(uint time);
void rtcset();
void Timer_Init();
void Oscillator_Init();
void Port_IO_Init();
void PCA_Init();
void Init_Device(void);
void rdcrc16();
void rdcrc32();
crcflip(uchar oldby);

void    FLASH_ByteWrite (FLADDR addr, char byte);    //FLASH 字节写程序
unsigned char FLASH_ByteRead   (FLADDR addr);        //FLASH 字节读取程序
void    FLASH_PageErase (FLADDR addr);               //FLASH 页面擦除程序
void delay(uint time){                               //延迟 1 ms
    uint i,j;
    for (i = 0;i<time;i++){
        for(j = 0;j<300;j++);
    }
}

void Timer_Init() {
    CKCON = 0x40;
    //CKCON = 0x40;      //T3 时钟为系统时钟,默认 12 分频
    TMR3CN = 0x10; //0x08,0x0c
}
void Oscillator_Init() {
    OSCICN = 0x87;       //系统频率为 24.5 MHz
    //OSCICN = 0x86;     系统频率为(24.5/2) MHz
    //OSCICN = 0x85;     系统频率为(24.5/4) MHz
    //OSCICN = 0x84;     系统频率为(24.5/8) MHz
    //OSCICN = 0x83;     系统频率为(24.5/16) MHz
```

第 8 章 FLASH 存储单元

```
    //OSCICN = 0x82;      系统频率为(24.5/32) MHz
    //OSCICN = 0x81;      系统频率为(24.5/64) MHz
    //OSCICN = 0x80;      系统频率为(24.5/128) MHz
}
void Port_IO_Init()
{ }

void PCA_Init() {
    PCA0CN = 0x40;
    PCA0MD &= ~0x40;
}

void Init_Device(void) {
    PCA_Init();
    Timer_Init();
    Port_IO_Init();
    Oscillator_Init();
}
//----------------------------------------------------------
//函数体
//----------------------------------------------------------
void FLASH_ByteWrite (FLADDR addr, char byte) {
    bit EA_SAVE = EA;              // 保存 EA
    char xdata * data pwrite;      // FLASH 写操作指针
    EA = 0;                        // 禁止中断
    VDM0CN = 0xA0;                 // 使能电源监视
    RSTSRC = 0x02;                 // 电源监视复位源有效
    pwrite = (char xdata *) addr;
    FLKEY = 0xA5;                  // 第一个关键码
    FLKEY = 0xF1;                  // 第二个关键码
    PSCTL |= 0x01;                 // PSWE 位使能
    VDM0CN = 0xA0;
    RSTSRC = 0x02;
    * pwrite = byte;               // 写入一个字节
    PSCTL &= ~0x01;                // PSWE 清禁止写
    EA = EA_SAVE;                  // 恢复操作前中断状态
}
//----------------------------------------------------------
unsigned char FLASH_ByteRead (FLADDR addr) {
    bit EA_SAVE = EA;              //表存 EA
    char code * data pread;        // FLASH 读指针
    unsigned char byte;
```

```
    EA = 0;                           // 禁止中断
    pread = (char code *) addr;
    byte = *pread;                    //读一个字节
    EA = EA_SAVE;                     // 恢复操作前中断状态
    return byte;
}
//--------------------------------------------------------------
// FLASH_页擦除
//--------------------------------------------------------------
void FLASH_PageErase (FLADDR addr) {
    bit EA_SAVE = EA;                 //暂存 EA
    char xdata * data pwrite;         // FLASH 写指针
    EA = 0;
    VDM0CN = 0xA0;
    RSTSRC = 0x02;                    // 使能电源监视作为以各复位源
    pwrite = (char xdata *) addr;
    FLKEY = 0xA5;
    FLKEY = 0xF1;
    PSCTL |= 0x03;                    // PSWE = 1; PSEE = 1
    VDM0CN = 0xA0;
    RSTSRC = 0x02;
    *pwrite = 0;                      // 擦除地址所在页
    PSCTL &= ~0x03;                   // PSWE = 0; PSEE = 0
    EA = EA_SAVE;                     // 恢复操作前中断状态
}
//--------------------------------------------------------------
//主函数
//--------------------------------------------------------------
main() {
    uint addr;
    uchar mdata,i ;
    Init_Device();                    //初始化硬件设置
    delay(10);
    FLASH_PageErase (0x7000);
    addr = 0x7000;
    for(i = 0;i<10;i++) {
        flread[i] = FLASH_ByteRead (addr);
        addr++ ;
    }
    addr = 0x7000;
    FLASH_PageErase (addr);
    addr = 0x7000;
```

第8章 FLASH 存储单元

```
    for(i = 0;i<10;i++) {
      flread[i] = FLASH_ByteRead (addr);
      addr++;
    }
    addr = 0x7000;
    mdata = 88;
    for(i = 0;i<10;i++) {
      FLASH_ByteWrite (addr, mdata);
      addr++;
      mdata++;
    }
    nop();
}
```

图 8.3~8.5 为数据写入的一些情况。在写入数据之前必须使待写的各字节恢复为初始的 0xFF 状态，要恢复此状态只有擦除操作。

Name	Value
flread	D:0x0C [...]
[0]	0xFF
[1]	0xFF
[2]	0xFF
[3]	0xFF
[4]	0xFF
[5]	0xFF
[6]	0xFF
[7]	0xFF
[8]	0xFF
[9]	0xFF

图 8.3　擦除后未写入

Name	Value
flread	D:0x0C [...]
[0]	0x18
[1]	0x19
[2]	0x1A
[3]	0x1B
[4]	0x1C
[5]	0x1D
[6]	0x1E
[7]	0x1F
[8]	0x40
[9]	0x41

图 8.4　未擦除存在数据直接写入

Name	Value
flread	D:0x0C [...]
[0]	0x58
[1]	0x59
[2]	0x5A
[3]	0x5B
[4]	0x5C
[5]	0x5D
[6]	0x5E
[7]	0x5F
[8]	0x60
[9]	0x61

图 8.5　正确的数据写入

第 9 章 振荡器

所有的嵌入式系统都需要时钟。时钟源可以分为两类：基于机械谐振器件（如晶振、陶瓷谐振）的时钟源和 RC 振荡器。基于晶振与陶瓷谐振槽路的振荡器通常能提供非常高的初始精度和较低的温度系数。RC 振荡器能够快速启动，成本也比较低，但通常在整个温度和工作电源电压范围内精度较差，会在标称输出频率的 5%～50% 范围内变化。

图 9.1 所示为 C8051F41x 的振荡器框图。

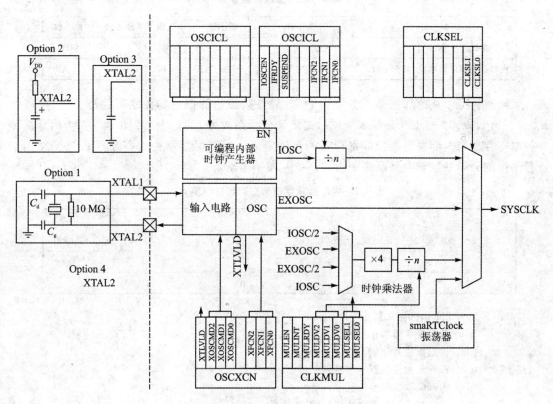

图 9.1 振荡器框图

第 9 章 振荡器

C8051F41x 片内集成了一个可编程内部振荡器,不使用片外晶振,也可产生系统所需的频率。同时,也可通过片内的外部振荡器驱动电路配合片外晶振或 RC 器件组成振荡源,满足应用者对特定频率的需求。可以通过对寄存器编程来使能/禁止内部振荡器或调节其输出频率。系统时钟可以由内部振荡器、外部振荡器电路或使能时钟振荡器提供。片内的时钟乘法器可以对输入频率进行 3 种变换:内部振荡器 2 倍频,外部振荡器 2 倍频以及外部振荡器 4 倍频。输出可以经分频器分频,可编程为:1、2/3、1/2、2/5、1/3、2/7。

9.1 可编程内部振荡器设置与使用

C8051F41x 片内集成了一个振荡器,它可编程为多种频率,系统复位后被默认为系统时钟。该振荡器的频率可以通过振荡校准寄存器编程校准。振荡校准寄存器出厂时已经过校准,频率为 24.5 MHz。表 9.1 所列为内部振荡器参数。

表 9.1 内部振荡器参数

参　数	条　件	最小值	典型值	最大值	单　位
内部振荡器频率	复位频率	24	24.5	25	MHz
内部振荡器电源电流(自 V_{DD})	OSCICN.7 = 1	0	400	—	μA

系统时钟可以从内部振荡器分频得到,分频系数由内部振荡器控制寄存器设定,可以为 1、2、4、8、16、32、64 或 128 分频。复位后的默认分频系数为 128。表 9.2 和表 9.3 为内部振荡器控制寄存器与内部振荡器校准寄存器的具体定义。内部振荡器控制寄存器 OSCICN 用于设置晶振的分频系数与内外晶振使能等。

表 9.2 内部振荡器控制寄存器(OSCICN)

读写允许	R/W	R	R/W	R	R	R/W	R/W	R/W
位定义	IOSCEN	IFRDY	SUSPEND	—	—	IFCN2	IFCN1	IFCN0
位号	位 7	位 6	位 5	位 4	位 3	位 2	位 1	位 0
寄存器地址	0xB2			复位值		11000000		

位 7: IOSCEN,内部振荡器使能位。
　　　0　内部振荡器禁止;
　　　1　内部振荡器使能。
位 6: IFRDY,内部振荡器频率准备就绪标志。
　　　0　内部振荡器未准备就绪;
　　　1　内部振荡器准备就绪,输出设定频率。

位5: SUSPEND,内部振荡器挂起使能位。
向该位写1将内部振荡器设置于SUSPEND模式。当其中一个SUSPEND模式唤醒事件发生时,内部振荡器恢复运行。

位4~3: 未用。读返回值为0,写无效。

位2~0: IFCN2-0,内部振荡器频率控制位。
000   SYSCLK为内部振荡器128分频,默认值;
001   SYSCLK为内部振荡器64分频;
010   SYSCLK为内部振荡器32分频;
011   SYSCLK为内部振荡器16分频;
100   SYSCLK为内部振荡器8分频;
101   SYSCLK为内部振荡器4分频;
110   SYSCLK为内部振荡器2分频;
111   SYSCLK为内部振荡器不分频。

表9.3 内部振荡器校准寄存器(OSCICL)

读写允许	R/W	R/W	R/W	R/W	R/W	R/W	R/W	R/W
位定义	—	OSCCAL						
位号	位7	位6	位5	位4	位3	位2	位1	位0
寄存器地址	0xB3			复位值	00000000			

位7: 未用。读返回值为0,写无效。

位6~0: OSCCAL,内部振荡器校准寄存器。
这些位决定内部振荡器的周期。对于C8051F41x器件,复位值已经过工厂校准,对应24.5 MHz的内部振荡器频率。

如果系统时钟来自内部振荡器,它可以随时被置于挂起方式,方法是将OSCICN寄存器的SUSPEND位置1。此时,外设和内核随着时钟被停振而停止运行以降低功耗,直到被一些事件唤醒为止。

这些唤醒文件包括:
➤ 端口0匹配事件;
➤ 端口1匹配事件;
➤ 比较器0被使能且输出为逻辑0;
➤ 比较器1被使能且输出为逻辑0;
➤ 智能时钟振荡器故障事件;
➤ 智能时钟告警事件。

当以上唤醒事件之一发生时,不论是否产生中断都可以将内部振荡器、内核以及因挂起而停止运行的外设功能得到恢复。CPU从进入SUSPEND状态的指令的下一条指令恢复执行。

第9章 振荡器

9.2 外部振荡器的配置与使用

图 9.1 中,分别接在晶振的两个引脚对地的电容 C_d 和 C_g 为晶振的负载电容,一般在几十皮法。它会影响到晶振的谐振频率和输出幅度,一般订购晶振时供货方会问你负载电容是多少。

$$晶振的负载电容=[(C_d \times C_g)/(C_d+C_g)]+C_{IC}+\Delta C$$

式中,C_d、C_g 为分别接在晶振的两个脚上和对地的电容,C_{IC}(集成电路内部电容)+ΔC(PCB等效电容)经验值为 3~5 pF。

各种逻辑芯片的晶振引脚可以等效为电容三点式振荡器。晶振引脚的内部通常是一个反相器,或者是奇数个反相器串联。在晶振输出引脚 XO 和晶振输入引脚 XI 之间用一个电阻连接,对于 CMOS 芯片通常是数兆欧到数十兆欧之间。很多芯片的引脚内部已经包含了这个电阻,引脚外部就不用接了。这个电阻是为了使反相器在振荡初始时处于线性状态,反相器就如同一个有很大增益的放大器,以便于起振。石英晶体也连接在晶振引脚的输入和输出之间,等效为一个并联谐振回路,振荡频率应该是石英晶体的并联谐振频率。晶体旁边的两个电容接地,实际上就是电容三点式电路的分压电容,接地点就是分压点。以接地点即分压点为参考点,振荡引脚的输入和输出是反相的,但从并联谐振回路即石英晶体两端来看,形成一个正反馈以保证电路持续振荡。在芯片设计时,这两个电容就已经形成了,一般两个电容量相等,容量大小依工艺和版图而不同,但比较小,不一定适合很宽的频率范围。外接时大约是数皮法到数十皮法,依频率和石英晶体的特性而定。

注意:这两个电容串联的值是并联在谐振回路上的,会影响振荡频率。当两个电容量相等时,反馈系数是 0.5,一般是可以满足振荡条件的,但如果不易起振或振荡不稳定可以减小输入端对地电容量,而增加输出端的值以提高反馈量。

晶体、陶瓷谐振器、电容或 RC 网络均可被驱动成为系统时钟。当然也可以直接采用一个外部 CMOS 时钟提供系统时钟。晶体和陶瓷谐振器应用广泛,只需把它们并接到 XTAL1 和 XTAL2 引脚上即可,最好在 XTAL1 和 XTAL2 引脚之间并联一个 10 MΩ 的大阻值电阻。这个电阻是反馈电阻,是为了保证反相器输入端的工作点电压在 $V_{DD}/2$,这样在振荡信号反馈在输入端时,能保证反相器工作在适当的工作区。虽然去掉该电阻时,振荡电路仍能工作。但是如果从示波器看振荡波形就会不一致,而且可能会造成振荡电路因工作点不合适而停振。所以千万不要省略此电阻。RC、电容或 CMOS 时钟也可配置为系统时钟,时钟源应接到 XTAL2 引脚,同时必须在内部振荡器控制寄存器中选择对应的外部振荡器类型,还必须正确选择频率控制位 XFCN。

表 9.4 为外部振荡器控制寄存器各位具体定义,该寄存器在使用片外振荡源作为系统振荡源时,须根据实际情况设置。

第 9 章 振荡器

表 9.4 外部振荡器控制寄存器(OSCXCN)

读写允许	R	R/W	R/W	R/W	R/W	R/W	R/W	R/W
位定义	XTLVLD	XOSCMD2	XOSCMD1	XOSCMD0	保留	XFCN2	XFCN1	XFCN0
位号	位 7	位 6	位 5	位 4	位 3	位 2	位 1	位 0
寄存器地址	0xB1				复位值	00000000		

位 7： XTLVLD，晶体振荡器有效标志，在 XOSCMD=11x 时有效，只读。
   0 晶体振荡器未用或未稳定；
   1 晶体振荡器正在稳定运行。
位 6~4：XOSCMD2~0，外部振荡器方式位。
   00x 外部振荡器电路关闭；
   010 外部 CMOS 时钟方式；
   011 外部 CMOS 时钟方式 2 分频；
   100 外部时钟为 RC 振荡器方式；
   101 外部时钟为电容振荡器方式；
   110 外部时钟为晶体振荡器方式；
   111 外部时钟为晶体振荡器方式 2 分频。
位 3： 保留。读返回值为 0，写无效。
位 2~0：XFCN2~0，外部振荡器频率控制位。可取值 000~111，该取值与外部振荡器频率控制位选择相关联。表 9.5 给出了不同外部振荡源在不同频率下的取值。

表 9.5 外部振荡器频率控制位选择

XFCN	晶体(XOSCMD=11x)	RC(XOSCMD=10x)	C(XOSCMD=10x)
000	$f \leqslant 20\ kHz$	$f \leqslant 25\ kHz$	K 因子 $= 0.87$
001	$20\ kHz < f \leqslant 58\ kHz$	$25\ kHz < f \leqslant 50\ kHz$	K 因子 $= 2.6$
010	$58\ kHz < f \leqslant 155\ kHz$	$50\ kHz < f \leqslant 100\ kHz$	K 因子 $= 7.7$
011	$155\ kHz < f \leqslant 415\ kHz$	$100\ kHz < f \leqslant 200\ kHz$	K 因子 $= 22$
100	$415\ kHz < f \leqslant 1.1\ MHz$	$200\ kHz < f \leqslant 400\ kHz$	K 因子 $= 65$
101	$1.1\ MHz < f \leqslant 3.1\ MHz$	$400\ kHz < f \leqslant 800\ kHz$	K 因子 $= 180$
110	$3.1\ MHz < f \leqslant 8.2\ MHz$	$800\ kHz < f \leqslant 1.6\ MHz$	K 因子 $= 664$
111	$8.2\ MHz < f \leqslant 25\ MHz$	$1.6\ MHz < f \leqslant 3.2\ MHz$	K 因子 $= 1590$

晶体方式，选择与晶体振荡器频率匹配的 XFCN 值。
RC 方式，选择与频率范围匹配的 XFCN 值。频率为
$$f = 1.23(10^3)/(R \times C)$$
式中，f 为振荡器频率(MHz)，C 为电容值(pF)，R 为上拉电阻值(kΩ)。
C 方式，根据所期望的振荡器频率选择 K 因子 K_F，则频率为
$$f = K_F/(C \times V_{DD})$$

第9章 振荡器

式中，f 为振荡器频率(MHz)，C 为 XTAL2 引脚的电容值(pF)，V_{DD} 为 MCU 的电源电压值(V)。

应用外部振荡器电路时，端口引脚配置是必须的。当使用晶体作为外部振荡器时，需要将端口引脚 P1.0 和 P1.1 被分配给 XTAL1 和 XTAL2 并与无源晶振相连。当 RC、C 或 CMOS 时钟方式被用作外部振荡器时，则将端口引脚 P1.1 配置为 XTAL2。被振荡器占用的引脚应在交叉开关中设置为跳过。采用晶体/陶瓷谐振器、电容或 RC 方式等外部振荡器电路时，所用的引脚应被设置为模拟输入。而在 CMOS 时钟方式作为外部时钟源时，则应将对应的引脚设置为数字输入。以下将具体说明各种时钟源应用与配置情况。

9.2.1 外部晶体模式

采用片外的晶体或陶瓷谐振器作为 MCU 的外部振荡源，石英晶体连接在晶振引脚的输入和输出之间，等效为一个并联谐振回路，振荡频率是石英晶体的并联谐振频率。晶体旁边的两个电容接地，实际上是电容三点式电路的分压电容，接地点就是分压点。这两个电容称为晶振的负载电容，分别接在晶振的两个引脚对地之间，一般在几十皮法。电容会影响晶振的谐振频率和输出幅度，其大小取决于晶体的振荡频率和生产厂家。外部晶体模式须定义外部振荡器控制寄存器中的晶体振荡器方式并选择外部振荡器频率控制值。图 9.2 给出了片外扩展标准晶振 32.768 kHz 的示例。

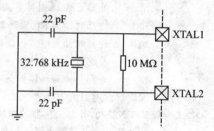

图 9.2　32.768 kHz 外部晶体示例

在使用晶体振荡器时，启动振荡后需要一定的时间来使振荡幅度达到要求，片内振荡幅度检测电路可完成这样的工作。晶体振荡器是否稳定可检查 XTLVLD 位的状态是否为 1，可延时数毫秒再去检查更好。如在晶体振荡器稳定之前就切换使用该时钟，可能会产生不可预见的后果。晶体振荡源的配置步骤如下：

第一步：将 P1.0 和 P1.1 设置为 0，强制 XTAL1 和 XTAL2 引脚为低电平。
第二步：配置 XTAL1 和 XTAL2 为模拟输入。
第三步：外部振荡器允许。
第四步：等待 1 ms 以上，视晶振频率而定，频率低时时间更长。
第五步：查询晶体振荡器有效标志 XTLVLD 位是否有效(1 有效，0 无效)。
第六步：将系统时钟由内部切换到外部振荡器。

外部晶体振荡器电路对 PCB 布局非常敏感。应将晶体尽可能地靠近器件的 XTAL 引脚，布线应尽可能地短并用地平面屏蔽，以防止其他引线引入噪声或干扰。

9.2.2 外部 RC 模式

可以使用外部 RC 网络作为 MCU 的外部振荡源，RC 振荡器能够快速启动，成本也比较低,但通常在整个温度和工作电源电压范围内精度较差,输出频率会在较大范围内变化。使用 RC 网络作为振荡源时电容不应大于 100 pF,但当电容值较小时,PCB 的寄生电容将会影响总的等效电容。

外部振荡器频率控制值 XFCN 与振荡频率相关,需要首先根据所需频率确定 RC 网络参数值。如果所希望的频率是 100 kHz,选 $R=246 \text{ k}\Omega$ 和 $C=50 \text{ pF}$,则发生频率为

$$f = \frac{1.23(10^3)}{RC} = \frac{1.23(10^3)}{246 \times 50} = 0.1 \text{ MHz} = 100 \text{ kHz}$$

根据外部振荡器控制寄存器定义,得到所需要的 XFCN 值为 010b。在 RC 方式,将 XFCN 编程为较高频率值可改善频率精度,但外部振荡器的电源电流也要相应增加。

9.2.3 外部电容模式

外部电容也可作为 MCU 的外部振荡源,但电容值应小于 100pF,当电容值很小时,PCB 的寄生电容将会给实际的电容值造成影响,使频率偏差增大。OSCXCN 寄存器中外部振荡器频率控制 XFCN 的取值与振荡频率相关,需要先确定所需的频率。

下面给出应用电容作为振荡源的计算实例。可采用式(9.1)计算振荡频率。当 $V_{DD}=2.0 \text{ V}$ 和 $f=75 \text{ kHz}$:

$$f = \frac{K_F}{C \times V_{DD}} \tag{9.1}$$

$$0.075 \text{ MHz} = \frac{K_F}{C \times 2.0}$$

由于所需要的频率大约为 75 kHz,从表 9.5 中选 K 因子为 $K_F=7.7$,通过式(9.1)得, $C=51.3 \text{ pF}$,查表可知 XFCN 取值为 010 b。

9.2.4 外部振荡器作为定时器时钟

定时器 2 或定时器 3 可以用来测量外部振荡器的频率,外部的各种时钟源也可作为定时器和可编程计数器阵列(PCA)的一个时钟输入选项,此时钟是经过 8 分频后输入。如这些外部振荡器仅用作外设的时钟,并不用作系统时钟,则对它们的要求是:外部振荡器频率必须小于或等于系统时钟频率。这样才能保证外设的时钟与系统时钟的同步性,这种同步的抖动被限制为±0.5 个系统时钟周期。

9.3 时钟乘法器

时钟乘法器具有内频率变换功能,可以得到一般分频得不到的频率。变换过程是:先对输入频率进行 4 倍频,再将变换后的频率经分频电路输出。分频系数可以取为:1、2/3、1/2、2/5、1/3、2/7。外部振荡器、内部或外部振荡器 2 分频均可作为时钟乘法器的输入,相应分频前输

出:内部振荡器×2、外部振荡器×2和外部振荡器×4,可再通过分频因子分频。表9.6所列为时钟乘法器控制寄存器CLKMUL。

表9.6 时钟乘法器控制寄存器(CLKMUL)

读写允许	R/W	R/W	R	R/W	R/W	R/W	R/W	R/W
位定义	MULEN	MULINIT	MULRDY	MULDIV			MULSEL	
位号	位7	位6	位5	位4	位3	位2	位1	位0
寄存器地址	0xAB			复位值		00000000		

位7: MULEN,时钟乘法器使能位。
    0 时钟乘法器禁止;
    1 时钟乘法器使能。
位6: MULINIT,时钟乘法器初始化控制位。
    当时钟乘法器被使能时,该位应为0。一旦时钟乘法器被使能,向该位写1将初始化时钟乘法器。当时钟乘法器稳定后,MULRDY的读出值为1。
位5: MULRDY,时钟乘法器就绪标志位,该只读并指示时钟乘法器的状态。
    0 时钟乘法器未准备好;
    1 时钟乘法器已准备好。
位4~2: MULDIV,时钟乘法器输出分频因子,这些位控制时钟乘法器频率按比例输出。对于下列带*的这些设置,时钟乘法器输出的占空比不是50%。
    000 时钟乘法器输出分频因子为1;
    001 时钟乘法器输出分频因子为1;
    010 时钟乘法器输出分频因子为1;
    011 时钟乘法器输出分频因子为2/3*;
    100 时钟乘法器输出分频因子为2/4(或1/2);
    101 时钟乘法器输出分频因子为2/5*;
    110 时钟乘法器输出分频因子为2/6(或1/3);
    111 时钟乘法器输出分频因子为2/7*。
位1~0: MULSEL,时钟乘法器输入选择位,这两位选择时钟乘法器的时钟源。时钟乘法器的输入选择如表9.7所列。

表9.7 时钟乘法器的输入选择

MULSEL	选择的输入时钟	时钟乘法器输出(MULDIV=000b)
00	内部振荡器/2	内部振荡器×2
01	外部振荡器	外部振荡器×4
10	外部振荡器/2	外部振荡器×2
11	内部振荡器	内部振荡器×4

外部振荡器启动需要一定的稳定时间,当其作为时钟乘法器的输入时,必须保证在乘法器初始化之前已稳定运行。配置时钟乘法器 CLKMUL 寄存器需按下述步骤进行:

① 复位时钟乘法器,将寄存器 CLKMUL 置 0x00。
② 选择时钟乘法器的输入源要用到 MULSEL 位。
③ 选择时钟乘法器输出的分频系数需设置 MULDIV 位。
④ 允许时钟乘法器将 MULEN 位置 1。
⑤ 延时大于 5 μs。
⑥ 启动时钟乘法器将 MULINIT 位置 1。
⑦ 等待稳定工作,即 MULRDY≥1。

9.4 系统时钟的选择

内部振荡器的启动速度快,可以设置完内部振荡器的 OSCICN 后立即选择其为系统时钟。外部晶体和陶瓷谐振器则需要较长的启动及稳定时间。就需要延时数 ms 再确定晶体有效标志,当 OSCXCN 寄存器中的 XTLVLD 位被硬件置 1,则说明晶体已稳定。在这种方式下,为了防止读到不真实的 XTLVLD 标志位信号,允许外部振荡器和检查 XTLVLD 操作之间应延时数 ms。RC 和 C 方式由于启动速度也很快通常也不需要考虑启动时间。

系统时钟的振荡源可通过寄存器 CLKSEL 中的 CLKSL[1:0]位设置,其中 01b 是选择外部振荡源作为系统时钟。外部振荡器没被用作系统时钟时还可以给外设定时器、PCA 提供时钟。系统时钟可以在内部振荡器、外部振荡器、smaRTClock 振荡器和时钟乘法器之间自由切换,但要求振荡器必须运行稳定。表 9.8 所列为时钟选择寄存器 CLKSEL 的详细定义。

表 9.8 时钟选择寄存器(CLKSEL)

读写允许	R/W	R/W	R/W	R/W	R/W	R/W	R/W	R/W
位定义	—	—	CLKDIV		—	保留	CLKSL	
位号	位7	位6	位5	位4	位3	位2	位1	位0
寄存器地址	0xA9				复位值	00000000		

位 7~6: 未用。读返回值为 0,写无效。
位 5~4: CLKDIV1~0,输出 SYSCLK 分频值。这些位用于在将 SYSCLK 通过交叉开关输出到一个端口引脚之前对其预分频。
    00   输出为 SYSCLK;
    01   输出为 SYSCLK/2;
    10   输出为 SYSCLK/4;
    11   输出为 SYSCLK/8。
位 3: 未用。读返回值为 0,写无效。

第9章 振荡器

位2: 保留。读返回值为0,写操作必须为0 b。

位1~0: CLKSL1~0,系统时钟选择位,当选择外部振荡器作为系统时钟时,CLKSL1~0必须被设置为01 b。系统时钟源的选择如表9.9所列。

表9.9 系统时钟源的选择

CLKSL	选择的时钟	CLKSL	选择的时钟
00	内部振荡器(由寄存器OSCICN中的IFCN位选择分频系数)	10	时钟乘法器
		11	smaRTClock振荡器
01	外部振荡器		

第 10 章

智能实时时钟

实时时钟是许多电子系统都会提供的功能,利用实时时钟可以实现系统的日历时间功能、时间戳记和定时工作的启动,例如定期唤醒系统执行某项特定任务。实时时钟并不是新鲜事物,但以往的应用仅体现在时间与定时上,并没有和嵌入式系统有机融合,发挥它一加一大于二的效果。市面上许多解决方案已将实时时钟和完整的"独立"功能整合至微控制器,可实现多种功能。本章将论述片上系统的智能时钟可实现的功能。

片上系统器件内集成了一个专用的时钟外设,与之配合的 32 kHz 振荡器,可以使用或不使用片外晶体。该时钟包括一个 47 位的时间定时器,定时器具有报警功能。当使用 32.768 kHz 的钟表晶体以及后备电源大于 1 V 时,该独立计数器计数时间长达 137 年。片内还包括一个后备电源稳压器以及由后备电源供电的 64 字节的 SRAM,可作为参数储存。后备电源供电时,即使内核处在掉电状态,时钟仍将保持全功能运行。

发生掉电后,后备电压 VRTC-BACKUP 大于 V_{DD} 时,时钟将自动切换到后备电源。如果时钟的定时器值到或振荡器停振,将产生时钟报警或时钟丢失事件从而引起 CIP-51 核的中断,同时将内核振荡器从挂起方式唤醒或产生器件复位。图 10.1 所示为智能时钟的原理框图。

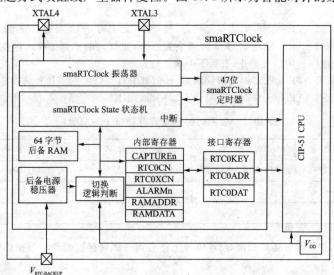

图 10.1 智能时钟原理框图

第 10 章 智能实时时钟

10.1 智能时钟的全局接口寄存器

智能时钟与内核接口是 3 个寄存器：RTC0KEY、RTC0ADR 和 RTC0DAT。这些接口寄存器位于内核的寄存器空间，通过 3 个内部寄存器的访问进而对智能时钟的进行访问控制。时钟的内部寄存器不能直接访问，只能通过接口寄存器间接访问。

10.1.1 智能时钟的接口寄存器定义

表 10.1～表 10.4 为接口寄存器的具体定义。

表 10.1 智能时钟锁定和关键码寄存器（RTC0KEY）

读写允许	R/W	R/W	R/W	R/W	R/W	R/W	R/W	R/W
位定义	RTC0STATE							
位号	位7	位6	位5	位4	位3	位2	位1	位0
寄存器地址	0xAE				复位值	00000000		

位 7～0：RTC0STATE，智能时钟状态位。

读：
- 0x00　智能时钟接口被锁定；
- 0x01　智能时钟接口被锁定，第一个关键码（0xA5）已被写入，等待第二个关键码；
- 0x02　智能时钟接口被解锁，第一和第二个关键码（0xA5,0xF1）已被写入；
- 0x03　智能时钟接口被禁止，直到下一次复位。

写：
当 RTC0STATE=0x00 时为锁定状态，写 0xA5 后再写 0xF1 将解锁智能时钟接口；
当 RTC0STATE=0x01 时等待第二个关键码，如写入的不是 0xF1，将使 RTC0STATE 变为 0x03，智能时钟接口被禁止，直到下一次复位；
当 RTC0STATE=0x02 时为解锁状态，任何对 RTC0KEY 的写操作将锁定智能时钟接口；
当 RTC0STATE=0x03 时访问被禁止，对 RTC0KEY 的写操作不起作用。

表 10.2 智能时钟地址寄存器（RTC0ADR）

读写允许	R/W	R/W	R/W	R/W	R/W	R/W	R/W	R/W
位定义	BUSY	AUTORD	VREGEN	SHORT	RTC0ADDR			
位号	位7	位6	位5	位4	位3	位2	位1	位0
寄存器地址	0xAC				复位值	不定		

位 7：BUSY，智能时钟接口忙位，向该位写 1 将启动一次间接读操作。当操作结束时，硬件自动将该位清 0。

　　0　smaRTClock 不忙；

  1 smaRTClock 忙于执行一次读或写操作。

位 6：AUTORD，智能时钟接口自动读使能位。
  0 自动读功能未使能，此时每次间接读操作都必须手动向 BUSY 位写 1；
  1 读智能时钟数据寄存器 RTC0DAT 时即启动下一次间接读操作。

位 5：VREGEN，后备电源稳压器使能位，当 $V_{RTC\text{-}BACKUP}>V_{DD}$ 时，该位被自动置 1。
  0 后备电源稳压器禁止，时钟由 V_{DD} 供电；
  1 后备电源稳压器被强制使能时钟由 $V_{RTC\text{-}BACKUP}$ 后备电源供电。

位 4：SHORT，短读/写同步使能，提高智能时钟读和写的速度，会使功耗稍有增加。
  0 smaRTClock 读和写持续 4 个时钟周期；
  1 smaRTClock 读和写持续 1 个时钟周期。

位 3～0：RTC0ADDR，智能时钟接口地址位，这些位选择读/写 RTC0DAT 时其内部寄存器地址。RTC0ADDR 位在每次对 CAPTUREn 或 ALARMn 内部寄存器进行间接读/写操作时加 1。具体对应关系如表 10.3 所列。

表 10.3 智能时钟接口地址位与内部寄存器地址对应关系

RTC0ADDR	smaRTClock 内部寄存器	RTC0ADDR	smaRTClock 内部寄存器
0000	CAPTURE0	1000	ALARM0
0001	CAPTURE1	1001	ALARM1
0010	CAPTURE2	1010	ALARM2
0011	CAPTURE3	1011	ALARM3
0100	CAPTURE4	1100	ALARM4
0101	CAPTURE5	1101	ALARM5
0110	RTC0CN	1110	RAMADDR
0111	RTC0XCN	1111	RAMDATA

表 10.4 智能时钟数据寄存器（RTC0DAT）

读写允许	R/W	R/W	R/W	R/W	R/W	R/W	R/W	R/W
位定义								
位号	位 7	位 6	位 5	位 4	位 3	位 2	位 1	位 0
寄存器地址	0xAD				复位值		可变	

位 7～0：RTC0DAT，智能时钟接口数据位。当向 RTC0DAT 写值时，软件应避免使用读-修改-写指令。

10.1.2 智能时钟锁定和解锁

  智能时钟接口受锁定和关键字的保护，在对接口寄存器进行读或写之前，必须向时钟的锁定和关键码字寄存器(RTC0KEY)依次写入正确的关键字,来解除锁定。关键字的格式为:0xA5,0xF1。写入的时间间隔没有要求,但必须按顺序写入。如果关键字错误或写入顺序有误,此后进行的读或写操作将被视为非法。此时对 RTC0ADR 和 RTC0DAT 写和读操作将被禁止,该状态将一直持续到下一次系统复位。如果输入的关键字正确则时钟接口被解锁,其内部寄存器即可被访问。在任何时刻,时钟接口的状态都可以通过读 RTC0KEY 寄存器来获得,读操作不会影响写入顺序。智能时钟锁定和关键码寄存器具体定义见表 10.1。

10.2 智能时钟的内部寄存器

智能时钟内部的寄存器不是位于内核的寄存器空间,不能直接寻址,只能通过 RTC0ADR 和 RTC0DAT 间接访问。表 10.5 是内部寄存器的功能总汇。表 10.6 为智能时钟控制寄存器 RTC0CN,表 10.7 为智能时钟振荡器控制寄存器 RTC0XCN。

表 10.5 智能时钟内部寄存器

时钟地址	时钟寄存器	寄存器名称	功能说明
0x00~0x05	CAPTUREn	智能时钟捕捉寄存器	6 个寄存器,用于设置 47 位的智能时钟定时器或读该定时器的值。CAPTURE0 的最低位未用
0x06	RTC0CN	智能时钟控制寄存器	控制智能时钟状态机的工作
0x07	RTC0XCN	智能时钟振荡器控制寄存器	控制智能时钟振荡器的工作
0x08~0x0D	ALARMn	智能时钟报警寄存器	6 个寄存器,用于设置 47 位的智能时钟报警值,ALARM 的最低位未用
0x0E	RAMADDR	智能时钟后备 RAM 间接地址寄存器	用作 64 字节智能时钟后备 RAM 的索引
0x0F	RAMDATA	智能时钟后备 RAM 间接数据寄存器	用于读或写由 RAMADDR 指向的字节

表 10.6 智能时钟控制寄存器(RTC0CN)

读写允许	R/W	R/W	R/W	R/W	R/W	R/W	R/W	R/W
位定义	RTC0EN	MCLKEN	OSCFAIL	RTC0TR	RTC0AEN	ALRM	RTC0SET	RTC0CAP
位号	位 7	位 6	位 5	位 4	位 3	位 2	位 1	位 0
寄存器地址	0x06				复位值		可变	

位 7: RTC0EN,智能时钟使能位。

位 6： MCLKEN，智能时钟时钟丢失检测器使能位，当被使能后，如果时钟频率低于约 20 kHz，则时钟丢失检测器将 OSCFAIL 置 1。
    0   智能时钟时钟丢失检测器禁止；
    1   智能时钟时钟丢失检测器使能。

位 5： OSCFAIL，智能时钟时钟故障标志，当时钟丢失检测器发生超时时，该位被硬件置 1。当智能时钟中断被使能时，该位置 1 会导致 CPU 转向智能时钟中断服务程序。该位不能被硬件自动清 0。

位 4： RTC0TR，智能时钟定时器运行控制。
    0   智能时钟定时器保持其当前值；
    1   智能时钟定时器每个时钟周期增 1。

位 3： RTC0AEN，智能时钟报警使能位。
    0   智能时钟报警事件禁止；
    1   智能时钟报警事件使能。

位 2： ALRM，智能时钟报警事件标志，当时钟定时器值大于或等于 ALARMn 寄存器的值时，该位被硬件置 1。当智能时钟中断被使能时，该位置 1 会导致 CPU 转向中断服务程序。该位不能被硬件自动清 0。

位 1： RTC0SET，智能时钟设置位，向该位写 1 导致 CAPTUREn 寄存器中的 47 位数值被传送到智能时钟定时器。一旦传送结束，该位被硬件自动清 0。

位 0： RTC0CAP，智能时钟捕捉位，向该位写 1 导致 47 位智能时钟定时器值被传送到 CAPTUREn 寄存器。一旦传送结束，该位被硬件自动清 0。

表 10.7 智能时钟振荡器控制寄存器（RTC0XCN）

读写允许	R/W	R/W	R/W	R	R	R	R	R
位定义	AGCEN	XMODE	BIASX2	CLKVLD	—	—	—	VBATEN
位 号	位 7	位 6	位 5	位 4	位 3	位 2	位 1	位 0
寄存器地址	0x07				复位值		可变	

说明：该寄存器不是 SFR，只能通过 RTC0ADR 和 RTC0DAT 间接访问。

位 7： AGCEN，晶体振荡器自动增益控制使能位，仅限于晶体方式。
    0   自动增益控制禁止；
    1   自动增益控制使能。

位 6： XMODE，智能时钟选择方式选择位，该位选择时钟是否使用晶体。
    0   智能时钟被配置为自振荡方式；
    1   智能时钟被配置为晶体方式。

位 5： BIASX2，智能时钟偏置加倍使能位。
    0   智能时钟偏置加倍禁止；
    1   智能时钟偏置加倍使能。

位 4： CLKVLD，智能时钟时钟有效标志位，当时钟晶体振荡器稳定时，该位被硬件置 1。当时钟工作在自振荡方式时该位的读出值总是为 1。在使能智能时钟振荡器电路后,应至少经过 1 ms 再检查该位的状态。不应将该位用于振荡器失效检测而应使用内部寄存器 RTC0CN 中的 OSCFAIL 位。

位 3~1: 未用。读返回值为 0,写无效。

位 0: VBATEN,智能时钟的 V_{BAT} 标志。当智能时钟被禁止时该位的读出值总是为 1,当时钟被使能时供电如下:

0 智能时钟由 V_{DD} 供电;
1 智能时钟由 $V_{RTC-BACKUP}$ 电源供电。

10.2.1 使用接口寄存器间接访问智能时钟的内部寄存器

时钟内部寄存器可以用地址寄存器 RTC0ADR(相当于地址指针)和数据寄存器 RTC0DAT(相当于数据指针)进行间接寻址的读和写。

保持传送到内部智能时钟寄存器的数据或从内部智能时钟寄存器读取的数据,首先应由 RTC0ADR 选择内部智能时钟寄存器。然后通过 RTC0ADR 寄存器读或写智能时钟内部寄存器。在每次读或写之前,应先检查 BUSY 位,以确保智能时钟接口处于空闲状态。通过写 RTC0DAT 寄存器来启动一次智能时钟写操作。

为可靠地对智能时钟的内部寄存器进行间接写操作,应按以下几步骤操作:

① 查询 BUSY 智能时钟地址寄存器 RTC0ADR 的最高位,直到其返回值为 0。

② 向 RTC0ADR 写入智能时钟内部寄存器的地址。如写入 0x06,此操作的意义为选择位于智能时钟地址 0x06 上的内部 RTC0CN 寄存器。

③ 向 RTC0DAT 写入待写的数据,如为 0 则代表该操作即为向内部 RTC0CN 寄存器写 0x00。

将 BUSY 位置 1 可以启动一次智能时钟读操作。RTC0ADR 指向的内部寄存器的内容传送到 RTC0DAT。此后,数据将一直保持在 RTC0DAT 寄存器中,直到进行下一次读或写操作发生。读智能时钟内部寄存器按以下步骤进行:

① 查询 BUSY 位,直到其返回值为 0。

② 设置 RTC0ADR 的值,确定要写入时钟内部寄存器的地址。如写入 0x06,即选择位于时钟地址 0x06 上的内部 RTC0CN 寄存器。

③ 启动数据传送。将 BUSY 位置 1。数据将从内部寄存器 RTC0CN 传送到 RTC0DAT。

④ 查询 BUSY 位,直到其返回值为 0。

⑤ 从 RTC0DAT 读取数据。该数据是 RTC0CN 寄存器的拷贝,对数据操作不破坏原有值。

10.2.2 接口寄存器的数据自动读地址自增功能与设置

自动读允许后,每次读 RTC0DAT 都会启动下一次对 RTC0ADR 指向的内部寄存器的间接读操作。进行连续读操作的开始须 BUSY 位置 1。同时,读 RTC0DAT 之前也必须检查时钟接口状态,以确定是否空闲。该功能是将时钟地址寄存器的自动读取位 AUTORD 置 1 来使能的。

10.3 智能时钟的时钟源选择

时钟定时和报警功能的寄存器是 48 位的,分别处于片内时钟外设连续的 6 个寄存单元中。为了便于读取和设置定时和报警值,接口寄存器 RTC0ADR 在每次读/写一个 CAPTUREn 或 ALARMn 寄存器之后自动增 1。该功能非常实用,此举可加速设置与读取一个报警值或智能时钟定时器值的过程,简化了操作。

在低功耗场合,智能时钟可以被选择为系统时钟源,并被分配到某一个端口的引脚上。

10.3.1 使用标准钟表振荡器的晶体方式

当使用晶体方式时,XTAL3 和 XTAL4 之间连接一个 32.768 kHz 的钟表晶体。此时不需要其他外部元件。在应用中启动晶体振荡器按下面的步骤进行。

第一步:设置智能时钟振荡模式为晶体方式,即将 XMODE 位设置为 1。
第二步:自动增益控制 AGCEN 位置 1 可选。
第三步:时钟偏置加倍,BIASX2 位置 1。
第四步:使能时钟振荡器电路的电源,将 RTC0EN 位置 1。
第五步:查询时钟晶体振荡器是否稳定、有效,即查询 CLKVLD 位是否为 1。
第六步:在低功耗应用场合,晶体振荡器稳定后将 BIASX2 清 0 以节省功耗。

通过将智能时钟振荡器控制寄存器的 AGCEN 位(RTC0XCN.7)置 1 来使能自动增益控制。此设置是低功耗应用设置,当自动增益控制被使能时,智能时钟振荡器会调整振荡幅值以节省功耗。在那些对振荡器性能要求不高、外部条件稳定的系统中,此举可降低功耗。

注意:在自振荡方式下,将 AGCEN 置 1 会导致智能时钟振荡器频率发生很大变化。

10.3.2 无片外振荡器的自振荡方式

时钟振荡器可工作在自振荡模式,此时不需要外部连接元件,只需将 XTAL3 和 XTAL4 引脚短接。应用自激振荡模式可按下面的步骤进行:

① 设置智能时钟振荡器工作在自振荡方式(XMODE=0)。
② 选择所希望的振荡频率。要得到约 20 kHz 的频率,则设置 BIASX2=0;要得到约 40 kHz 的频率,则设置 BIASX2=1。
③ 振荡器会即起振工作。

振荡器控制寄存器的 BIASX2(RTC0XCN.5)位置 1 将使时钟偏置加倍。当时钟偏置加倍被使能时,偏置电流也加倍,但可获得更合适的振荡器性能。当时钟振荡器工作于自振荡方式时,振荡频率从 20 kHz 增加到 40 kHz。当工作于晶体方式时,BIASX2＝1 会使振荡器更稳定,抗干扰性更强。但是智能时钟偏置加倍功能也会增加智能时钟的功耗,因此不建议在低功耗场合中使用。

10.3.3 振荡器时钟丢失的检测

智能时钟具有时钟丢失检测功能,可以时刻检查时钟工作的稳定性。时钟丢失检测器是一个单稳态电路,在时钟振荡器控制寄存器的 MCLKEN(RTC0XCN.6)位置 1 时被使能。当智能时钟时钟丢失检测器有效时,如果 RTCCLK 保持高或低电平的时间大于 50 μs,智能时钟振荡器控制寄存器的 OSCFAIL(RTC0XCN.5)位被硬件置 1。当改变 RTC0CN 中的振荡器设置时,时钟丢失检测器应被禁止,以避免误触发。智能时钟时钟丢失检测器超时会触发 3 个事件:

① 将内部振荡器从挂起方式唤醒。
② 如果智能时钟中断被允许,将产生中断请求。
③ 如果智能时钟被使能为复位源将产生 MCU 复位。

10.4 智能时钟定时和报警功能

智能时钟定时器是一个 47 位的计数器,运行时每个 RTCCLK 周期增 1。该定时器具有报警功能,报警功能可以被设置为在某一特定时间产生中断、复位 MCU 或将内部振荡器从 SUSPEND 方式唤醒等事件。

10.4.1 定时器值的设置和访问

通过对 6 个连续的寄存器的操作可设置和读取 47 位的智能时钟定时器值。在读取或设置定时器值之前不需要停止定时器,但要用下面的步骤设置定时器值:

① 将 47 位的设置值写入 6 个寄存器,注意寄存器的最低位未用。
② 将寄存器的内容传送到定时器,须将 RTC0SET 位置 1。
③ 当 RTC0SET 被硬件清 0 时操作结束。

用下面的步骤读取当前的定时器值:

① 须先将定时器的内容传送到寄存器,即将 RTC0CAP 位置 1(注意定时器的最低位为 CAPTURE0.1)。
② 等待操作结束,即 RTC0CAP 被硬件清 0。
③ 可以从寄存器读取定时器的瞬时捕捉值。

10.4.2 报警门限值的设置

时钟的报警功能是将定时器值与报警寄存器的预设值进行比较。当定时器值大于或等于报警寄存器 ALARMn 的值,ALRM 位将被硬件置 1,并触发一个报警事件。如果智能时钟中断被允许,内核会在报警事件发生时转向中断服务程序。如果该事件被定义为复位源,则报警事件时将导致 MCU 将被复位。同时该报警事件还可以将内部振荡器从挂起方式唤醒。该功能对低功耗场合中 CPU 的定时启动非常有效。可用下面的步骤设置与使用智能时钟报警功能:

① 禁止时钟报警事件(RTC0AEN=0)。
② 将报警寄存器值设置为期望值。
③ 使能智能时钟报警事件(RTC0AEN=1)。

当报警事件发生后且时钟中断也被允许时,此时应清除 ALRM 位并将报警寄存器设置为最大可能值,以避免产生连续的报警中断。

表 10.8 和表 10.9 为相关寄存器定义。

表 10.8 智能时钟定时器捕捉寄存器(CAPTUREn)

读写允许	R/W	R/W	R/W	R/W	R/W	R/W	R/W	R/W
位定义	CAPTuREn							
位 号	位7	位6	位5	位4	位3	位2	位1	位0
寄存器地址	0x00~0x05				复位值	11111111		

位 7~0:CAPTUREn,智能时钟设置/捕捉值。

这 6 个寄存器(CAPTURE5~CAPTURE0)用于读或设置 47 位智能时钟定时器。当 RTC0SET 或 RTC0CAP 位被置 1 时,数据被传送到智能时钟定时器或从智能时钟定时器读出。CAPTURE0 的最低位未用。47 位智能时钟定时器的最低位将出现在寄存器的次低位。

表 10.9 智能时钟报警寄存器(ALARMn)

读写允许	R/W	R/W	R/W	R/W	R/W	R/W	R/W	R/W
位定义	ALARMn							
位 号	位7	位6	位5	位4	位3	位2	位1	位0
寄存器地址	0x08~0x0D				复位值	11111111		

位 7~0:ALARMn,智能时钟报警目标值设置。

这 6 个寄存器(ALARM5~ALARM0)用于设置智能时钟定时器的报警事件。当更新这些寄存器为 1 时,智能时钟报警应被禁止(RTC0AEN=0)。报警寄存器的最低位未用。47 位智能时钟定时器的 LSB 将与报警寄存器的次低位比较。

10.5 后备电源稳压器和后备 RAM

智能时钟包含一个后备电源稳压器,可以在 V_{DD} 掉电时保持时钟数据并全功能运行。后备电源稳压器对 $V_{RTC\text{-}BACKUP}$ 引脚的电压进行稳压,电压的输入范围为 $1 \sim 5.25$ V。当 $V_{RTC\text{-}BACKUP}$ 引脚的电压大于 V_{DD} 时,智能时钟的电源将自动切换到后备电源。

智能时钟单元内部还包含 64 字节的后备 RAM,可与后备电源配合保存数据。该存储器可以用时钟内部寄存器 RAMADDR 和 RAMDATA 间接读和写。表 10.10 和表 10.11 所列为寄存器 RAMDDR 和 RAMDATA 的具体定义。

表 10.10 智能时钟后备 RAM 地址寄存器(RAMADDR)

读写允许	R/W	R/W	R/W	R/W	R/W	R/W	R/W	R/W
位定义	RAMADDR							
位号	位7	位6	位5	位4	位3	位2	位1	位0
寄存器地址	0x0E				复位值	00000000		

说明:该寄存器不是全局寄存器,只能通过 RTC0ADR 和 RTC0DAT 间接访问。

位 7~0:RAMADDR,智能时钟电池后备 RAM 地址位,这些位选择 RAMDATA 要对智能时钟后备 RAM 字节操作的地址。该地址在每次读或写 RAMDATA 后自动增 1。

表 10.11 智能时钟后备 RAM 数据寄存器(RAMDATA)

读写允许	R/W	R/W	R/W	R/W	R/W	R/W	R/W	R/W
位定义	RAMDATA							
位号	位7	位6	位5	位4	位3	位2	位1	位0
寄存器地址	0x0F				复位值	00000000		

说明:该寄存器不是全局寄存器,只能通过 RTC0ADR 和 RTC0DAT 间接访问。

位 7~0:RAMDATA,智能时钟电池后备 RAM 数据位,这些位对智能时钟后备 RAM 字节(由 RAMADDR 选择)的读和写访问。读和写 RAMDATA 地址 RAMADDR 中的值装入 RTC0DAT。

10.6 智能时钟的应用实例

10.6.1 智能时钟定时应用

智能时钟的核心单元是一个 47 位的计数器,与一般专用时钟芯片不同。该计数器反映的是二进制值,是无法直接读取时间值的,同时设置事件时也要先将十进制的时间转换为二进值,此种转换靠软件实现,给应用带来很大的自由度。本例给出了智能时钟时间设置与报警值设置以及如何把 6 位计数器值转换为具体时间的典型用法。

```c
#include "C8051F410.h"
#include <INTRINS.H>
#define uint unsigned int
#define uchar unsigned char
#define ulong unsigned   long int
#define nop() _nop_();_nop_();_nop_();_nop_();
// uchar settimebuf[6];
//uchar setalarbuf[6];
uint disval;
ulong time;
uint year;
uchar month;
uchar day;
uchar hour;
uchar min;
uchar sec;
union tcfint32{
    ulong mydword;
    struct{uchar by4;uchar by3;uchar by2;uchar by1;}bytes;
}mylongint;//用联合体定义 32 位操作
sfr16 TMR2RL = 0xca;                  // Timer2 reload value
sfr16 TMR2 = 0xcc;                    // Timer2 counter
uchar   month12[] = {0,31,28,31,30,31,30,31,31,30,31,30,31};
void delay(uint time);
void Oscillator_Init();
void ADC_Init();
void Voltage_Reference_Init();
void Timer2_Init (int counts);
void Timer2_ISR (void);
void RTC_ISR (void) ;
void rtcset();                        //智能时钟初始化
void setalar();                       //设定报警值
void settime();                       //设定时间
void gettime();                       //读计数器值
void comtime();                       //时间变换
void ymdtime(uint year,uchar month,uchar day,uchar hour,uchar min,uchar sec);
///////////////////////////////////////////////////////
```

第10章 智能实时时钟

```c
void delay(uint time) {
    uint i,j;
    for (i=0;i<time;i++){
        for(j=0;j<300;j++);
    }
}

void rtcset() {
    RTC0KEY = 0xA5;
    RTC0KEY = 0xF1;
    RTC0ADR = 0x07;
    RTC0DAT = 0xf0;
    while ((RTC0ADR & 0x80) == 0x80);          //查询BUSY位
}

void setalar() {
    uchar i;
    uchar  setalarbuf[] = {   0x0,0x0,0x0,0x0,0x0,0x0 };
    setalarbuf[0] = 0;
    setalarbuf[1] = 0;
    setalarbuf[2] = mylongint.bytes.by1;
    setalarbuf[3] = mylongint.bytes.by2;
    setalarbuf[4] = mylongint.bytes.by3;
    setalarbuf[5] = mylongint.bytes.by4;
    RTC0ADR = 0x08;

    for(i=0;i<=5;i++) {
        RTC0DAT = setalarbuf[i];

        while ((RTC0ADR & 0x80) == 0x80);   //查询BUSY位
    }
}

void settime() {
    uchar i;
    uchar  settimebuf[] = {   0x0,0x0,0x0,0x0,0x0,0x0 };
    settimebuf[0] = 0;
    settimebuf[1] = 0;
    settimebuf[2] = mylongint.bytes.by1;
    settimebuf[3] = mylongint.bytes.by2;
    settimebuf[4] = mylongint.bytes.by3;
    settimebuf[5] = mylongint.bytes.by4;
```

```
    RTC0ADR = 0x00;
    delay(10);
    for(i = 0;i< 5;i++) {
        RTC0DAT = settimebuf[i];
        while ((RTC0ADR & 0x80) == 0x80);        //查询 BUSY 位
    }
    RTC0ADR = 0x06;
    RTC0DAT = 0x9a;
    while ((RTC0ADR & 0x80) == 0x80);            //查询 BUSY 位
}
void Oscillator_Init() {
    OSCICN = 0x87;                    //系统频率为 24.5 MHz
    //OSCICN = 0x86;                  系统频率为(24.5/2) MHz
    //OSCICN = 0x85;                  系统频率为(24.5/4) MHz
    //OSCICN = 0x84;                  系统频率为(24.5/8) MHz
    //OSCICN = 0x83;                  系统频率为(24.5/16) MHz
    //OSCICN = 0x82;                  系统频率为(24.5/32) MHz
    //OSCICN = 0x81;                  系统频率为(24.5/64) MHz
    //OSCICN = 0x80;                  系统频率为(24.5/128) MHz
}
void PCA_Init() {
    PCA0MD& = ~0x40;
    PCA0MD = 0x00;

    P2MDIN = 0xFC;
    P0MDOUT = 0xF8;
    P2SKIP = 0x03;
    XBR1 = 0x40;
}
void Init_Device(void) {
    PCA_Init();
    // ADC_Init();
    // Voltage_Reference_Init();
    Oscillator_Init();
}
void gettime() {
    uchar tem;
    RTC0ADR = 0x06;
    RTC0DAT = 0x99;
    while ((RTC0ADR & 0x80) == 0x80);        //查询 BUSY 位
```

```c
        while ((RTC0ADR&0x01) == 0x01);         //查询 RTC0CAP 位
        delay(10);
        while ((RTC0ADR & 0x80) == 0x80);       //查询 BUSY 位
        RTC0ADR = 0x02;
        RTC0ADR = RTC0ADR|0x80;
        while ((RTC0ADR & 0x80) == 0x80);       //查询 BUSY 位
        tem = RTC0DAT;
        mylongint.bytes.by1 = tem;
        RTC0ADR = RTC0ADR|0x80;
        while ((RTC0ADR & 0x80) == 0x80);       //查询 BUSY 位
        tem = RTC0DAT;
        mylongint.bytes.by2 = tem;
        RTC0ADR = RTC0ADR|0x80;

        while ((RTC0ADR & 0x80) == 0x80);       //查询 BUSY 位
        tem = RTC0DAT;
        mylongint.bytes.by3 = tem;
        RTC0ADR =  RTC0ADR|0x80;
        while ((RTC0ADR & 0x80) == 0x80);       //查询 BUSY 位
        tem = RTC0DAT;
        mylongint.bytes.by4 = tem;
        time = mylongint.mydword;
    }
    void comtime() {
        ulong temp;
        uint tt,mm;
        year = time/0x1e13380;
        temp = 0x15180 * (year * 365 + (year + 2)/4);
        if(temp >= time)
        {year --;}
        temp = time - 0x15180 * (year * 365 + (year + 2)/4);
        tt = temp/0x15180;
        year = year + 1970;
        month = 1;
        mm = month12[1];
        while(tt >= mm) {
            month ++;
            mm = mm + month12[month];
        }
        day = 1 + month12[month]-(mm - tt);
```

```
        if((year%4==0)&&(month==2))
        {day++;}
        hour=((time%0x15180)/0xe10);
        min=((time%0xe10)/0x3c);
        sec=time%0x3c;
}
void ymdtime(uint year,uchar month,uchar day,uchar hour,uchar min,uchar sec){
    ulong temp;
    uchar i;
    if(year<1970)
    {year=1970;}
    else if(year>2105)
    {year=2105;}
    if((year%4==0)&&(month==2))
    {temp=0x15180*((year-1970)*365+((year-1968)/4)-1);}
    else
    {temp=0x15180*((year-1970)*365+(year-1968)/4);}
    for(i=0;i<month;i++)
    {temp=temp+month12[i]*86400;}
    temp=temp+(day-1)*86400+(ulong)hour*3600+(uint)min*60+sec;
    mylongint.mydword=temp;
}
////////////////////////////////////////////////////////
main(){
    Init_Device();
    delay(100);
    rtcset();
    delay(30);
    ymdtime(2020,2,29,20,56,9);     //设定时间和报警值为2020年2月29日20时56分9秒
    settime();
    delay(30);
    setalar();
    gettime();
    comtime();
    ymdtime(2000,2,27,0,0,0);       //设定时间和报警值为2000年2月27日0时0分0秒
    settime();
    delay(30);
    setalar();
    gettime();
    comtime();
    ymdtime(2000,12,31,23,59,59);   //设定时间和报警值为2000年12月31日23时59分59秒
```

```c
        settime();
        delay(30);
        setalar();
        gettime();
        comtime();
        ymdtime(2000,2,29,23,59,59);    //设定时间和报警值为 2000 年 2 月 29 日 23 时 59 分 59 秒
        settime();
        delay(30);
        setalar();
        gettime();
        comtime();

        ymdtime(1970,12,31,12,56,9);    //设定时间和报警值为 1970 年 12 月 31 日 12 时 56 分 9 秒
        settime();
        delay(30);
        setalar();
        gettime();
        comtime();

        ymdtime(1970,1,1,0,56,29);      //设定时间和报警值为 1970 年 1 月 1 日 0 时 56 分 9 秒
        settime();
        delay(30);
        setalar();
        gettime();
        comtime();

        ymdtime(1970,2,28,5,56,19);     //设定时间和报警值为 2020 年 2 月 29 日 20 时 56 分 9 秒
        settime();
        delay(30);
        setalar();
        gettime();
        comtime();

        ymdtime(2118,3,25,23,59,59);    //设定时间和报警值为 2118 年 3 月 25 日 23 时 59 分 59 秒
        settime();
        delay(30);
        setalar();
        gettime();
        comtime();

        ymdtime(1900,2,21,20,56,9);     //设定时间和报警值为 1900 年 2 月 21 日 20 时 56 分 9 秒
        settime();
        delay(30);
        setalar();
        gettime();
```

```
    comtime();
    EA = 0;                          //中断关闭
    EIE1 = EIE1|0x02;                //智能时钟中断使能
    while(1)
    { }
}
void RTC_ISR (void) interrupt 8 {
    RTC0ADR = 0x06;
    RTC0ADR = RTC0ADR&0xfb;
}
```

图 10.2 与图 10.3 所示为智能时钟设置与读取的一组值,在 IDE 中指示的结果和程序计算结果。

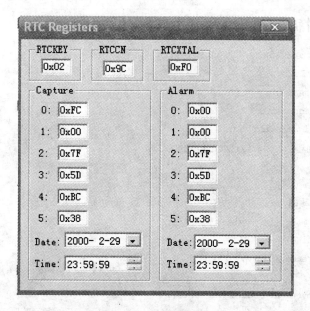

图 10.2　IDE 中指示的结果

从图 10.2 和图 10.3 中可以看出转换值与实际值是一致的。智能时钟的有效度量范围是 1970 年 1 月 1 日 0 点 0 分 0 秒到 2106 年 2 月 6 日 6 时 28 分 15 秒。本例中用许多值进行验证包括平年闰年,一年的最后一天,二月的最后一天,未发现明显错误。最后两个时间明显超范围,程序中按默认值处理。当外晶振为 32768 时,6 位计数器中第三位是秒值,后两位值是秒以下值,为(1/65534) s,本例程序中未考虑。

第10章 智能实时时钟

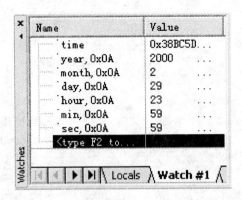

图 10.3 程序计算结果

10.6.2 智能时钟后备 RAM 的数据存取示例

```
#include "C8051F410.h"
#include <INTRINS.H>
#define uint unsigned int
#define uchar unsigned char
#define ulong unsigned long int
#define nop() _nop_();_nop_();_nop_();_nop_();
uchar readdata;
xdata uchar ramdata[64];
xdata uchar readram[64];
void delay(uint time);
void Oscillator_Init();
void Voltage_Reference_Init();
void rtcunlock();
void rtcramwrite_by(uchar addr,uchar rdata);
void rtcramwrite_arr(uchar addr,uchar * ramdata,uchar coun);   //多字节写 smaRTClock RAM
uchar rtcramread_by(uchar addr);
void rtcramread_arr(uchar addr,uchar * readram,uchar coun);    //读 smaRTClock RAM 空间
/////////////////////////////////////////////////////////////
void delay(uint time){
  uint i,j;
  for(i=0;i<time;i++){
    for(j=0;j<300;j++);
  }
}
```

```c
void rtcunlock() {
    //解锁 smaRTClock,使能 smaRTClock
    RTC0KEY = 0xA5;
    RTC0KEY = 0xF1;
    RTC0ADR = 0x06;                              //寻址 RAMADDR 寄存器
    RTC0DAT = 0x80;                              //写地址 0x80 到 RAMADDR
    while ((RTC0ADR & 0x80) == 0x80);            //查询 BUSY 位
}

void rtcramwrite_by(uchar addr,uchar rdata) {
    RTC0ADR = 0x0e;                              //寻址 RAMADDR 寄存器
    RTC0DAT = addr;                              //写地址 addr 到 RAMADDR
    while ((RTC0ADR & 0x80) == 0x80);            //查询 BUSY 位
    RTC0ADR = 0x0f;                              //寻址 RAMDATA 寄存器
    RTC0DAT = rdata;                             //写数据 data 到 RAMDATA
    while ((RTC0ADR & 0x80) == 0x80);            //查询 BUSY 位
}

void rtcramwrite_arr(uchar addr,uchar * ramdata,uchar coun) {   //多字节写 smaRTClock RAM
    uchar i;
    RTC0ADR = 0x0e;                              //寻址 RAMADDR 寄存器
    RTC0DAT = addr;                              //写地址 addr 到 RAMADDR
    while ((RTC0ADR & 0x80) == 0x80);            //查询 BUSY 位
    RTC0ADR = 0x0f;                              //寻址 RAMADDR 寄存器
    for(i = 0;i< coun; i++ ) {
        RTC0DAT = * ramdata;                     //写数据 data 到 RAMDATA
        while ((RTC0ADR & 0x80) == 0x80);        //查询 BUSY 位
        ramdata++ ;
    }
}

uchar rtcramread_by(uchar addr) {
    uchar rdata;
    RTC0ADR = 0x0e;                              //寻址 RAMADDR 寄存器
    RTC0DAT = addr;                              //写地址 addr 到 RAMADDR
    while ((RTC0ADR & 0x80) == 0x80);            //查询 BUSY 位
    RTC0ADR = 0x0f;                              //寻址 RAMDATA 寄存器
    RTC0ADR| = 0x80;                             //写数据 data 到 RAMDATA
    while ((RTC0ADR & 0x80) == 0x80);            //查询 BUSY 位
    rdata = RTC0DAT;
    return(rdata);
}

void rtcramread_arr(uchar addr,uchar * readram,uchar coun) {    //读 smaRTClock RAM 空间
```

第 10 章　智能实时时钟

```
    uchar i;
    RTCOADR = 0x0e;                         //寻址 RAMADDR 寄存器
    RTCODAT = addr;                         //写地址 addr 到 RAMADDR
    while ((RTCOADR & 0x80) == 0x80);       //查询 BUSY 位
    RTCOADR = 0x0f;                         //寻址 RAMADDR 寄存器
    for(i = 0; i < coun; i++) {
        RTCOADR| = 0x80;                    //读数据到 RAMDATA
        while ((RTCOADR & 0x80) == 0x80);   //查询 BUSY 位
        *readram = RTCODAT;
        readram++;
    }
}

void Oscillator_Init() {
    OSCICN = 0x87;          //系统频率为 24.5 MHz
    //OSCICN = 0x86;        系统频率为(24.5/2) MHz
    //OSCICN = 0x85;        系统频率为(24.5/4) MHz
    //OSCICN = 0x84;        系统频率为(24.5/8) MHz
    //OSCICN = 0x83;        系统频率为(24.5/16) MHz
    //OSCICN = 0x82;        系统频率为(24.5/32) MHz
    //OSCICN = 0x81;        系统频率为(24.5/64) MHz
    //OSCICN = 0x80;        系统频率为(24.5/128) MHz
}

void PCA_Init() {
    PCA0MD& = ~0x40;
    PCA0MD = 0x00;
    P2MDIN = 0xFC;
    P0MDOUT = 0xF8;
    P2SKIP = 0x03;
    XBR1 = 0x40;
}

void Init_Device(void) {
    PCA_Init();
    // ADC_Init();
    // Voltage_Reference_Init();
    Oscillator_Init();
}
```

```
/////////////////////////////////////////////////////////
main() {
    uchar i;
    Init_Device();
    delay(100);
    rtcunlock();
    delay(10);
    for(i = 0;i<64;i++) {
        ramdata[i] = 0xff;
        readram[i] = 0;
    }
    for(i = 1;i<10;i++) {
        ramdata[i] = i;
    }
    rtcramwrite_by( 0x10,0x58);
    rtcramwrite_arr(0x11, ramdata,9);       //多字节写 smaRTClock RAM
    readdata = rtcramread_by(0x10);
    rtcramread_arr(0x00, readram,64);       //读 smaRTClock RAM 空间
    while(1);
}
```

第 11 章

SMBus 总线

SMBus 接口是一个双线双向串行总线。SMBus 与 I²C 串行总线兼容,完全符合系统管理总线规范 2.0 版,与 I²C 串行总线兼容,有关详细协议请读者查询相关资料。该接口的读/写传输操作是以字节为单位的,由 SMBus 接口自动控制数据的串行传输。工作在主或从器件时,数据传输的最大速率取决于所使用的系统时钟,可达系统时钟频率的十分之一。总线上不同速度的器件采用延长低电平时间的方法协调它们的传输速度。

SMBus 总线上可以有多个器件,它们工作在主和/或从方式,可以有多个主器件。SMBus 有两根信号线:SDA(串行数据),SCL(串行时钟)。前者提供数据与控制字的进出通路,后者产生和控制同步、仲裁逻辑以及起始/停止等方面的信号。与 SMBus 相关的特殊功能寄存器有 3 个:SMB0CF 配置 SMBus;SMB0CN 控制 SMBus 的状态;SMB0DAT 为数据寄存器,用于发送和接收 SMBus 数据和从器件地址。

SMBus 原理如图 11.1 所示。

11.1 SMBus 配置与外设扩展

SMBus 外设的扩展很简单,所有外设都通过 SCL 与 SDA 两条线连接。SMBus 接口的工作电压可在 3.0~5.0 V 之间,各器件的工作电压可以不同。串行时钟 SCL 和串行数据 SDA 线是双向工作的,都被设置成漏极开路或集电极开路方式,并且还要将 SDA 和 SDL 引脚配置为高阻抗过驱动模式。因此必须通过一个上拉电阻或等效电路将它们连到电源电压,总线空闲时这两条线都被拉到高电平。上拉电阻的取值与总线上的元件数,以及总线的长度有关。元件数多一些,总线长度较长,该电阻值应适当减小,同时功耗增强,但相应的功耗也会变大。总线上的最大器件数只受规定的上升和下降时间的限制,上升和下降时间分别不能超过 300 ns 和 1000 ns。图 11.2 给出了一个典型的 SMBus 配置。

11.2 SMBus 的通信概述

11.2.1 总线仲裁

对于两线制通信,有两种可能的数据传输类型:从主发送器到所寻址的从接收器,该操作

第 11 章　SMBus 总线

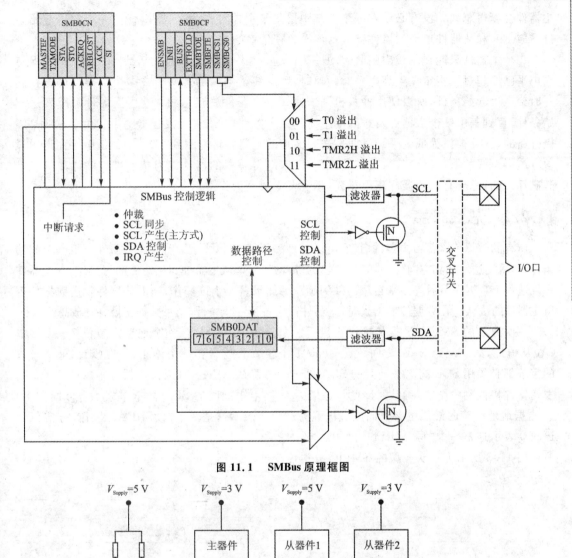

图 11.1　SMBus 原理框图

图 11.2　典型 SMBus 配置

为写;从被寻址的从发送器到主接收器,该操作为读。这两种数据传输都由主器件启动,同时 SCL 上的串行时钟由主器件提供。SMBus 总线上元件,可以工作在主方式或从方式,并且总线上可以有多个主器件。如果两个或多个主器件同时启动数据传输,仲裁机制将保证有一个

第 11 章 SMBus 总线

主器件会赢得总线。没有必要在一个系统中指定某个器件作为主器件,任何一个发送起始条件 START 和从器件地址的器件就成为该次数据传输的主器件。

一个主器件只能在总线空闲时启动一次传输。在一个停止条件之后或 SCL 和 SDA 保持高电平已经超过了指定发生高电平时间超时,则总线是空闲的。两个或多个主器件可能在同一时刻产生起始条件,所以使用仲裁机制迫使一个主器件放弃总线。这些主器件继续发送起始条件,直到其中一个主器件发送高电平而其他主器件在 SDA 上发送低电平。由于总线是漏极开路的,因此被拉为低电平。试图发送高电平的主器件将检测到 SDA 上的低电平而退出竞争。赢得总线的器件继续其数据传输过程,而未赢得总线的器件成为从器件。该仲裁机制是非破坏性的:总会有一个器件赢得总线,不会发生数据丢失。

11.2.2 总线时序

所有的数据传输都由主器件启动,可以寻址一个或多个目标从器件。主器件产生一个起始条件,然后发送地址和方向位。如果本次数据传输是一个从主器件到从器件的写操作,则主器件每发送一个数据字节后等待来自从器件的确认。如果是一个读操作,则由从器件发送数据并等待主器件的确认。在数据传输结束时,主器件产生一个停止条件,结束数据交换并释放总线。

一次典型的 SMBus 数据传输过程包括一个起始位 START、一个地址字节位 7~1,其中 7 位从地址,第 0 位为 R/W 方向位、一个或多个字节的数据和一个停止位 STOP。每个接收的字节都必须用 SCL 高电平期间的 SDA 低电平来确认 ACK。如果接收器件不确认 ACK,则发送器件将读到一个"非确认"NACK,这用 SCL 高电平期间的 SDA 高电平表示。方向位 R/W 占据地址字节的最低位。方向位被设置为逻辑 1 表示这是一个"读"READ 操作,方向位为逻辑 0 表示这是一个"写"WRITE 操作。

图 11.3 所示为一次典型的 SMBus 数据传输过程。

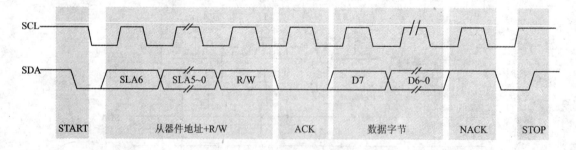

图 11.3 SMBus 数据传输

11.2.3 总线状态

SMBus 提供一种与 I^2C 类似的同步机制,以保证不同速度的器件共存于同一个总线上。

为了使低速从器件能与高速主器件通信速度匹配,在传输期间采取增加信号低电平宽度的措施。从器件可以临时保持 SCL 为低电平以扩展时钟低电平宽度,这实际上相当于降低了串行时钟频率。

如果 SCL 线被总线上的从器件拉为低电平,则不能再进行通信,并且主器件也不能强制 SCL 为高电平来纠正这种错误情况。为了解决这一问题,SMBus 协议规定:参加一次数据传输的器件必须检查时钟低电平时间,若超过一定时间(一般定义为 25 ms)则认为是"超时"。检测到超时条件的器件必须在 10 ms 以内复位通信电路。

使用超时功能检测须将 SMB0CF 中的 SMBTOE 位置位,定时器 3 被用于检测 SCL 低电平超时。在 SCL 为高电平时被强制重装载,在 SCL 为低电平时开始计数。如果定时器 3 被使能并且超出了溢出周期且 SMBTOE 被置 1。发生 SCL 低电平超时事件后可用定时器 3 中断服务程序对 SMBus 复位禁止后重新使能。

SMBus 标准规定:如果一个器件保持 SCL 和 SDA 线为高电平的时间超过 50 μs,则认为总线处于空闲状态。当 SMB0CF 中的 SMBFTE 位被置 1 时,可以认为 SCL 和 SDA 保持高电平的时间超过 10 个 SMBus 时钟周期,总线将被视为空闲。如果一个 SMBus 器件正等待产生一个主起始条件,则该起始条件将在总线空闲超时之后立即产生。无论主从器件进行总线空闲超时检测需要一个时钟源,应用它对传输很有利。

11.3 SMBus 寄存器的定义与配置

SMBus 可以工作在主方式或从方式。底层接口提供串行传输的时序和移位控制,更高层的协议由用户软件实现。SMBus 接口提供下述与应用无关的特性:
① 按位传输串行数据并且以字节为单位;
② 主器件产生 SCL 时钟信号,且其 SDA 数据同步;
③ 超时/总线错误识别功能可以在配置寄存器 SMB0CF 中定义;
④ 可以产生 START/STOP 并可以控制检测该信号;
⑤ 出现冲突时可以总线仲裁;
⑥ 有专用的中断源产生中断;
⑦ 可知总线所处的状态信息。

传输数据字节或从地址时都将产生 SMBus 中断。其中发送数据时中断产生在 ACK 周期后,这样能读取接收到的确认信号 ACK 值,接收数据时中断产生在 ACK 周期之前,由此可以确定要发出的确认信号 ACK 的值。

主器件发送起始位时也会产生一个中断,指示数据传输开始,从器件在检测到停止条件时产生一个中断,指示数据传输结束。软件应通过读 SMBus 控制寄存器 SMB0CN 来确定 SMBus 中断的原因。SMB0CN 寄存器的说明如表 11.4 所列。

第 11 章 SMBus 总线

SMBus 配置选项包括：超时检测即 SCL 低电平超时和总线空闲超时，SDA 建立和保持时间扩展，从事件使能/禁止，时钟源选择。这些选项在 SMBus 配置寄存器 SMB0CF 中设定。

11.3.1 SMBus 初始配置寄存器

SMBus 配置寄存器 SMB0CF 用于总线主和/或从方式的使能，选择时钟源和设置时序和超时选项。当 ENSMB 位被置 1 时，SMBus 的所有主和从事件都被允许。INH 位是从事件的开关位，该位置 1 可禁止从事件。在从事件被禁止的情况下，SMBus 接口仍然监视 SCL 和 SDA 引脚，只在接收到地址时会发出 NACK 非确认信号，并且不会产生任何从中断。当 INH 被置位时，在下一个起始条件 START 后所有的从事件都将被禁止，当前传输过程的中断将继续。

SMBCS1~0 位选择 SMBus 时钟源，时钟源只在主方式或空闲超时检测时设置生效。SMBus 可以与其他外设共享时钟源，即定时器 1 溢出可以同时用于产生 SMBus 和 UART 波特率，但是时钟源定时器的运行状态不能被改变。关于 SMBus 时钟源选择的定义如表 11.3 所列。当 SMBus 接口工作在主方式时，所选择的时钟源的溢出周期决定 SCL 低电平和高电平的最小时间，公式如下：

$$T_{HigMin} = T_{LowMin} = \frac{1}{f_{ClockSourceOverflow}} \tag{11.1}$$

其中，$T_{HighMin}$ 为最小 SCL 高电平时间，T_{LowMin} 为最小 SCL 低电平时间，$f_{ClockSourceOverflow}$ 为时钟源的溢出频率。

所选择的时钟源应满足所定义的最小 SCL 高电平和低电平时间要求。当接口工作在主方式时，并且 SCL 不被总线上的任何其他器件驱动，典型的 SMBus 位速率为：

$$R_{Bit} = \frac{f_{ClockSourceOverflow}}{3} \tag{11.2}$$

T_{High} 通常为 T_{Low} 的两倍，但实际的 SCL 输出波形可能会因总线上有其他器件而发生改变，SCL 可能被低速从器件扩展低电平，或被其他参与竞争的主器件驱动为低电平。当工作在主方式时，位速率不应超过估算的典型的 SMBus 位速率。图 11.4 所示为典型的 SCL 波形。

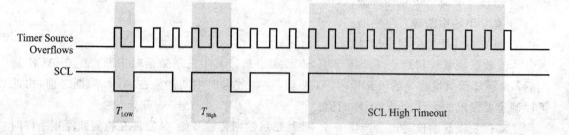

图 11.4 典型的 SMBusSCL 波形

为适应总线上的慢速器件,须扩展 SDA 线的最小建立时间和保持时间,可通过设置 EXTHOLD 位为逻辑 1 来实现。最小 SDA 建立时间是定义在 SCL 上升沿到来之前 SDA 的最小稳定时间。最小 SDA 保持时间是定义在 SCL 下降沿过去之后 SDA 继续保持稳定的最小时间。SMBus 规定的最小建立和保持时间分别为 250 ns 和 300 ns。必要时应将 EXTHOLD 位置 1,以保证最小建立和保持时间符合 SMBus 规范。表 11.1 列出了对应两种 EXTHOLD 设置情况的最小建立和保持时间。当 SYSCLK 大于 10 MHz 时,通常须扩展建立和保持时间。当 SCL 工作在大于 100 kHz 时,EXTHOLD 应被清 0。

表 11.1 最小 SDA 建立和保持时间

EXTHOLD	最小 SDA 建立时间	最小 SDA 保持时间
0	T_{Low}-4 个系统时钟	3 个系统时钟
0	1 个系统时钟+软件延时	3 个系统时钟
1	11 个系统时钟	12 个系统时钟

注:SDA 建立时间是指发送 ACK 位和所有数据传输中 MSB 的建立时间。软件延时发生在写 SMB0DAT 或 ACK 到 SI 被清除之间。(注意,如果写 ACK 和清除 SI 发生在同一个写操作,则软件延时为 0。)

当 SMBTOE 位被置 1 时,SCL 低电平超时检测功能被使能,此时定时器 3 应被配置为以 25 ms 为周期溢出。SMBus 接口在 SCL 为高电平时强制重装载定时器 3,在 SCL 为低电平时开始计数。应使用定时器 3 中断服务程序对 SMBus 通信复位,这可通过先禁止然后再重新使能总线接口来实现。

可通过将 SMBFTE 位置 1 来使能 SMBus 总线超时检测。当该位被置 1 时,如果 SCL 和 SDA 保持高电平的时间超过 10 个 SMBus 时钟周期(详见图 11.4),总线将被视为空闲。当检测到空闲超时时,SMBus 接口的响应就如同检测到一个停止条件,立即产生中断,并将 STO 置 1。表 11.2 所列为 SMBus 配置寄存器 SMB0CF 各位的说明。

表 11.2 SMBus 配置寄存器(SMB0CF)

读写允许	R/W	R/W	R	R/W	R/W	R/W	R/W	R/W
位定义	ENSMB	INH	BUSY	EXTHOLD	SMBTOE	SMBFTE	SMBCS1	SMBCS0
位号	位7	位6	位5	位4	位3	位2	位1	位0
寄存器地址	0xC1				复位值	00000000		

位 7: ENSMB,SMBus 使能,该位使能/禁止 SMBus 串行接口。当 SMBus 被使能时,SDA 和 SCL 引脚状态变化被监视。

    0   禁止 SMBus 接口;
    1   使能 SMBus 接口。

位 6: INH,SMBus 从方式设置位,当该位被设置为逻辑 1 时,从事件发生后 SMBus 不产生中断。此

第 11 章 SMBus 总线

时将 SMBus 从器件相当于没有连在总线。主方式中断不受影响。
0   SMBus 从方式使能；
1   SMBus 从方式禁止。

位 5：BUSY, SMBus 忙标志位，表示一次传输正在进行，该位由硬件置 1。检测到停止或空闲超时时，该位被清 0。

位 4：EXTHOLD, SMBus 总线时间扩展，设置该位可控制 SDA 的建立和保持时间。
0   禁止 SDA 时间扩展；
1   允许 SDA 时间扩展。

位 3：SMBTOE: SMBus 的 SCL 超时检测允许位，该位允许/禁止 SCL 低电平超时检测。当被置 1 时，SMBus 接口在 SCL 为高电平时定时器 3 被强制重装载，同时允许定时器 3 在 SCL 为低电平时开始计数。定时器 3 被编程为每 25 ms 产生一次中断，利用定时器 3 中断服务程序对 SMBus 复位。该功能对总线自动恢复，防止死锁很有意义。但此时实际上需要占用了一个定时器资源，须注意没有在同一时刻对定时器 3 的操作。

位 2：SMBFTE: SMBus 空闲超时检测允许位，该位被置 1，将进行总线超时检测，即如果 SC 和 SDA 保持高电平的时间超过 10 个 SMBus 时钟周期，总线被视为空闲。

位 1～0：SMBCS1～SMBCS0：SMBus 时钟源选择位，用于选择产生 SMBus 位传输所需的时钟源。应根据方程 11.1 以及 11.2 确定并配置时钟源，有关时钟源的选择详见表 11.3。

表 11.3 SMBus 时钟源选择

SMBCS1	SMBCS0	SMBus 时钟源
0	0	定时器 0 溢出
0	1	定时器 1 溢出
1	0	定时器 2 高字节溢出
1	1	定时器 2 低字节溢出

11.3.2 SMBus 状态控制寄存器

控制寄存器 SMB0CN 用于控制 SMBus 接口和提供状态信息。SMB0CN 中的高 4 位 MASTER、TXMODE、STA 和 STO 组成一个状态向量，指示一些状态信息。中断服务中根据这些信息执行相应程序。MASTER 和 TXMODE 分别指示主/从状态和发送/接收方式。

在发生 SMBus 中断时可以检测到 STA 和 STO 起始 START 和/或停止 STOP 条件指示位。当 SMBus 工作在主方式时，STA 和 STO 还用于产生起始和停止条件。当总线空闲时，向 STA 写 1 将使 SMBus 接口进入主方式并产生一个起始条件。在产生起始条件后 STA 不能由硬件清除，必须用软件清除。在主方式，向 STO 写 1 将使 SMBus 接口产生一个停止条件，并在下一个 ACK 周期之后结束当前的数据传输。如果 STA 和 STO 都被置位在主方式，则发送一个停止条件后再发送一个起始条件。

当 SMBus 接口作为接收器时,写 ACK 位将发出 ACK 确认值;当作为发送器时,读 ACK 位将收到一个 ACK 值。ACKRQ 在每接收到一个字节后置位,表示需要设置 ACK 值。当 ACKRQ 置位时,应在清除 SI 之前将寄存器的 ACK 位置 1。如果在清除 SI 之前未将 ACK 位置 1 将产生一个 NACK 信号。ACK 位被置 1 后,SDA 线将立即出现所定义的 ACK 值,但 SCL 将保持低电平,直到 SI 被清除。如果接收的从地址未被确认,则以后的从事件将被忽略,直到检测到下一个起始条件。

SMBus 总线竞争失败状态指示位 ARBLOST 置 1 在发送方式和从方式中的含义不同。工作在发送方式时出现这种情况可能是由竞争失败引起的。当工作在从方式时,出现这种情况表示发生了总线错误条件。在每次 SI 被清除后,ARBLOST 被硬件清除。

在每次传输的开始和结束、每个字节帧之后或竞争失败时,SI 位——SMBus 中断标志被硬件置 1,详见表 11.5 所列。当 SI 位被置 1 时,SMBus 接口暂停工作,SCL 线被保持为低电平,总线状态被冻结,直到 SI 被软件清 0 为止。表 11.4 所列为 SMBus 控制寄存器 SMB0CN。

表 11.4　SMBus 控制寄存器(SMB0CN)

读写允许	R	R	R/W	R/W	R	R	R/W	R/W
位定义	MASTER	TXMODE	STA	STO	ACKRQ	ARBLOST	ACK	SI
位号	位 7	位 6	位 5	位 4	位 3	位 2	位 1	位 0
寄存器地址	0xC0				复位值	00000000		

位 7：　MASTER,SMBus 主/从标志,该只读位指示 SMBus 工作在主方式还是从方式。
　　　0　　SMBus 工作在从方式;
　　　1　　SMBus 工作在主方式。
位 6：　TXMODE,SMBus 发送方式标志,该只读位指示 SMBus 工作在接收器方式还是发送器方式。
　　　0　　SMBus 工作在接收器方式;
　　　1　　SMBus 工作在发送器方式。
位 5：　STA,SMBus 起始标志。
　　写　0　　不产生起始条件;
　　　　1　　当工作在主方式时,若总线空闲,则发送出一个起始条件,如果总线不空闲,在收到停止条件或检测到超时后再发送起始条件。当工作在主方式时,如果 STA 被软件置 1,在下一个 ACK 周期之后将产生一个重复起始条件。
　　读　0　　无起始条件或重复起始条件;
　　　　1　　有始条件或重复起始条件。
位 4：　STO,SMBus 停止标志。如果被硬件置位,则必须由软件清 0。
　　写　0　　不发送停止条件;
　　　　1　　将 STO 置为逻辑 1 将导致在下一个 ACK 周期之后,发送一个停止条件。在产生停止条件之后,硬件将 STO 清为逻辑 0。如果 STA 和 STO 都被置 1,则发送一个停止条件后再发送一个起始条件。
　　读　0　　未检测到停止条件;

第 11 章 SMBus 总线

  1 在从方式检测到停止条件，或在主方式挂起。

位 3：ACKRQ,SMBus 确认请求。当 SMBus 接收到一个字节并需要向 ACK 位写 ACK 响应值时，该只读位被硬件置 1。

位 2：ARBLOST,SMBus 竞争失败标志，当 SMBus 作为发送器在总线竞争中失败时，该只读位被置 1。在从方式时，竞争失败表示发生了总线错误条件。

位 1：ACK,SMBus 确认标志，该位定义要发出的 ACK 电平和记录接收的 ACK 电平。应在每接收到一个字节后写 ACK 位。当 ACKRQ 为 1 时，或在发送一个字节后读 ACK 位。

  0 在发送器方式接收到"非确认"或在接收器方式将发出"非确认"；

  1 在发送器方式接收到"确认"或在接收器方式将发出"确认"。

位 0：SI,SMBus 中断标志。当出现表 11.5 列出的条件时该位被硬件置 1。SI 只能用软件清除。当 SI 被置 1 时，SCL 被保持为低电平，总线状态被冻结。

  表 11.5 列出了影响 SMB0CN 寄存器中各个位的硬件源。有关 SMBus 的状态译码请参见表 11.7 的 SMBus 状态译码表。

表 11.5 影响 SMB0CN 的硬件源

位	在下述情况被硬件置 1	在下述情况被硬件清 0
MASTER	产生了起始条件	产生了停止条件 在总线竞争中失败
TXMODE	产生了起始条件 在一个 SMBus 帧开始之前写了 SMB0DAT	检测到起始条件 总线竞争失败 没有在一个 SMBus 帧开始之前写 SMB0DAT
STA	在起始条件后接收到一个地址字节	必须用软件清除
STO	在作为从器件被寻址时检测到一个停止条件 因检测到停止条件而导致竞争失败	产生了一个挂起的停止条件 在 ST0 被硬件置 1，必须软件清 0
ACKRQ	接收到一个字节并需要一个 ACK 响应值	每个 ACK 周期之后
ARBLOST	当 STA 为 0 时，主器件检测到一个重复起始条件，此时不希望的重复起始条件产生 在试图产生一个停止条件或重复起始条件时检测到 SCL 为低电平 在试图发送 1 时检测到 SDA 为低电平(ACK 位除外)	每次 SI 被清除时
ACK	输入的 ACK 值为低(确认信号)	输入的 ACK 值为高(非确认信号)
SI	产生了一个起始条件 竞争失败 发送了一字节并接收到一字节 ACK/NACK 在起始条件或重复起始条件之后接收到一个从地址字节+R/W 收到一个停止条件	必须用软件清除

11.3.3 SMBus 数据收/发寄存器

SMBus 数据寄存器 SMB0DAT 保存要发送或刚接收的串行数据字节。在 SI 标志被置 1 时数据是稳定的,此时可以读/写数据寄存器。当 SMBus 被使能但 SI 标志不为 0 时不应访问 SMB0DAT 寄存器,因为硬件可能正在对该寄存器中的数据字节进行移入或移出操作,读出的数据可能产生错误。

SMB0DAT 中的数据总是从最高位到最低位依次移出。接收数据时,接收的第一位是 SMB0DAT 的最高位。在数据被移出的同时,总线上的数据被移入,SMB0DAT 寄存器中总是保存着最后出现在总线上的数据字节。在竞争失败后,从主发送器变为从接收器时 SMB0DAT 中的数据或地址保持不变。

表 11.6 所列为数据寄存器定义。

表 11.6 SMBus 数据寄存器(SMB0DAT)

读写允许	R/W	R/W	R/W	R/W	R/W	R/W	R/W	R/W
位定义	SMB0DAT							
位号	位 7	位 6	位 5	位 4	位 3	位 2	位 1	位 0
寄存器地址	0xC2				复位值	00000000		

位 7~0:SMB0DAT,SMBus 数据 SMB0DAT,寄存器保存要发送到 SMBus 串行接口上的一个数据字节,或刚从 SMBus 串行接口接收到的一个字节。一旦 SI 串行中断标志被置 1,CPU 即可读或写该寄存器。只要 SI 串行中断标志位 SMB0CN.0 为逻辑 1,该寄存器内的串行数据就是稳定的。当 SI 标志位不为 1 时,系统可能正在移入/移出数据,此时 CPU 不应访问该寄存器。

11.4 SMBus 工作方式选择

SMBus 接口可以被配置为工作在主方式或从方式。在任一时刻,它将工作在下述 4 种方式之一:主发送、主接收、从发送或从接收。SMBus 在产生起始条件时进入主方式,并保持在该方式直到产生一个停止条件或在总线竞争中失败。SMBus 在每个字节帧结束后都产生一个中断,但作为接收器时中断在 ACK 周期之前产生,作为发送器时中断在 ACK 周期之后产生。

11.4.1 主发送方式

SDA 上为发送串行数据,SCL 上输出同步串行时钟。SMBus 接口首先产生一个起始条件,然后发送含有目标从器件地址和数据方向位的第一个字节。在主发送方式数据方向位 R/W 应为逻辑 0,表示这是一个"写"操作。主发送接着发送一个或多个字节的串行数据。每发送一字节后,从器件发出确认 ACK 或非确认应答 NACK。当 STO 位被置 1 并产生一个停止条件后,串行传输结束。如果在发生主发送中断后没有向 SMB0DAT 写入数据,则接口将切换到主接收器方式。图 11.5 给出了典型的主发送时序,只给出了发送两字节的传输时序,尽管可以发送任意多字节。在该方式下,"数据字节传输结束"中断发生在 ACK 周期之后。

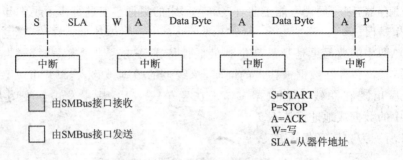

图 11.5 典型的主发送时序

11.4.2 主接收方式

SDA 上为接收串行数据,在 SCL 上输出同步串行时钟。SMBus 接口首先产生一个起始条件,然后发送含有目标从器件地址和数据方向位的第一个字节。此时数据方向位 R/W 应为逻辑 1,表示这是一个"读"操作。接着从 SDA 接收来自从器件的串行数据同时在 SCL 上输出串行时钟。从器件发送一个或多个字节的串行数据。每收到一个字节后,ACKRQ 被置 1 并产生一个中断。向 ACK 位写 1 产生一个 ACK,写 0 产生一个 NACK。其中 ACK 位 SMB0CN.1 是必须要写的,以此来定义要发出的确认值。主接收端应在收到最后一个字节后向 ACK 位写 0,以发送 NACK。然后 STO 位被置 1 产生一个停止条件后退出主接收器方式。在主接收方式,如果执行 SMB0DAT 写操作,接口将切换到主发送方式。图 11.6 给出了典型的主接收器时序,只给出了接收两个字节的传输时序,尽管可以接收任意多个字节。在该方式下,"数据字节传输结束"中断发生在 ACK 周期之前。

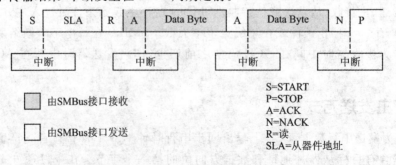

图 11.6 典型的主接收时序

11.4.3 从接收方式

SDA 上为发送的串行数据,SCL 上输出同步串行时钟。在从事件被允许的情况下即 INH 为 0 时,当 SMBus 接口接收到一个起始条件 START 和一个含有从地址和数据方向位(此处应为写)的字节时,SMBus 接口进入从接收方式。在进入从接收器方式时将产生一个中断,并且 ACKRQ 被置 1。软件用一个 ACK 对接收到的需要的从地址确认,或用一个 NACK 忽略该地址。如果接收到的从地址被忽略,从事件中断将被禁止,直到检测到下一个起始条件。如果收到的从地址被确认,将接收 1 个或多个字节的数据。每接收到一个字节后,软件必须向 ACK 位写确认或非确认,以对接收字节作出应答。在收到主器件发出的停止条件后,SMBus 接口退出从接收器方式。如果在从接收方式对 SMB0DAT 进行写操作,接口将切换到从发送方式。图 11.7 所示为典型的从接收时序,只给出了接收两个字节的传输时序,尽管可以接收任意多个字节。在该方式下"数据字节传输中断"发生在 ACK 周期之前。

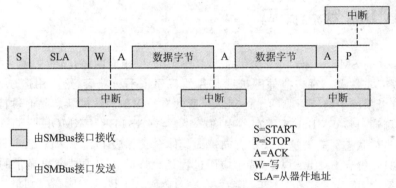

图 11.7　典型的从接收时序

11.4.4　从发送方式

SDA 上为发送串行数据,SCL 上输出同步串行时钟。在从事件被允许的情况下即 INH 为 0 时,当 SMBus 接口接收到一个起始条件 START 和一个含有从地址和数据方向位(此处应为读)的字节时,SMBus 接口进入从接收方式,接收从地址。在进入从发送方式时,会产生一个中断,并且 ACKRQ 位被置 1。软件用一个 ACK 对接收到的需要的从地址确认,或用一个 NACK 忽略该地址。如果接收到的从地址被忽略,从事件中断将被禁止,直到检测到下一个起始条件。如果收到的从地址被确认,软件应向 SMB0DAT 写入待发送的数据,SMBus 进入从发送方式,并发送一个或多个字节的数据。每发送一个字节后,主器件发出确认位。如果确认位为 ACK,应向 SMB0DAT 写入下一个数据字节;如果确认位为 NACK,在 SI 被清除前不应再写 SMB0DAT。在从发送器方式,如果在收到 NACK 后写 SMB0DAT,将会导致一个错误条件。在收到主器件发出的停止条件后,SMBus 接口退出从发送器方式。如果在一个从发送中断发生之后没有对 SMB0DAT 进行写操作,接口将切换到从接收方式。图 11.8 所示

第 11 章 SMBus 总线

为典型的从发送时序。在该方式下"数据字节传输"中断发生在 ACK 周期之后。

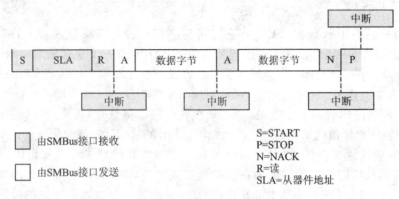

图 11.8　典型的从发送时序

11.5　SMBus 状态译码

C8051F410 的 SMBus 相对于 F020 的 SMBus 进行了相应的简化，省去了一些寄存器，因而操作方式改变非常大。对一些外围扩展芯片的程序也不再兼容，给应用造成了一些不便。这些改动是片上系统中精简引脚的小体积芯片所共有。以前总线的状态是通过特定的状态字反映的，现在则通过读 SMB0CN 寄存器中的高 4 位：MASTER、TXMODE、STA 和 STO，得到 SMBus 的当前状态。有关这 4 个状态向量的具体含义如表 11.7 所列。表中只列出了典型的响应选项，只要符合 SMBus 规范，特定应用过程是允许的。表中被突出显示的响应选项是允许的，但不符合 SMBus 规范。

表 11.7　SMBus 状态译码

	读取值				SMBus 的当前状态	典型响应选项	写入值		
主发送方式	1110	0	0	x	起始条件已发出	将从地址＋R/W 装入到 SMB0DAT	0	0	x
		0	0	0	数据或地址字节已发出；收到 NACK	置位 STA 以重新发送数据	1	0	x
						终止发送	0	1	x
	1100	0	0	0	数据或地址字节已发出；收到 ACK	将下一字节装入到 SMB0DAT	0	0	x
						用停止条件结束数据传输	0	1	x
						用停止条件结束数据传输并开始另一次传输	1	1	x
						发送重复起始条件	1	0	x
						切换到主接收器方式（清除 SI，不向 SMB0DAT 写新数据）	0	0	x

续表 11.7

	读取值			SMBus 的当前状态	典型响应选项	写入值		
主发送方式	1000	1	0	x	收到数据字节；请求确认	确认接收字节；读 SMB0DAT	0	0	1
						发 NACK，表示这是最后一个字节，发停止条件	0	1	0
						发 NACK，表示这是最后一个字节，接着发停止条件，再发起始条件	1	1	0
						发 ACK 后再发重复起始条件	1	0	1
						发 NACK，表示这是最后一个字节，接着发重复起始条件	1	0	0
						发 ACK 并切换到主发送器方式（在清除 SI 之前写 SMB0DAT）	0	0	1
						发 NACK 并切换到主发送器方式（在清除 SI 之前写 SMB0DAT）	0	0	0
从发送方式	0100	0	0	0	字节已发送；收到 NACK	等待停止条件	0	0	x
		0	0	1	字节已发送；收到 ACK	将下一个要发送的数据字节装入到 SMB0DAT	0	0	x
		0	1	x	字节已发送；检测到错误	等待主器件结束传输	0	0	x
	0101	0	x	x	当寻址从发送器时检测到停止条件	传输结束	0	0	x
从接收方式	0010	1	0	x	接收到从地址；请求确认	对接收到的地址进行确认	0	0	1
						不对接收到的地址进行确认	0	0	0
		1	1	x	竞争主器件失败；收到从地址；请求确认	对接收到的地址进行确认	0	0	1
						不对接收到的地址进行确认	0	0	0
						重新启动失败的传输；不对接收到的地址进行确认	1	0	0
	0010	0	1	x	试图发送重复起始条件时竞争失败	终止失败的传输	0	0	x
						重新启动失败了的传输	1	0	x
	0001	1	1	x	试图发送停止条件时竞争失败	传输完成/终止	0	0	0
		0	0	x	检测到停止条件	传输完成	0	0	x
		0	1	x	因检测到停止条件而导致竞争失败	终止传输	0	0	x
						重新启动失败的传输	1	0	x
	0000	1	0	x	接收到字节；请求确认	确认接收字节；读 SMB0DAT	0	0	1
						不对接收到的字节进行确认	0	0	0
		1	1	x	试图作为主器件发送数据字节时竞争失败	终止失败的传输	0	0	0
						重新启动失败的传输	1	0	0

注：表中加阴影的选项是允许的，但不符合 SMBus 规范。

11.6 SMBus 总线扩展应用实例

11.6.1 以主发送器方式扩展 ZLG7290 的应用实例

大多数的嵌入式系统,都要考虑显示和键盘扩展问题。尽管这不是一个难题,但却是非常重要的问题。LED 数码管显示是常用的显示元件,应用非常广泛。它的显示无外乎两种:静态和动态。静态显示对 CPU 的依赖小但是需要的资源多,动态显示则需要占用大量的 CPU 有效带宽,在有些场合是得不偿失的。为此现在有许多专用芯片解决这个问题。

比较古老的如 82C79,可支持 16 位数码管与多个按键,但它只支持并行扩展,使用很不方便。MAX7219 是美信推出的支持串口的多位数码管驱动芯片,应用很广泛。这里要介绍的 ZLG7290 键盘/LED 驱动器是周立功公司的产品。该芯片可实现 8 位 LED 数码管的动态扫描和最多 64 按键检测扫描,大大减轻单片机用于显示/键盘的工作时间和程序负担。ZLG7290 并不能说是完全意义的芯片,片内的实质是一片 PIC 单片机经过了二次封装,利用这片单片机完成显示与键盘扫描控制。芯片与外界接口采用 I^2C 协议,与 PC 机键盘类似。该芯片应用很方便,尤其是技术支持很到位。采用 I^2C 总线方式使得芯片与单片机间的通信只用 2 个 I/O 口便可完成,节省了单片机的 I/O 口资源。ZLG7.290 特点如下:

- I^2C 串行接口,提供键盘中断信号,方便与处理器接口;
- 可驱动 8 位共阴数码管或 64 只独立 LED 和 64 个按键;
- 可控扫描位数,可控任一数码管闪烁;
- 提供数据译码和循环、移位、段寻址等控制;
- 8 个功能键,可检测任一键的连击次数;
- 无需外接元件即直接驱动 LED,可扩展驱动电流和驱动电压;
- 提供工业级器件,多种封装形式如 PDIP24、SO24。

图 11.9 为 C8051F410 与 ZLG7920 的接口原理图。

利用片上系统 C8051F410 的硬件 SMBus 总线与 ZLG7290 完成扩展。该芯片的电压适用于 3.3～5.5 V,片上系统的 V_{IO} 连 5 V 电压使得二者直接连接。利用其提供的按键中断信号作为 INT0 的输入信号。最多 64 只按键非常适用。经笔者试用此芯片有较高的性价比,至少比 MAX7219 高,但现场干扰较强的情况要注意采取抗干扰措施。以下是笔者的应用程序。

```
#include <C8051F410.h>
#define  SYSCLK         24500000         //系统频率
#define  SMB_FREQUENCY  50000            // SCL 频率可在 10～100 kHz 之间选择
#define  WRITE          0x00             // SMBus 写命令
#define  READ           0x01             // SMBus 读命令
```

第11章 SMBus 总线

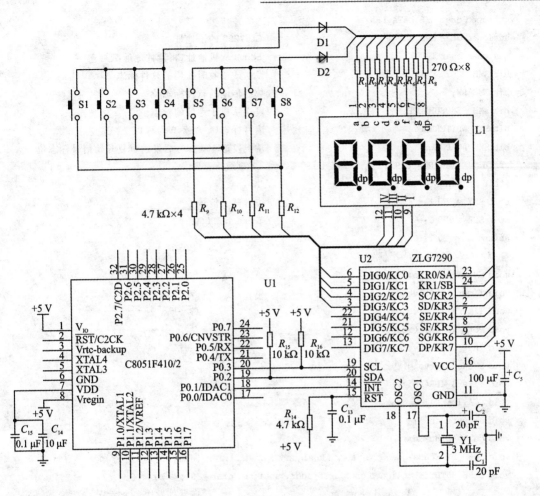

图 11.9　C8051F410 与 ZLG7290 的接口原理图

```
#define RADR 0x07
#define uchar unsigned char
typedef unsigned int uint;
#define ADDR7290        0x70        //ZLG7290 的器件地址
//定义 SMBus 高 4 位的标着向量值
#define  SMB_MTSTA      0xE0        //传输开始
#define  SMB_MTDB       0xC0        //字节数据发送
#define  SMB_MRDB       0x80        //字节数据接收
unsigned char * REC_DATA;           //定义数据接收指针
unsigned char SMB_SEND_DATA;        //发送数据变量
unsigned char * SEND_DATA;          //数据发送指针
```

第 11 章 SMBus 总线

```c
unsigned char SMB_DATA_LEN;
unsigned char SUB_ADDR;              // ZLG7290 的子地址
unsigned char TARGET;                // SMBus 从机地址,将器件地址赋给它
bit SMB_BUSY = 0;                    //发送或接收时使用的软件标志
bit SMB_RW;                          //数据传输的软件标志位
bit SMB_SENDSUBADDR;                 //发送从机子地址的标志位
bit SMB_WRITEREAD;                   //读写标志(1 为读,0 为写)
bit SMB_ACKPOLL;                     //从机发送 ACK 信号后发送重复开始信号标志位
sfr16     TMR3RL = 0x92;             // T3 重载寄存器
sfr16     TMR3 = 0x94;               // T3 计数器
sbit KEY = P0^1;                     //按键握手信号
sbit SDA = P0^0;                     // SMBus on P0.0
sbit SCL = P0^1;                     // and P0.1
//////////////////////////////////////////////////////////////
void SMBus_Init(void);
void Timer1_Init(void);
void Timer3_Init(void);
void Port_IO_Init(void);
void Init_Device(void);
void SMBus_ISR(void);
void Timer3_ISR(void);
void PCA_Init();
void smbusreset();
void delay(uint time);
void SEND_BYTE(unsigned char addr, unsigned char dat);    //向器件发送 1 个字节
void SEND_MUTBYTE(unsigned char dest_addr, unsigned char * src_addr,
                  unsigned char len);          //向器件发送多个字节
unsigned char REC_BYTE(unsigned char addr);    //接收 1 个字节
void REC_MUTBYTE(unsigned char * dest_addr, unsigned char src_addr,
                 unsigned char len);           //接收多个字节
//////////////////////////////////////////////////////////////
void delay(uint time){
    uint i;
    uint j;
    for (i = 0;i<time;i++){
        for(j = 0;j<300;j++);
    }
}
void smbusreset(){
```

```c
    unsigned char i;
    while(! SDA) {
      XBR1 = 0x40;
      SCL = 0;
      for(i = 0; i < 255; i++);
      SCL = 1;
      while(! SCL);
      for(i = 0; i < 10; i++);
      XBR1 = 0x00;
    }
}
void main (void) {
    uchar xdata dis[10] = {0xFC,0x60,0xDA,0xF2,0x66,0xB6,0xBE,0xE0,0xFE,0xF6};
    // 0~9 的段码,按照 a b c d e f g dp 的顺序排列
    uchar KEYSIZE[3];
    uchar LEDBUF[4];
    uchar LEDCOM[5] = {0x11,0x70,0x03,0x70,0xFF};
    uchar SYS_KEY = 0;
    uchar key_time = 0;
    uchar FUN_KEY = 0;
    uchar HI_BYTE,LOW_BYTE;
    Init_Device();
    smbusreset();
    EIE1 |= 0x01;                              //SMBus 中断开
    EA = 1;
    SEND_MUTBYTE( 0x10, dis, 4);               //显示初值 0~3
    delay(1);
    SEND_BYTE( 0x0C,0x11);
    do{
        if(KEY == 0){                          //有键按下
            REC_MUTBYTE(KEYSIZE, 0x01,3);
            SYS_KEY = KEYSIZE[0];              //普通键键值
            key_time = KEYSIZE[1];             //按键的时间(次数)
            FUN_KEY = KEYSIZE[2];              //功能键
            LOW_BYTE = SYS_KEY % 10;           //键值的低字节
            HI_BYTE = SYS_KEY/10 ;             //键值的高字节
            LEDBUF[0] = 0x60;
            LEDBUF[1] = LOW_BYTE;
            LEDBUF[2] = 0x61;
```

第 11 章 SMBus 总线

```c
            LEDBUF[3] = HI_BYTE;
            if(FUN_KEY! = 0xFF){                          //有功能键按下,本例没有功能键
                SEND_MUTBYTE( RADR, LEDCOM + 3, 2);       //使数码管全部闪烁
                delay(1);
            }
            if(SYS_KEY! = 0){                             //有普通键按下
                SEND_BYTE( 0x0C,0x11);                    //左移 2 位
                delay(1);
                SEND_MUTBYTE( RADR, LEDBUF, 2);           //输出键值低字节
                delay(1);
                SEND_MUTBYTE( RADR, LEDBUF + 2, 2);       //输出键值高字节
                delay(1);
                SEND_MUTBYTE( RADR, LEDCOM + 1, 2);       //设置显示键值的两字节为闪烁属性
                delay(1);
            }
            while(KEY == 0);                              //等待按键抬起
        }
    }
    while(1);
}
//////////////函数体定义//////////////////////////////
void PCA_Init() {
    PCA0MD& = ~0x40;
    PCA0MD = 0x00;
}
void Oscillator_Init() {
    //uchar i;
    OSCICN = 0x87;                        //系统频率为 24.5 MHz
    //OSCICN = 0x86;                      系统频率为(24.5/2) MHz
    //OSCICN = 0x85;                      系统频率为(24.5/4) MHz
    //OSCICN = 0x84;                      系统频率为(24.5/8) MHz
    //OSCICN = 0x83;                      系统频率为(24.5/16) MHz
    //OSCICN = 0x82;                      系统频率为(24.5/32) MHz
    //OSCICN = 0x81;                      系统频率为(24.5/64) MHz
    //OSCICN = 0x80;                      系统频率为(24.5/128) MHz
    // * OSCICN = 0x87;
    CLKMUL = 0x80;
    for (i = 0; i < 20; i++);             //系统频率大于 24.5 MHz 时需要延时
    CLKMUL| = 0xC0;
```

```
    while ((CLKMUL & 0x20) == 0);
    */
}
void Port_IO_Init() {
    P0MDOUT = 0x00;                //P0 口漏极开路输出
    P2MDOUT |= 0x02;               // P2.1 推挽输出
    XBR0 = 0x04;                   //SMBus 使能
    XBR1 = 0x40;                   //交叉开关使能并且弱上拉
    P0 = 0xFF;
}
void Init_Device(void) {
  PCA_Init();
  Oscillator_Init();
  Port_IO_Init();
  Timer1_Init ();
  Timer3_Init ();
  SMBus_Init ();
}
void SMBus_Init (void) {
    SMB0CF = 0x5D;          // T1 溢出作为 SMBus 时钟源,主机工作方式,使能低电平扩展
                            //SMBUS 超时检测有效,SCL 低电平检测有效
    SMB0CF |= 0x80;         //使能 SMBUS
}
void Timer1_Init (void) {//作为 SMBus 时钟源产生 10~100 kHz 频率,如超过此频率范围需设置 CKCON 寄存器
    #if ((SYSCLK/SMB_FREQUENCY/3) < 255)
        #define SCALE 1
        CKCON |= 0x08;
    #elif ((SYSCLK/SMB_FREQUENCY/4/3) < 255)
        #define SCALE 4
        CKCON |= 0x01;
        CKCON &= ~0x0A;
    #endif
    TMOD = 0x20;
    TH1 = -(SYSCLK/SMB_FREQUENCY/12/3);
    TL1 = TH1;
    TR1 = 1;
}
void Timer3_Init (void) {//T3 用作 SMBus 低电平超时检测,其应用于 16 位自动重载方式,周期设为 25 ms
    TMR3CN = 0x00;                          // T3 16 位重载模式
```

第 11 章 SMBus 总线

```c
    CKCON &= ~0x40;              // T3 时钟源为 SYSCLK/12
    TMR3RL = -(SYSCLK/12/40);    // T3 定时 25 ms 作为 SMBus 低电平超时检测
    EIE1 |= 0x80;                // T3 中断使能
    TMR3CN |= 0x04;              // T3 开始
}
///SMBus 中断程序
void SMBus_ISR (void) interrupt 7 {
    bit FAIL = 0;
    static char i;
    static bit SEND_START = 0;
    switch (SMB0CN & 0xF0) {
        case SMB_MTSTA: {
            SMB0DAT = TARGET;
            SMB0DAT &= 0xFE;
            SMB0DAT |= SMB_RW;
            STA = 0;
            i = 0;
            break;
        }
        case SMB_MTDB: {
            if (ACK) {
                if (SEND_START) {
                    STA = 1;
                    SEND_START = 0;
                    break;
                }
                if(SMB_SENDSUBADDR) {
                    SMB_SENDSUBADDR = 0;
                    SMB0DAT = SUB_ADDR;

                    if (SMB_WRITEREAD) {
                        SEND_START = 1;
                        SMB_RW = READ;
                    }
                    break;
                }
                if (SMB_RW == WRITE) {
                    if (i < SMB_DATA_LEN) {
                        SMB0DAT = *SEND_DATA;
```

```c
                SEND_DATA++;
                i++;
            }
            else {
                STO = 1;
                SMB_BUSY = 0;
            }
        }
        else {}
    }
    else {
        if(SMB_ACKPOLL) {
            STA = 1;
        }
        else {
            FAIL = 1;
        }
    }
    break;
}
case SMB_MRDB: {
    if ( i < SMB_DATA_LEN ) {
        *REC_DATA = SMB0DAT;
        REC_DATA++;
        i++;
        ACK = 1;
    }
    if (i == SMB_DATA_LEN) {
        SMB_BUSY = 0;
        ACK = 0;
        STO = 1;
    }
    break;
}
default: {
    FAIL = 1;
    break;
}
}
```

```c
    if (FAIL) {
        SMB0CF &= ~0x80;
        SMB0CF |= 0x80;
        STA = 0;
        STO = 0;
        ACK = 0;
        SMB_BUSY = 0;
        FAIL = 0;
    }
    SI = 0;
}

void Timer3_ISR (void) interrupt 14 {
    SMB0CF &= ~0x80;
    SMB0CF |= 0x80;
    TMR3CN &= ~0x80;
    SMB_BUSY = 0;
}

void SEND_BYTE(unsigned char addr, unsigned char dat) {
    while (SMB_BUSY);
    SMB_BUSY = 1;
    // Set SMBus ISR parameters
    TARGET = ADDR7290;
    SMB_RW = WRITE;
    SMB_SENDSUBADDR = 1;
    SMB_WRITEREAD = 0;
    SMB_ACKPOLL = 1;
    SUB_ADDR = addr;
    SMB_SEND_DATA = dat;
    SEND_DATA = &SMB_SEND_DATA;
    SMB_DATA_LEN = 1;
    STA = 1;
}

void SEND_MUTBYTE(unsigned char dest_addr, unsigned char * src_addr, unsigned char len) {
    unsigned char i;
    unsigned char * pData = (unsigned char *) src_addr;
    for( i = 0; i < len; i++ ){
        SEND_BYTE(dest_addr++, *pData++);
    }
}
```

```c
unsigned charREC_BYTE(unsigned char addr) {
    unsigned char retval;
    while (SMB_BUSY);
    SMB_BUSY = 1;
    TARGET = ADDR7290;
    SMB_RW = WRITE;
    SMB_SENDSUBADDR = 1;
    SMB_WRITEREAD = 1;
    SMB_ACKPOLL = 1;

    SUB_ADDR = addr;
    REC_DATA = &retval;
    SMB_DATA_LEN = 1;
    STA = 1;
    while(SMB_BUSY);
    return retval;
}

void REC_MUTBYTE (unsigned char * dest_addr, unsigned char src_addr,unsigned char len) {
    while (SMB_BUSY);
    SMB_BUSY = 1;
    TARGET = ADDR7290;
    SMB_RW = WRITE;
    SMB_SENDSUBADDR = 1;
    SMB_WRITEREAD = 1;
    SMB_ACKPOLL = 1;

    SUB_ADDR = src_addr;
    REC_DATA = (unsigned char * ) dest_addr;
    SMB_DATA_LEN = len;
    STA = 1;
    while(SMB_BUSY);
}
```

11.6.2 利用 SMBus 扩展 24C256

24xx 是常用的 EEPROM 元件，具有体积小，容量大的特点，应用很广泛，存储容量从 128 字节到 32 KB。以前的单片机没有硬件 I^2C 总线，只能采用软件模拟，造成传输速率低，占用 CPU 时间长的弊端，同时 I^2C 的总线竞争和同步逻辑，是软件无法模拟的。本例采用与 I^2C

第 11 章 SMBus 总线

兼容的 SMBus 扩展 32 KB 的 AT24C256。

本程序给出了如何实现 C8051F41x 利用 SMBus 总线与 32 KB 的 AT24C256 接口的实例。

```
#include <C8051F410.h>
#define  SYSCLK         24500000     //系统频率
#define  SMB_FREQUENCY  50000        // 定义 SCL 时钟,频率可在 10~100 kHz 之间选择
#define  WRITE          0x00         // SMBus 写命令
#define  READ           0x01         // SMBus 读命令
#define  EEPROM_ADDR    0xA0         //器件地址,根据器件 A0,A1 位电平状态决定,其值等于 0xa0|A1A0
#define  SMB_BUFF_SIZE  64           //定义 EEPROM 的缓冲页面大小,该值随容量增大而增大,24C256 为 64 字节
//定义 SMBus 高 4 位的标着向量值
#define  SMB_MTSTA      0xE0         //传输开始
#define  SMB_MTDB       0xC0         //字节数据发送
#define  SMB_MRDB       0x80         //字节数据接收
unsigned char * pSMB_DATA_IN;         //定义数据接收指针
unsigned char SMB_SINGLEBYTE_OUT;    //发送数据变量
unsigned char * pSMB_DATA_OUT;        //数据发送指针
unsigned char SMB_DATA_LEN;
unsigned char WORD_ADDR;             // EEPROM 的字地址指向存储空间
unsigned char BYTE_NUMBER ;          //字地址字节数
unsigned char H_ADD ;                //字地址高 8 位
unsigned char L_ADD ;                //字地址低 8 位
unsigned char TARGET;                // SMBus 从机地址
bit SMB_BUSY = 0;                    // Software flag to indicate when the
                                     // EEPROM_ByteRead() or
                                     // EEPROM_ByteWrite()
                                     // functions have claimed the SMBus
bit SMB_RW;                          //数据传输的软件标志位
bit SMB_SENDWORDADDR;                //发送从机字地址的标志位
bit SMB_RANDOMREAD;                  // EEPROM 随机读标志(1 为读操作,0 为写操作)
bit SMB_ACKPOLL;                     //从机发送 ACK 信号后发送重复开始信号标志位
sfr16    TMR3RL = 0x92;              // T3 reload registers
sfr16    TMR3 = 0x94;                // T3 counter registers
sbit LED = P0^7;                     // LED on port P2.1
sbit SDA = P0^0;                     // SMBus on P0.0
sbit SCL = P0^1;                     // and P0.1
/////////////////////////////////////////////////////////////////////
void SMBus_Init(void);
void Timer1_Init(void);
void Timer3_Init(void);
```

```c
void Port_IO_Init(void);
void Init_Device(void);
void SMBus_ISR(void);
void Timer3_ISR(void);
void PCA_Init();
void smbusreset();
void EEPROM_ByteWrite(unsigned int addr, unsigned char dat);
void EEPROM_WriteArray(unsigned int dest_addr, unsigned char * src_addr,
                      unsigned char len);
unsigned char EEPROM_ByteRead(unsigned int addr);
void EEPROM_ReadArray(unsigned char * dest_addr, unsigned int src_addr,
                     unsigned char len);
//////////////////////////////////////////////////////////////////
void smbusreset() {
    unsigned char i;
    while(! SDA) {
        XBR1 = 0x40;
        SCL = 0;
        for(i = 0; i < 255; i++);
        SCL = 1;
        while(! SCL);
        for(i = 0; i < 10; i++);
        XBR1 = 0x00;
    }
}
void main (void) {
    unsigned char i;
    xdata char in_buff[64];              //接收缓冲区
    xdata char out_buff[64];             //发送缓冲区
    unsigned char temp_char;
    bit error_flag = 0;                  //正误标志
    Init_Device();
    smbusreset();
    LED = 0;
    EIE1 |= 0x01;                        // SMBus 中断开
    EA = 1;
    for(i = 0;i<64;i++) {                //缓冲区初始化
        in_buff[i] = 0;
        out_buff[i] = i;
    }
    EEPROM_ByteWrite(0x25, 0xAA);        //向 0x0025 发送数据 0xAA
```

```c
        temp_char = EEPROM_ByteRead(0x25);          //读取0x0025单元的值
        //检查正误
        if (temp_char ! = 0xAA) {
            error_flag = 1;
        }
        EEPROM_ByteWrite(0x25, 0xBB);                //向0x0025发送数据0xbb
        EEPROM_ByteWrite(0x1138, 0xCC);              //向0x0038发送数据0xcc
        temp_char = EEPROM_ByteRead(0x25);           //读取0x0025单元的值
        if (temp_char ! = 0xBB) {                    //检查正误
            error_flag = 1;
        }
        temp_char = EEPROM_ByteRead(0x1138);         //读取0x0038单元的值
        if (temp_char ! = 0xCC) {                    //检查正误
            error_flag = 1;
        }
    EEPROM_WriteArray(0x2350, out_buff, sizeof(out_buff));//向0x2350之后的64字节数据
                                                     //写入out_buff中的数字
    EEPROM_ReadArray(in_buff, 0x2350, sizeof(in_buff));  //把0x2350之后的64字节数据
                                                     //读入in_buff缓冲区
        for (i = 0; i < sizeof(in_buff); i++) {      //检查正误
            if (in_buff[i] ! = out_buff[i]) {
                error_flag = 1;
            }
        }
        if (error_flag == 0) {
            LED = 1;                                 //全部正确点亮指示LED
        }
        while(1);
}
void PCA_Init() {
    PCA0MD& = ~0x40;
    PCA0MD = 0x00;
}
void Oscillator_Init() {
    //uchar i;
    OSCICN = 0x87;                       //系统频率为24.5 MHz
    //OSCICN = 0x86;                     系统频率为(24.5/2) MHz
    //OSCICN = 0x85;                     系统频率为(24.5/4) MHz
    //OSCICN = 0x84;                     系统频率为(24.5/8) MHz
    //OSCICN = 0x83;                     系统频率为(24.5/16) MHz
```

```
    //OSCICN = 0x82;                  系统频率为(24.5/32) MHz
    //OSCICN = 0x81;                  系统频率为(24.5/64) MHz
    //OSCICN = 0x80;                  系统频率为(24.5/128) MHz
    /* OSCICN = 0x87;
     CLKMUL = 0x80;
     for (i = 0; i < 20; i++);        //系统频率大于 24.5 MHz 时需要延时
     CLKMUL |= 0xC0;
     while ((CLKMUL & 0x20) == 0);
    */
}
void Port_IO_Init() {
    P0MDOUT = 0x00;                   //P0 口漏极开路输出
    P2MDOUT |= 0x02;                  //P2.1 推挽输出
    XBR0 = 0x04;                      //SMBus 使能
    XBR1 = 0x40;                      //交叉开关使能并且弱上拉
    P0 = 0xFF;
}

void Init_Device(void) {
  PCA_Init();
  Oscillator_Init();
  Port_IO_Init();
  Timer1_Init ();
  Timer3_Init ();
  SMBus_Init ();
}

void SMBus_Init (void) {
    SMB0CF = 0x5D;                    //T1 溢出作为 SMBus 时钟源,主机工作方式,使能低电平扩展
                                      //SMBus 超时检测有效,SCL 低电平检测有效
    SMB0CF |= 0x80;                   //使能 SMBus
}

void Timer1_Init (void) {             //作为 SMBus 时钟源产生 10~100 kHz 频率,如超过此频率范围
                                      //须设置 CKCON 寄存器
#if ((SYSCLK/SMB_FREQUENCY/3) < 255)
    #define SCALE 1
      CKCON |= 0x08;
    #elif ((SYSCLK/SMB_FREQUENCY/4/3) < 255)
      #define SCALE 4
        CKCON |= 0x01;
        CKCON &= ~0x0A;
```

第 11 章 SMBus 总线

```c
    #endif
        TMOD = 0x20;
        TH1 = -(SYSCLK/SMB_FREQUENCY/12/3);
        TL1 = TH1;
        TR1 = 1;
    }
    void Timer3_Init (void) {        //T3 用作 SMBus 低电平超时检测,其应用于 16 位自动重载方式,
                                     //周期设为 25 ms
        TMR3CN = 0x00;               //T3 16 位重载模式
        CKCON &= ~0x40;              //T3 时钟源为 SYSCLK/12
        TMR3RL = -(SYSCLK/12/40);    //T3 定时 25 ms 作为 SMBus 低电平超时检测
        EIE1 |= 0x80;                //T3 中断使能
        TMR3CN |= 0x04;              //T3 开始
    }
    void SMBus_ISR (void) interrupt 7 {    //SMBus 中断处理程序
        bit FAIL = 0;
        static char i;
        static bit SEND_START = 0;
        switch (SMB0CN & 0xF0) {
            //主发送发给主接收:传输开始
            case SMB_MTSTA:{
                SMB0DAT = TARGET;
                SMB0DAT &= 0xFE;
                SMB0DAT |= SMB_RW;
                STA = 0;
                i = 0;
                break;
            }
            //主发送向从机发送地址或数据
            case SMB_MTDB:{
                if(ACK) {
                    if (SEND_START) {
                        STA = 1;
                        SEND_START = 0;
                        break;
                    }
                    if(SMB_SENDWORDADDR) {
                        if( BYTE_NUMBER == 2) {
                            SMB0DAT = H_ADD;
                            BYTE_NUMBER --;
```

```c
            break;
        }
        else if( BYTE_NUMBER == 1) {
            SMB_SENDWORDADDR = 0;
            SMB0DAT = L_ADD;
            BYTE_NUMBER --;
        }
        if (SMB_RANDOMREAD&&( BYTE_NUMBER == 0)) {
            SEND_START = 1;
            SMB_RW = READ;
        }
        break;
    }
    if (SMB_RW == WRITE) {
        if (i < SMB_DATA_LEN) {
            SMB0DAT = * pSMB_DATA_OUT;
            pSMB_DATA_OUT ++ ;
            i ++ ;
        }
        else {
            STO = 1;
            SMB_BUSY = 0;
        }
    }
    else {}
}
else {
    if(SMB_ACKPOLL) {
        STA = 1;
    }
    else {
        FAIL = 1;
    }
}
break;
}
//主接收接收数据
case SMB_MRDB: {
    if ( i < SMB_DATA_LEN ) {
        * pSMB_DATA_IN = SMB0DAT;
        pSMB_DATA_IN ++ ;
```

第 11 章 SMBus 总线

```c
                i++;
                ACK = 1;
            }
            if (i == SMB_DATA_LEN) {
                SMB_BUSY = 0;
                ACK = 0;
                STO = 1;
            }
            break;
        }
        default: {
            FAIL = 1;
            break;
        }
    }
    if (FAIL) {
        SMB0CF &= ~0x80;
        SMB0CF |= 0x80;
        STA = 0;
        STO = 0;
        ACK = 0;
        SMB_BUSY = 0;
        FAIL = 0;
    }
    SI = 0;
}

void Timer3_ISR (void) interrupt 14 {
    SMB0CF &= ~0x80;                //禁止 SMBus
    SMB0CF |= 0x80;                 //重新使能 SMBus
    TMR3CN &= ~0x80;                //清 T3 中断标志位
    SMB_BUSY = 0;                   //释放总线
}

void EEPROM_ByteWrite(unsigned int addr, unsigned char dat) {
    while (SMB_BUSY);
    SMB_BUSY = 1;
    TARGET = EEPROM_ADDR;           //设定从机地址
    SMB_RW = WRITE;
    SMB_SENDWORDADDR = 1;
    SMB_RANDOMREAD = 0;
    SMB_ACKPOLL = 1;
```

```c
    H_ADD = ((addr >> 8) & 0x00FF);// Upper 8 address bits
    L_ADD = (addr & 0x00FF);        // Lower 8 address bits
    BYTE_NUMBER = 2;
    SMB_SINGLEBYTE_OUT = dat;
    pSMB_DATA_OUT = &SMB_SINGLEBYTE_OUT;
    SMB_DATA_LEN = 1;
    STA = 1;
}
void EEPROM_WriteArray(unsigned int dest_addr, unsigned char * src_addr,
                    unsigned char len) {
    unsigned char i;
    unsigned char * pData = (unsigned char *) src_addr;
    for( i = 0; i < len; i++ ){
        EEPROM_ByteWrite(dest_addr++, *pData++);
    }
}
unsigned char EEPROM_ByteRead(unsigned int addr) {
    unsigned char retval;
    while (SMB_BUSY);
    SMB_BUSY = 1;
    // Set SMBus ISR parameters
    TARGET = EEPROM_ADDR;
    SMB_RW = WRITE;
    SMB_SENDWORDADDR = 1;
    SMB_RANDOMREAD = 1;
    SMB_ACKPOLL = 1;
    H_ADD = ((addr >> 8) & 0x00FF);
    L_ADD = (addr & 0x00FF);
    BYTE_NUMBER = 2;
    pSMB_DATA_IN = &retval;
    SMB_DATA_LEN = 1;
    STA = 1;
    while(SMB_BUSY);
    return retval;
}
void EEPROM_ReadArray (unsigned char * dest_addr, unsigned int src_addr,
                    unsigned char len) {
    while (SMB_BUSY);
    SMB_BUSY = 1;
    TARGET = EEPROM_ADDR;
```

第 11 章 SMBus 总线

```
    SMB_RW = WRITE;
    SMB_SENDWORDADDR = 1;
    SMB_RANDOMREAD = 1;
    SMB_ACKPOLL = 1;
    H_ADD = ((src_addr >> 8) & 0x00FF);
    L_ADD = (src_addr & 0x00FF);
    BYTE_NUMBER = 2;
    pSMB_DATA_IN = (unsigned char *) dest_addr;
    SMB_DATA_LEN = len;
    STA = 1;
    while(SMB_BUSY);
}
```

本程序执行的一个功能是，向 0x2350 之后的存储单元写入 64 字节数据，并读出，存入 in_buff 数组中，然后比较数据的正误，错误则标志位置位。24C256 的子地址是 16 位 2 字节，请注意其寻址方式。程序运行结果如图 11.10 所示。

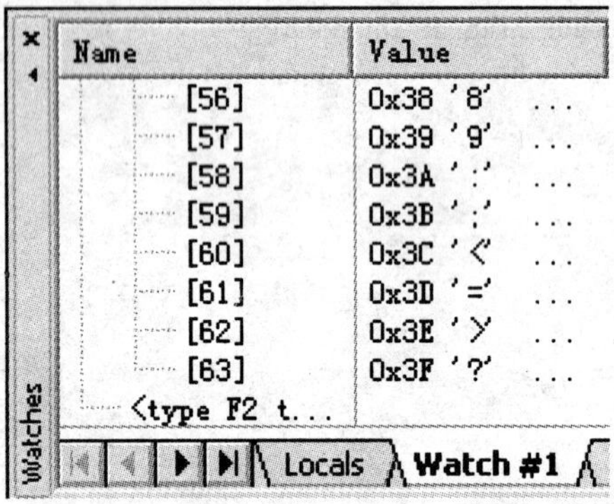

图 11.10 64 字节数据读出片断

11.6.3 利用 SMBus 总线进行双机通信

SMBus 总线与 I^2C 总线协议兼容，自问世以来，应用非常广泛。一些家用电器如电视机内部就是采用此种总线将内部一些单元组合到一起的。在嵌入式系统开发中也完全可以利用此总线组成多 CPU 系统。前面说的 ZLG7290 实际上也是双 CPU 通信系统，只不过其中一块完全负责人机对话罢了。此种思想完全可以借鉴到自己的系统中，比如在一些液晶作为人机对话系统中，如实时性要求较高可以把显示这些耗费时间的操作交给显示 CPU 专门处理，主 CPU 和显示 CPU 之间通过 SMBus 总线级联。以下给出了基于 SMBus 的主从机实例程序，主从机不一定是一种芯片。

1. SMBus 主机程序

```c
#include <C8051F410.h>
#define SYSCLK          24500000
#define SMB_FREQUENCY   10000
#define WRITE           0x00
#define READ            0x01
#define SLAVE_ADDR      0xF0
#define SMB_MTSTA       0xE0
#define SMB_MTDB        0xC0
#define SMB_MRDB        0x80
unsigned char SMB_DATA_IN;
unsigned char SMB_DATA_OUT;
unsigned char TARGET;
bit SMB_BUSY;
bit SMB_RW;
unsigned long NUM_ERRORS;
sfr16    TMR3RL = 0x92;
sfr16    TMR3 =   0x94;
sbit LED = P2^1;
sbit SDA = P0^0;
sbit SCL = P0^1;
void SMBus_Init (void);
void Timer1_Init (void);
void Timer3_Init (void);
void Port_Init (void);
void SMBus_ISR (void);
void Timer3_ISR (void);
void SMB_Write (void);
void SMB_Read (void);
void T0_Wait_ms (unsigned char ms);
void main (void) {
    unsigned char dat;
    unsigned char i;
    PCA0MD &= ~0x40;
    OSCICN |= 0x07;
    while(! SDA) {
        XBR1 = 0x40;
        SCL = 0;
        for(i = 0; i < 255; i++);
```

```c
        SCL = 1;
        while(! SCL);
        for(i = 0; i < 10; i++);
        XBR1 = 0x00;
    }
    Port_Init ();
    Timer1_Init ();
    Timer3_Init ();
    SMBus_Init ();
    EIE1 |= 0x01;
    LED = 0;
    EA = 1;
//以下是主从机通信实验
    dat = 0;
    NUM_ERRORS = 0;
    while (1) {
        SMB_DATA_OUT = dat;
        TARGET = SLAVE_ADDR;
        SMB_Write();
        TARGET = SLAVE_ADDR;
        SMB_Read();
        if(SMB_DATA_IN ! = SMB_DATA_OUT) {        //检查传输的数据
            NUM_ERRORS ++ ;
        }
        if (NUM_ERRORS > 0) {
            LED = 0;
        }
        else {
            LED = ~LED;
        }
        dat ++ ;
        T0_Wait_ms (1);       //延时约 1 ms
    }
}
//函数体定义
void SMBus_Init (void) {
    SMB0CF = 0x5D;
    SMB0CF |= 0x80;
}
```

```c
void Timer1_Init (void) {
    #if ((SYSCLK/SMB_FREQUENCY/3) < 255)
    #define SCALE 1
        CKCON |= 0x08;
    #elif ((SYSCLK/SMB_FREQUENCY/4/3) < 255)
    #define SCALE 4
        CKCON |= 0x01;
        CKCON &= ~0x0A;
    #endif
    TMOD = 0x20;
    TH1 = -(SYSCLK/SMB_FREQUENCY/SCALE/3);
    TL1 = TH1;
    TR1 = 1;
}

void Timer3_Init (void) {
    TMR3CN = 0x00;
    CKCON &= ~0x40;
    TMR3RL = -(SYSCLK/12/40);
    TMR3 = TMR3RL;
    EIE1 |= 0x80;
    TMR3CN |= 0x04;
}

void PORT_Init (void) {
    P0MDOUT = 0x00;
    P2MDOUT |= 0x02;
    XBR0 = 0x04;
    XBR1 = 0x40;
    P0 = 0xFF;
}
//SMBus 中断服务程序
void SMBus_ISR (void) interrupt 7 {
    bit FAIL = 0;
    static bit ADDR_SEND = 0;
    if (ARBLOST == 0) {
        // Normal operation
        switch (SMB0CN & 0xF0) {
            case SMB_MTSTA:
                SMB0DAT = TARGET;
                SMB0DAT &= 0xFE;
```

第 11 章 SMBus 总线

```c
                SMBODAT |= SMB_RW;
                STA = 0;
                ADDR_SEND = 1;
                break;
            case SMB_MTDB:
                if (ACK) {
                    if (ADDR_SEND) {
                        ADDR_SEND = 0;
                        if (SMB_RW == WRITE) {
                            SMBODAT = SMB_DATA_OUT;
                        }
                        else {}
                    }
                    else {
                        STO = 1;
                        SMB_BUSY = 0;
                    }
                }
                else {
                    STO = 1;
                    STA = 1;
                    NUM_ERRORS++;
                }
                break;
            case SMB_MRDB:
                SMB_DATA_IN = SMBODAT;
                SMB_BUSY = 0;
                ACK = 0;
                STO = 1;
                break;
            default:
                FAIL = 1;
                break;
        }
    }
    else {
        FAIL = 1;
    }
    if (FAIL) {
```

```c
        SMB0CF &= ~0x80;
        SMB0CF |= 0x80;
        STA = 0;
        STO = 0;
        ACK = 0;
        SMB_BUSY = 0;
        FAIL = 0;
        LED = 0;
        NUM_ERRORS++;
    }
    SI = 0;
}
//timer3 中断服务程序用于超时检查
void Timer3_ISR (void) interrupt 14 {
    SMB0CF &= ~0x80;
    SMB0CF |= 0x80;
    TMR3CN &= ~0x80;
    STA = 0;
    SMB_BUSY = 0;
}
//写模块
void SMB_Write (void) {
    while (SMB_BUSY);
    SMB_BUSY = 1;
    SMB_RW = 0;
    STA = 1;
}
//读模块
void SMB_Read (void) {
    while (SMB_BUSY);
    SMB_BUSY = 1;
    SMB_RW = 1;
    STA = 1;
    while (SMB_BUSY);
}
void T0_Wait_ms (unsigned char ms) {
    TCON &= ~0x30;
    TMOD &= ~0x0f;
    TMOD |= 0x01;
```

第 11 章 SMBus 总线

```c
    CKCON |= 0x04;
    while (ms) {
        TR0 = 0;
        TH0 = -(SYSCLK/1000 >> 8);
        TL0 = -(SYSCLK/1000);
        TF0 = 0;
        TR0 = 1;
        while (!TF0);
        ms--;
    }
    TR0 = 0;
}
```

2. SMBus 从机程序

```c
#include <C8051F410.h>
#define  SYSCLK          24500000
#define  SMB_FREQUENCY   10000
#define  WRITE           0x00
#define  READ            0x01
#define  SLAVE_ADDR      0xF0
#define  SMB_SRADD       0x20
#define  SMB_SRSTO       0x10
#define  SMB_SRDB        0x00
#define  SMB_STDB        0x40
#define  SMB_STSTO       0x50
unsigned char SMB_DATA;
bit DATA_READY = 0;
sfr16   TMR3RL = 0x92;
sfr16   TMR3   = 0x94;
sbit LED = P2^1;
void SMBus_Init (void);
void Timer1_Init (void);
void Timer3_Init (void);
void Port_Init (void);
void SMBus_ISR (void);
void Timer3_ISR (void);
void main (void) {
    PCA0MD &= ~0x40;
    OSCICN |= 0x07;
```

```c
    Port_Init();
    Timer1_Init();
    Timer3_Init();
    SMBus_Init ();
    EIE1 |= 0x01;
    LED = 0;
    EA = 1;
    SMB_DATA = 0xFD;
    while(1) {
        while(! DATA_READY);
        DATA_READY = 0;
        LED = ~LED;
    }
}
void SMBus_Init (void) {
    SMB0CF = 0x1D;
    SMB0CF |= 0x80;
}

void Timer1_Init (void) {
#if ((SYSCLK/SMB_FREQUENCY/3) < 255)
    #define SCALE 1
        CKCON |= 0x08;
#elif ((SYSCLK/SMB_FREQUENCY/4/3) < 255)
    #define SCALE 4
        CKCON |= 0x01;
        CKCON &= ~0x0A;
#endif
    TMOD = 0x20;
    TH1 = -(SYSCLK/SMB_FREQUENCY/SCALE/3);
    TL1 = TH1;
    TR1 = 1;
}
void Timer3_Init (void) {
    TMR3CN = 0x00;
    CKCON &= ~0x40;
    TMR3RL = -(SYSCLK/12/40);
    TMR3 = TMR3RL;
    EIE1 |= 0x80;
```

第 11 章 SMBus 总线

```c
    TMR3CN |= 0x04;
}

void PORT_Init (void) {
    P0MDOUT = 0x00;
    P2MDOUT |= 0x02;
    XBR0 = 0x04;
    XBR1 = 0x40;
    P0 = 0xFF;
}

void SMBus_ISR (void) interrupt 7 {
    if (ARBLOST == 0) {
        switch (SMB0CN & 0xF0) {
            case  SMB_SRADD:{
                STA = 0;
                if((SMB0DAT&0xFE) == (SLAVE_ADDR&0xFE)) {
                    ACK = 1;
                    if((SMB0DAT&0x01) == READ) {
                        SMB0DAT = SMB_DATA;
                    }
                }
                else {
                    ACK = 0;
                }
                break;
            }
            case  SMB_SRDB:{
                SMB_DATA = SMB0DAT;
                DATA_READY = 1;
                ACK = 1;
                break;
            }
            case  SMB_SRSTO:{
                STO = 0;
                break;
            }
            case  SMB_STDB:{
                break;
            }
            case  SMB_STSTO:{
```

```
                STO = 0;
                break;
            }
            default: {
                SMB0CF &= ~0x80;
                SMB0CF |= 0x80;
                STA = 0;
                STO = 0;
                ACK = 0;
                break;
            }
        }
    }
    else {
        STA = 0;
        STO = 0;
        ACK = 0;
    }
    SI = 0;
}
void Timer3_ISR (void) interrupt 14 {
    SMB0CF &= ~0x80;
    SMB0CF |= 0x80;
    TMR3CN &= ~0x80;
}
```

以上程序给出了主从机通信的实验程序,程序的功能是主机先向从机发送1字节数据,主机发送完成之后马上转为主机接收状态。从机接收到该字节后,马上发送给主机。主机把接收到的字节与发送的字节进行比较,一致为成功,不一致为失败。如果通信成功则LED将闪动,如果失败则LED熄灭,同时记录出现错误的次数。程序执行情况如图11.11所示。

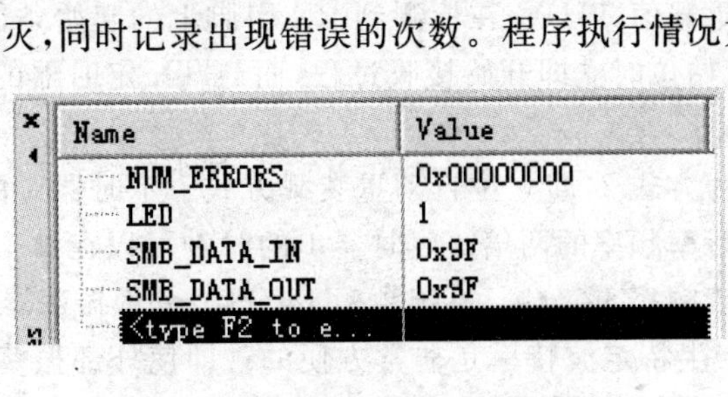

图11.11　SMBus通信主机端程序

第 12 章

同步/异步串口 UART0

C8051F41x 的 UART0 是一个异步、全双工串口,它提供标准 8051 串行口的方式 1 和方式 3。在通用 51 串口的基础上又进行了功能优化,比如增加了可用时钟源减少了方式 0。同时 UART0 具有增强的波特率发生器电路,有多个时钟源可用于产生标准波特率。接收数据缓冲机制允许 UART0 在软件尚未读取前一个数据字节的情况下开始接收第二个输入数据字节。UART0 有两个相关的特殊功能寄存器:串行控制寄存器 SCON0 和串行数据缓冲器 SBUF0。SBUF0 用一个地址可以访问发送寄存器和接收寄存器。写 SBUF0 时自动访问发送寄存器,读 SBUF0 时自动访问接收寄存器。

如果 UART0 中断被允许,则每次发送完成,SCON0 中的 TI0 位被置 1 或接收到数据字节,SCON0 中的 RI0 位被置 1 时,将产生一个中断。当 CPU 转向中断服务程序时硬件不清除 UART0 中断标志。中断标志必须用软件清除,此举允许软件查询 UART0 中断产生的原因:进而判断发送完成或接收完成。图 12.1 为 UART0 的原理框图。

12.1 增强的波特率发生器

UART0 波特率由定时器 1 以 8 位自动重装载方式产生。发送 TX 的时钟由 TL1 产生,接收 RX 的时钟由 TL1 的重装寄存器产生,该寄存器不能被用户访问。TX 和 RX 定时器的溢出信号经过二分频后用于产生 TX 和 RX 波特率。当定时器 1 被允许时,RX 定时器运行并使用与定时器 1 相同的重载值 TH1。在检测到 RX 引脚上的起始条件时,RX 定时器被强制重载,这允许在检测到起始位时立即开始接收过程,而与 TX 定时器的状态无关。图 12.2 为 UART0 波特率发生逻辑。

定时器 1 应被配置为方式 2,即 8 位自动重装载方式。定时器 1 的重载值应设置为使其溢出频率为所期望的波特率频率的两倍。定时器 1 的时钟可以在 6 个时钟源中选择:系统频率、系统频率 4 分频、系统频率 12 分频、系统频率 48 分频、外部振荡器时钟 8 分频和外部输入 T1,如此多的选择对于产生特定波特率是非常方便的。即使外部振荡器驱动定时器 1 时,内部振荡器仍可产生系统时钟。对于任何给定的定时器 1 时钟源,UART0 的波特率为:

第 12 章 同步/异步串口 UART0

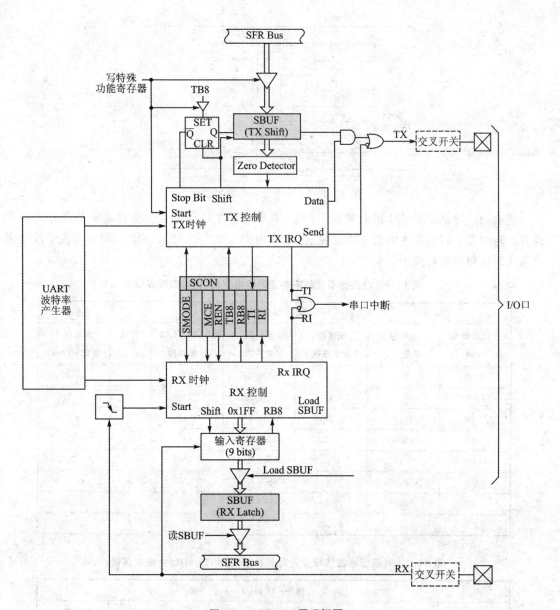

图 12.1 UART0 原理框图

$$R_{\text{UartBaudRate}} = \frac{1}{2} \times R_{\text{T1\_Overflow\_Rate}}$$

$$R_{\text{T1\_Overflow\_Rate}} = \frac{f_{\text{T1CLK}}}{256 - N_{\text{TH1}}}$$

第 12 章 同步/异步串口 UART0

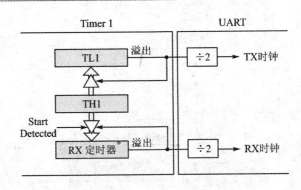

图 12.2 UART0 波特率发生逻辑

其中，f_{T1CLK}是定时器 1 的时钟频率，N_{TH1}是定时器 1 的高字节 8 位自动重装载方式的重载值。定时器 1 时钟频率的选择方法见第 14 章相关内容。表 12.1～12.6 所列为典型波特率和系统时钟频率的对照表。

表 12.1 对应标准波特率的定时器设置（使用内部振荡器）

频率：24.5 MHz						
目标波特率 /bps	波特率 误差/%	振荡器 分频系数	定时器 时钟源	SCA1～SCA0 （分频选择）	T1M	定时器 1 重载值(hex)
230 400	−0.32	106	SYSCLK	忽略	1	0xCB
115 200	−0.32	212	SYSCLK	忽略	1	0x96
57 600	0.15	426	SYSCLK	忽略	1	0x2B
28 800	−0.32	848	SYSCLK/4	01	0	0x96
14 400	0.15	1704	SYSCLK/12	00	0	0xB9
9 600	−0.32	2544	SYSCLK/12	00	0	0x96
2 400	−0.32	10176	SYSCLK/48	10	0	0x96
1 200	0.15	20448	SYSCLK/48	10	0	0x2B

表 12.2 对应标准波特率的定时器设置（使用 25 MHz 外部振荡器）

频率：25 MHz						
目标波特率 /bps	波特率 误差/%	振荡器 分频系数	定时器 时钟源	SCA1～SCA0 （分频选择）	T1M	定时器 1 重载值(hex)
230 400	−0.47	108	SYSCLK	忽略	1	0xCA
115 200	0.45	218	SYSCLK	忽略	1	0x93
57 600	−0.01	434	SYSCLK	忽略	1	0x27

续表 12.2

目标波特率/bps	波特率误差/%	振荡器分频系数	定时器时钟源	SCA1~SCA0（分频选择）	T1M	定时器1重载值(hex)
频率：25 MHz						
28 800	0.45	872	SYSCLK/4	01	0	0x93
14 400	−0.01	1 736	SYSCLK/4	01	0	0x27
9 600	0.15	2 608	EXTCLK/8	11	0	0x5D
2 400	0.45	10 464	SYSCLK/48	10	0	0x93
1 200	−0.01	20 832	SYSCLK/48	10	0	0x27
57 600	−0.47	432	EXTCLK/8	11	0	0xE5
28 800	−0.47	864	EXTCLK/8	11	0	0xCA
14 400	0.45	1 744	EXTCLK/8	11	0	0x93
9 600	0.15	2 608	EXTCLK/8	11	0	0x5D

表 12.3 对应标准波特率的定时器设置(使用 22.1184 MHz 外部振荡器)

目标波特率/bps	波特率误差/%	振荡器分频系数	定时器时钟源	SCA1~SCA0（分频选择）	T1M	定时器1重载值(hex)
频率：22.1184 MHz						
230 400	0.00	96	SYSCLK	忽略	1	0xD0
115 200	0.00	192	SYSCLK	忽略	1	0xA0
57 600	0.00	384	SYSCLK	忽略	1	0x40
28 800	0.00	768	SYSCLK/12	00	0	0xE0
14 400	0.00	1 536	SYSCLK/12	00	0	0xC0
9 600	0.00	2 304	SYSCLK/12	00	0	0xA0
2 400	0.00	9 216	SYSCLK/48	10	0	0xA0
1 200	0.00	18 432	SYSCLK/48	10	0	0x40
230 400	0.00	96	EXTCLK/8	11	0	0xFA
115 200	0.00	192	EXTCLK/8	11	0	0xF4
57 600	0.00	384	EXTCLK/8	11	0	0xE8
28 800	0.00	768	EXTCLK/8	11	0	0xD0
14 400	0.00	1 536	EXTCLK/8	11	0	0xA0
9 600	0.00	2 304	EXTCLK/8	11	0	0x70

表12.4 对应标准波特率的定时器设置(使用18.432 MHz外部振荡器)

目标波特率/bps	波特率误差/%	振荡器分频系数	定时器时钟源	SCA1~SCA0（分频选择）	T1M	定时器1重载值(hex)
频率：18.432 MHz						
230 400	0.00	80	SYSCLK	忽略	1	0xD8
115 200	0.00	160	SYSCLK	忽略	1	0xB0
57 600	0.00	320	SYSCLK	忽略	1	0x60
28 800	0.00	640	SYSCLK/4	01	0	0xB0
14 400	0.00	1 280	SYSCLK/4	01	0	0x60
9 600	0.00	1 920	SYSCLK/12	00	0	0xB0
2 400	0.00	7 680	SYSCLK/48	10	0	0xB0
1 200	0.00	15 360	SYSCLK/48	10	0	0x60
230 400	0.00	80	EXTCLK/8	11	0	0xFB
115 200	0.00	160	EXTCLK/8	11	0	0xF6
57 600	0.00	320	EXTCLK/8	11	0	0xEC
28 800	0.00	640	EXTCLK/8	11	0	0xD8
14 400	0.00	1 280	EXTCLK/8	11	0	0xB0
9 600	0.00	1 920	EXTCLK/8	11	0	0x88

表12.5 对应标准波特率的定时器设置(使用11.059 2 MHz外部振荡器)

目标波特率/bps	波特率误差/%	振荡器分频系数	定时器时钟源	SCA1~SCA0（分频选择）	T1M	定时器1重载值(hex)
频率：11.059 2 MHz						
230 400	0.00	48	SYSCLK	忽略	1	0xE8
115 200	0.00	96	SYSCLK	忽略	1	0xD0
57 600	0.00	192	SYSCLK	忽略	1	0xA0
28 800	0.00	384	SYSCLK	忽略	1	0x40
14 400	0.00	768	SYSCLK/12	00	0	0xE0
9 600	0.00	1 152	SYSCLK/12	00	0	0xD0
2 400	0.00	4 608	SYSCLK/12	00	0	0x40
1 200	0.00	9 216	SYSCLK/48	10	0	0xA0
230 400	0.00	48	EXTCLK/8	11	0	0xFD

续表 12.5

目标波特率/bps	波特率误差/%	振荡器分频系数	定时器时钟源	SCA1~SCA0（分频选择）	T1M	定时器1重载值(hex)
频率：11.0592 MHz						
115 200	0.00	96	EXTCLK/8	11	0	0xFA
57 600	0.00	192	EXTCLK/8	11	0	0xF4
28 800	0.00	384	EXTCLK/8	11	0	0xE8
14 400	0.00	768	EXTCLK/8	11	0	0xD0
9 600	0.00	1152	EXTCLK/8	11	0	0xB8

表 12.6 对应标准波特率的定时器设置(使用 3.6864 MHz 外部振荡器)

目标波特率/bps	波特率误差/%	振荡器分频系数	定时器时钟源	SCA1~SCA0（分频选择）	T1M	定时器1重载值(hex)
频率：3.6864 MHz						
230 400	0.00	16	SYSCLK	忽略	1	0xF8
115 200	0.00	32	SYSCLK	忽略	1	0xF0
57 600	0.00	64	SYSCLK	忽略	1	0xE0
28 800	0.00	128	SYSCLK	忽略	1	0xC0
14 400	0.00	256	SYSCLK	忽略	1	0x80
9 600	0.00	384	SYSCLK	忽略	1	0x40
2 400	0.00	1 536	SYSCLK/12	00	0	0xC0
1 200	0.00	3 072	SYSCLK/12	00	0	0x80
230 400	0.00	16	EXTCLK/8	11	0	0xFF
115 200	0.00	32	EXTCLK/8	11	0	0xFE
57 600	0.00	64	EXTCLK/8	11	0	0xFC
28 800	0.00	128	EXTCLK/8	11	0	0xF8
14 400	0.00	256	EXTCLK/8	11	0	0xF0
9 600	0.00	384	EXTCLK/8	11	0	0xE8

12.2 串行通信工作方式选择

UART0 可提供标准的异步、全双工通信，其工作方式为 8 位或 9 位，通过 S0MODE 位 SCON0.7 来选择。该串口可以经过 RS-232 电平转换后与上位 PC 机连接，同时还可与具有串口的外设连接。典型的 UART 连接方式如图 12.3 所示。

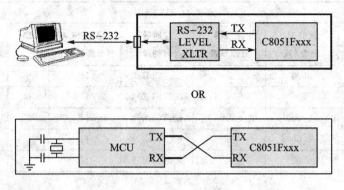

图 12.3 UART 连接图

12.2.1 8 位通信模式

在 8 位 UART 方式,每个数据字节包括 10 位:1 个起始位、8 个数据位(低位在前)和 1 个停止位。数据从 TX0 引脚发送,在 RX0 引脚接收。接收时,8 个数据位存入 SBUF0,停止位进入 RB80 位 SCON0.2。

向 SBUF0 寄存器写入一个字节即开始数据发送。从停止位开始发送,中断标志 TI0 位 SCON0.1 被置 1。接收允许位 REN0 即 SCON0.4 被置 1 后,数据接收可以在任何时刻开始。收到停止位后,如果满足下述条件则数据字节将被装入到接收寄存器 SBUF0:RI0 必须为逻辑 0,如果 MCE0 为逻辑 1,则停止位必须为 1。在发生接收数据溢出情况时,先接收到的 8 位数据被锁存到 SBUF0,而后面的溢出数据被丢弃。

如果这些条件满足,则 8 位数据被存入 SBUF0,停止位被存入 RB80,RI0 标志被置位。如果这些条件不满足,则数据和停止位不装入 SBUF0 和 RB80,并且 RI0 标志也不会被置 1。如果中断被允许,在 TI0 或 RI0 置位时将产生一个中断。图 12.4 为 8 位 UART 通信的时序图

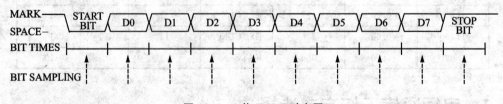

图 12.4 8 位 UART 时序图

12.2.2 9 位通信模式

在 9 位 UART 方式,每个数据字节包括 11 位:一个起始位、8 个数据位(低位在前)、1 个

可编程的第 9 位和 1 个停止位。第 9 发送数据位由 TB80 位 SCON0.3 中的值决定,有多种含义。它可以被用作 PSW 中的奇偶位 P,作为奇偶检验之用,也可用于多机通信。在接收时,第 9 数据位进入 RB80 位 SCON0.2,停止位被忽略。

向 SBUF0 寄存器写数据时即开始数据发送。在发送结束时从停止位开始发送,同时中断标志 TI0 被置 1。在接收允许位 REN0 被置 1 后,数据接收可以在任何时刻开始。收到停止位后如果满足下述条件则收到的数据字节将被装入到接收寄存器 SBUF0,这些条件是:RI0 为逻辑 0,如果 MCE0 为逻辑 1,则第 9 位必须为逻辑 1,当 MCE0 为逻辑 0 时,第 9 位数据的状态并不重要。如果这些条件满足,则 8 位数据被存入 SBUF0,第 9 位被存入 RB80,同时 RI0 标志被置位。如果这些条件不满足,则不会装入 SBUF0 和 RB80,RI0 标志也不会被置 1。如果中断被允许,在 TI0 或 RI0 置位时将产生中断。图 12.5 为 9 位 UART 时序图。

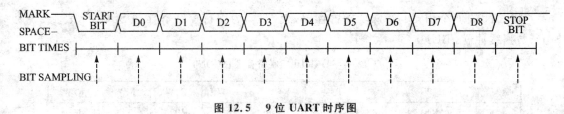

图 12.5　9 位 UART 时序图

12.3　多机通信

9 位 UART 方式中,利用第 9 数据位可以实现一个主处理器与一个或多个从处理器之间的多机通信。当主机要发送数据给一个或多个从机时,它先发送一个用于选择目标的地址来字节寻址。地址字节与数据字节的区别在于:地址字节的第 9 位为 1,数据字节的第 9 位总是为 0。

如果从机的 MCE0 位 SCON.5 被置 1,则只有当 UART 接收到的第 9 位数据为 1,即 RB80 为 1,并收到有效的停止位后 UART 才会产生中断。在 UART 的中断处理程序中,软件将接收到的地址与从机自身的 8 位地址进行比较。如果地址匹配,从机将清除它的 MCE0 位以允许后面接收数据字节时产生中断。未被寻址的从机其 MCE0 位仍保持为 1,在收到后续的数据字节时不产生中断,忽略收到的数据。接收完成后,被寻址的从机将它的 MCE0 位重新置 1 又进入了等待被寻址的状态。

可以将多个地址分配给一个从机,或将一个地址分配给多个从机从而允许同时向多个从机"广播"发送。主机可以被配置为接收所有的传输数据,或通过实现某种协议使主/从功能临时变换以允许原来的主机和从机之间进行半双工通信。

图 12.6 为 UART 多机方式连接图。

第 12 章 同步/异步串口 UART0

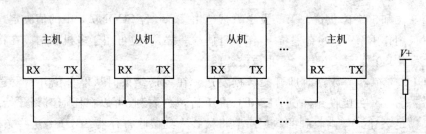

图 12.6 UART 多机方式连接图

12.4 串行通信相关寄存器说明

UART0 有两个相关的特殊功能寄存器，表 12.7 为串行控制寄存器 SCON0，表 12.8 为串行数据缓冲器 SBUF0。

表 12.7 UART0 控制寄存器(SCON0)

读写允许	R/W	R	R/W	R/W	R/W	R/W	R/W	R/W
位定义	S0MODE	—	MCE0	REN0	TB80	RB80	TI0	RI0
位 号	位 7	位 6	位 5	位 4	位 3	位 2	位 1	位 0
寄存器地址	0x98				复位值	01000000		

位 7： S0MODE，串行口工作方式选择位，该位选择 UART0 的工作方式。
        0   方式 0,8 位 UART 波特率可变；
        1   方式 1,9 位 UART 波特率可变。
位 6： 未使用。读返回值为 1b。写无效。
位 5： MCE0，多机通信使能，该功能取决于串行口工作方式。
        S0MODE=0，检查有效停止位；
        0   停止位的逻辑电平被忽略；
        1   只有当停止位为逻辑 1 时 RI0 激活。
        S0MODE=1，多机通信使能。
        0   忽略数据第 9 位；
        1   只有当第 9 位为 1 时，RI0 才被置位并产生中断。
位 4： REN0，接收允许，该位允许/禁止 UART 接收器。
        0   UART0 接收禁止；
        1   UART0 接收允许。
位 3： TB80，第 9 发送位。该位的逻辑电平被赋值给 9 位 UART 方式的第 9 发送位；在 8 位 UART 方式中未用。根据需要用软件置 1 或清 0。
位 2： RB80，第 9 接收位。在方式 0,则 RB80 被赋值为停止位的值；在方式 1,该位被赋值为 9 位 UART 方式中第 9 数据位的值。

位 1:   TI0,发送中断标志。当一字节数据发送完后,该位被硬件置 1。在 8 位 UART 方式时,是在发送第 8 位后置 1;在 9 位 UART 方式时,是在停止位开始时置 1。当 UART0 中断被允许时,置 1 该位将导致 CPU 转到 UART0 中断服务程序。该位必须用软件清 0。

位 0:   RI0,接收中断标志。当接收到一字节数据时,在收到停止位后被硬件置 1,当 UART0 中断被允许时,置 1 该位将会使 CPU 转到 UART0 中断服务程序。该位必须用软件清 0。

表 12.8　UART0 串行数据缓冲寄存器 SBUF0

读写允许	R/W	R/W	R/W	R/W	R/W	R/W	R/W	R/W
位定义	—	—	—	—	—	—	—	—
位　号	位 7	位 6	位 5	位 4	位 3	位 2	位 1	位 0
寄存器地址	0x99				复位值	00000000		

位 7~0:SBUF0[7~0],UART0 数据缓冲器位 7~0(MSB~LSB)。实际上是两个同地址的缓冲寄存器:发送移位寄存器和接收锁存寄存器。当数据被写到 SBUF0 时,它进入发送移位寄存器等待串行发送。读 SBUF0 时返回接收锁存器的内容。

12.5　串口 UART0 实例

串口通信的应用非常广泛。根据总线的协议以及驱动的电平不同,常用的串行通信有 RS-232、485 总线、CAN 总线,这也是最简单的与上位机或其他微处理器数据交换的手段。其中 RS-232 口是最简单的一种通信形式,但总线负载与通信距离受限。后面的两种适合于更长距离通信的情况。RS-232 串口只要经过一个电平转换芯片即可与 PC 机接口,简单实用。

12.5.1　片上系统串口自环调试实例

本实例给出了最基本的串口功能调试,该程序可用于串口初始阶段调试,后续功能及协议的开发可在此基础上进行。程序中采用自环手段,即串口的 2 脚与 3 脚短接,利用串口的全双工性,组成自发自收,不需要其他的资源即可判断硬件工作是否正常。数据的发送和接收采用中断方式。程序中发送与接收缓冲区均为 32 字节,发送结束也就意味着接收完成。此时可对比两部分结果是否正常,同时查看发送与接收字节数是否相等。其中,sandtest 数组中存放着发送测试数据,如图 12.7 所示为发送数据的局部;rectest 数组中存放着本次接收到的数据,如图 12.8 所示为接收数据的局部;senddata 和 recdata 为成功完成发送和接收的成功次数,如没有发生错误,二者应该是相等的,如图 12.9 所示。源程序如下:

```
#include <c8051f410.h>
#include <stdio.h>
#include <INTRINS.H>
```

第 12 章 同步/异步串口 UART0

```c
#define uint unsigned int
#define uchar unsigned char
#define ulong unsigned long
uchar xdata sendtest[32];
uchar xdata rectest[32];
uchar con,rec;
uint recdata,senddata;
sfr16 TMR2RL = 0xca;
sfr16 TMR2 = 0xcc;
#define SYSCLK          24500000
#define BAUDRATE        9600
//#define BAUDRATE      115200
void Oscillator_Init();
void ADC0_Init (void);
void UART0_Init (void);
void delay(uint time);
void PORT_Init (void);
void Timer2_Init (int);
void Init_Device(void);
//------------------------------------------------
//函数体定义
//------------------------------------------------
void delay(uint time){
    uint i,j;
    for (i=0;i<time;i++){
        for(j=0;j<300;j++);
    }
}
//------------------------------------------------
// MAIN Routine
//------------------------------------------------
void main (void) {
    uchar i;
    Init_Device();
    UART0_Init();
    for(i=0;i<32;i++) {
        sendtest[i] = i;
        rectest[i] = 0x00;
    }
    con = 0;
    rec = 0;
```

```
        recdata = 0;
        senddata = 0;
        RI0 = 0;
        TI0 = 0;
        EA = 1;
        ES0 = 1;
            while (1) {
            SBUF0 = sendtest[con];
            delay(30);
            }
}

void Port_IO_Init() {
    XBR0 = 0x01;
    XBR1 = 0x40;
}

void PCA_Init() {
    PCA0CN = 0x40;
    PCA0MD& = ~0x40;
}

void Oscillator_Init() {
    OSCICN = 0x87;          //系统频率为 24.5 MHz
    //OSCICN = 0x86;        系统频率为(24.5/2) MHz
    //OSCICN = 0x85;        系统频率为(24.5/4) MHz
    //OSCICN = 0x84;        系统频率为(24.5/8) MHz
    //OSCICN = 0x83;        系统频率为(24.5/16) MHz
    //OSCICN = 0x82;        系统频率为(24.5/32) MHz
    //OSCICN = 0x81;        系统频率为(24.5/64) MHz
    //OSCICN = 0x80;        系统频率为(24.5/128) MHz
}
//------------------------------------------------------------
// UART0 初始化,T1 为波特率发生器,8 位数据,1 位停止位,无校验位
//------------------------------------------------------------
void UART0_Init (void) {
    SCON0 = 0x10;

    if (SYSCLK/BAUDRATE/2/256 < 1) {
        TH1 = -(SYSCLK/BAUDRATE/2);
        CKCON & = ~0x0B;
        CKCON | =   0x08;
    }
```

第12章 同步/异步串口 UART0

```c
    else if (SYSCLK/BAUDRATE/2/256 < 4) {
        TH1 = -(SYSCLK/BAUDRATE/2/4);
        CKCON &= ~0x0B;
        CKCON |= 0x09;
    }
    else if (SYSCLK/BAUDRATE/2/256 < 12) {
        TH1 = -(SYSCLK/BAUDRATE/2/12);
        CKCON &= ~0x0B;
    }
    else {
        TH1 = -(SYSCLK/BAUDRATE/2/48);
        CKCON &= ~0x0B;
        CKCON |= 0x02;
    }
    TL1 = TH1;
    TMOD &= ~0xf0;
    TMOD |= 0x20;
    TR1 = 1;
    TI0 = 1;
}

void Init_Device(void) {
    PCA_Init();
    Port_IO_Init();
    Oscillator_Init();
}

void UART0_ISR() interrupt 4 {      //串口中断服务程序
    if(TI0 == 1) {
        senddata++;
        if(con<32)
        {con++;}
        else
        {con=0;}
        TI0 = 0;
    }
    if(RI0 == 1) {
        rectest[rec] = SBUF0;
        recdata++;
        if(rec<32)
        {rec++;}
        else
```

```
        {rec = 0;}
        RI0 = 0;
    }
}
```

Name	Value
sendtest	X:0x000020
[0]	0x00
[1]	0x01
[2]	0x02
[3]	0x03
[4]	0x04
[5]	0x05
[6]	0x06
[7]	0x07

图 12.7 发送数组

Name	Value
rectest	X:0x000000 [ ]
[0]	0x00
[1]	0x01
[2]	0x02
[3]	0x03
[4]	0x04
[5]	0x05
[6]	0x06
[7]	0x07

图 12.8 接收数组

Name	Value
recdata	0x07D6
senddata	0x07D6

图 12.9 发送接收字节数

12.5.2 上下位机点对点通信示例

本程序实现了上位 PC 机与片上系统点对点的通信。上位机的控制软件使用了网上下载的优秀免费软件"串口调试助手",这里对作者表示衷心感谢。程序采用引导码 0x55、0x88 作为发送起始的标志信号,以实现双方握手。传输 500 个定时器溢出周期后,自动转为数据接收模式。源程序如下:

```c
#include <c8051f410.h>
#include <stdio.h>
#include <INTRINS.H>
#define uint unsigned int
#define uchar unsigned char
#define ulong unsigned long
uchar xdata sandtest[32];
uchar xdata rectest[32];
uint con;
bit send,rec;
sfr16 TMR2RL = 0xca;
sfr16 TMR2 = 0xcc;
```

第12章 同步/异步串口 UART0

```c
//------------------------------------------------------------
// Global CONSTANTS
//------------------------------------------------------------
#define SYSCLK          24500000
#define BAUDRATE        9600
//#define BAUDRATE       115200
#define TIMER2_RATE     500
void Oscillator_Init();
void ADC0_Init (void);
void UART0_Init (void);
void delay(uint time);
void PORT_Init (void);
void Timer2_Init (int);
void Init_Device(void);
//------------------------------------------------------------
//函数体定义
//------------------------------------------------------------
void delay(uint time){
    uint i,j;
    for (i = 0;i<time;i++){
        for(j = 0;j<300;j++);
    }
}
//------------------------------------------------------------
// MAIN Routine
//------------------------------------------------------------
void main (void) {
    uchar comkey1,comkey2,i;
    Init_Device();
    Timer2_Init(SYSCLK/TIMER2_RATE);
    UART0_Init();
    con = 0;
    send = 0;
    rec = 0;
    for(i = 0;i<32;i++) {
        sandtest[i] = i;
        rectest[i] = 0;
    }
    i = 0;
    do {
        comkey1 = 0;
        comkey2 = 0;
```

```
        while(RI0 == 0);
        comkey1 = SBUF0;
        while(RI0 == 0);
        comkey2 = SBUF0;
    }
    while((comkey1 == 0x55)&&(comkey2 == 0x88));

    EA = 1;
    while (1) {
      while(send == 1) {
        SBUF0 = sandtest[i];
        if(i<32)
        {i++;}
        else
        {i=0;}
        delay(20);
      }
      while(rec == 1) {
        while((RI0 == 0)&&(send == 0));
        rectest[i] = SBUF0;
        RI0 = 0;
        if(i<32)
        {i++;}
        else
        {i=0;}
      }
    }
}
void Port_IO_Init() {
    XBR0 = 0x01;
    XBR1 = 0x40;
}
void PCA_Init() {
    PCA0CN = 0x40;
    PCA0MD& = ~0x40;
}
void Oscillator_Init() {
    OSCICN = 0x87;          //系统频率为 24.5 MHz
    //OSCICN = 0x86;        系统频率为(24.5/2) MHz
    //OSCICN = 0x85;        系统频率为(24.5/4) MHz
    //OSCICN = 0x84;        系统频率为(24.5/8) MHz
    //OSCICN = 0x83;        系统频率为(24.5/16) MHz
```

第12章 同步/异步串口 UART0

```
        //OSCICN = 0x82;        系统频率为(24.5/32) MHz
        //OSCICN = 0x81;        系统频率为(24.5/64) MHz
        //OSCICN = 0x80;        系统频率为(24.5/128) MHz
}

void UART0_Init (void) {
    SCON0 = 0x10;
    if (SYSCLK/BAUDRATE/2/256 < 1) {
        TH1 = -(SYSCLK/BAUDRATE/2);
        CKCON &= ~0x0B;
        CKCON |=  0x08;
    }
    else if (SYSCLK/BAUDRATE/2/256 < 4) {
        TH1 = -(SYSCLK/BAUDRATE/2/4);
        CKCON &= ~0x0B;
        CKCON |=  0x09;
    }
    else if (SYSCLK/BAUDRATE/2/256 < 12) {
        TH1 = -(SYSCLK/BAUDRATE/2/12);
        CKCON &= ~0x0B;
    }
    else {
        TH1 = -(SYSCLK/BAUDRATE/2/48);
        CKCON &= ~0x0B;
        CKCON |=  0x02;
    }
    TL1 = TH1;
    TMOD &= ~0xf0;
    TMOD |=  0x20;
    TR1 = 1;
    TI0 = 1;
}
//--------------------------------------------------
// Timer2_I 初始化
//--------------------------------------------------
void Timer2_Init (int counts) {
    TMR2CN = 0x00;
    CKCON |= 0x10;
    TMR2RL = -counts;
    TMR2 = TMR2RL;
    ET2 = 1;
    TR2 = 1;
}
```

第12章 同步/异步串口 UART0

```
void Init_Device(void) {
    PCA_Init();
    Port_IO_Init();
    Oscillator_Init();
}

void T2_ISR() interrupt 5 {      //T2定时中断服务程序
    con++;
    TMR2CN&= 0x7f;
    if(con< = 32768) {
        send = 1;
        rec = 0;
    }
    else if(con>32768) {
        rec = 1;
        send = 0;
    }
}
```

图 12.10 所示为上位机接收数据与发送数据结果。

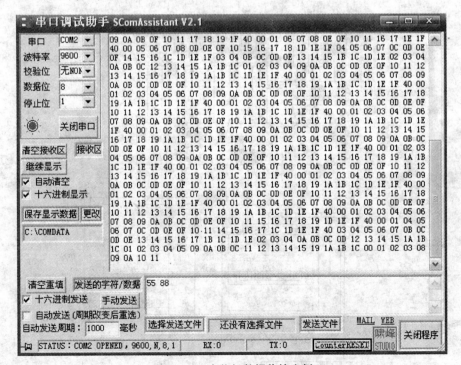

图 12.10　上位机数据传输实例

第 13 章

增强型全双工同步串行外设接口

SPI 是一种同步外设串行接口,可以工作在全双工方式。该总线又可分为 3 线或 4 线方式。4 线比 3 线多了一个选择信号 NSS。SPI0 工作时分为主器件或从器件,在同一总线可以有多个主器件和从器件。SPI0 工作在从方式时从选择信号 NSS 应被配置为输入状态,在多个主机应用中禁止主方式,以避免两个以上主器件试图同时进行数据传输时发生 SPI 总线冲突。工作在主方式时 NSS 的作用为片选输出,3 线方式时该信号被禁止。在主方式,可以用其他通用端口 I/O 引脚选择多个从器件。图 13.1 为 SPI 原理框图。

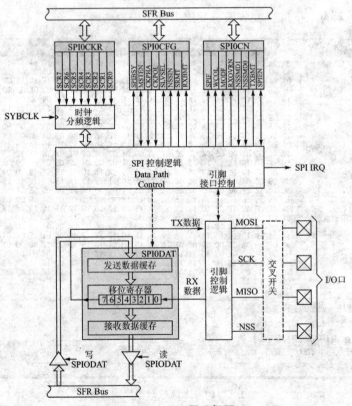

图 13.1　SPI 原理框图

13.1 SPI0 的信号定义

SPI 使用的 4 个信号为 MOSI、MISO、SCK 和 NSS。

主输出/从输入控制线 MOSI，含义是主器件的输出和从器件的输入，用于从主器件到从器件的串行数据传输。当 SPI0 作为主器件时，该信号是输出；当 SPI0 作为从器件时，该信号是输入。数据传输时最高位在前。工作在主器件时，MOSI 由移位寄存器的 MSB 驱动。

主输入/从输出控制线 MISO，含义是从器件的输出和主器件的输入，用于从从器件到主器件的串行数据传输。当 SPI0 作为主器件时，该信号是输入，当 SPI0 作为从器件时，该信号是输出。数据传输时最高位在前。当 SPI 被禁止或工作在 4 线从方式而未被选中时，MISO 引脚被置于高阻态。当作为从器件工作在 3 线方式时，MISO 由移位寄存器的 MSB 驱动。

串行时钟控制线 SCK，为主器件和从器件提供时钟信号，用于主器件和从器件之间在 MOSI 和 MISO 线上的串行数据传输同步。当 SPI0 作为主器件时产生该信号。在 4 线从方式，当从器件未被选中时（即 NSS=1），SCK 信号被忽略。

从选择控制线 NSS 的功能取决于 SPI0CN 寄存器中 NSSMD1 和 NSSMD0 位的设置。有以下 3 种可能的方式：

① NSSMD1~0=00 时，为 3 线工作方式，SPI0 工作在 3 线主方式或从方式，NSS 信号被禁止。此时，SPI0 总是被选择。由于没有选择信号，总线上必须具有唯一的主、从器件。这种情况用于一个主器件和一个从器件之间点对点通信。

② NSSMD1~0=01 时，为 4 线工作方式，SPI0 工作在 4 线从方式或多主方式，NSS 信号作为输入。当作为从器件时，NSS 选择从 SPI0 器件。当作为主器件时，NSS 信号的负跳变禁止 SPI0 的主器件功能，因此允许总线上具有多个主器件。

③ NSSMD1~0=1x 时，为 4 线主方式，SPI0 工作在 4 线方式，NSS 信号作为输出。NSSMD0 的设置值决定 NSS 引脚的输出电平。只有 SPI0 作为主器件才可以这样设置。

13.2 SPI0 主工作方式

SPI0 有多种工作方式，NSSMD 位的设置影响器件的引脚分配。当工作在 3 线主或从方式时，NSS 不被交叉开关分配引脚。在所有其他方式，NSS 都将被映射到器件引脚。SPI 主器件决定了总线上的所有数据的传输。主允许标志 MSTEN 即 SPI0CFG.6 被置 1，则 SPI0 将工作于主方式。此时，向 SPI0 数据寄存器 SPI0DAT 写入一个字节时即启动一次数据传输。SPI0 主器件立即在 MOSI 线上串行移出数据，在 SCK 上被提供数据传输所需的时钟，两个方向传输的数据由该时钟保证同步。在传输结束后 SPIF 标志位（SPI0CN.7）被置为逻辑 1。如果中断被允许，在 SPIF 标志置位时将产生一个中断请求。在全双工操作中，当 SPI 主器件在 MOSI 线向从器件发送数据时,被寻址的 SPI 从器件可以同时在 MISO 线上向主器件发送其移位寄存器中的内容。因此,SPIF 标志既作为发送完成标志又作为接收数据准备好标志。从器件接收的数据字节再以格式为最高字节在前的形式传送到主器件的移位寄存器。当一个数据字节被完全移入移位寄存器时,便被传送到接收缓冲器,可以通过 SPI0DAT 寄存器来读该缓冲器的值。

当被配置为主器件时,SPI0 有以下 3 种工作方式:多主方式、3 线单主方式和 4 线单主方式。当 NSSMD1 位(SPI0CN.3)为 0 且 NSSMD0 位(SPI0CN.2)为 1 时,是默认的多主方式。在该方式下,NSS 作为器件的输入信号,用于禁止主 SPI0,以允许另一主器件访问总线。在该方式,当 NSS 被拉为低电平时,MSTEN 位(SPI0CN.6)和 SPIEN 位(SPI0CN.0)被硬件清 0,以禁止 SPI 主器件,且方式错误标志 MODF 位(SPI0CN.5)被置 1。如果中断被允许,将产生中断。在这种情况下,必须重新使能 SPI0。在多主系统中,当器件不作为总线上的主器件用时,一般设置为从器件。在多主方式,可以用通用 I/O 引脚在必要时对从器件单独寻址。图 13.2 所示为两个主器件在多主方式下的连接原理图。

当 NSSMD1 位(SPI0CN.3)为 0 且 NSSMD0 位(SPI0CN.2)为 0 时,SPI0 工作在 3 线方式。不使用 I/O 口,该方式只能有一个主器件和一个从器件。NSS 线未被使用,也没有分配到外部端口引脚上。多于一个从器件时,可以 用 I/O 引脚选择作为寻址的线选信号。图 13.3 给出了一个 3 线主方式主器件和一个从器件的连接原理图。

当 NSSMD1 位(SPI0CN.3)为 1 时,SPI0 工作在 4 线单主方式。该方式,NSS 信号为输出引脚,用于选择一个 SPI 从器件。在该方式,NSS 的输出值由 NSSMD0 位(SPI0CN.2)控制。也可以用通用 I/O 引脚选择另外的从器件。图 13.4 所示为一个 4 线主方式主器件和两个从器件的连接原理图。

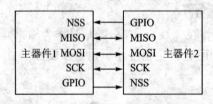

图 13.2 多主方式连接原理图

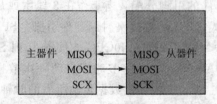

图 13.3 3 线单主方式和 3 线单从方式连接原理图

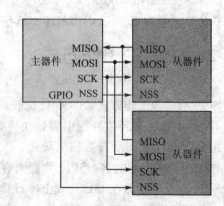

图 13.4 4 线单主方式和 4 线从方式连接图

13.3　SPI0 从工作方式

当 SPI0 被使能而未被配置为主器件时，它将作为 SPI 从器件工作。它的工作时钟由主器件控制，从 MOSI 移入数据，从 MISO 引脚移出数据。位计数器对 SCK 边沿计数以确定发送位数。当 8 位数据经过移位寄存器后，SPIF 标志被置为逻辑 1，接收到的字节被传送到接收缓冲器。通过读 SPI0DAT 寄存器来读取接收缓冲器中的数据。从器件不能启动数据传送。通过写 SPI0DAT 来预装要发送给主器件的数据。SPI0DAT 的数据首先被放在发送缓冲器。如果移位寄存器为空，发送缓冲器中的数据会立即被传送到移位寄存器。当移位寄存器中已经有数据时，SPI 将等到数据发送完后再将发送缓冲器的内容装入移位寄存器。

工作在从器件时，SPI0 可以工作在 4 线或 3 线方式。当 NSSMD1 位(SPI0CN.3)为 0 且 NSSMD0 位(SPI0CN.2)为 1 时，是默认的 4 线方式。在 4 线方式，NSS 被分配端口上且为数字输入方式。当 NSS 为 0 时，选通信号有效，SPI0 被使能；当 NSS 为逻辑 1 时，SPI0 被禁止。在 NSS 的下降沿，位计数器被复位。对应每次字节传输，在第一个有效 SCK 沿到来之前，NSS 信号必须被处在低电平至少两个系统时钟周期。图 13.4 所示为两个 4 线方式从器件和一个主器件的连接图。

当 NSSMD1 位(SPI0CN.3)为 0 且 NSSMD0 位(SPI0CN.2)为 0 时，SPI0 工作在 3 线从方式。在该方式，NSS 未被使用，也不被交叉开关映射到外部端口引脚。由于在 3 线从方式地寻址从器件的限制，所以 SPI0 总线上必须只有唯一的从器件。需要注意的是，在 3 线从方式，没有 NSS 位计数器复位信号，也就无法复位，也无法判断是否收到一个完整的字节。只能通过禁止并重新使能 SPI0 来复位位计数器。图 13.3 所示为一个 3 线从器件和一个主器件的连接图。

13.4　SPI0 中断源说明

如果 SPI0 中断被允许，在下述 4 个标志位被置 1 并产生中断。这 4 个标志位都必须用软件清 0。

① 传输结束标志 SPIF 位(SPI0CN.7)。在每次字节传输结束时，该标志位被置 1。该标志适用于所有 SPI 方式。

② 写冲突标志 WCOL 位(SPI0CN.6)。发送缓冲器非空，数据尚未被传送到移位寄存器时写 SPI0DAT，该标志位被置 1。发生这种情况时，写 SPI0DAT 的操作被忽略，不会把数据传送到发送缓冲器。该标志适用于所有 SPI 方式。

③ 方式错误标志 MODF 位(SPI0CN.5)。当 SPI0 被配置为工作于多主方式的主器件而 NSS 被拉为低电平时，该标志位被置 1。当发生方式错误时，SPI0CN 中的 MSTEN 和 SPIEN

第13章 增强型全双工同步串行外设接口

位被清0,以禁止 SPI0 并允许另一个主器件访问总线。

④ 接收溢出标志 RXOVRN 位(SPI0CN.4)。SPI0 工作在从器件并且一次传输结束,上一次接收缓冲器中的数据未被读取时。该标志为被置1。新接收的字节将不能进入接收缓冲器,未读的数据依然可读,此时造成数据丢失。

13.5 串行时钟时序

SPI0 串行时钟相位和极性可以由寄存器 SPI0CFG 配置,有4种组合可供选择。CKPHA 位(SPI0CFG.5)选择两种时钟相位,即锁存数据所用的边沿上沿或下沿中的一种。CKPOL 位(SPI0CFG.4)在高电平有效和低电平有效的时钟之间选择。主器件和从器件必须被配置为使用相同的时钟相位和极性。在改变时钟相位和极性期间应禁止 SPI0,通过清除 SPIEN 位(SPI0CN.0)。时钟和数据线的时序关系如图13.5~图13.9所示。

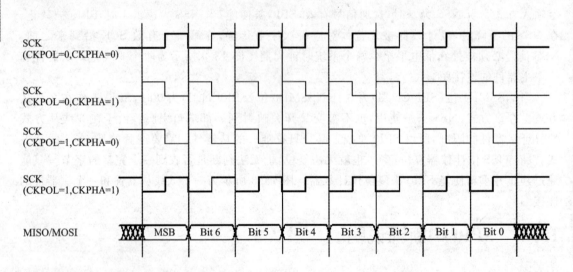

图 13.5 数据/时钟时序图

SPI0 时钟速率寄存器 SPI0CKR 控制串行时钟频率只在主方式有效。当工作于从方式时该寄存器被忽略。当 SPI 被配置为主器件时,最大数据传输率是系统时钟频率的二分之一或 12.5 MHz 中较低的频率。当 SPI 被配置为从器件时,主器件与从器件系统时钟同步发出 SCK、NSS 和串行输入数据,全双工操作的最大数据传输率是系统时钟频率的十分之一,前提是主器件与从器件系统时钟同步发出 SCK、NSS 和串行输入数据。如果主器件发出的 SCK、NSS 及串行输入数据不同步,则最大数据传输率(位/秒)必须小于系统时钟频率的十分之一。在主器件只发送数据到从器件而不需要接收从器件发出的数据即半双工操作这一特殊情况下,SPI 从器件接收数据时的最大数据传输率是系统时钟频率的四分之一,此时主器件发出的 SCK、NSS 和串行输入数据与从器件系统时钟须同步。

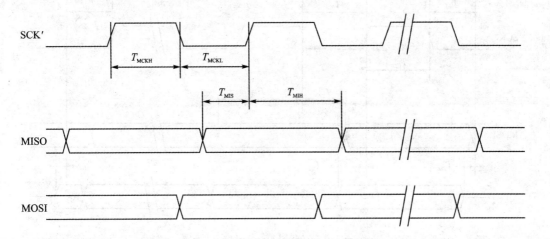

* 这是对应 CKPOL=0 时的 SCK 波形。对于 CKPOL=1,SCK 波形的极性反向。

图 13.6　SPI 主方式时序(CKPHA=0)

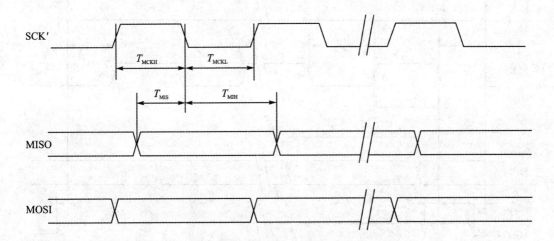

* 这是对应 CKPOL=0 时的 SCK 波形。对于 CKPOL=1,SCK 波形的极性反向。

图 13.7　SPI 主方式时序(CKPHA=1)

第13章 增强型全双工同步串行外设接口

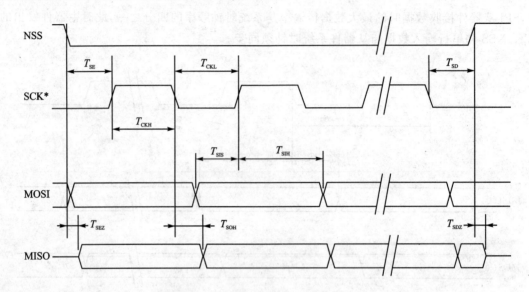

* 这是对应 CKPOL=0 时的 SCK 波形。对于 CKPOL=1,SCK 波形的极性反向。

图 13.8　SPI 从方式时序(CKPHA=0)

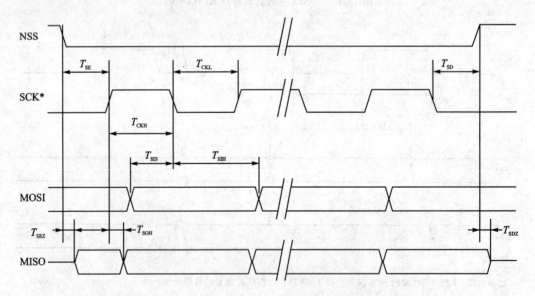

* 这是对应 CKPOL=0 时的 SCK 波形。对于 CKPOL=1,SCK 波形的极性反向。

图 13.9　SPI 从方式时序(CKPHA=1)

13.6 SPI 特殊功能寄存器

对 SPI0 的访问和控制是通过系统控制器中的 4 个特殊功能寄存器：控制寄存器 SPI0CN、数据寄存器 SPI0DAT、配置寄存器 SPI0CFG 和时钟频率寄存器 SPI0CKR 实现的。表 13.1～表 13.4 是对这些 SPI0 寄存器的说明。

表 13.1 SPI0 配置寄存器(SPI0CFG)

读写允许	R	R/W	R/W	R/W	R	R	R	R
位定义	SPIBSY	MSTEN	CKPHA	CKPOL	SLVSEL	NSSIN	SRMT	RXBMT
位号	位7	位6	位5	位4	位3	位2	位1	位0
寄存器地址	0xA1				复位值	00000111		

位 7： SPIBSY，SPI 忙标志，该标志为只读标志。
　　　在主或从方式，当一次 SPI 传输正在进行时，该位被置为 1。
位 6： MSTEN，主方式允许位。
　　　0　禁止主方式，工作在从方式；
　　　1　允许主方式，工作在主方式。
位 5： CKPHA，SPI0 时钟相位，该位控制 SPI0 时钟相位。
　　　0　在 SCK 周期的第一个边沿采样数据；
　　　1　在 SCK 周期的第二个边沿采样数据。
位 4： CKPOL，SPI0 时钟极性，该位控制 SPI0 时钟的极性。
　　　0　SCK 在空闲状态时处于低电平；
　　　1　SCK 在空闲状态时处于高电平。
位 3： SLVSEL，从选择标志，该标志只读。
　　　当 NSS 引脚为低电平时该位被置 1，表示 SPI0 是从器件；当 NSS 引脚为高电平时，从方式被禁止，该位被清 0。该位并不显示 NSS 引脚的即时值，而是该引脚输入的去噪信号。
位 2： NSSIN，NSS 引脚输入的瞬时值，该值只读。
　　　该位模拟了读该寄存器时 NSS 引脚的即时值。该信号未被去噪。
位 1： SRMT，移位寄存器空标志，只在从方式有效，该标志为只读标志。当所有数据都被移入或移出移位寄存器并且没有新数据可以从发送缓冲器读出或向接收缓冲器写入时，该位被置 1。当数据字节被从发送缓冲器传送到移位寄存器或 SCK 跳变时，该位被清 0。
　　　在主方式时 SRMT 始终为 1。
位 0： RXBMT，接收缓冲器空，只在从方式下有效，该位只读。当接收缓冲器被读取且没有包含新数据时，该位被置 1。如果在接收缓冲器中有新数据未被读取，则该位被清 0。
　　　在主方式时，RXBMT 始终为 1。

第13章 增强型全双工同步串行外设接口

表13.2 SPI0 控制寄存器(SPI0CN)

读写允许	R/W	R/W	R/W	R/W	R/W	R/W	R	R/W
位定义	SPIF	WCOL	MODF	RXOVRN	NSSMD1	NSSMD0	TXBMT	SPIEN
位号	位7	位6	位5	位4	位3	位2	位1	位0
寄存器地址	0xF8				复位值	00000110		

位7： SPIF,SPI0 中断标志,该位在数据传输结束后被硬件置为逻辑 1。如果中断被允许,置 1 该位将使 CPU 转到 SPI0 中断处理服务程序。该位不能被硬件自动清 0,必须用软件清 0。

位6： WCOL,写冲突标志,该位由硬件置为逻辑 1 并产生一个 SPI0 中断,表示数据传送期间对 SPI0 数据寄存器进行了写操作。该标志位必须用软件清 0。

位5： MODF,方式错误标志。
当检测到主方式冲突,此时 NSS 为低电平,MSTEN=1,NSSMD1~0=01 时,该位由硬件置为逻辑 1 并产生一个 SPI0 中断。该位不能被硬件自动清 0,必须用软件清 0。

位4： RXOVRN,接收溢出覆盖标志,该标志位只适用于从方式。
当前传输的最后一位已经移入 SPI0 移位寄存器,而接收缓冲器中仍保存着前一次传输未被读取的数据时该位由硬件置为逻辑 1 并产生一个 SPI0 中断。该位不会被硬件自动清 0,必须用软件清 0。

位 3~2：NSSMD1~NSSMD0,方式选择位,默认值为 01。NSS 工作方式选择:
  00   3 线从方式或 3 线主方式。NSS 信号不连到端口引脚。
  01   4 线从方式或多主方式。NSS 总是器件的输入。
  1x   4 线单主方式。NSS 被分配一个输出引脚并输出 NSSMD0 的值。

位1： TXBMT,发送缓冲器空标志。
当新数据被写入发送缓冲器时,该位被清 0;当发送缓冲器中的数据被传送到 SPI 移位寄存器时,该位被置 1,表示可以向发送缓冲器写新数据。

位0： SPIEN,SPI0 使能位。
  0   禁止 SPI0;
  1   使能 SPI0。

表13.3 SPI0 时钟速率寄存器(SPI0CKR)

读写允许	R/W	R/W	R/W	R/W	R/W	R/W	R/W	R/W
位定义	SCR7	SCR6	SCR5	SCR4	SCR3	SCR2	SCR1	SCR0
位号	位7	位6	位5	位4	位3	位2	位1	位0
寄存器地址	0xA2				复位值	00000000		

位 7~0：SCR7~SCR0,SPI0 时钟频率,当 SPI0 工作于主方式时,这些位的设置决定 SCK 输出的频率。SCK 时钟频率是从系统时钟 SYSCLK 分频得到的,如下式所示:

$$f_{SCK} = \frac{f_{SYSCLK}}{2 \times (N_{SPI0CKR} + 1)}$$

其中: f_{SYSCLK} 是系统时钟频率,$N_{SPI0CKR}$ 是 SPI0CKR 寄存器中的 8 位值,取值范围为 0~255。

表 13.4 SPI0 数据寄存器(SPI0DAT)

读写允许	R/W	R/W	R/W	R/W	R/W	R/W	R/W	R/W
位定义	\multicolumn{8}{c}{SPI0DAT}								
位 号	位7	位6	位5	位4	位3	位2	位1	位0
寄存器地址	\multicolumn{3}{c}{0xA3}			复位值	\multicolumn{4}{c}{00000000}				

位7~0:SPI0DAT,SPI0 发送和接收数据。

SPI0DAT 内部装有用于发送和接收 SPI0 数据。在主方式下,向 SPI0DAT 写入数据时,数据被放到发送缓冲器并启动发送。读 SPI0DAT 返回接收缓冲器的内容。

表 13.5 所列为 SPI 从方式时序参数。

表 13.5 SPI 从方式时序参数

参 数	说 明	最小值	最大值	单 位
主方式时序(见图 13.6 和图 13.7)				
T_{MCKH}	SCK 高电平时间	$1\times T_{SYSCLK}$	—	ns
T_{MCKL}	SCK 低电平时间	$1\times T_{SYSCLK}$	—	ns
T_{MIS}	MISO 有效到 SCK 采样边沿	20	—	ns
T_{MIH}	SCK 采样边沿到 MISO 发生改变	0	—	ns
从方式时序(见图 13.8 和图 13.9)				
T_{SE}	NSS 下降沿到第一个 SCK 边沿	$2\times T_{SYSCLK}$	—	ns
T_{SD}	最后一个 SCK 边沿到 NSS 上升沿	$2\times T_{SYSCLK}$	—	ns
T_{SEZ}	NSS 下降沿到 MISO 有效	—	$4\times T_{SYSCLK}$	ns
T_{SDZ}	NSS 上升沿到 MISO 变为高阻态	—	$4\times T_{SYSCLK}$	ns
T_{CKH}	SCK 高电平时间	$5\times T_{SYSCLK}$	—	ns
T_{CKL}	SCK 低电平时间	$5\times T_{SYSCLK}$	—	ns
T_{SIS}	MOSI 有效到 SCK 采样边沿	$2\times T_{SYSCLK}$	—	ns
T_{SIH}	SCK 采样边沿到 MOSI 发生改变	$2\times T_{SYSCLK}$	—	ns
T_{SOH}	SCK 移位边沿到 MISO 发生改变	—	$4\times T_{SYSCLK}$	ns

注:T_{SYSCLK} 为系统时钟(SYSCLK)周期(ns)。

13.7 SPI 主工作方式下扩展 74HC595 LED 显示实例

单片机应用系统中较常使用的显示器主要有 LED 和 LCD 两种。LED 价格低廉,应用灵活,与单片机接口方便,LCD 可进行图形等较复杂的显示,但成本较高,使用环境有要求。实际应用非常普遍的是八段 LED 显示器。

第 13 章　增强型全双工同步串行外设接口

LED 显示器在大型报时屏幕,银行利率显示,股票交易所等等,得到广泛应用。在这些需要多位 LED 显示的场合,有动态和静态之分,驱动芯片也是多种多样。

74HC595 是美国国家半导体公司生产的通用 8 位串行输入/输出或者并行输出移位寄存器,具有高阻关断状态的芯片。并行输出端具有输出锁存功能。与单片机连接简单方便,只须 3 个 I/O 口即可。而且通过芯片的 Q7 引脚和 SER 引脚,可以级联。输出寄存器可以直接清除,具有 100 MHz 的移位频率,并行输出,总线驱动。由于它输出是三态,相对于 74HC164 来说更具优势。

利用 74HC595 可以很方便地组成动态和静态显示。动态适用在显示位数多,为降低成本而采用的,但这样会增加 CPU 有效时间的消耗。显示位数少时可以考虑采用静态方式,此种方式对 CPU 的依赖小,显示稳定。下文将介绍利用 4 片 74HC595 组成的 4 位静态 LED 显示器。

每位 LED 显示器段选线分别和所在位的 74HC595 的并行输出端相连,每一位可以独立显示。在同一时间里,每一位显示的字符可各不相同,每一位由一个 74HC595 的并行输出口控制段选码。图 13.10 所示为采用 74HC595 的静态 LED 显示。

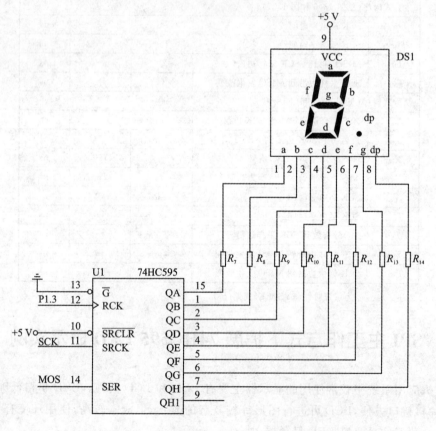

图 13.10　采用 74HC595 的静态 LED 显示

第13章 增强型全双工同步串行外设接口

74HC595 只需 3 个 I/O 口即可实现与单片机的扩展应用,但此时需要模拟时序进行软件控制。这适用于所用的微处理器,并不是最好的选择。片上系统 C8051F410 片内集成了 SPI 控制器,用此控制器可以很方便地扩展并应用 74HC595。

交叉开关端口分配如下:P0.6 是 SPI 时钟输出,接 74HC595/74HC165 的移位时钟输入端;P0.5 是 SPI 的 MOSI 数据输出,接 74HC595 的串行数据输入端 SER;P0.7 是 SPI 的 MISO 数据输入端,本例未用,另外可扩展一片 74HC165 作为数据输入,这样可完成按键的扩展;P1.3 接 74HC595 的锁存时钟输入端。

本例是用硬件 SPI 接口发送一个变量到 74HC595,并且在数据发送完毕后,通过 P1.3 输出一个"锁存"脉冲,使得 74HC595 把移位寄存器的数据输出到锁存寄存器,并驱动 8 个 LED 输出。应用程序如下:

```c
#include "C8051F410.h"
#include <INTRINS.H>
#define uint unsigned int
#define uchar unsigned char
#define nop() _nop_();_nop_();
uchar dis_buf[4],dischar;
uint val;
/************************************
//SPI总线定义
************************************/
sbit CLK = P0^4;
sbit DAT = P0^5;
sbit RCLK = P1^3;
/************************************
//函数定义
************************************/
void delay(uint time);
void sendbyte(uchar disdate);      //SPI发送程序
void Oscillator_Init();            //晶振初始化
void Port_IO_Init();               //I/O交叉开关资源分配
void SPI_Init();                   //SPI总线初始化
void PCA_Init();;                  //PCA单元初始化
void Init_Device();                //硬件资源初始化
void display();                    //4位LED显示程序
void out595(void);                 //74HC595更新程序
void ch_bcd(uint disval);          //BCD转换程序
void bcd_dis();                    //BCD码转显示代码
```

第13章 增强型全双工同步串行外设接口

```c
void clear();                          //4位LED消隐
uchar code tab[] = {0x12,0x7e,0x0b,0x4a,0x66,0xc2,0x82,0x7a,0x02,0x42,0xef,0xff,0xfd};
                                       //0-9,-,全灭显示代码表
void PCA_Init() {
    PCA0MD&= ~0x40;
    PCA0MD = 0x00;
}

void SPI_Init() {
    SPI0CFG = 0x50;
    SPI0CKR = 0x2d;
    SPI0CN = 0x01;
}

void Port_IO_Init() {
    P0SKIP = 0x0F;
    XBR0 = 0x02;
    P0MDOUT = 0xff;
    //P0SKIP = 0xCF;
    P2SKIP = 0x03;
    // XBR0 = 0x02;
    XBR1 = 0x40;
}

void Oscillator_Init() {
    OSCICN = 0x84;
}

void Init_Device(void) {
    PCA_Init();
    SPI_Init();
    Port_IO_Init();
    Oscillator_Init();
}

void delay(uint time) {
    uint i;
    uint j;
    for (i=0;i<time;i++){
        for(j=0;j<300;j++);
    }
}
```

```c
void clear() {
    uchar i;
    for(i = 0;i<4;i++) {
        SPI0DAT = 0xff;
        out595();
    }
}
void sendbyte(uchar disdate) {
    SPI0DAT = disdate;
    out595();
}
void out595(void) {
    RCLK = 0;
    nop();
    RCLK = 1;
}
void ch_bcd(uint disval) {
    uchar ii;
    ii = disval/1000;
    dis_buf[3] = ii;
    ii = ((disval % 1000)/100);
    dis_buf[2] = ii;
    ii = ((disval % 100)/10);
    dis_buf[1] = ii;
    ii = disval % 10;
    dis_buf[0] = ii;
}
void bcd_dis() {
    uchar  disbcd,ii;
    for(ii = 0;ii<4;ii++) {
        disbcd = dis_buf[ii];
        dis_buf[ii] = tab[disbcd];
    }
}
void display() {
    uchar i,d;
    for(i = 0;i<4;i++) {
        d = dis_buf[i];
```

```
            sendbyte(d);
        }
    }
    main() {
        Init_Device();
        delay(30);
        val = 0;
        while(1) {
          ch_bcd(val);
          display();
          if(val<9999)
          val++;
          else
          val = 0;
          delay(200);
        }
    }
```

第 14 章

定时器

　　C8051F41x 内部有 4 个 16 位计数器/定时器,其中的 2 个与标准 8051 中的计数器/定时器兼容,并且扩展了时钟源,使其应用更灵活,功能更强;另外 2 个是 16 位自动重装载定时器,可用于其他外设或作为通用定时器使用。这些定时器非常有用可用于定时、计数、测脉宽以及完成一些周期性任务。定时器 0 和定时器 1 有着相同的工作方式。定时器 2 和定时器 3 可灵活地配置为 16 位或两个 8 位自动重装载定时器。定时器 2 和定时器 3 还具有智能时钟捕捉方式,可用于测量和校准智能时钟。使用这 4 个定时器时要注意,它们的功能并不对等。定时器 0 和定时器 1 相似,可以作为定时器及其片外计数器使用;定时器 2 和定时器 3 功能类似,它们只能用作定时器,不可用于片外计数器,但可以用作捕捉方式。表 14.1 所列为片内定时器的工作方式表。

表 14.1　片内定时器工作方式表

定时器 0 和定时器 1	定时器 2	定时器 3
13 位计数/定时器	16 位自动重装载定时器	16 位自动重装载定时器
16 位计数器/定时器		
8 位自动重装载的计数器/定时器	2 个 8 位自动重装载定时器	2 个 8 位自动重装载定时器
2 个 8 位计数器/定时器（仅限于定时器 0）		

14.1　定时器 0 和定时器 1

　　定时器 0 和定时器 1 有 5 个可选择的时钟源,时钟源的选择情况由时钟选择位 T1M～T0M 决定。时钟分频位 SCA1～SCA0 决定时钟的分频系数。分频后的时钟可以成为定时器的时钟源,此举在需要长时间定时时意义重大,可减少处理过程。定时器 0 和定时器 1 既可以选择使用分频时钟,也可以选择系统时钟。

　　定时器 0 和定时器 1 可以工作在计数器方式。当作为计数器使用时,在电所对应的输入引脚 T0 或 T1 上出现负跳变时,计数器/定时器寄存器的值加 1。对脉冲计数的最大频率可

第14章 定时器

达到系统时钟频率的四分之一。输入信号可以不是周期性的,但它的高低电平宽度至少应为两个完整的系统时钟周期,以保证该电平能够被正确采样。

每个计数器/定时器都是一个 16 位的寄存器,由于高低字节地址不连续只能以字节方式进行访问:一个低字节(TL0 或 TL1)和一个高字节(TH0 或 TH1)。计数器/定时器控制寄存器 TCON 用于允许定时器 0 和定时器 1 以及指示它们的状态。通过将 IE 寄存器中的 ET0 位置 1 来允许定时器 0 中断,通过将 ET1 位置 1 来允许定时器 1 中断。这两个计数器/定时器都有 4 种工作方式,通过设置计数器/定时器方式寄存器 TMOD 中的方式选择位 T1M1~T0M0 来选择工作方式,每个定时器都可以被独立配置。下面分别对每种工作方式进行详细说明。

14.1.1 定时器 0/1 的工作方式 0、1

定时器 0 和定时器 1 的方式 0,作为 13 位的计数器/定时器使用。该模式很古老实际为了兼容一些老的外设,笔者认为该模式适用意义不大。两个定时器配置方法相同,这里以 T0 为例说明。13 位的计数值是这样分布的:TH0 寄存器保持高 8 位数据,TL0 的低 5 位(TL0.4~TL0.0)保持剩下的 5 位数据。TL0 的高 3 位(TL0.7~TL0.5)是不确定的,在读计数值时应忽略这 3 位。13 位定时器寄存器,计数范围是 0~0x1FFF 溢出后计数值将回到 0x0000,溢出标志 TF0(TCON.5)被置位,当中断被允许将产生一个中断。图 14.1 给出了定时器 0 工作在方式 0 时的原理框图。

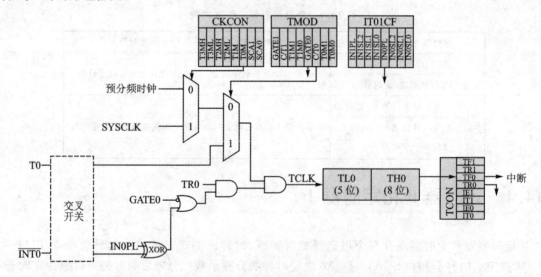

图 14.1 T0 方式 0 原理框图

C/T0 位 TMOD.2 用于选择计数器/定时器的时钟源。当 C/T0 为 1 时,对应引脚 T0 上的负跳变使定时器寄存器加 1。C/T0 位为 0 将选择由 T0M 位 CKCON.3 定义的时钟作为定时器的输入。当 T0M 被置 1 时,定时器 0 的时钟为系统时钟,当 T0M 位被清 0 时,定时器 0

的时钟源由 CKCON 中的时钟分频位定义。当 GATE0 即 TMOD.3 为逻辑 0 或输入信号 $\overline{INT0}$ 有效时,有效电平由 IT01CF 寄存器中的 IN0PL 位定义,置位 TR0 位 TCON.4 将允许定时器 0 工作。设置 GATE0 为逻辑 1 允许定时器受外部输入信号 $\overline{INT0}$ 的控制,便于脉冲宽度测量。见表 14.2 定时器 13 位方式应用。

表 14.2 定时器 13 位方式应用

TR0	GATE0	$\overline{INT0}$	计数器/定时器
0	X	X	禁止
1	0	X	允许
1	1	0	禁止
1	1	1	允许

X=任意

注意:置位 TR0 并不强制定时器复位。即不改变原有设置,应在定时器被启动之前把参数设置好。以上是以定时器 T0 为例,由 TL1 和 TH1 构成定时器 1 的配置和控制方法与定时器 0 一样,使用 TCON 和 TMOD 中的对应位。输入信号 $\overline{INT1}$ 为定时器 1 所用,其极性由 IT01CF 寄存器中的 IN1PL 位定义。

14.1.2 定时器 0/1 的工作方式 2

定时器方式 1 的操作与方式 0 完全一样,所不同的是计数器/定时器使用全部 16 位。用与方式 0 相同的方法允许和控制工作在方式 1 的计数器/定时器。

方式 2 是将定时器 0 和定时器 1 配置为具有自动重新装入计数初值能力的 8 位计数器/定时器。其中 TL0 装载着计数值,而 TH0 保持重载值。当 TL0 中的计数值发生溢出,即从全 1 到 0x00 时,定时器溢出标志 TF0 即 TCON.5 被置位,TH0 中的重载值被重新装入到 TL0。如果中断被允许,在 TF0 被置位时将产生一个中断。TH0 中的重载值保持不变。方式 2 下,有 INT0/1 参与的定时器 0/1 门控方式,其配置和控制方法与方式 0 是相似的。当定时器工作于方式 2 时,定时器 1 的操作与定时器 0 完全相同。图 14.2 为 T0 方式 2 的原理框图。

TL0 的初值必须在启动定时器之前装载好,这样保证第一次计数的正确。当 GATE0 即 TMOD.3 为逻辑 0 或输入信号 $\overline{INT0}$ 有效时,有效电平由 INT01CF 寄存器中的 IN0PL 位定义,置位 TR0 位 TCON.4 将允许定时器 0 工作。

14.1.3 定时器 0/1 的工作方式 3

定时器 0 在方式 3 被配置为两个独立的 8 位计数器/定时器,计数值分别在 TL0 和 TH0 中。在 TL0 中的计数器/定时器使用 TCON 和 TMOD 中定时器 0 的控制/状态位:TR0、C/T0、GATE0 和 TF0。TL0 既可以使用系统时钟也可以使用一个外部输入信号作为时基。TH0 寄存

第14章 定时器

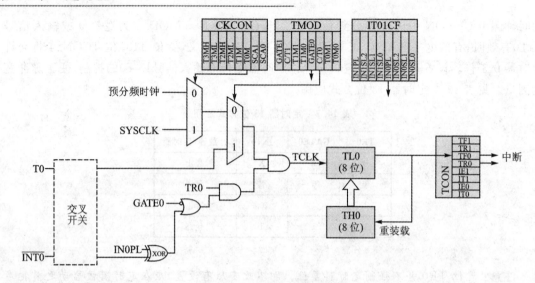

图 14.2　T0 方式 2 原理框图

器只能作为定时器使用，由系统时钟或分频时钟提供时基。TH0 使用定时器 1 的运行控制位 TR1，并在发生溢出时将定时器 1 的溢出标志位 TF1 置 1，所以它控制定时器 1 的中断。

定时器 1 在方式 3 时停止运行。在定时器 0 工作于方式 3 时，定时器 1 可以工作在方式 0、1 或 2，但不能用外部信号作为时钟，也不能设置 TF1 标志和产生中断。定时器 1 溢出可以用于为 SMBus 和/或 UART 产生波特率，也可以用于启动 ADC 转换。当定时器 0 工作在方式 3 时，定时器 1 的运行控制由其方式设置决定。为了在定时器 0 工作于方式 3 时使用定时器 1，应使定时器 1 工作在方式 0、1 或 2，还可以通过将定时器 1 切换到方式 3 使其停止运行。

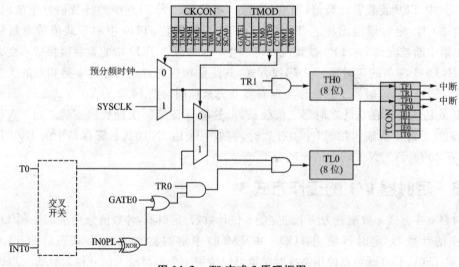

图 14.3　T0 方式 3 原理框图

14.1.4 定时器 0/1 的相关寄存器

表 14.3～表 14.12 所列为与定时器 0/1 相关的寄存器。

表 14.3 定时器控制寄存器(TCON)

读写允许	R/W	R/W	R/W	R/W	R/W	R/W	R/W	R/W
位定义	TF1	TR1	TF0	TR0	IE1	IT1	IE0	IT0
位 号	位 7	位 6	位 5	位 4	位 3	位 2	位 1	位 0
寄存器地址	0x88				复位值	00000000		

位 7： TF1,定时器 1 溢出标志,当定时器 1 溢出时由硬件置位。该位可以用软件清 0,但当 CPU 转向定时器 1 中断服务程序时该位被自动清 0。

    0   定时器 1 未溢出;

    1   定时器 1 发生溢出。

位 6： TR1,定时器 1 运行控制。

    0   定时器 1 禁止;

    1   定时器 1 允许。

位 5： TF0,定时器 0 溢出标志,当定时器 0 溢出时由硬件置位。该位可以用软件清 0,但当 CPU 转向定时器 0 中断服务程序时该位被自动清 0。

    0   定时器 0 未溢出;

    1   定时器 0 发生溢出。

位 4： TR0,定时器 0 运行控制。

    0   定时器 0 禁止;

    1   定时器 0 允许。

位 3： IE1,外部中断 1,当检测到一个由 IT1 定义的边沿/电平时,该标志由硬件置位。该位可以用软件清 0,但当 CPU 转向外部中断 1 中断服务程序时,如果 IT1=1,该位被自动清 0,IT1=0 时,该标志在 $\overline{INT1}$ 有效时被置 1,有效电平由 IT01CF 寄存器中的 IN1PL 位定义。

位 2： IT1,中断 1 类型选择,该位选择 $\overline{INT1}$ 中断是边沿触发还是电平触发。可以用 IT01CF 寄存器中的 IN1PL 位将 $\overline{INT1}$ 配置为低电平有效或高电平有效。

    0    $\overline{INT1}$ 为电平触发;

    1    $\overline{INT1}$ 为边沿触发。

位 1： IE0,外部中断 0,当检测到一个由 IT0 定义的边沿电平时,该标志由硬件置位。该位可以用软件清 0,但当 CPU 转向外部中断 0 的中断服务程序时,如果 IT0=1,该位被自动清 0,当 IT0=0 时,该标志在 $\overline{INT0}$ 有效时被置 1,有效电平由 IT01CF 寄存器中的 IN0PL 位定义。

位 0： IT0,中断 0 类型选择,该位选择 $\overline{INT0}$ 中断是边沿触发还是电平触发。可以用 IT01CF 寄存器中的 IN0PL 位将 $\overline{INT0}$ 配置为低电平有效或高电平有效。

    0    $\overline{INT0}$ 为电平触发;

    1    $\overline{INT0}$ 为边沿触发。

第14章 定时器

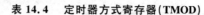
表 14.4 定时器方式寄存器(TMOD)

读写允许	R/W	R/W	R/W	R/W	R/W	R/W	R/W	R/W
位定义	GATE1	C/T1	T1M1	T1M0	GATE0	C/T0	T0M1	T0M0
位 号	位7	位6	位5	位4	位3	位2	位1	位0
寄存器地址	0x89				复位值	00000000		

位7： GATE1,定时器1门控位。
    0 当 TR1=1 时定时器 1 工作,与 $\overline{INT1}$ 的逻辑电平无关;
    1 只有当 TR1=1 并且 $\overline{INT1}$ 有效时定时器 1 被允许计数。
位6： C/T1,计数器/定时器 1 功能选择。
    0 定时器功能,定时器 1 由 T1M 位(CKCON.4)定义的时钟加 1;
    1 计数器功能,定时器 1 由外部输入引脚(T1)的负跳变加 1。
位5~4：T1M1~T1M0,定时器 1 方式选择,这些位选择定时器 1 的工作方式。如表 14.5 所列定时器 1 方式选择位。

表 14.5 定时器 1 方式选择位

T1M1	T1M0	方 式
0	0	方式 0:13 位计数器/定时器
0	1	方式 1:16 位计数器/定时器
1	0	方式 2:自动重装载的 8 位计数器/定时器
1	1	方式 3:定时器 1 停止运行

位3： GATE0,定时器0门控位。
    0 当 TR0=1 时定时器 0 工作,与 $\overline{INT0}$ 的逻辑电平无关;
    1 只有当 TR0=1 并且 $\overline{INT0}$ 有效时,定时器 0 被允许计数。
位2： C/T0,计数器/时器0功能选择。
    0 定时器功能,定时器 0 由 T0M 位(CKCON.3)定义的时钟加 1。
    1 计数器功能,定时器 0 由外部输入引脚(T0)的负跳变加 1。
位1~0：T0M1~T0M0,定时器 0 方式选择,这些位选择定时器 0 的工作方式。如表 14.6 所列定时器 0 方式选择位。

表 14.6 定时器 0 方式选择位

T0M1	T0M0	方 式
0	0	方式 0:13 位计数器/定时器
0	1	方式 1:16 位计数器/定时器
1	0	方式 2:自动重装载的 8 位计数器/定时器
1	1	方式 3:2 个 8 位计数器/定时器

表 14.7 时钟控制寄存器(CKCON)

读写允许	R/W	R/W	R/W	R/W	R/W	R/W	R/W	R/W
位定义	T3MH	T3ML	T2MH	T2ML	T1M	T0M	SCA1	SCA0
位号	位7	位6	位5	位4	位3	位2	位1	位0
寄存器地址	0x8E				复位值	00000000		

位7： T3MH,定时器3高字节时钟选择。该位选择定时器3高字节所需的时钟,此时定时器3被配置为2个8位定时器。定时器3工作在其他方式时该位被忽略。
  0　定时器3高字节使用TMR3CN中的T3XCLK位定义的时钟;
  1　定时器3高字节使用系统时钟。

位6： T3ML,定时器3低字节时钟选择。该位选择定时器3所需的时钟。此时定时器3被配置为2个8位定时器。
  0　定时器3低字节使用TMR3CN中的T3XCLK位定义的时钟;
  1　定时器3低字节使用系统时钟。

位5： T2MH,定时器2高字节时钟选择。该位选择定时器2高字节的时钟,此时定时器2被配置为2个8位定时器。定时器2工作在其他方式时该位被忽略。
  0　定时器2高字节使用TMR2CN中的T2XCLK位定义的时钟;
  1　定时器2高字节使用系统时钟。

位4： T2ML,定时器2低字节时钟选择。该位选择定时器2所需的时钟。此时定时器2被配置为2个8位定时器,该位选择供给低8位定时器的时钟。
  0　定时器2低字节使用TMR2CN中的T2XCLK位定义的时钟;
  1　定时器2低字节使用系统时钟。

位3： T1M,定时器1时钟选择。该位选择定时器1的时钟源。当C/T1被设置为逻辑1时,T1M被忽略。
  0　定时器1使用由分频位(SCA1、SCA0)定义的时钟;
  1　定时器1使用系统时钟。

位2： T0M,定时器0时钟选择。该位选择定时器0的时钟源。当C/T0被设置为逻辑1时,T0M被忽略。
  0　定时器0使用由分频位(SCA1、SCA0)定义的时钟;
  1　定时器0使用系统时钟。

位1～0：SCA1～SCA0,定时器0/1预分频位,如果定时器0/1使用分频时钟,则通过这些位控制时钟分频数。详见表14.8所列定时器0/1预分频位定义。

表 14.8 定时器 0/1 预分频位定义

SCA1	SCA0	分频时钟	SCA1	SCA0	分频时钟
0	0	系统时钟/12	1	0	系统时钟/48
0	1	系统时钟/4	1	1	外部时钟/8

注：外部时钟8分频与系统时钟同步。

表 14.9　定时器 0 低字节寄存器(TL0)

读写允许	R/W	R/W	R/W	R/W	R/W	R/W	R/W	R/W
位定义								
位号	位7	位6	位5	位4	位3	位2	位1	位0
寄存器地址	0x8A				复位值	00000000		

位 7～0：TL0，定时器 0 低字节。
　　TL0 寄存器是 16 位定时器 0 的低字节。

表 14.10　定时器 1 低字节寄存器(TL1)

读写允许	R/W	R/W	R/W	R/W	R/W	R/W	R/W	R/W
位定义								
位号	位7	位6	位5	位4	位3	位2	位1	位0
寄存器地址	0x8B				复位值	00000000		

位 7～0：TL1，定时器 1 低字节。
　　TL1 寄存器是 16 位定时器 1 的低字节。

表 14.11　定时器 0 高字节寄存器(TH0)

读写允许	R/W	R/W	R/W	R/W	R/W	R/W	R/W	R/W
位定义								
位号	位7	位6	位5	位4	位3	位2	位1	位0
寄存器地址	0x8C				复位值	00000000		

位 7～0：TH0，定时器 0 高字节。
　　TH0 寄存器是 16 位定时器 0 的高字节。

表 14.12　定时器 1 高字节(TH1)

读写允许	R/W	R/W	R/W	R/W	R/W	R/W	R/W	R/W
位定义								
位号	位7	位6	位5	位4	位3	位2	位1	位0
寄存器地址	0x8D				复位值	00000000		

位 7～0：TH1，定时器 1 高字节。
　　TH1 寄存器是 16 位定时器 1 的高字节。

14.2　定时器 2

　　定时器 2 是一个 16 位的计数器/定时器，由 2 个 8 位的寄存器组成：低字节 TMR2L 和高字节 TMR2H。定时器 2 可以工作在 16 位自动重装载方式或 8 位自动重装载方式。其中后者相当于 2 个 8 位定时器。T2SPLIT 位(TMR2CN.3)定义定时器 2 的工作方式。定时器 2 还可被用于捕捉方式,以测量智能时钟频率或外部振荡器时钟频率。

定时器 2 的时钟源可以设置为系统时钟、系统时钟 12 分频或外部振荡源时钟 8 分频。

14.2.1 定时器 2 的 16 位自动重装载方式

当 T2SPLIT 位(TMR2CN.3)被设置为逻辑 0 时,定时器 2 工作在自动重装载的 16 位定时器方式。定时器 2 可以使用系统时钟、系统时钟/12 分频或外部振荡器时钟 8 分频作为其时钟源。当 16 位定时器寄存器发生溢出,从 0xFFFF 到 0x0000 时,定时器 2 重装载寄存器 TMR2RLH 和 TMR2RLL 中的 16 位计数初值被自动装入到定时器 2 寄存器,并将定时器 2 高字节溢出标志 TF2H 位(TMR2CN.7)置 1。如果定时器 2 中断被允许即 IE.5 被置 1,每次溢出都将产生中断。如果定时器 2 中断被允许并且 TF2LEN 位(TMR2CN.5)被置 1,则每次低 8 位 TMR2L 溢出时从 0xFF 到 0x00 都将产生一个中断。图 14.4 所示为定时器 2 的 16 位方式原理框图。

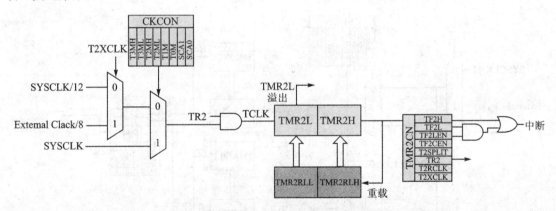

图 14.4 定时器 2 的 16 位方式原理框图

14.2.2 定时器 2 的 8 位自动重装载方式

当 T2SPLIT 位被置 1 时,定时器 2 工作在双 8 位定时器方式,高 8 位与低 8 位寄存器分别为 TMR2H 和 TMR2L。这两个 8 位定时器都工作在自动重装载方式。TMR2RLL 保持 TMR2L 的重载值,而 TMR2RLH 保持 TMR2H 的重载值。TMR2CN 中的 TR2 是 TMR2H 的运行控制位。当定时器 2 被配置为 8 位方式时,TMR2L 总是处于运行状态。

每个 8 位定时器都可以被配置为使用系统时钟、系统时钟 12 分频或外部振荡器时钟 8 分频作为其时钟源。定时器 2 时钟选择位 T2MH 和 T2ML 位于 CKCON 寄存器中,通过它可选择 SYSCLK 或由定时器 2 外部时钟选择位 TMR2CN 中的 T2XCLK 定义的时钟源。时钟源的选择情况如表 14.13 和表 14.14 所列。

表 14.13 定时器 2 高 8 位定时器时钟源

T2MH	T2XCLK	TMR2H 时钟源
0	0	系统时钟/12
0	1	外部时钟/8
1	X	系统时钟

表 14.14 定时器 2 低 8 位定时器时钟源

T2ML	T2XCLK	TMR2L 时钟源
0	0	系统时钟/12
0	1	外部时钟/8
1	X	系统时钟

当 TMR2H 发生溢出时（从 0xFF 到 0x00），TF2H 被置 1；当 TMR2L 发生溢出时（从 0xFF 到 0x00），TF2L 被置 1。如果定时器 2 中断被允许，则每次 TMR2H 溢出时都将产生一个中断。如果定时器 2 中断被允许并且 TF2LEN 位（TMR2CN.5）被置 1，则每当 TMR2L 或 TMR2H 发生溢出时都将产生一个中断，共用一个中断源。在 TF2LEN 位被置 1 的情况下，软件应检查 TF2H 和 TF2L 标志，以确定中断的来源。TF2H 和 TF2L 标志不能被硬件自动清除，必须通过软件清除。

定时器 2 的 8 位方式原理框图如图 14.5 所示。

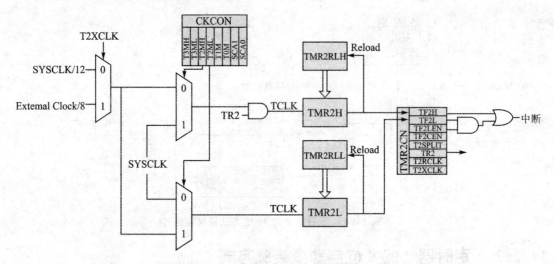

图 14.5 定时器 2 的 8 位方式原理框图

14.2.3 外部/智能时钟捕捉方式

捕捉方式就是使用系统时钟测量外部振荡器或智能时钟的频率。当然外部振荡器和智能时钟频率也可以彼此测量。定时器 2 可以使用多种时钟源，由 T2ML、CKCON.4、T2XCLK 和 T2RCLK 位进行设置。定时器每 8 个外部时钟周期或每 8 个智能时钟周期捕捉一次，捕捉外部时钟还是智能时钟取决于 T2RCLK 的设置。当捕捉事件发生时，定时器 2 的内容

TMR2H：TMR2L 被装入定时器 2 重装载寄存器 TMR2RLH：TMR2RLL，TF2H 标志被置位。计算两个定时器连续的捕捉值的差值，结合定时器 2 时钟值，可以确定外部振荡器或智能时钟的周期。为了使测量值更精确，定时器 2 的时钟频率应远大于捕捉时钟的频率，只是频率太高时计数时间太短可能需要在软件中扩展。当使用捕捉方式时，定时器 2 应被配置为 16 位自动重装载方式。利用该捕捉方式可以软件在线测定智能时钟频率以及 RC 网络产生的外部振荡器信号的频率，通常无法准确知道它们的频率，达到了测量校准目的。

定时器 2 捕捉方式原理框图如图 14.6 所示。

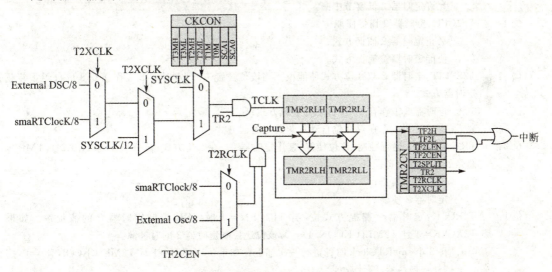

图 14.6 定时器 2 捕捉方式原理框图

14.2.4 定时器 2 的相关寄存器

表 14.15～表 14.19 为与定时器 2 相关的寄存器。

表 14.15 定时器 2 控制寄存器(TMR2CN)

读写允许	R/W	R/W	R/W	R/W	R/W	R/W	R/W	R/W
位定义	TF2H	TF2L	TF2LEN	TF2CEN	T2SPLIT	TR2	T2RCLK	T2XCLK
位 号	位 7	位 6	位 5	位 4	位 3	位 2	位 1	位 0
寄存器地址	0xC8				复位值	00000000		

位 7： TF2H，定时器 2 高字节溢出标志。在 8 位方式，当定时器 2 高字节发生溢出时(从 0xFF 到 0x00)，该位由硬件置 1。在 16 位方式，当定时器 2 发生溢出时(从 0xFFFF 到 0x0000)，该位由硬件置 1。当定时器 2 中断被允许时，该位置 1 将导致 CPU 转向定时器 2 的中断服务程序。该位不能由硬件自动清 0，必须用软件清 0。

位 6： TF2L,定时器 2 低字节溢出标志。当定时器 2 低字节发生溢出时（从 0xFF 到 0x00），由硬件置 1。当定时器 2 中断被允许并且 TF2LEN 位被设置为逻辑 1 时,该位置 1 将产生中断。TF2L 在低字节溢出时置位,与定时器 2 的工作方式无关。该位不能由硬件自动清 0,必须用软件清 0。

位 5： TF2LEN,定时器 2 低字节中断允许位,该位允许/禁止定时器 2 低字节中断。如果 TF2LEN 被置 1 并且定时器 2 中断被允许(IE.5),则当定时器 2 低字节发生溢出时将产生一个中断。当定时器 2 工作在 16 位方式时,该位应被清 0。

    0   禁止定时器 2 低字节中断；
    1   允许定时器 2 低字节中断。

位 4： TF2CEN,定时器 2 捕捉使能位。
    0   禁止定时器 2 捕捉方式；
    1   使能定时器 2 捕捉方式。

位 3： T2SPLIT,定时器 2 双 8 位方式使能位。当该位被置 1 时,定时器 2 工作在双 8 位自动重装载定时器方式。
    0   定时器 2 工作在 16 位自动重装载方式；
    1   定时器 2 工作在双 8 位自动重装载定时器方式。

位 2： TR2,定时器 2 运行控制,该位使能/禁止定时器 2。在 8 位方式,该位只控制 TMR2H,TMR2L 总是处于运行状态。
    0   定时器 2 禁止；
    1   定时器 2 使能。

位 1： T2RCLK,定时器 2 捕捉方式位,当 TF2CEN=1 时,该位控制定时器 2 的捕捉源。如果 T2XCLK=1 且 T2ML(CKCON.4)=0,该位还控制定时器 2 的时钟源。
    0   每 8 个 smaRTClock 时钟进行一次捕捉。如果 T2XCLK=1 且 T2ML(CKCON.4)=0,按"外部振荡器/8"计数；
    1   每 8 个外部振荡器时钟进行一次捕捉。如果 T2XCLK=1 且 T2ML(CKCON.4)=0,按"smaRTClock/8"计数。

位 0： T2XCLK,定时器 2 外部时钟选择,该位选择定时器 2 的外部时钟源。如果定时器 2 工作在 8 位方式,该位为 2 个 8 位定时器,则选择外部振荡器时钟源。仍然可用定时器 2 时钟选择位(CKCON 中的 T2MH 和 T2ML)在外部时钟和系统时钟之间作出选择。
    0   定时器 2 外部时钟为"系统时钟/12"；
    1   定时器 2 外部时钟使用 T2RCLK 位定义的时钟。

表 14.16　定时器 2 重载寄存器低字节(TMR2RLL)

读写允许	R/W	R/W	R/W	R/W	R/W	R/W	R/W	R/W
位定义								
位　号	位 7	位 6	位 5	位 4	位 3	位 2	位 1	位 0
寄存器地址	0xCA				复位值	00000000		

位 7～0： TMR2RLL,定时器 2 重载寄存器的低字节 TMR2RLL 保持定时器 2 重载值的低字节。

表 14.17　定时器 2 重载寄存器高字节(TMR2RLH)

读写允许	R/W	R/W	R/W	R/W	R/W	R/W	R/W	R/W
位定义								
位号	位 7	位 6	位 5	位 4	位 3	位 2	位 1	位 0
寄存器地址	0xCB				复位值	00000000		

位 7～0：TMR2RLH，定时器 2 重载寄存器的高字节 TMR2RLH，保持定时器 2 重载值的高字节。

表 14.18　定时器 2 低字节寄存器(TMR2L)

读写允许	R/W	R/W	R/W	R/W	R/W	R/W	R/W	R/W
位定义								
位号	位 7	位 6	位 5	位 4	位 3	位 2	位 1	位 0
寄存器地址	0xCC				复位值	00000000		

位 7～0：TMR2L，定时器 2 的低字节。

在 16 位方式，TMR2L 寄存器保持 16 位定时器 2 的低字节。在 8 位方式，TMR2L 中保持 8 位低字节定时器的计数值。

表 14.19　定时器 2 高字节寄存器(TMR2H)

读写允许	R/W	R/W	R/W	R/W	R/W	R/W	R/W	R/W
位定义								
位号	位 7	位 6	位 5	位 4	位 3	位 2	位 1	位 0
寄存器地址	0xCD				复位值	00000000		

位 7～0：TMR2H，定时器 2 的高字节。

在 16 位方式，TMR2H 寄存器保持 16 位定时器 2 的高字节。在 8 位方式，TMR2H 中保持 8 位高字节定时器的计数值。

14.3　定时器 3

定时器 3 是一个 16 位的计数器/定时器，由 2 个 8 位的寄存器组成：TMR3L 低字节和 TMR3H 高字节。定时器 3 可以工作在 16 位自动重装载方式或 8 位自动重装载方式，此时相当于 2 个 8 位定时器。T3SPLIT 位(TMR3CN.3)定义定时器 3 的工作方式。定时器 3 还可被用于捕捉方式，以测量智能时钟频率或外部振荡器时钟频率。定时器 3 的时钟源可以是系统时钟、系统时钟 12 分频或外部振荡源时钟 8 分频。在使用实时时钟 RTC 功能时，外部时钟方式是理想的选择，此时用内部振荡器驱动系统时钟。定时器 3 与定时器 2 功能类似，以下详述之。

14.3.1 16位自动重装载方式

当 T3SPLIT 位(TMR3CN.3)被设置为逻辑 0 时,定时器 3 工作在自动重装载的 16 位定时器方式。定时器 3 可以使用多种信号源作为其时钟源,这些时钟信号是系统频率、系统频率 12 分频或外部振荡器时钟 8 分频。当 16 位定时器寄存器发生溢出(从 0xFFFF 到 0x0000)时,定时器 3 重载寄存器 TMR3RLH 和 TMR3RLL 中的 16 位计数初值被自动装入到定时器 3 寄存器,并将定时器 3 高字节溢出标志 TF3H 位(TMR3CN.7)置 1。如果定时器 3 中断使能即 EIE1.7 位被置 1,每次溢出都将产生中断。如果定时器 3 中断使能并且 TF3LEN 位(TMR3CN.5)被置 1,则每次低 8 位 TMR3L 溢出时(从 0xFF 到 0x00)将产生中断。图 14.7 为定时器 3 的 16 位方式工作原理框图。

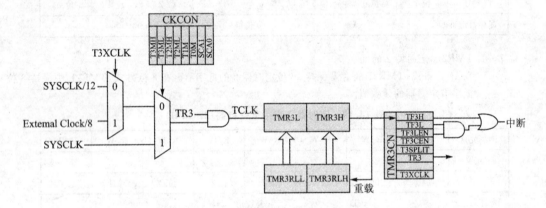

图 14.7 定时器 3 的 16 位方式工作原理框图

14.3.2 8位自动重装载定时器方式

当 T3SPLIT 位(TMR3CN.3)被置 1 时,定时器 3 工作于双 8 位定时器方式 TMR3H 和 TMR3L。这两个 8 位定时器都工作在自动重装载方式。TMR3RLL 保持 TMR3L 的重载值,而 TMR3RLH 保持 TMR3H 的重载值。TMR3CN 中的 TR3 是 TMR3H 的运行控制位。当定时器 3 被配置为 8 位方式时,TMR3L 总是处于运行状态。

每个 8 位定时器都可以被配置为使用系统时钟、系统时钟 12 分频或外部振荡器时钟 8 分频作为其时钟源。定时器 3 时钟选择位 T3MH 和 T3ML 位于 CKCON 中选择系统时钟或由定时器 3 外部时钟选择位 TMR3CN 中的 T3XCLK 定义的时钟源。时钟源的选择如表 14.20、表 14.21 所列。

表 14.20 定时器 3 高 8 位定时器时钟源

T3MH	T3XCLK	TMR3H 时钟源
0	0	系统时钟/12
0	1	外部时钟/8
1	X	系统时钟

表 14.21 定时器 3 低 8 位定时器时钟源

T3ML	T3XCLK	TMR3L 时钟源
0	0	系统时钟/12
0	1	外部时钟/8
1	X	系统时钟

当 TMR3H 发生溢出时(从 0xFF 到 0x00)，TF3H 被置 1，当 TMR3L 发生溢出时(从 0xFF 到 0x00)，TF3L 被置 1。如果定时器 3 中断被允许，则每次 TMR3H 溢出时都将产生一个中断。如果定时器 3 中断被允许并且 TF3LEN 位(TMR3CN.5)被置 1，则每当 TMR3L 或 TMR3H 发生溢出时将产生一个中断。在 TF3LEN 位被置 1 的情况下，软件应检查 TF3H 和 TF3L 标志，以确定中断的来源。TF3H 和 TF3L 标志不能被硬件自动清除，必须通过软件清除。

图 14.8 所示为定时器 3 的 8 位方式原理框图。

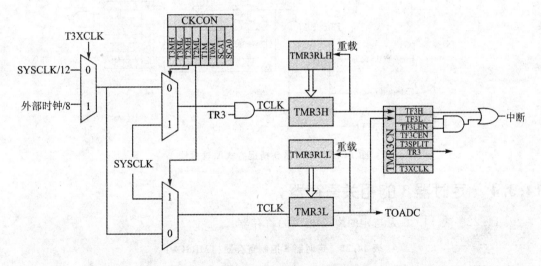

图 14.8 定时器 3 的 8 位方式原理框图

14.3.3 外部/智能时钟捕捉方式

捕捉方式就是使用系统时钟测量外部振荡器或智能时钟的频率。当然外部振荡器和智能时钟频率也可以彼此测量。定时器 3 可以使用多种时钟源，由 T3ML、CKCON.4、T3XCLK 和 T3RCLK 位进行设置。定时器每 8 个外部时钟周期或每 8 个智能时钟周期捕捉一次，捕捉外部时钟还是智能时钟取决于 T3RCLK 的设置。当捕捉事件发生时，定时器 3 的内容 TMR3H 与 TMR3L 被装入定时器 3 重装载寄存器 TMR3RLH 与 TMR3RLL，TF3H 标志被置位。通过计算两个连续的定时器捕捉值的差值,结合定时器3的时钟值,可以确定外部振荡器或智能时钟的周期。为获得精确的测量值,定时器3的时钟频率应远大于捕捉时钟的频率,只是频率太高时计数时间太短,可能需要在软件中扩展。当使用捕捉方式时,定时器3应被配置为16位自动重装载方式。

运用该方式可确定自振荡模式下准确的智能时钟频率,也可用于测量使用RC网络产生的外部振荡器信号的频率,从而实现频率校准的目的。图14.9所示为定时器3捕捉方式原理框图。

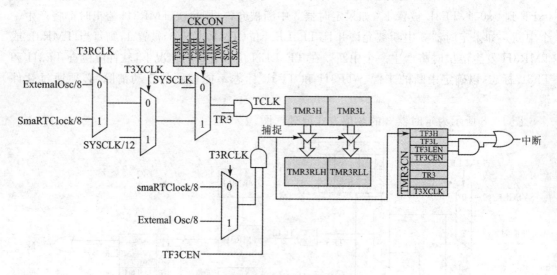

图14.9 定时器3捕捉方式原理框图

14.3.4 定时器3的相关寄存器

表14.22～表14.26为与定时器3相关的寄存器。

表14.22 定时器3控制寄存器(TMR3CN)

读写允许	R/W	R/W	R/W	R/W	R/W	R/W	R	R/W
位定义	TF3H	TF3L	TF3LEN	TF3CEN	T3SPLIT	TR3	—	T3XCLK
位号	位7	位6	位5	位4	位3	位2	位1	位0
寄存器地址	0x91				复位值	00000000		

位7: TF3H,定时器3高字节溢出标志。在8位方式,当定时器3高字节发生溢出(从0xFF到0x00)时该位由硬件置1。在16位方式,当定时器3发生溢出(从0xFFFF到0x0000)时该位由硬件置1。当定时器3中断使能时,该位置1将导致CPU转向定时器3的中断服务程序。该位不能由硬件自动清0,必须用软件清0。

第 14 章 定时器

位 6： TF3L,定时器 3 低字节溢出标志,当定时器 3 低字节发生溢出时(从 0xFF 到 0x00)由硬件置 1。当定时器 3 中断使能并且 TF3LEN 位被设置为逻辑 1 时,该位置 1 将产生中断。TF3L 在低字节溢出时置位,与定时器 3 的工作方式无关。该位不能由硬件自动清 0。

位 5： TF3LEN,定时器 3 低字节中断使能位,该位使能/禁止定时器 3 低字节中断。
如果 TF3LEN 被置 1 并且定时器 3 中断使能,则当定时器 3 低字节发生溢出时将产生一个中断。当定时器 3 工作在 16 位方式时,该位应被清 0。
　0　　禁止定时器 3 低字节中断；
　1　　使能定时器 3 低字节中断。

位 4： TF3CEN,定时器 3 捕捉使能位。
　0　　禁止定时器 3 捕捉方式；
　1　　使能定时器 3 捕捉方式。

位 3： T3SPLIT,定时器 3 双 8 位方式使能位。当该位被置 1 时,定时器 3 工作在双 8 位自动重装载定时器方式。
　0　　定时器 3 工作在 16 位自动重装载方式；
　1　　定时器 3 工作在双 8 位自动重装载定时器方式。

位 2： TR3,定时器 3 运行控制,该位使能/禁止定时器 3。在 8 位方式,该位只控制 TMR3H,TMR3L 总是处于运行状态。
　0　　定时器 3 禁止；
　1　　定时器 3 使能。

位 1： T3RCLK,定时器 3 捕捉方式位,当 TF3CEN＝1 时,该位控制定时器 3 的捕捉源。如果 T3XCLK＝1 且 T3ML(CKCON.6)＝0,该位还控制定时器 3 的时钟源。
　0　　每 8 个 smaRTClock 时钟进行一次捕捉。如果 T3XCLK＝1 且 T3ML(CKCON.6)＝0,按"外部振荡器时钟/8"计数；
　1　　每 8 个外部振荡器时钟进行一次捕捉。如果 T3XCLK＝1 且 T3ML(CKCON.6)＝0,按 smaRTClock/8 计数。

位 0： T3XCLK,定时器 3 外部时钟选择,该位选择定时器 3 的外部时钟源。如果定时器 3 工作在 8 位方式,该位为两个 8 位定时器选择外部振荡器时钟源。但仍可用定时器 3 时钟选择位(CKCON 中的 T3MH 和 T3ML)在外部时钟和系统时钟之间作出选择。
　0　　定时器 3 外部时钟为"系统时钟/12"；
　1　　定时器 3 外部时钟为 T3RCLK 定义的时钟。

表 14.23　定时器 3 重载寄存器低字节(TMR3RLL)

读写允许	R/W	R/W	R/W	R/W	R/W	R/W	R/W	R/W
位定义								
位号	位 7	位 6	位 5	位 4	位 3	位 2	位 1	位 0
寄存器地址	0x92				复位值	00000000		

位 7～0：TMR3RLL,定时器 3 重载寄存器的低字节。
TMR3RLL 保存定时器 3 重载值的低字节。

表 14.24　定时器 3 重载寄存器高字节(TMR3RLH)

读写允许	R/W	R/W	R/W	R/W	R/W	R/W	R/W	R/W
位定义								
位号	位 7	位 6	位 5	位 4	位 3	位 2	位 1	位 0
寄存器地址	0x93				复位值	00000000		

位 7~0：TMR3RLH,定时器 3 重载寄存器的高字节。

TMR3RLH 保存定时器 3 重载值的高字节。

表 14.25　定时器 3 低字节(TMR3L)

读写允许	R/W	R/W	R/W	R/W	R/W	R/W	R/W	R/W
位定义								
位号	位 7	位 6	位 5	位 4	位 3	位 2	位 1	位 0
寄存器地址	0x94				复位值	00000000		

位 7~0：TMR3L,定时器 3 的低字节。

在 16 位方式,TMR3L 寄存器保持 16 位定时器 3 的低字节。在 8 位方式,TMR3L 中保持 8 位低字节定时器的计数值。

表 14.26　定时器 3 高字节(TMR3H)

读写允许	R/W	R/W	R/W	R/W	R/W	R/W	R/W	R/W
位定义								
位号	位 7	位 6	位 5	位 4	位 3	位 2	位 1	位 0
寄存器地址	0x95				复位值	00000000		

位 7~0：TMR3H,定时器 3 的高字节。

在 16 位方式,TMR3H 寄存器保持 16 位定时器 3 的高字节。在 8 位方式,TMR3H 中保持 8 位高字节定时器的计数值。

14.4　智能时钟振荡频率捕捉应用实例

C8051F410 片内集成了智能时钟,该时钟可以采用多种振荡器模式。除了可外接精密的 32768 Hz 晶振外,还可采用无外接元件的自振荡方式,理论振荡频率可为 20 kHz 或 40 kHz。此种方式虽然简单,成本低,但由于元件的离散性,可能导致实际的振荡数值与理论值差别较大。为了获得精确的定时,就必须得到精确的时基。这一标定工作可以利用定时器的智能时钟振荡频率捕捉功能实现。下列程序为实现这一功能的代码。

```c
#include "C8051F410.h"
#include <INTRINS.H>
#define uint unsigned int
#define uchar unsigned char
#define ulong unsigned long
#define nop() _nop_();_nop_();
union tcfint16{
    uint myword;
    struct{uchar hi;uchar low;}bytes;
}myint16;                             //用联合体定义16位操作
uchar tem,num;
uint daval;
bit upda;
xdata uint timecap[10];
static xdata uint temcap = 0;
//sfr16 IDA0DAT = 0x96;
//sfr16 IDA1DAT = 0xf4;
#define SYSCLK   24500000             // SYSCLK frequency in Hz
sfr16 TMR3RL = 0x92;                  // T3 reload value
sfr16 TMR3 =  0x94;                   // T3 counter
sfr16 PCA0CP0 = 0xfb;
sfr16 PCA0CP1 = 0xe9;
sfr16 PCA0CP2 = 0xeb;
sfr16 PCA0CP3 = 0xed;
sfr16 PCA0CP4 = 0xfd;
sfr16 PCA0CP5 = 0xd2;
void delay(uint time);
void rtcset();
void Timer_Init();
void Oscillator_Init();
void Port_IO_Init();
void PCA_Init();
void Init_Device(void);

void timeset(uint adt) {
    unsigned long int tt;
    tt = 65536 -(SYSCLK/12/1000) * adt;
    TMR3RL = tt;
```

第14章 定时器

```c
        TMR3 = tt;
    }
    void delay(uint time){                              //延迟 1 ms
        uint i,j;
        for (i = 0;i<time;i++){
        for(j = 0;j<300;j++);
        }
    }
    void rtcset() {
        RTC0KEY = 0xA5;
        RTC0KEY = 0xF1;
        RTC0ADR = 0x07;
        RTC0DAT = 0xc0;
        while ((RTC0ADR & 0x80) == 0x80);               //查询 BUSY 位
        RTC0ADR = 0x06;
        RTC0DAT = 0x91;
        while ((RTC0ADR & 0x80) == 0x80);               //查询 BUSY 位
        // while (((dd = RTC0DAT )& 0x02) == 0x02);     //查询 BUSY 位
        delay(20);
    }
    void Timer_Init() {
        CKCON = 0x40;
        //CKCON = 0x40;  T3 时钟为系统时钟,默认 12 分频
        TMR3CN = 0x10;                                  //0x08,0x0c
    }
    void Oscillator_Init() {
                                                        //uchar i;
        OSCICN = 0x87;      //系统频率为 24.5 MHz
        //OSCICN = 0x86;    系统频率为(24.5/2) MHz
        //OSCICN = 0x85;    系统频率为(24.5/4) MHz
        //OSCICN = 0x84;    系统频率为(24.5/8) MHz
        //OSCICN = 0x83;    系统频率为(24.5/16) MHz
        //OSCICN = 0x82;    系统频率为(24.5/32) MHz
        //OSCICN = 0x81;    系统频率为(24.5/64) MHz
        //OSCICN = 0x80;    系统频率为(24.5/128) MHz
        /* OSCICN = 0x87;
        CLKMUL = 0x80;
```

```
    for (i = 0; i < 20; i++);        // Wait 5 μs for initialization
    CLKMUL| = 0xC0;
    while ((CLKMUL & 0x20) == 0);
    */
}
void Port_IO_Init()
{ }
void PCA_Init() {
    PCA0CN = 0x40;
    PCA0MD& = ~0x40;
}
void Init_Device(void) {
    PCA_Init();
    Timer_Init();
    Port_IO_Init();
    Oscillator_Init();
}
main() {
    Init_Device();                   //初始化硬件设置
    rtcset();
    delay(10);
    EA = 1;
    TR3 = 1;                         //启动定时器 T3
    EIE1| = 0x80;                    //T3 中断使能
    num = 0;
    upda = 0;
    while(1) {
        if(upda) {
            upda = 0;
            if(num >= 10)
            num = 0;
        }
    }
}
void T3_ISR() interrupt 14 {         //T3 定时中断服务程序用与 rtc 频率测试
    if(TMR3CN&0x80 ) {
```

第 14 章　定时器

```
            timecap[num] = TMR3RL - temcap;
            temcap = TMR3RL;
            num ++ ;
            TMR3CN = 0x14;
        }
            upda = 1;
    }
```

图 14.10 所示为捕捉后的结果。具体频率换算请参照本章有关内容。

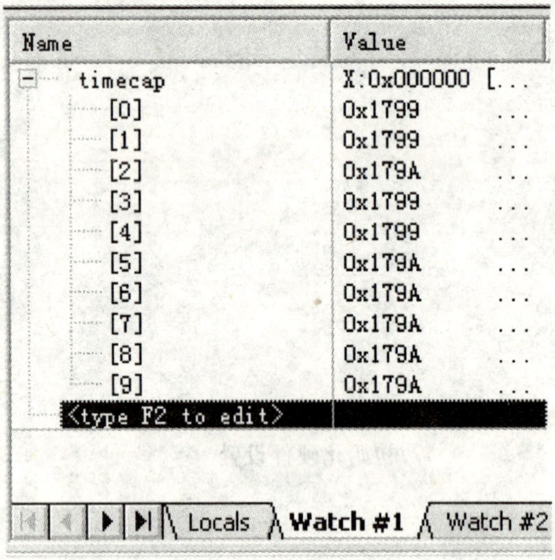

Name	Value
− timecap	X:0x000000 [...
[0]	0x1799 ...
[1]	0x1799 ...
[2]	0x179A ...
[3]	0x1799 ...
[4]	0x1799 ...
[5]	0x179A ...
[6]	0x179A ...
[7]	0x179A ...
[8]	0x179A ...
[9]	0x179A ...
\<type F2 to edit\>	

图 14.10　捕捉后的结果

第 15 章

可编程计数器阵列

可编程计数器阵列 PCA0 是功能增强的定时器，与传统 MCS-51 的计数器/定时器相比功能更强，对 CPU 的依赖性也更小。PCA 由一个专用的 16 位计数器/定时器和 6 个 16 位捕捉/比较模块组成。每个捕捉/比较模块有自己专用的 I/O 即 CEXn，CEXn 使能后，可通过交叉开关连到端口 I/O。该计数器/定时器的时基信号源是可编程的，可选择为系统时钟、系统时钟 4 分频、系统时钟 12 分频、外部振荡器时钟 8 分频、智能时钟 8 分频、定时器 0 溢出或 ECI 输入引脚上的外部时钟信号。每个捕捉/比较模块都有 6 种工作方式：边沿触发捕捉、软件定时器、高速输出、频率输出、8 位 PWM 和 16 位 PWM。各模块的工作方式都可以被独立配置。PCA 的配置和控制是通过设置内核的特殊功能寄存器值来实现的。只有 PCA 的模块 5 可被用作看门狗定时器 WDT，系统复位后默认该方式的状态为使能，如不使用要马上禁止。看门狗方式被使能时，某些寄存器的访问会受到限制。图 15.1 是 PCA 的原理框图。

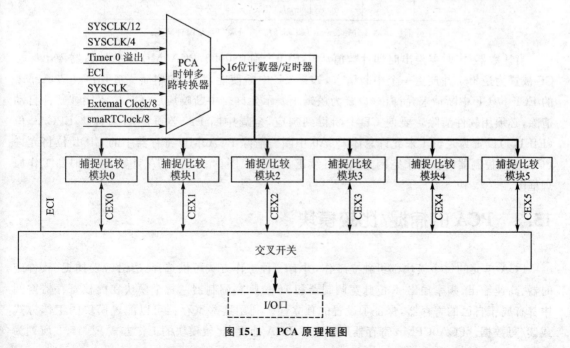

图 15.1　PCA 原理框图

第 15 章　可编程计数器阵列

15.1　PCA 计数器/定时器

PCA 的 16 位的计数器/定时器包括两个 8 位的寄存器:PCA0L 和 PCA0H。PCA0H 是该计数器/定时器的高字节,而 PCA0L 是低字节。每次读 PCA0L 时,PCA0H 寄存器的瞬时值被锁存,随后读 PCA0H 时将访问的是这个锁存值而不是 PCA0H 本身,此举可减少读数延迟造成的误差。因此,先读 PCA0L 寄存器就可以保证正确读取 16 位 PCA0 计数器的全部值。读 PCA0H 或 PCA0L 的过程并不影响计数器工作。PCA 计数器/定时器的时基通过 PCA0MD 寄存器中的 CPS2~CPS0 位选择。表 15.1 列出了可选 PCA 时钟输入源。

表 15.1　PCA 时钟输入源选择

CPS2	CPS1	CPS0	时间基准
0	0	0	系统时钟的 12 分频
0	0	1	系统时钟的 4 分频
0	1	0	定时器 0 溢出
0	1	1	ECI 下降沿(最大速率=系统时钟频率/4)
1	0	0	系统时钟
1	0	1	外部振荡器 8 分频*
1	1	0	smaRTClock 时钟 8 分频*

* 注:外部振荡器 8 分频、smaRTClock 时钟 8 分频与系统时钟同步。

当计数器/定时器溢出时即计数值从 0xFFFF 到 0x0000,PCA0MD 中的计数器溢出标志 CF 被置为逻辑 1 并产生一个中断请求,如果 CF 中断使能,将转向中断服务程序。PCA0MD 的 ECF 位 CF 中断请求允许位,设置为逻辑 1 表示允许。中断响应后,CF 位不能被硬件自动清除,必须用软件清除。要使 CF 中断得到响应,全局中断 EA 必须置 1,并且将 EPCA0 位(EIE1.4)设置为逻辑 1 来允许总体 PCA0 中断。清除 PCA0MD 寄存器中的 CIDL 位将允许 PCA 在微控制器内核处于空闲方式时继续正常工作。图 15.2 为 PCA 计数器/定时器工作原理框图。

15.2　PCA 的捕捉/比较模块

PCA 单元的每个模块都可独立工作,并有 6 种工作方式可供选择:边沿触发捕捉、软件定时器、高速输出、频率输出、8 位脉宽调制器和 16 位脉宽调制器。每个模块在内核寄存器空间中都有属于自己的寄存器,保证了设置的独立性。利用这些寄存器可以配置模块的工作方式或读/写数据。PCA0CPMn 寄存器用于配置 PCA 捕捉/比较模块的工作方式,表 15.2 所列为

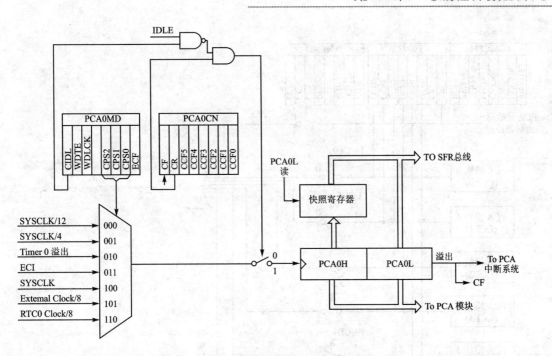

图 15.2　PCA 计数器/定时器工作原理框图

模块工作在不同方式时该寄存器各位的设置情况。

表 15.2　PCA 捕捉/比较模块的 PCA0CPM 寄存器设置

PWM16	ECOM	CAPP	CAPN	MAT	TOG	PWM	ECCF	工作方式
x	x	1	0	0	0	0	x	用 CEXn 的正沿触发捕捉
x	x	0	1	0	0	0	x	用 CEXn 的负沿触发捕捉
x	x	1	1	0	0	0	x	用 CEXn 的跳变触发捕捉
x	1	0	0	1	0	0	x	软件定时器
x	1	0	0	1	1	0	x	高速输出
x	1	0	0	x	1	1	x	频率输出
0	1	0	0	0	0	1	x	8 位脉冲宽度调制器
1	1	0	0	x	0	1	x	16 位脉冲宽度调制器

注：x=任意。

置位 PCA0CPMn 寄存器中的 ECCFn 位将使能模块的 CCFn 中断。要使单个的 CCFn 中断得到响应，必须先置位全局中断位 EA，并将 EPCA0 位（EIE1.3）设置为逻辑 1 来整体使能 PCA0 中断。PCA0 中断配置情况如图 15.3 所示。以下将详细介绍 PCA0 的 6 种工作方式。

第 15 章　可编程计数器阵列

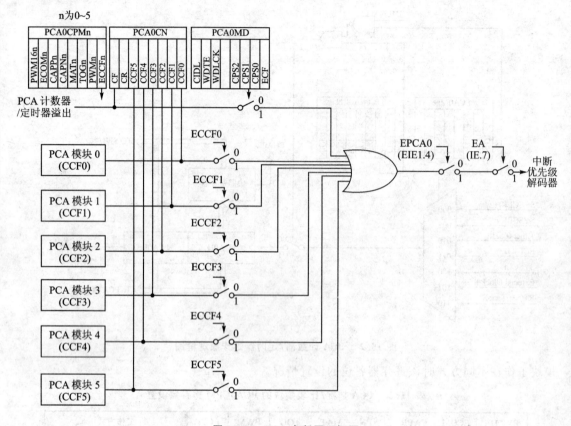

图 15.3　PCA 中断原理框图

15.2.1　PCA 边沿触发的捕捉方式

工作在边沿触发的捕捉方式,CEXn 引脚上出现的电平跳变就会发生定时器值的捕捉,即将 PCA 计数器/定时器中的当前值装入到对应模块的 16 位捕捉/比较寄存器 PCA0CPLn 和 PCA0CPHn 中。PCA0CPMn 寄存器中的 CAPPn 和 CAPNn 位用于选择触发捕捉的电平变化类型:低电平到高电平上升沿、高电平到低电平下降沿或任何变化上升或下降沿。当捕捉发生时,PCA0CN 中的捕捉/比较标志 CCFn 被置为 1,如果 CCF 中断被允许,将产生一个中断请求。当 CPU 转向中断服务程序时,CCFn 位不能被硬件自动清除,必须用软件清 0。如果 CAPPn 和 CAPNn 位都被设置为逻辑 1,则上升沿、下降沿均触发,此时须结合 CEXn 对应端口引脚的状态来确定本次捕捉的触发源是上升沿还是下降沿。

注意:CEXn 输入信号必须在高电平或低电平期间至少保持两个系统时钟周期,以保证能够被硬件识别。

图 15.4 所示为 PCA 捕捉方式原理框图。

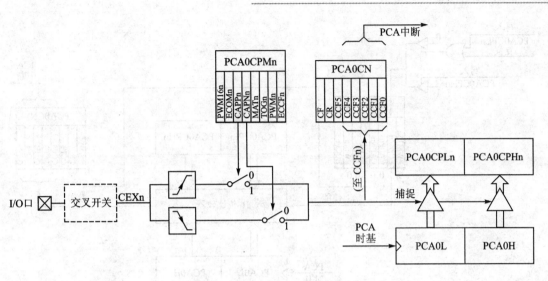

图 15.4　PCA 捕捉方式原理框图

15.2.2　PCA 软件定时器方式

软件定时器方式也称为比较器方式。该方式 PCA 将计数器/定时器的计数值与 16 位捕捉/比较寄存器 PCA0CPHn 和 PCA0CPLn 的值进行比较。当发生匹配时，PCA0CN 中的捕捉/比较标志 CCFn 被置为逻辑 1，并产生一个中断请求如果 CCF 中断使能，将转向中断服务程序。当 CPU 转向中断服务程序时，CCFn 位不能被硬件自动清除，必须用软件清 0。置位 PCA0CPMn 寄存器中的 ECOMn 位和 MATn 位将使能软件定时器方式。当向 PCA0 的捕捉/比较寄存器写入一个 16 位数值时，应先写低字节。向 PCA0CPLn 的写入操作时将使 ECOMn 位清 0，向 PCA0CPHn 写入时将使 ECOMn 位置 1。图 15.5 所示为 PCA 软件定时器方式原理框图。

15.2.3　PCA 高速输出方式

高速输出方式下，PCA 计数器将其值与模块的 16 位捕捉/比较寄存器 PCA0CPHn 和 PCA0CPLn 比较发生匹配时，CEXn 引脚上的电平将发生变化。因为电平的变化是由硬件引起的，而没有软件的参与，故称高速输出。要使用高速输出方式就须置位 PCA0CPMn 寄存器中的 TOGn、MATn 和 ECOMn 位。同样，向捕捉/比较寄存器写入一个 16 位数值时，应先写低字节。向 PCA0CPLn 的写入操作将使 ECOMn 位清 0；向 PCA0CPHn 写入操作将使 ECOMn 位置 1。

第 15 章 可编程计数器阵列

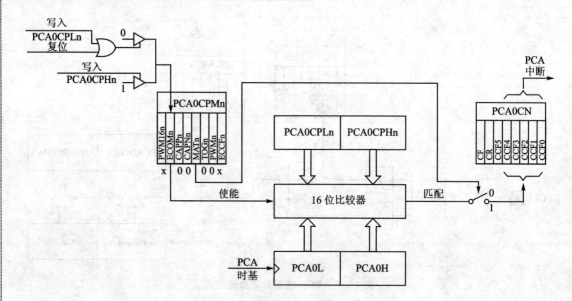

图 15.5　PCA 软件定时器方式原理框图

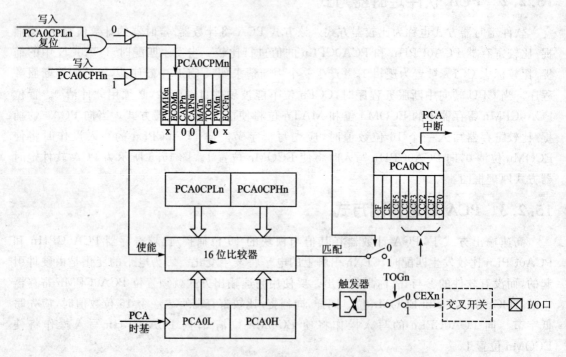

图 15.6　PCA 高速输出方式原理框图

15.2.4 PCA 频率输出方式

频率输出方式可在 CEXn 引脚产生可编程频率的方波。捕捉/比较模块的高字节保持输出电平改变前要计的 PCA 时钟数。所产生的方波的频率由式(15.1)确定。其中: $N_{PCA0CPHn}$ 为 PCA 方式寄存器 PCA0CPHn 中的值, 为 0x00 时, 相当于 256。

$$f_{CEXn} = \frac{f_{PCA}}{2 \times N_{PCA0CPHn}} \tag{15.1}$$

PCA0MD 中的 CPS2~0 位用于选择 PCA 时钟的频率。捕捉/比较模块的低字节与 PCA0 计数器的低字节比较, 两者匹配时, CEXn 的电平发生改变, 高字节中的偏移值被加到 PCA0CPLn。通过将 PCA0CPMn 寄存器中 ECOMn、TOGn 和 PWMn 位置 1 来使能频率输出方式。

注意: 当向 PCA0 的捕捉/比较寄存器写入一个 16 位值时, 应先写低字节。向 PCA0CPLn 的写入操作将使 ECOMn 位清 0, 向 PCA0CPHn 写入时将使 ECOMn 位置 1。

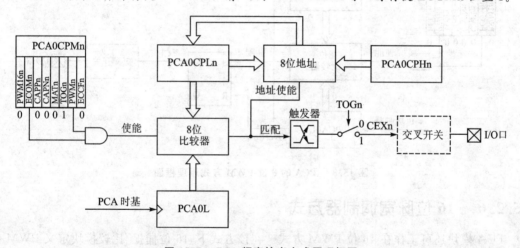

图 15.7 PCA 频率输出方式原理框图

15.2.5 8 位脉宽调制器方式

PWM 是一个重要且常用的功能, 各模块对应的 CEXn 引脚都可独立地产生脉宽调制(PWM)输出。PWM 输出的频率取决于 PCA 计数器/定时器的时基。使用模块的捕捉/比较寄存器 PCA0CPLn 可以改变 PWM 输出信号的占空比。当 PCA 计数器/定时器的低字节 PCA0L 与 PCA0CPLn 中的值相等时, CEXn 引脚上的输出为高电平; 当 PCA0L 中的计数值溢出时, CEXn 输出为低电平。当计数器/定时器的低字节 PCA0L 溢出时(从 0xFF 到 0x00), 保存在 PCA0CPHn 中的值被自动装入到 PCA0CPLn, 不需软件干预。通过将 PCA0CPMn 寄存器中的 ECOMn 和 PWMn 位置 1 来使能 8 位脉冲宽度调制器方式, 8 位 PWM 方式的占空比由式(15.2)给出。当向 PCA0 的捕捉/比较寄存器写入一个 16 位数值时，应先写低字节。向 PCA0CPLn 的写入操作将使 ECOMn 位清 0，向 PCA0CPHn 写入时将使 ECOMn 位置 1。

$$D_{DutyCycle} = \frac{(256 - N_{PCA0CPHn})}{256} \quad (15.2)$$

由式可知，最大占空比为 100%，对应 PCA0CPHn 值为 0；最小占空比为 0.39%，对应 PCA0CPHn 值为 0xFF。可以通过清除 ECOMn 位产生 0% 的占空比。图 15.8 所示为 PCA 的 8 位 PWM 方式原理框图。

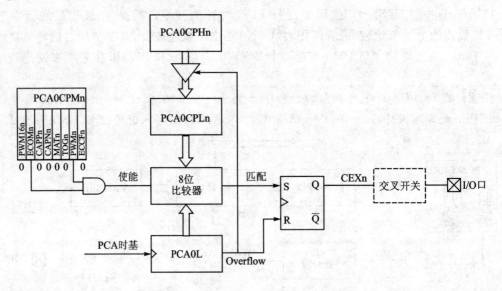

图 15.8　PCA 的 8 位 PWM 方式原理框图

15.2.6　16 位脉宽调制器方式

PCA 模块还可工作在 16 位 PWM 方式。在该方式下，16 位捕捉/比较模块定义 PWM 信号低电平时间的 PCA 时钟数。当 PCA 计数器与模块的值匹配时，CEXn 的输出为高电平；当计数器溢出时，CEXn 输出为低电平。为了输出一个占空比可变的波形，新值的写入应与 PCA 的 CCFn 匹配中断同步。要使能 16 位 PWM 方式需将 PCA0CPMn 寄存器中的 ECOMn、PWMn 和 PWM16n 位置 1。为了得到可变的占空比，应使能匹配中断，即使 ECCFn=1 以及 MATn =1，以同步对捕捉/比较寄存器的写操作。16 位 PWM 方式的占空比由式(15.3)给出。当向 PCA0 的捕捉/比较寄存器写入一个 16 位数值时，应先写低字节。向 PCA0CPLn 的写入操作将使 ECOMn 位清 0；向 PCA0CPHn 写入操作将使 ECOMn 位置 1。

$$D_{DutyCycle} = \frac{65536 - N_{PCA0CPn}}{65536} \quad (15.3)$$

最大占空比为 100%，对应 PCA0CPn 值为 0，最小占空比为 0.0015%，对应 PCA0CPn 值为 0xFFFF。要产生 0% 的占空比,可以通过将 ECOMn 位清 0 得到。图 15.9 为 PCA 的 16 位 PWM 方式原理框图。

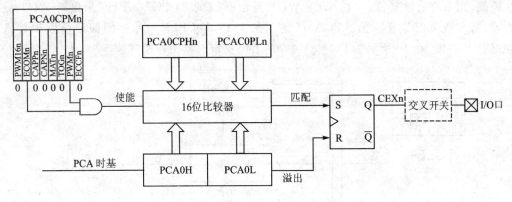

图 15.9　PCA 的 16 位 PWM 方式原理框图

15.3　看门狗定时器方式

看门狗定时器是嵌入式系统一种常见的保护性措施,用于因干扰而导致的系统崩溃。只有 PCA 的模块 5 可以实现可编程看门狗定时器 WDT 功能。如果 WDT 相邻两次更新寄存器 PCA0CPH5 的写操作相隔的时间超过规定时间,WDT 将产生一次复位。可以根据需要在软件中使能/禁止 WDT。

当 PCA0MD 寄存器中的 WDTE 位被置 1 时,模块 5 被专门作为看门狗定时器 WDT 使用。模块 5 高字节与 PCA 计数器的高字节比较;模块 5 低字节保持执行 WDT 更新时要使用的偏移值。在系统复位后看门狗被使能。

15.3.1　看门狗定时器操作

在看门狗被使能时,对某些 PCA 寄存器的写操作受到限制。当 WDT 被使能后 PCA 有以下限制:
- PCA 计数器被强制运行;
- 不允许写 PCA0L 和 PCA0H;
- PCA 时钟源,不可更改选择位 CPS2~CPS0 无效;
- PCA 等待控制位 CIDL 无效;
- 模块 5 被强制进入软件定时器方式;
- 对模块 5 方式寄存器 PCA0CPM5 的写操作被禁止。

在 WDT 被使能直到再次被禁止期间,PCA 计数器不受 CR 位控制,计数器将一直保持运行状态,直到 WDT 被禁止。如果 WDT 被使能,即使用户软件没有使能 PCA 计数器,它仍将运行,则读 PCA 运行控制 CR 位时将返回 0。如果在 WDT 被使能时 PCA0CPH5 和 PCA0H 发生匹配,则系统将被复位。为了防止 WDT 复位,须通过写 PCA0CPH5 来更新 WDT 更新寄存器,写入值可以是任意值。PCA0H 的值加上 PCA0CPL5 中保存的偏移值后被装入到 PCA0CPH5。图 15.10 所示为 PCA 模块 5 的看门狗定时器工作模式。

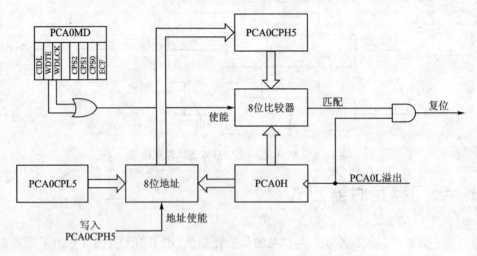

图 15.10 PCA 模块 5 的看门狗定时器工作模式

PCA0CPH5 中的 8 位偏移值与 16 位 PCA 计数器的高字节进行比较,该偏移值是 WDT 复位系统所需 PCA0L 的溢出次数。PCA0L 的第一次溢出周期取决于进行更新操作时 PCA0L 的值,最长可达 256 个 PCA 时钟。看门狗定时器偏移值 PCA 时钟数由式(15.4)给出,其中 N_{PCA0L} 是执行更新操作时 PCA0L 寄存器的值。

$$偏移值 = (256 \times N_{PCA0CPL5}) + (256 - N_{PCA0L}) \tag{15.4}$$

当 PCA0L 发生溢出并且 PCA0CPH5 和 PCA0H 匹配时,WDT 将产生一次复位。在 WDT 被使能的情况下,软件可以通过向 CCF5 标志 PCA0CN.2 写 1 来强制产生 WDT 复位。

15.3.2 看门狗定时器的配置与使用

为使看门狗正常工作,须按如下的步骤操作 WDT:
① 禁止 WDT。WDTE 位是看门狗使能开关,0 为禁止,1 为使能;
② 通过设置 CPS2~0 位选择 PCA 时钟源;
③ 向 PCA0CPL5 装入所希望的 WDT 更新偏移值;
④ 配置 PCA 的空闲方式位,如果希望在 CPU 处于空闲方式时 WDT 停止工作,则应将 CIDL 位置 1;
⑤ 使能 WDT,向 WDTE 位写 1。

在 WDT 被使能后,就不能改变 PCA 时钟源和空闲方式的设置值。可通过向 PCA0MD 寄存器的 WDTE 或 WDLCK 位写 1 来使能 WDT。当 WDLCK 被置 1 后,在发生下一次系统复位之前将不能禁止 WDT。如果 WDCLK 未被置 1,清除 WDTE 位将禁止 WDT。WDT 在任何一次系统复位之后都被默认为使能状态。PCA0 计数器的缺省时钟为系统时钟的 12 分频。PCA0L 和 PCA0CPL5 的缺省值均为 0x00,因此 WDT 的超时间隔为 256 个 PCA 时钟周期即 3072 个系统时钟周期。表 15.3 所列为对应内置晶振为系统时钟频率的超时间隔。

表 15.3 看门狗定时器超时间隔[①]

系统时钟/Hz	PCA0CPL2	超时间隔/ms	系统时钟/Hz	PCA0CPL2	超时间隔/ms
24 500 000	255	32.1	3 062 500	255	257
24 500 000	128	16.2	3 062 500	128	129.5
24 500 000	32	4.1	3 062 500	32	33.1
18 432 000	255	42.7	191 406[②]	255	4 109
18 432 000	128	21.5	191 406[②]	128	2 070
18 432 000	32	5.5	191 406[②]	32	530
11 059 200	255	71.1	32 000	255	24 576
11 059 200	128	35.8	32 000	128	12 384
11 059 200	32	9.2	32 000	32	3 168

注:① 假设 PCA 使用 SYSCLK/12 作为时钟源,更新时 PCA0L 的值为 0x00。
② 内部振荡器复位频率。

15.4 PCA 寄存器说明

表 15.4~表 15.11 所列为与 PCA 工作有关的特殊功能寄存器的详细说明。

表 15.4 PCA 控制寄存器(PCA0CN)

读写允许	R/W	R/W	R/W	R/W	R/W	R/W	R/W	R/W
位定义	CF	CR	CCF5	CCF4	CCF3	CCF2	CCF1	CCF0
位号	位 7	位 6	位 5	位 4	位 3	位 2	位 1	位 0
寄存器地址	0xD8				复位值	00000000		

位 7: CF,PCA 计数器/定时器溢出标志位。当 PCA 计数器/定时器从 0xFFFF 到 0x0000 溢出时由硬件置位。在计数器/定时器溢出 CF 中断使能时,该位置 1 将导致 CPU 转向 PCA 中断服务程序。该位不能由硬件自动清 0,必须用软件清 0。

位 6: CR,PCA 计数器/定时器运行控制,该位使能/禁止 PCA 计数器/定时器。
  0 禁止 PCA 计数器/定时器;

第 15 章 可编程计数器阵列

　　　　　1　使能 PCA 计数器/定时器。

位 5：　CCF5，PCA 模块 5 捕捉/比较标志，在发生一次匹配或捕捉时该位由硬件置位。当 CCF5 中断使能时，该位置 1 将导致 CPU 转向 PCA 中断服务程序。该位不能由硬件自动清 0，必须用软件清 0。

位 4：　CCF4，PCA 模块 4 捕捉/比较标志，在发生一次匹配或捕捉时该位由硬件置位。当 CCF4 中断使能时，该位置 1 将导致 CPU 转向 PCA 中断服务程序。该位不能由硬件自动清 0，必须用软件清 0。

位 3：　CCF3，PCA 模块 3 捕捉/比较标志，在发生一次匹配或捕捉时该位由硬件置位。当 CCF3 中断使能时，该位置 1 将导致 CPU 转向 PCA 中断服务程序。该位不能由硬件自动清 0，必须用软件清 0。

位 2：　CCF2，PCA 模块 2 捕捉/比较标志，在发生一次匹配或捕捉时该位由硬件置位。当 CCF2 中断使能时，该位置 1 将导致 CPU 转向 PCA 中断服务程序。该位不能由硬件自动清 0，必须用软件清 0。

位 1：　CCF1，PCA 模块 1 捕捉/比较标志，在发生一次匹配或捕捉时该位由硬件置位。当 CCF1 中断使能时，该位置 1 将导致 CPU 转向 PCA 中断服务程序。该位不能由硬件自动清 0，必须用软件清 0。

位 0：　CCF0，PCA 模块 0 捕捉/比较标志，在发生一次匹配或捕捉时该位由硬件置位。当 CCF0 中断使能时，该位置 1 将导致 CPU 转向 PCA 中断服务程序。该位不能由硬件自动清 0，必须用软件清 0。

表 15.5　PCA 方式寄存器(PCA0MD)

读写允许	R/W	R/W	R/W	R	R/W	R/W	R/W	R/W
位定义	CIDL	WDTE	WDLCK	—	CPS2	CPS1	CPS0	ECF
位　号	位 7	位 6	位 5	位 4	位 3	位 2	位 1	位 0
寄存器地址	0xD9				复位值	00000000		

位 7：　CIDL，PCA 计数器/定时器等待控制，设置 CPU 空闲方式下的 PCA 工作方式。
　　　　　0　当系统控制器处于空闲方式时，PCA 继续正常工作；
　　　　　1　当系统控制器处于空闲方式时，PCA 停止工作。

位 6：　WDTE，看门狗定时器使能位，如果该位被置 1，PCA 模块 5 被用作看门狗定时器。
　　　　　0　看门狗定时器被禁止；
　　　　　1　PCA 模块 5 被用作看门狗定时器。

位 5：　WDLCK，看门狗定时器锁定，该位对看门狗定时器使能位锁定/解锁。当 WDLCK 被置 1 时，在发生下一次系统复位之前将不能禁止 WDT。
　　　　　0　看门狗定时器使能位未被锁定；
　　　　　1　锁定看门狗定时器使能位。

位 4：　未用。读返回值为 0，写无效。

位 3～1：CPS2～CPS0，PCA 计数器/定时器时钟选择，这些位选择 PCA 计数器的时钟源，如表 15.6 所列。

第 15 章 可编程计数器阵列

表 15.6　PCA 计数器的时钟源

CPS2	CPS1	CPS0	时钟源
0	0	0	系统时钟的 12 分频
0	0	1	系统时钟的 4 分频
0	1	0	定时器 0 溢出
0	1	1	ECI 负跳变 (最大速率＝系统时钟频率/4)
1	0	0	系统时钟
1	0	1	外部时钟的 8 分频
1	1	0	smaRTClock 时钟的 8 分频
1	1	1	保留

注：外部振荡器 8 分频和 smaRTClock 时钟的 8 分频与系统时钟同步。

位 0：　ECF,PCA 计数器/定时器溢出中断使能,该位是 PCA 计数器/定时器溢出(CF)中断的屏蔽位。
　　　　0　禁止 CF 中断；
　　　　1　当 CF(PCA0CN.7)被置位时,使能 PCA 计数器/定时器溢出的中断请求。

　　当 WDTE 位被置 1 时,不能改变 PCA0MD 寄存器的值。若要改变 PCA0MD 的内容,必须先禁止看门狗定时器。

表 15.7　PCA 捕捉/比较寄存器(PCA0CPMn)

读写允许	R/W	R/W	R/W	R/W	R/W	R/W	R/W	R/W
位定义	PWM16n	ECOMn	CAPPn	CAPNn	MATn	TOGn	PWMn	ECCFn
位 号	位 7	位 6	位 5	位 4	位 3	位 2	位 1	位 0
寄存器地址	0xDC～0xCE				复位值	00000000		

说明：PCA0CPMn 地址　　PCA0CPM0 为 0xDA；PCA0CPM1 为 0xDB；PCA0CPM2 为 0xDC；
　　　　　　　　　　　　PCA0CPM3 为 0xDD；PCA0CPM4 为 0xDE；PCA0CPM5 为 0xCE。

位 7：　PWM16n,8/16 位脉冲宽度调制使能,当脉冲宽度调制方式被使能时,PWMn＝1,该位选择 16 位方式。
　　　　0　选择 8 位 PWM；
　　　　1　选择 16 位 PWM。
位 6：　ECOMn,比较器功能使能,该位使能/禁止 PCA 模块 n 的比较器功能。
　　　　0　禁止；
　　　　1　使能。
位 5：　CAPPn,正沿捕捉功能使能,该位使能/禁止 PCA 模块 n 的正边沿捕捉。
　　　　0　禁止；
　　　　1　使能。
位 4：　CAPNn,负沿捕捉功能使能,该位使能/禁止 PCA 模块 n 的负边沿捕捉。

0　禁止；
1　使能。

位3：　MATn，匹配功能使能，该位使能/禁止 PCA 模块 n 的匹配功能。如果被使能，当 PCA 计数器与一个模块的捕捉/比较寄存器匹配时，PCA0MD 寄存器中的 CCFn 位被置1。

0　禁止；
1　使能。

位2：　TOGn，电平切换功能使能，该位使能/禁止 PCA 模块 n 的电平切换功能。如果被使能，当 PCA 计数器与一个模块的捕捉/比较寄存器匹配时，CEXn 引脚的逻辑电平发生切换。如果 PWM 位也被置1，模块将工作在频率输出方式。

0　禁止；
1　使能。

位1：　PWMn，脉宽调制方式使能，该位使能/禁止 PCA 模块 n 的 PWM 功能。当被使能时，CEXn 引脚输出脉冲宽度调制信号。PWM16n 为 0 时使用 8 位 PWM 方式，PWM16n 为 1 时使用 16 位方式。如果 TOGn 位也被置为逻辑 1，则模块工作在频率输出方式。

0　禁止；
1　使能。

位0：　ECCFn，捕捉/比较标志中断允许该位设置捕捉/比较标志(CCFn)的中断屏蔽。

0　禁止 CCFn 中断；
1　当 CCFn 位被置 1 时，允许捕捉/比较标志的中断请求。

表 15.8　PCA 计数器/定时器低字节寄存器(PCA0L)

读写允许	R/W	R/W	R/W	R/W	R/W	R/W	R/W	R/W
位定义								
位　号	位7	位6	位5	位4	位3	位2	位1	位0
寄存器地址	0xF9				复位值	00000000		

位7~0：PCA0L，PCA 计数器/定时器的低字节。
　　　　PCA0L 寄存器保存 16 位 PCA 计数器/定时器的低字节。

表 15.9　PCA 计数器/定时器高字节寄存器(PCA0H)

读写允许	R/W	R/W	R/W	R/W	R/W	R/W	R/W	R/W
位定义								
位　号	位7	位6	位5	位4	位3	位2	位1	位0
寄存器地址	0xFA				复位值	00000000		

位7~0：PCA0H，PCA 计数器/定时器高字节。
　　　　PCA0H 寄存器保存 16 位 PCA 计数器/定时器的高字节。

表 15.10　PCA 捕捉模块低字节寄存器（PCA0CPLn）

读写允许	R/W	R/W	R/W	R/W	R/W	R/W	R/W	R/W
位定义								
位号	位7	位6	位5	位4	位3	位2	位1	位0
寄存器地址	0xEB～0xD2			复位值	00000000			

说明：PCA0CPLn 地址　PCA0CPL0 为 0xFB；PCA0CPL1 为 0xE9；PCA0CPL2 为 0xEB；
PCA0CPL3 为 0xED；PCA0CPL4 为 0xFD；PCA0CPL5 为 0xD2。

位 7～0：PCA0CPLn，PCA 捕捉模块低字节。
PCA0CPLn 寄存器保存 16 位捕捉模块 n 的低字节。

表 15.11　PCA 捕捉模块高字节寄存器（PCA0CPHn）

读写允许	R/W	R/W	R/W	R/W	R/W	R/W	R/W	R/W
位定义								
位号	位7	位6	位5	位4	位3	位2	位1	位0
寄存器地址	0xEC～0xD3			复位值	00000000			

说明：PCA0CPHn 地址　PCA0CPH0 为 0xFC；PCA0CPH1 为 0xEA；PCA0CPH2 为 0xEC；
PCA0CPH3 为 0xEE；PCA0CPH4 为 0xFE；PCA0CPH5 为 0xD3。

位 7～0：PCA0CPHn，PCA 捕捉模块高字节。
PCA0CPHn 寄存器保存 16 位捕捉模块 n 的高字节。

15.5　PCA 应用实例

15.5.1　方波发生输出

PCA 的模块可以很方便地实现方波输出功能，方波可用于其他外设的时钟信号，还可用于步进电机控制所需的脉冲信号。C8051F410 最多可以同时输出 5 路方波信号，以下是方波输出的源程序。

```
#include "C8051F410.h"
#include <INTRINS.H>
#define uint unsigned int
#define uchar unsigned char
#define ulong unsigned long
#define nop() _nop_();_nop_();
union tcfint16{
    uint myword;
    struct{uchar hi;uchar low;}bytes;
```

第15章 可编程计数器阵列

```c
}myint16;//用联合体定义16位操作
// Peripheral specific initialization functions,
// Called from the Init_Device() function
uchar tem,pwmset,PCAnum;
uint daval;
bit upda;
xdata ulong pcacap1[10];
//sfr16 IDA0DAT = 0x96;
//sfr16 IDA1DAT = 0xf4;
//#define SYSCLK         24500000      // SYSCLK frequency in Hz
sfr16 TMR3RL = 0x92;                  // Timer3 reload value
sfr16 TMR3 =   0x94;                  // Timer3 counter
sfr16 PCA0CP0 = 0xfb;
sfr16 PCA0CP1 = 0xe9;
sfr16 PCA0CP2 = 0xeb;
sfr16 PCA0CP3 = 0xed;
sfr16 PCA0CP4 = 0xfd;
sfr16 PCA0CP5 = 0xd2;
//sbit ET3 = EIE1^7
void delay(uint time);
void rtcset();
void Timer_Init();
void Oscillator_Init();
void Port_IO_Init();
void PCA_Init();
void Init_Device(void);
void PCAfre_set(uint time);
void timeset(uint adt) {
    unsigned long int gg;
    uchar i;
    i = OSCICN;
    i = i&0x0f;
    switch(i) {
      case 07:gg = 24500000;break;
      case 06:gg = 24500000/2;break;
      case 05:gg = 24500000/4;break;
      case 04:gg = 24500000/8;break;
      case 03:gg = 24500000/16;break;
      case 02:gg = 24500000/32;break;
      case 01:gg = 24500000/64;break;
      case 00:gg = 24500000/128;break;
```

```
        default:gg = 24500000;break;
    }
    gg = 65536 -(gg/12/1000) * adt;
    TMR3RL = gg;
    TMR3 = gg;
}
void PCAfre_set(uint time) {           //频率输出为：PCA 时钟频率/(2×time)
    uchar tem,i;
    ulong gg;
    i = OSCICN;
    i = i&0x0f;
    switch(i) {
        case 07:gg = 24500000;break;
        case 06:gg = 24500000/2;break;
        case 05:gg = 24500000/4;break;
        case 04:gg = 24500000/8;break;
        case 03:gg = 24500000/16;break;
        case 02:gg = 24500000/32;break;
        case 01:gg = 24500000/64;break;
        case 00:gg = 24500000/128;break;
        default:gg = 24500000;break;
    }
    tem = PCA0MD;
    tem& = 0xe;
    if(tem = = 0)
    {i = 12;}
    else if(tem = = 0x02)
    {i = 4;}
    else if(tem = = 0x08)
    {i = 1;}
    else
    {i = 0;}
    if(i! = 0) {
        gg = gg/i/2/time;
        if(gg> = 256)
        {gg = 0;}
        PCA0CPH0 = gg;
    }
}
void delay(uint time) {
```

第15章 可编程计数器阵列

```
    uint i,j;
    for (i=0;i<time;i++){
    for(j=0;j<300;j++);
    }
}

void Timer_Init() {
    //CKCON = 0x40;    T3 时钟为系统时钟,默认 12 分频
    CKCON = 0x40;
    TMR3CN = 0x04;     //0x08,0x0c
}

void Oscillator_Init() {
    OSCICN = 0x87;          //系统频率为 24.5 MHz
    // OSCICN = 0x86;       系统频率为(24.5/2) MHz
    //OSCICN = 0x85;        系统频率为(24.5/4) MHz
    //OSCICN = 0x84;        系统频率为(24.5/8) MHz
    //OSCICN = 0x83;        系统频率为(24.5/16) MHz
    //OSCICN = 0x82;        系统频率为(24.5/32) MHz
    //OSCICN = 0x81;        系统频率为(24.5/64) MHz
    //OSCICN = 0x80;        系统频率为(24.5/128) MHz
}

void Port_IO_Init() {
    XBR1 = 0x46;
}

void PCA_Init() {
    PCA0CN = 0x40;
    PCA0MD& = ~0x40;
    PCA0MD = 0x00;
    PCA0CPM0 = 0x46;
}

void Init_Device(void) {
    PCA_Init();
    Timer_Init();
    Port_IO_Init();
    Oscillator_Init();
}

main() {
```

```
        //PCA0MD& = ~0x40；  看门狗定时器禁止
        //PCA0MD = 0x00；
        Init_Device();              //初始化硬件设置
        delay(10);
        // EA = 1;
        PCAfre_set(30000);
        //PCAfre_set(1000);
        while(1);
}
void T3_ISR() interrupt 14 {       //T3定时中断服务程序
        TF3H = 0;
        upda = 1;
}
```

图 15.11 为方波输出在泰克示波器上的显示结果。

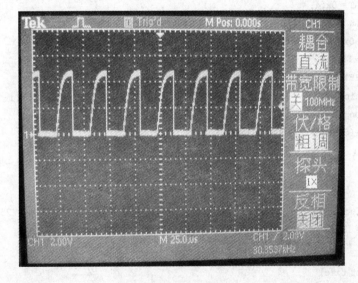

图 15.11 显示结果

15.5.2 8位 PWM 发生

脉宽调制在电机调速控制上应用很广泛，还可应用于 V/I 变换中。脉宽调制经过高速光耦隔离，再通过低通滤波器即可实现由数字量直接变成直流，可以等效为 D/A 转换。源程序如下：

第 15 章　可编程计数器阵列

```c
#include "C8051F410.h"
#include <INTRINS.H>
#define uint unsigned int
#define uchar unsigned char
#define nop() _nop_();_nop_();
union tcfint16{
    uint myword;
    struct{uchar hi;uchar low;}bytes;
}myint16;                          //用联合体定义 16 位操作
// Peripheral specific initialization functions,
// Called from the Init_Device() function
uchar tem,pwmset;
uint daval;
bit upda;
//sfr16 IDA0DAT = 0x96;
//sfr16 IDA1DAT = 0xf4;
#define SYSCLK   24500000/8        // SYSCLK frequency in Hz
sfr16 TMR3RL = 0x92;               // Timer3 reload value
sfr16 TMR3 = 0x94;                 // Timer3 counter
//sbit ET3 = EIE1^7
void timeset(uint adt) {           //定时器设定函数,当 SYSCLK = 24.5 MHz 时最大定时 32 ms
    unsigned long int tt;
    tt = 65536 -(SYSCLK/12/1000) * adt;
    TMR3RL = tt;
    TMR3 = tt;
}

void PWM0_set(uchar low){          //占空比设置,高电平占空比为(256 - low)/256
    PCA0CPH0 = low;
}

void delay(uint time){
    uint i,j;
    for (i = 0;i<time;i++){
        for(j = 0;j<300;j++);
    }
}

void Timer_Init() {
    TMR3CN = 0x04;                 //0x08,0x0c
}
```

```
void Oscillator_Init() {
    //uchar i;
    //OSCICN = 0x87;    系统频率为24.5 MHz
    //OSCICN = 0x86;    系统频率为(24.5/2) MHz
    //OSCICN = 0x85;    系统频率为(24.5/4) MHz
    OSCICN = 0x84;      //系统频率为(24.5/8) MHz
    //OSCICN = 0x83;    系统频率为(24.5/16) MHz
    //OSCICN = 0x82;    系统频率为(24.5/32) MHz
    //OSCICN = 0x81;    系统频率为(24.5/64) MHz
    //OSCICN = 0x80;    系统频率为(24.5/128) MHz
    /* OSCICN = 0x87;
    CLKMUL = 0x80;
    for (i = 0; i < 20; i++);      // Wait 5 μs for initialization
    CLKMUL |= 0xC0;
    while ((CLKMUL & 0x20) == 0);
    */
}

void Port_IO_Init() {
    XBR1 = 0x46;
}

void PCA_Init() {
    PCA0CN = 0x40;
    PCA0MD &= ~0x40;
    PCA0MD = 0x09;
    PCA0CPM0 = 0x42;
}

void Init_Device(void) {
    PCA_Init();
    Timer_Init();
    Port_IO_Init();
    Oscillator_Init();
}

main() {
    Init_Device();              //初始化硬件设置
    delay(10);
    tem = 0;
    timeset(10);
    pwmset = 128;
```

```
        upda = 0;
        PWM0_set(pwmset);                    //8位PWM占空比设置
        EA = 1;
        EIE1 = EIE1|0x80;
        while(1){
            if(upda == 1) {
                pwmset + = 1;
                PWM0_set(pwmset);
                upda = 0;
            }
        }
    }
    void T3_ISR() interrupt 14{              //T3定时中断,10个中断周期更新一次
        TMR3CN& = 0x7f;
        tem ++ ;
        if(tem> = 10) {
            upda = 1;
            tem = 0;
        }
    }
```

15.5.3 16位PWM发生

前面实现的是8位PWM波,在一些高精度的场合可能精度不够,但是它的频率很大。如果频率不要求太高,比如在V/I转换中就可以使用16位PWM。精度等效为14~16位,比较高,但是它的频率较低只能达到几百赫兹,在电机控制中是不够的,可能造成电机的低频震动。

```
#include "C8051F410.h"
#include <INTRINS.H>
#define uint unsigned int
#define uchar unsigned char
#define nop() _nop_();_nop_();
union tcfint16{
    uint myword;
    struct{uchar hi;uchar low;}bytes;
}myint16;                                    //用联合体定义16位操作
// Peripheral specific initialization functions,
// Called from the Init_Device() function
uchar tem,pwmset;
```

```c
uint daval;
bit upda;
//sfr16 IDA0DAT = 0x96;
//sfr16 IDA1DAT = 0xf4;
#define SYSCLK 24500000          // SYSCLK frequency in Hz
sfr16 TMR3RL = 0x92;             // Timer3 reload value
sfr16 TMR3 = 0x94;               // Timer3 counter
//sbit ET3 = EIE1^7
void timeset(uint adt) {
    unsigned long int tt;
    tt = 65536 -(SYSCLK/12/1000) * adt;
    TMR3RL = tt;
    TMR3 = tt;
}
void PWM0_set(uchar low){        //占空比设置,高电平占空比为(256 - low)/256
    PCA0CPH0 = low;
}
void delay(uint time){           //延迟 1 ms
    uint i,j;
    for (i = 0;i<time;i++){
        for(j = 0;j<300;j++);
    }
}
void Timer_Init() {
    //CKCON = 0x40              T3 时钟为系统时钟,默认 12 分频
    TMR3CN = 0x04;              //0x08,0x0c
}
void Oscillator_Init() {
    OSCICN = 0x87;              //系统频率为 24.5 MHz
    //OSCICN = 0x86;            系统频率为(24.5/2) MHz
    //OSCICN = 0x85;            系统频率为(24.5/4) MHz
    //OSCICN = 0x84;            系统频率为(24.5/8) MHz
    //OSCICN = 0x83;            系统频率为(24.5/16) MHz
    //OSCICN = 0x82;            系统频率为(24.5/32) MHz
    //OSCICN = 0x81;            系统频率为(24.5/64) MHz
    //OSCICN = 0x80;            系统频率为(24.5/128) MHz
}
void Port_IO_Init() {
```

```
    XBR1 = 0x46;
}

void PCA_Init() {
    PCA0CN = 0x40;
    PCA0MD& = ~0x40;
    // PCA0MD = 0x02;        //系统时钟 4 分频
    PCA0MD = 0x08;           //系统时钟
    PCA0CPM0  = 0xc2;        //16 位 PWM 模式
}

void Init_Device(void) {
    PCA_Init();
    Timer_Init();
    Port_IO_Init();
    Oscillator_Init();
}

main() {
    Init_Device();           //初始化硬件设置
    delay(10);
    timeset(20);
    pwmset = 0;
    upda = 0;
    PWM0_set(pwmset);
    EA = 1;
    EIE1 = EIE1|0x80;
    while(1){
       if(upda == 1) {
          pwmset + = 0x01;
          PWM0_set(pwmset);
          upda = 0;
       }
    }
}

void T3_ISR() interrupt 14{
    TMR3CN& = 0x7f;
    upda = 1;
}
```

15.5.4 频率捕获功能应用

频率捕获功能是 PCA 的一项重要功能,它可以实现单周期测频率。但是测试要求被测频率不能太大,同时 PCA 的时钟频率要远大于被测频率,否则将导致误差极大。本程序的 PCA 中断占用时间较长,导致测试频率带宽减小,读者可以优化中断程序,尽可能减少时间消耗,程序只是负责记录数据处理在中断之外完成,性能可改善很大。

```
#include "C8051F410.h"
#include <INTRINS.H>
#define uint unsigned int
#define uchar unsigned char
#define ulong unsigned long
#define nop() _nop_();_nop_();
union tcfint16{
    uint myword;
    struct{uchar hi;uchar low;}bytes;
}myint16;                    //用联合体定义 16 位操作
// Peripheral specific initialization functions,
// Called from the Init_Device() function
uchar tem,pwmset,PCAnum;
uint daval;
bit upda;
xdata ulong pcacap1[10];
//sfr16 IDA0DAT = 0x96;
//sfr16 IDA1DAT = 0xf4;
//#define SYSCLK 24500000        // SYSCLK frequency in Hz
sfr16 TMR3RL = 0x92;            // Timer3 reload value
sfr16 TMR3   = 0x94;            // Timer3 counter
sfr16 PCA0CP0 = 0xfb;
sfr16 PCA0CP1 = 0xe9;
sfr16 PCA0CP2 = 0xeb;
sfr16 PCA0CP3 = 0xed;
sfr16 PCA0CP4 = 0xfd;
sfr16 PCA0CP5 = 0xd2;
//sbit ET3 = EIE1^7
void delay(uint time);
void rtcset();
void Timer_Init();
void Oscillator_Init();
```

```c
void Port_IO_Init();
void PCA_Init();
void Init_Device(void);
void PCAfre_set(uint time);
void timeset(uint adt) {
    unsigned long int gg;
    uchar i;
    i = OSCICN;
    i = i&0x0f;
    switch(i) {
        case 07:gg = 24500000;break;
        case 06:gg = 24500000/2;break;
        case 05:gg = 24500000/4;break;
        case 04:gg = 24500000/8;break;
        case 03:gg = 24500000/16;break;
        case 02:gg = 24500000/32;break;
        case 01:gg = 24500000/64;break;
        case 00:gg = 24500000/128;break;
        default:gg = 24500000;break;
    }
    gg = 65536 -(gg/12/1000) * adt;
    TMR3RL = gg;
    TMR3 = gg;
}
void PCAfre_set(uint time) {          //频率输出为：PCA 时钟频率/(2×time)
    uchar tem,i;
    ulong gg;
    i = OSCICN;
    i = i&0x0f;
    switch(i) {
        case 07:gg = 24500000;break;
        case 06:gg = 24500000/2;break;
        case 05:gg = 24500000/4;break;
        case 04:gg = 24500000/8;break;
        case 03:gg = 24500000/16;break;
        case 02:gg = 24500000/32;break;
        case 01:gg = 24500000/64;break;
        case 00:gg = 24500000/128;break;
        default:gg = 24500000;break;
    }
```

```c
        tem = PCA0MD;
        tem& = 0xe;
        if(tem == 0)
        {i = 12;}
        else if(tem == 0x02)
        {i = 4;}
        else if(tem == 0x08)
        {i = 1;}
        else
        {i = 0;}
        if(i! = 0) {
            gg = gg/i/2/time;
            if(gg> = 256)
            {gg = 0;}
            PCA0CPH0 = gg;
        }
}

void delay(uint time) {
    uint i,j;
    for (i = 0;i<time;i++){
        for(j = 0;j<300;j++);
    }
}

void Timer_Init() {
    //CKCON = 0x40;         T3 时钟为系统时钟,默认 12 分频
    CKCON = 0x40;
    TMR3CN = 0x04;          //0x08,0x0c
}

void Oscillator_Init() {
    OSCICN = 0x87;          //系统频率为 24.5 MHz
    // OSCICN = 0x86;       系统频率为(24.5/2) MHz
    //OSCICN = 0x85;        系统频率为(24.5/4) MHz
    //OSCICN = 0x84;        系统频率为(24.5/8) MHz
    //OSCICN = 0x83;        系统频率为(24.5/16) MHz
    //OSCICN = 0x82;        系统频率为(24.5/32) MHz
    //OSCICN = 0x81;        系统频率为(24.5/64) MHz
    //OSCICN = 0x80;        系统频率为(24.5/128) MHz
}
```

第15章 可编程计数器阵列

```c
void Port_IO_Init() {
    XBR1 = 0x46;
    P0MDOUT = 0x02;
}

void PCA_Init() {
    PCA0CN = 0x40;
    PCA0MD& = ~0x40;
    PCA0MD = 0x00;
    PCA0CPM0 = 0x46;
    PCA0CPM1 = 0x31;         //正负边沿触发模式,CEX1 捕捉中断使能
    PCA0CPL1 = 0x00;
    PCA0CPH1 = 0x00;
}

void Init_Device(void) {
    PCA_Init();
    Timer_Init();
    Port_IO_Init();
    Oscillator_Init();
}

main() {
    //PCA0MD& = ~0x40;                       看门狗定时器禁止
    //PCA0MD = 0x00;
    Init_Device();                           //初始化硬件设置
    delay(10);
    // EA = 1;
    PCAfre_set(3000);
    //PCAfre_set(1000);
    EIE1| = 0x10;                            //PCA 中断使能
    while(1);
}

void T3_ISR() interrupt 14 {                 //T3 定时中断服务程序用与 rtc 频率测试
    TF3H = 0;
    upda = 1;
}

void PCA_ISR(void) interrupt 11 {            //PCA 中断服务程序
    static xdata  uchar num1 = 0, cfnum = 0;
    static xdata uint tmpcnt = 0;
    if(CF){
```

```
        cfnum ++ ;
        CF = 0;
    }
    if(CCF1){
        if(PCA0CP1＜tmpcnt)
            cfnum --;
        pcacap1[num1] = PCA0CP1 - tmpcnt;
        pcacap1[num1] + = 65536L * cfnum;
        tmpcnt = PCA0CP1;
        num1 ++ ;
        cfnum = 0;
        if(num1＞= 10){
            num1 = 0;
        }
        CCF1 = 0;
    }
}
```

第 16 章

嵌入式操作系统

16.1 嵌入式操作系统的定义

　　嵌入式操作系统与通常意义上的操作系统有一定的区别,并不是简单的理解成嵌入的操作系统。嵌入式操作系统负责嵌入式系统的全部软、硬资源的分配、调度工作,控制协调系统任务。嵌入式操作系统是相对于一般操作系统而言,它除了具备一般操作系统最基本的功能,如任务调度,同步机制,中断处理,基本的内存管理外,自身还具有其他特点。这由嵌入式系统工作和使用的要求决定的。嵌入式系统一旦开始运行就不需要用户过多地干预,这就要求负责系统管理具有较强的稳定性,根据所用情况体现一定的专用性。嵌入式操作系统具有如下特征:

　　① 小巧。嵌入式系统所能够提供的资源有限,所以嵌入式操作系统必须做到小巧以满足嵌入式系统硬件的限制。

　　② 实时性。大多数嵌入式系统工作在实时性要求很高的环境中,这就要求嵌入式操作系统必须将实时性作为一个重要的指标来考虑。在信息时代,人们必须在有效的时间内对收到的信息进行处理,从而为进一步的决策分析争取时间。所以,嵌入式操作系统必须体现一定的实时性。

　　③ 可装卸。由于嵌入式系统需要根据应用的要求进行装卸,所以嵌入式操作系统也必须能够根据应用的要求进行装卸,去掉多余的部分,或者简化相应的模块。这些特征在嵌入式系统的模块划分中必须事先考虑周全。

　　④ 固化代码。在嵌入式系统中,嵌入式操作系统和应用软件被固化在嵌入式系统计算机的 ROM 中。辅助存储器在嵌入式系统中使用很少,因此,嵌入式操作系统的文件管理功能应该能够很容易地拆卸,取而代之的是各种内存文件系统。

　　⑤ 弱交互性。大多数嵌入式系统的工作过程不需要人的干预。嵌入式操作系统的用户接口一般不提供操作命令,它通过系统调用命令向用户程序提供服务。

　　⑥ 强稳定性。嵌入式系统一旦开始运行,就不需要过多的干预。在这种条件下,要求负责系统管理的嵌入式操作系统具有较高的稳定性。

⑦ 统一的接口。随着各种各样的嵌入式操作系统的出现，人们有必要为嵌入式系统提供的接口进行约定，从而为嵌入式应用软件的设计者提供统一的服务接口，为嵌入式应用软件的运行提供平台的无关性。

16.2 嵌入式实时操作系统的功能

如果实时操作系统(Real Time Operation System，RTOS)的逻辑和时序出现偏差将会引起严重后果。目前有两种类型的实时系统：软实时操作系统和硬实时操作系统。软实时操作系统的宗旨是使各个任务运行得越快越好，并不要求限定某一进程必须在多长时间内完成。硬实时操作系统要求各任务不仅要执行无误而且要做到准时。大多数实时系统是软实时操作系统和硬实时操作系统的结合。

RTOS是操作系统研究的一个重要分支，它与一般商用多任务OS(如Unix、Windows等)有共同的一面，也有不同的一面。对于商用多任务OS，其目的是方便用户管理计算机资源，追求系统资源最大利用率；而RTOS追求的是调度的实时性、响应时间的可确定性、系统的高度可靠性。实时系统应用的领域十分广泛，多数实时系统是嵌入式的，这里所述的RTOS是面向嵌入式的RTOS。

评价一个实时操作系统一般可以从任务调度、内存管理、任务通信、内存开销任务切换时间、最大中断禁止时间等几个方面来衡量。

(1) 任务调度机制

RTOS的实时性和多任务能力在很大程度上取决于它的任务调度机制。从调度策略上来讲，分优先级调度策略和时间片轮转调度策略；从调度方式上来讲，分为可抢占、不可抢占、选择可抢占调度方式；从时间片来看，分固定与可变时间片轮转。在大多数商用的实时系统中，为了让操作系统能够在有突发事件时迅速取得系统控制权以便对事件作出反应，所以大都提供了"抢占式任务调度"的功能，也就是操作系统有权主动终止应用程序(应用任务)的执行，并且将执行权交给拥有最高优先级的任务。

(2) 内存管理

如同分时操作系统一样，实时操作系统使用内存管理单元MMU进行内存管理。实时操作系统内存管理模式可以分为实模式与保护模式。目前主流的实时操作系统一般都可以提供两种模式，让用户根据应用自行选择。当然前提是需要处理器有MMU功能。

(3) 最小内存开销

RTOS的设计过程中，最小内存开销是一个较重要的指标，这是因为嵌入式系统由于成本的考虑，其内存的配置一般都不大，而在这有限的空间内不仅要装载实时操作系统，还要装载用户程序。因此，在RTOS的设计中，其占用内存大小是一个很重要的指标，这是RTOS设计与其他操作系统设计的明显区别之一。

第16章 嵌入式操作系统

(4) 任务切换时间

当由于某种原因使一个任务退出运行时，RTOS 保存它的运行现场信息，插入相应队列，并依据一定的调度算法重新选择一个新任务使之投入运行，这一过程所需时间称为任务切换时间。更准确地说，任务切换时间是实时操作系统将控制权从一个任务的执行中取回，然后交给另外一个任务所需要的时间。它包括保存当前正在执行任务的现场信息所需要的时间，RTOS 决定下一个调度任务所需调度时间，以及 RTOS 把另外一个任务调入系统执行所需要的时间。

(5) 中断禁止时间和中断延迟时间

当 RTOS 运行在核心态或执行某些系统调用时，是不会因为外部中断的到来而中断执行的。只有当 RTOS 重新回到用户态时才响应外部中断请求，这一过程所需的最大时间就是中断禁止时间。中断延时时间是指系统确认中断开始直到执行中断服务程序的第一条指令为止，整个处理过程所需要的时间。实时操作系统的中断延迟时间由下列三个因素决定：处理器硬件电路的延迟时间，通常这个时间可以忽略，实时操作系统处理中断并将控制权转移给相关处理程序所需要的时间。

16.3 几种常用的操作系统

从上世纪八十年代起，国际上就开始进行一些商用嵌入式系统和专用操作系统的开发。他们开发嵌入式系统已经有二十多年的经验，目前的应用范围也比较广泛，下面介绍一些著名的嵌入式系统。

(1) Microsoft Windows CE

是从整体上为有限资源的平台设计的多线程、完整优先权、多任务的操作系统。它的模块化设计允许它对于从掌上电脑到专用的工业控制器的用户电子设备进行定制。操作系统的基本内核需要至少 200K 的 ROM。

(2) VxWorks 操作系统

是美国 WindRiver 公司于 1983 年设计开发的一种嵌入式实时操作系统，是嵌入式开发环境的关键组成部分。良好的持续发展能力、高性能的内核以及友好的用户开发环境，使其在嵌入式实时操作系统领域占据一席之地。它以其良好的可靠性和卓越的实时性被广泛地应用在通信、军事、航空、航天等高精尖技术及实时性要求极高的领域中，如卫星通信、军事演习、弹道制导、飞机导航等。在美国的 F-16、FA-18 战斗机、B-2 隐形轰炸机和爱国者导弹上，甚至连 1997 年 4 月在火星表面登陆的火星探测器上也使用到了 VxWorks。是目前嵌入式系统领域中使用最广泛、市场占有率最高的系统。它支持多种处理器，如 x86、i960、Sun Sparc、及 Freescale MC68xxx、MIPS RX000、POWERPC 等。大多数 VxWorks API 是专有的。采用 GNU 的编译和调试器。而 VxWork 虽然功能非常强大，但没有公开源代码，且价格昂贵，常常用于商业。

(3) pSOS

pSOS 是 ISI 公司的产品，现在已经被 WinRiver 公司兼并，属于 WindRiver 公司的产品。这个系统是一个模块化、高性能的实时操作系统，专为嵌入式微处理器设计，提供一个完全多任务环境，在定制的或是商业化的硬件上提供高性能和高可靠性。可以让开发者根据操作系统的功能和内存需求定制成每一个应用所需的系统。开发者可以利用它来实现从简单的单个独立设备到复杂的、网络化的多处理器系统。

(4) QNX

QNX 是一个实时的、可扩充的操作系统，它部分遵循 POSIX 相关标准，如：POSIX.1b 实时扩展。它提供了一个很小的微内核以及一些可选的配合进程。其内核仅提供 4 种服务：进程调度、进程间通信、底层网络通信和中断处理，其进程在独立的地址空间运行。所有其他 OS 服务，都实现为协作的用户进程，因此 QNX 内核非常小巧(QNX4.x 大约为 12 Kb)而且运行速度极快。这个灵活的结构可以使用户根据实际的需求，将系统配置成微小的嵌入式操作系统或是包括几百个处理器的超级虚拟机操作系统。

(5) PalmOS

3Com 公司的 Palm OS 在 PDA 市场上占有很大的市场份额，它有开放的操作系统应用程序接口(API)，开发商可以根据需要自行开发所需要的应用程序。

(6) OS-9

Microwave 的 OS-9 是为微处理器的关键实时任务而设计的操作系统，广泛应用于高科技产品中，包括消费电子产品、工业自动化、无线通信产品、医疗仪器、数字电视/多媒体设备。它提供了很好的安全性和容错性。与其他的嵌入式系统相比，它的灵活性和可升级性非常突出。

(7) LynxOS

Lynx Real-time Systems 的 LynxOS 是一个分布式、嵌入式、可规模扩展的实时操作系统，它遵循 POSIX.1a，POSIX.1b 和 POSIX.1c 标准。LynxOS 支持线程概念，提供 256 个全局用户线程优先级；提供一些传统的、非实时系统的服务特征；包括基于调用需求的虚拟内存，一个基于 Motif 的用户图形界面，与工业标准兼容的网络系统以及应用开发工具。

到现在为止嵌入式操作系统(EmbeddedOperatingSystem)的种类已有一百种以上。以上这些专用操作系统均属于商业化产品，价格昂贵；而且，由于它们各自的源代码不公开，使得每个系统上的应用软件与其他系统都无法兼容。并且，由于这种封闭性还导致了商业嵌入式系统在对各种设备的支持方面存在很大的问题，使得对它们的软件移植变得很困难。

LynxOS 是嵌入式操作系统的一个新成员，其最大的特点是源代码公开并且遵循 GPL 协议，在近一年多以来成为研究热点，据 IDG 预测，嵌入式 LINUX 将占未来两年的嵌入式操作系统份额的 50%，下面重点对其加以介绍。由于其源代码公开，人们可以任意修改，以满足自己的应用,并且查错也很容易。

16.4 可移植与 51 系列的操作系统

真正在实际中广泛应用的是源码公开的 μC/OS 和 RTX51。前面介绍的几种操作系统大都是应用于 32 位或 16 位的单片机中,它们对单片机的速度以及 RAM 和 ROM 有较高要求,因此不太适合 51 系列这类 8 位的单片机。μC/OS-Ⅱ 和 RTX51 操作系统可以考虑在 51 上移植。

16.4.1 RTX51 实时操作系统

RTX51 是一个用于 8051 系列单片机的多任务实时操作系统。有两个不同的 RTX51 版本可以利用:RTX51 Tiny 和 RTX51 Full,其中 RTX51 Full 使用 4 个任务优先权完成,同时存在时间片轮转调度和抢先的任务切换,工作在与中断功能相似的状态下,信号和信息可以通过邮箱系统在任务之间互相传递。可以从一个存储池中分配和释放内存;可以强迫一个任务等待中断、超时,或者是从另一个任务或中断发出信号、信息。而 RTX51 Tiny 是一个 RTX51 的子集,可以很容易地在没有任何外部存储器的单片 8051 系统上运转;但它仅支持时间片轮转任务切换和使用信号进行任务切换(即非抢占式的),不支持抢占式的任务切换,不包括消息队列,没有存储器池分配程序。它可在无任何外部数据存储器的单片 80C51 系统上运行,并且是可移植的。

RTX51 Full 自身代码有 6 KB 多,且需要大量外部 RAM,又无源代码,很多时候不实用,不利于学习。RTX-51 Tiny 虽然小(自身占用 900 多字节 ROM),但是任务没有优先级和中断管理,目前 Keil 已经把 RTX Tiny 的源码提供给其正版用户,全部是汇编代码,这对于一般的要求不太高的场合是可以满足的。

16.4.2 嵌入式实时操作系统 μC/OS-Ⅱ

μC/OS 是美国人 Jean J. Labrosse 于 1992 年编写的一个公开源代码的实时多任务操作系统。1998 年发布 μC/OS-Ⅱ,目前的版本为 μC/OS-Ⅱ V2.7。μC/OS-Ⅱ 虽然是一个公开源代码免费的 RTOS,其性能和安全性却可以与商业产品竞争。而且已经通过了联邦航空局(FAA)商用航行器认证。可以用于航空器等与人性命攸关的领域。μC/OS-Ⅱ 具有源码公开,多任务,占先式内核,实时性强,可裁剪,便于移植等特点。μC/OS-Ⅱ 的前身是 μC/OS,最早出自于 1992 年美国嵌入式系统专家 Jean J. Labrosse 在《嵌入式系统编程》杂志的 5 月和 6 月刊上刊登的文章连载,并把 μC/OS 的源码发布在该杂志的 BBS 上。世界上数以千计的工程技术人员将 μC/OS 应用到了各个领域,如照相机业、发动机控制、网络接入设备、高速公路电话系统、ATM 机和工业机器人等。许多大学用 μC/OS 作教材,用于实时系统教学。

μC/OS 和 μC/OS-Ⅱ是专门为计算机的嵌入式应用设计的,绝大部分代码是用 C 语言编写的。CPU 硬件相关部分是用汇编语言编写的、总量约 200 行的汇编语言部分被压缩到最低限度,为的是便于移植到任何一种其他的 CPU 上。许多移植的范例可以从网站上得到。用户只要有标准的 ANSI 的 C 交叉编译器,有汇编器、连接器等软件工具,就可以将 μC/OS 嵌入到开发的产品中。

μC/OS 具有执行效率高,占用空间小,实时性能优良和可扩展性强等特点,最小内核可编译至 2 KB。μC/OS-Ⅱ已经移植到了几乎所有知名的 CPU 上。μC/OS-Ⅱ是赫赫有名的开源嵌入式 OS,但如果用于商业目的,需要授权。近来增加了 μC/GUI 图形界面,μC/FS 文件系统,μC/TCP 网络功能,这些都是要收费的。进行简单的开发还是不错的选择。

16.5 μC/OS-Ⅱ功能概述

现在 μC/OS-Ⅱ的版本已经升级到了 2.52,具有如下的特点:

(1) 公开源代码

源代码清晰易读且结构协调,注解详尽,组织有序。

(2) 可移植性

绝大部分 μC/OS-Ⅱ的源代码使用移植性很强的 ANSI C 编写,如微处理器硬件相关部分采用汇编语言编写,并且压到了最低限度。只要该处理器有堆栈指针,有 CPU 内部寄存器入栈出栈指令就可以移植 μC/OS-Ⅱ。目前 μC/OS-Ⅱ已经移植到部分 8 位、16 位、32 位以及 64 位微处理器上。

(3) 可裁剪

可以只使用 μC/OS-Ⅱ中应用程序需要的那些系统服务,这种可裁剪性是靠条件编译实现的。

(4) 占先式

μC/OS-Ⅱ完全是占先式实时内核,即总是运行处于就绪条件下优先级最高的任务。

(5) 多任务

可以管理 64 个任务,系统保留了 8 个任务,应用程序最多可以有 56 个任务。赋予每个任务的优先级必须是不相同的。

(6) 可确定性

全部 μC/OS-Ⅱ的函数调用和服务的执行时间具有可确定性,即它们的执行时间是可知的,进而言之,μC/OS-Ⅱ系统服务的执行时间不依赖于应用程序任务的多少。

(7) 任务栈

每个任务有自己的堆栈,μC/OS-Ⅱ允许每个任务有不同的栈空间。

第 16 章 嵌入式操作系统

(8) 系统服务

μC/OS-Ⅱ提供多种系统服务,如邮箱、消息队列、信号量、块大小固定的内存的申请与释放、时间相关函数等。

(9) 中断管理

中断使正在执行的任务暂时挂起,中断嵌套层数可达 255 层。

(10) 稳定性与可靠性

μC/OS-Ⅱ是基于 μC/OS 的,μC/OS 自 1992 年以来已经有几百个商业应用。μC/OS-Ⅱ是 μC/OS 的升级版本。

μC/OS-Ⅱ内核大体上包括任务管理模块、时间管理模块、任务通信与同步模块和内存管理模块。一个完整的操作系统还应包括文件管理、图形用户接口、协议栈等。图 16.1 说明了 μC/OS-Ⅱ的结构图。

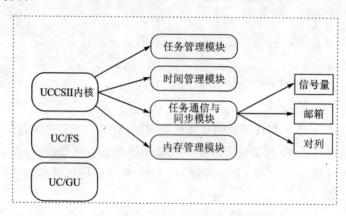

图 16.1 μC/OS-Ⅱ结构图

C8051F410 是一种体积小,有强大的片上系统,具有 2 KB 的片上内存,具有与 51 兼容的微处理器内核,因此完全符合移植条件。由于与 51 兼容,因此移植过程也是大同小异,鉴于片上的内存并不太充足,要达到单片移植运行的条件,有些操作系统的功能就要取舍。根据实际情况下面将介绍任务管理、时间管理、通信与同步中的信号量和信箱的常用函数的使用。内存管理与对列的相关内容,请读者参考相关书籍。笔者所介绍的是该操作系统中最重要也是最常用的内容,是初学者的首选。掌握了这些内容即可实现一般的任务。

16.5.1 任务类操作函数

任务是操作系统控制的对象,每个任务都是系统功能的一个小单元,同时它又是系统执行时间轴的一部分,在任务执行的线程内它有专属的 CPU。任务在执行过程中,依据优先级的不同,依次占有着 CPU 的控制权,从整体看任务是并行运行的,从单线程内看系统又是分时交替的。任务的结构为无限循环,保证程序没有其他出口,只有调度一种方式进出。

1. 建立任务函数 OSTaskCreate( )

该函数的功能是建立一个新的任务,一般是在程序初始化阶段。它是 μC/OS-Ⅱ 中最重要的一个函数,每一个用户程序中都会用到。该函数可以在任务中调用,即在任务中建立其他任务。中断中是不能创建任务的。该函数的参数形式如下:

```
INT8U OSTaskCreate(void ( * task)(void * pd), void * pdata, OS_STK * ptos, INT8U prio)
```

task 是任务代码的指针。pdata 指向一个数据结构,传递一些参数,如程序中没有用到它可以赋值为 0。ptos 是任务堆栈栈顶的指针,该指针的取值与初始化常量 OS_STK_GROWTH 取值有关,例如 OS_STK_GROWTH 设为 1,即堆栈被设为从内存由高地址向低地址增长,此时 ptos 应该指向任务堆栈空间的最高地址;如果 OS_STK_GROWTH 设为 0,堆栈将从内存的低地址向高地址增长,此时 ptos 应该指向任务堆栈空间的最低地址。OS_STK_GROWTH 的取值与 CPU 的类型有关。prio 是任务的优先级。由优先级作为标识,所以它必须唯一,数字越小,优先级越高。该函数返回值为下述之一:

OS_NO_ERR:函数调用成功。

OS_PRIO_EXIST:该优先级已经存在。

OS_PRIO_INVALID:优先级大于了 OS_LOWEST_PRIO。

OS_NO_MORE_TCB:系统中 OS_TCB 用尽。

在 μC/OS-Ⅱ 还具有 OSTaskCreateExt( ) 函数,功能包含了 OSTaskCreate( ),同时扩展了一些功能。感兴趣的读者可参考相关专门书籍,这里就不介绍了。

2. 删除任务函数 OSTaskDel( )

函数功能是无条件的删除一个指定优先级的任务。任务可以删除自己,可使用 OS_PRIO_SELF 代替任务优先级。被删除的任务将回到休眠状态。要恢复被删除的任务须调用任务建立函数。空闲任务 Idle task 是不能被删除的,若强行删除将返回错误值。在删除占用系统资源的任务时执行是有风险的,此时若任务占用了系统资源将可能导致系统崩溃。为了安全可使用 OSTaskDelReq( ) 函数。除此之外,在中断中不可调用本函数。函数的参数形式如下:

```
INT8U OSTaskDel (INT8U prio)
```

参数 prio 是要删除任务的优先级,如果是删除自身,可以用参数 OS_PRIO_SELF 代替。该函数的返回值为下述之一:

OS_NO_ERR:函数调用成功。

OS_TASK_DEL_IDLE:错误操作,试图删除空闲任务(Idle task)。

OS_TASK_DEL_ERR:错误操作,指定要删除的任务不存在。

OS_PRIO_INVALID:参数指定的优先级大于 OS_LOWEST_PRIO。

OS_TASK_DEL_ISR:错误操作,试图在中断处理程序中删除任务。

3. 任务唤醒函数 OSTaskResume( )

该函数的功能是唤醒一个被挂起的任务。如果希望解除任务挂起状态,这个函数是唯一一种方式。该函数的参数形式如下:

```
INT8U OSTaskResume ( INT8U prio)
```

参数 prio 是要唤醒任务的优先级。该函数执行后返回值有以下几种:

OS_NO_ERR:函数调用成功。

OS_TASK_RESUME_PRIO:任务不存在。

OS_TASK_NOT_SUSPENDED:任务非挂起状态。

OS_PRIO_INVALID:优先级非法即大于或等于 OS_LOWEST_PRIO。

4. 任务挂起函数 OSTaskSuspend( )

该函数的功能是无条件地挂起一个任务,这个任务可以包括自身,即自己挂起自己。但是空闲任务 Idle task 是不能被挂起的,以保证操作系统中至少有一个可运行的任务。由于本函数是无条件执行的,因此将任务的当前态都保留。比如挂起时任务正处在延时状态,则唤醒后程序会继续延时。挂起后是可以接收信号量的,只不过任务无法运行,要想运行只有调用 OSTaskResume( )唤醒任务,因为二者是成对使用的。该函数的参数形式如下:

```
INT8U OSTaskSuspend ( INT8U prio)
```

参数 prio 为要挂起任务的优先级,也可以使用参数 OS_PRIO_SELF,挂起任务本身。函数执行后返回值为下述之一:

OS_NO_ERR:函数调用成功。

OS_TASK_ SUSPEND_IDLE:非法操作,试图挂起空闲任务(Idle task)。

OS_PRIO_INVALID:优先级非法大于 OS_LOWEST_PRIO 或 OS_PRIO_SELF 的值没定义。

OS_TASK_ SUSPEND _PRIO:任务不存在。

16.5.2 时间类函数

嵌入式系统中的任务可以看作是依据时间轴并发运行的,尽管这种并行是伪并行,事实上只有一个 CPU 单个时钟周期内由一个任务在运行。系统中的各种任务的执行就是其在时间轴上的分布。而决定这一分布的因素除了对任务状态的直接操作函数,再就是时间类函数了。前者的灵活性远没有后者大,试想一下在一个系统中仅仅通过开关,是很难实现各任务之间切换的,也就失去了操作系统的意义。时间类函数就是要实现各任务在时间轴的合理分布,避免产生两极分化,高优先级的任务总是占有 CPU 的使用权,而低优先级的任务总是得不到 CPU 的使用权。

1. 任务延时函数 OSTimeDly( )

延时在系统中很有用,譬如按键的消抖,系统初始化中外设的就绪,LED 亮灭的时间控制等等。在无操作系统的系统中是通过让处理器执行一些指令以消耗部分时间达到拖延时间的作用,这期间 CPU 的时间浪费,此时如果有一些紧急情况也得不到执行。

使用操作系统可以很好地解决这样的问题。μC/OS-Ⅱ里具有这样的功能,任务可以延时一段时间,这段时间的长短是用时钟节拍的数目来确定的。在此期间 CPU 的使用权被交出,可以完成一些其他的功能,延时和 CPU 操作是同步进行,实施性大大提高。实现这个系统服务的函数叫做 OSTimeDly()。调用该函数会使 μC/OS-Ⅱ进行一次任务调度,并且执行下一个优先级最高的就绪态任务。任务调用 OSTimeDly()后,一旦规定的时间期满或者有其他的任务通过调用 OSTimeDlyResume()取消了延时,它就会马上进入就绪状态。

该函数的参数形式如下:

```
void OSTimeDly ( INT16U ticks);
```

其中 ticks 是用户指定的延时时钟节拍数,可以取值 0 ~65535。如果用户指定 0 值,则表明用户不想延时任务,函数会立即返回到调用者。此时任务已经不再处于就绪状态,即交出了CPU 的使用权,任务调度程序会执行下一个优先级最高的就绪任务。

此延时有一定的误差,具体情况和系统中的任务负荷有关,因此无法做到精确延时。为保证可靠的延时效果,一般应该在实际所需延时数上再加一。

2. 按时分秒延时函数 OSTimeDlyHMSM( )

OSTimeDly()是一个很有用的函数,在使用时用户需要知道延时时间所对应的系统时钟数。为将延时与具体时间对应上,用户可以使用定义全局常数 OS_TICKS_PER_SEC 进行必要的转换。当然也可以利用 OSTimeDlyHMSM()函数完成这一功能,可以按小时(H)、分(M)、秒(S)和毫秒(m)的格式来定义时间了,这样会显得更自然些。与 OSTimeDly()一样,调用 OSTimeDlyHMSM()函数也会使 μC/OS-Ⅱ进行一次任务调度,并且执行下一个优先级最高的就绪态任务。调用 OSTimeDlyHMSM()以后,设定的时间达到后或者有其他的任务通过调用 OSTimeDlyResume()取消了延时就会马上处于就绪态。该函数的参数格式如下:

```
void OSTimeDlyHMSM( INT8U hours,INT8U minutes,INT8U seconds,INT8U milli);
```

其中各变量的取值范围为:hours 为延时小时数,范围为 0~255;minutes 为延时分钟数,范围为 0~59;seconds 为延时秒数,范围为 0~59;milli 为延时毫秒数,范围为 0~999。由于μC/OS-Ⅱ只知道节拍,所以通过节拍总数来计算还受节拍周期的制约。延时操作函数都是以时钟节拍为单位的,即实际的延时时间是时钟节拍的整数倍。例如系统每次时钟节拍间隔是 10 ms,如果设定延时为 10 ms 以下,将不产生任何延时操作,而设定延时 15 ms,实际的延时是两个时钟节拍,也就是 20 ms。如果各参数均取 0 值表示不进行延时操作,而立即返回调用者。另外,如果延时总时间超过 65535 个时钟节拍,将不能用 OSTimeDlyResume()函数终止延时并唤醒任务。OSTimeDlyHMSM()的返回值为下述之一:

OS_NO_ERR:函数调用成功。
OS_TIME_INVALID_MINUTES:参数错误,分钟数大于 59。
OS_TIME_INVALID_SECONDS:参数错误,秒数大于 59。
OS_TIME_INVALID_MILLI:参数错误,毫秒数大于 999。
OS_TIME_ZERO_DLY:4 个参数全为 0。

3. 结束延时函数 OSTimeDlyResume()

处在延时期间的任务不是在就绪状态,可以被其他任务结束延时状态而使自己进入就绪态,此时要通过调用函数 OSTimeDlyResume()来恢复某一优先级的任务。该函数的形式为:

void OSTimeDlyResume(INT8U prio)

由于优先级是 μC/OS-Ⅱ 识别任务的唯一方式,指定优先级即指定了任务。要使此函数执行有效,所指定的优先级也必须是存在的。OSTimeDlyResume()只能结束延时在 65535 个时钟节拍以下的任务,OSTimeDly()最多可定义的任务延时为 65535 个,因此,任何时候都适用,而 OSTimeDlyHMSM()定义的延时函数时钟数则有可能大于 65535,当大于时就不适用于结束延时函数了。OSTimeDlyResume()的返回值定义如下:

OS_NO_ERR:函数调用成功。
OS_PRIO_INVALID:参数指定的优先级大于 OS_LOWEST_PRIO。
OS_TIME_NOT_DLY:要唤醒的任务不在延时状态。
OS_TASK_NOT_EXIST:指定的任务不存在。

4. 系统时间函数 OSTimeGet()和 OSTimeSet()

操作系统的时钟节拍发生以后,μC/OS-Ⅱ 都会将一个 32 位的计数器加 1。这个计数器在用户调用 OSStart()初始化多任务和 4294967295 个节拍执行完一遍的时候从 0 开始计数。在时钟节拍的频率等于 100 Hz 的时候,这个 32 位的计数器每隔 497 天就重新开始计数。可以通过调用 OSTimeGet()来获得该计数器的当前值,也可以通过调用 OSTimeSet()来改变该计数器的值。在访问 OSTime 的时候中断是关掉的,这是因为在大多数 8 位处理器上增加和拷贝一个 32 位的数都需要数条指令,这些指令一般都需要一次执行完毕,而不能被中断等因素打断。

16.5.3 信号类函数

信号量一般用于处理任务与任务之间关系而设计。任务与任务之间关系,总的来说可分为两类:第一类,它们之间存在内在密切的联系或逻辑上先后关系,即某一个任务的执行,是

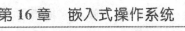

在某种条件具备了之后才可以的,譬如常用的按键监控程序,在按下或释放某个键后才将程序流程分支到特定处,再如灭火系统中当检测到火灾信号后才进行下一步的灭火作业等;第二类,为任务本身关系不密切,但由于外部条件使二者发生了联系,比较典型的是共用资源的分配,如串口或某个全局变量等等。

对于第一类关系,其实就是任务的一个同步问题,或是握手问题。在不采用操作系统的嵌入式系统编程时,要么采用查寻方式,要么采用中断方式,无论哪种方式都会造成程序层次不明晰,可读性差,增加了程序开发和维护的困难。第二类关系实际表达的是一种互斥关系,在非操作系统中一般通过标志位与轮流独占实现,缺乏优先级的问题,使程序的适时性大受影响。采用操作系统后可以利用信号量较好地完成这些功能,尤其是在那些有同步要求的异步事件中。信号量非常有用,在程序设计中常见。

1. 信号量的建立函数 OSSemCreate( )

本函数是信号量操作的前提,所有程序中使用的信号量都必须有一个建立的过程。只有调用本函数后才可以建立并初始化一个信号量。它的作用是:为保证任务与其他任务或者中断同步,而建立资源使用权标志及事件发生的标志。该函数的形式如下:

```
OS_EVENT  * OSSemCreate(WORD value)
```

其中 value 参数是建立的信号量的初始值,可以取 0～65 535 之间的任何值。在使用本函数时要先用 OS_EVENT 关键字定义该信号量。

2. 信号量发出函数 OSSemPost( )

该函数的作用是向其他任务发出信号量,与 OSSemPend( )配对使用。函数必须先定义并且建立并初始化后方可使用。当定义的信号量是零或大于零,执行本函数后将递增该信号量并返回。如果有任何任务在等待信号量,最高优先级的任务将得到信号量并进入就绪状态。然后进行任务调度。该函数形式如下:

```
INT8U OSSemPost(OS_EVENT  * pevent)
```

其中参数 pevent 是指向信号量的指针。该指针在建立该信号量时被赋值。执行本函数后返回值可能为:

OS_NO_ERR:信号量成功发出。

OS_SEM_OVF:信号量值溢出。

OS_ERR_EVENT_TYPE:pevent 指针错误,不是指向信号量。

3. 信号量等待函数 OSSemPend( )

该函数的作用是任务与其他任务或中断同步时握手之用,也可用于资源使用权的许可,还可以和 OSSemPost( )配对使用。函数必须先定义并且建立并初始化后方可使用。如果调用时信号量为零,则函数将任务加入该信号量的等待队列,此时意味着无有效资源或所需事件没有发生。OSSemPend()函数将挂起当前任务直到其他的任务或中断发出信号量或等待超时。如果在设定的时钟节拍数内无信号量发出,则操作系统将默认最高优先级的任务取得信号量并恢复执行。被OSTaskSuspend()函数挂起的任务也可以接受信号量,但这个任务将保持挂起状态不能运行,直到通过调用恢复任务运行函数OSTaskResume()后。该函数不允许从中断调用,但函数可以检测到是否从中断调用,同时给出了错误码信息。该函数的形式如下:

```
Void OSSemPend ( OS_EVNNT * pevent, INT16U timeout, INT8U * err )
```

其中,pevent是指向信号量指针的,当调用建立信号函数时被赋值;timeout定义最大等待的节拍数,可取值0~65535,当一个任务经过了最大等待的节拍数还没有得到需要的信号量,任务将恢复运行状态,0值表示任务将一直等待下去。err是指向包含错误码的变量的指针。OSSemPend()函数返回的错误码可能为下述几种:

OS_NO_ERR:信号量不为零。

OS_TIMEOUT:信号量没有在指定的周期数内挂起。

OS_ERR_PEND_ISR:从中断调用了该函数。

OS_ERR_EVENT_TYPE:pevent不是指向信号量的指针。

4. 信号量删除函数 OSSemDel( )

本函数的功能为删除函数中不用的信号量,与OSSemCreate()函数功能相反。这个函数的形式如下:

```
OSSemDel(OS_EVNNT * pevent, INT8U opt, INT8U * err )
```

其中,参数opt用来定义删除条件。有两个选项可以选择:OS_DEL_NO_PEND 和 OS_DEL_ALLWAYS,前者表示没有等待任务时才删除信号量,后者是无条件地删除信号量。程序执行成功后err的值为OS_NO_ERR。本函数不可在中断中调用。

5. 信号量查看函数 OSSemAccept( )

该函数的作用是查询是否有信号量发出,如果设备没有就绪,并不挂起任务,执行下面的语句,因此该函数可在中断中调用。该函数形式如下:

```
INT16U * OSSemAccept(OS_EVENT * pevent)
```

其中,参数pevent是指向需要查询的信号量的指针,其值在建立信号量时被赋值。

调用OSSemAccept()函数时,如果信号量的值大于零,说明有信号量发出且准备就绪,该值作为返回值,同时信号量的值减一。如果信号量的值等于零,说明设备没有就绪,返回零。

16.5.4 信箱类函数

嵌入式系统中任务与任务经常进行信息交互。如果交互的内容是数据,数据在这里被称为消息,此时就需要使用信箱类函数实现了。实际上信箱就是一块任务共享的内存,存储着要传递的内容,由于内容可能是单信息也可能是一个队列,因此任务之间传递的是指向内存的指针。

1. 信箱建立函数 OSMboxCreate( )

该函数的作用是建立并初始化一个消息邮箱,这是其他信箱函数操作的前提。信箱允许任务或中断向其他任务单发或群发消息。该函数的形式如下:

```
OS_EVENT *OSMboxCreate(void *msg)
```

其中,参数 msg 用来初始化建立的消息信箱。如果该指针已经定义且非空,建立的消息信箱将含有消息。返回值指向分配给所建立的消息信箱的事件控制块的指针。如果没有可用的事件控制块,返回空指针。

2. 消息发送函数 OSMboxPost( )

该函数的作用是将消息发送给任务,由指针和指针长度变量组成,它们定义了要传递的实际信息。该函数的形式如下:

```
INT8U OSMboxPost(OS_EVENT *pevent, void *msg)
```

其中,参数 pevent 是指向消息信箱的指针,即指向要传递的实际内容。Msg 是即将实际发送给任务的消息。消息是一个指针长度的变量,在不同的程序中消息的使用也可能不同。不允许传递一个空指针,因为这意味着消息信箱为空。OSMboxPost( )函数的返回值含义如下:

OS_NO_ERR:消息成功传递到消息信箱中。
OS_MBOX_FULL:消息信箱内已存在消息,信箱非空。
OS_ERR_EVENT_TYPE:指针错误,pevent 不是指向消息信箱的指针。

3. 等待消息函数 OSMboxPend( )

该函数的功能是等待由函数 OSMboxPost( )发出的消息,该消息的来源可能为其他任务或中断。消息是一个以指针定义的变量,在不同的程序中消息的使用也可能不同。调用该函数后如果信箱中已存在消息,那么该消息被传给调用该函数的任务。如没有则挂起任务等待,直到信箱内有消息或定义的等待时间已过。挂起的任务也可以接受消息,但不能运行,直到该任务被恢复。不允许从中断调用该函数,但包含了检测这种情况的功能。该函数的形式如下:

```
Void *OSMboxPend ( OS_EVNNT *pevent, INT16U timeout, int8u *err )
```

其中,参数 pevent 是指向消息信箱的指针。Timeout 用于定义等待时间,其值可以为 0~65535,单位为节拍数,零表示任务将持续的等待消息。Err 是错误码的变量的指针,错误码可能为下述几种:

OS_NO_ERR：消息被正确地接收。

OS_TIMEOUT：在 timeout 指定的周期数内没有收到消息。

OS_ERR_PEND_ISR：从中断调用该函数。

OS_ERR_EVENT_TYPE：pevent 不是指向消息信箱的指针。

4. 查看信箱消息函数 OSMboxAccept( )

该函数的作用是查看消息信箱是否有需要的消息。与 OSMboxPend( )函数不同,如果没有需要的消息,函数并不挂起任务。如果消息已经到达,该消息被传递到调用的任务并且从消息信箱中清除。在中断中查看信箱情况须调用该函数,因为中断不允许挂起等待消息。该函数的形式如下：

```
Void  * OSMboxAccept(OS_EVENT * pevent)
```

其中,参数 pevent 是指向消息信箱的指针。

如果消息已经到达,返回指向该消息的指针,如果消息信箱没有消息,返回空指针。

16.6 基于 μC/OS-II 的串口测温应用实例

μC/OS-II 功能强大,合理的应用可以使程序的结构清晰,可读性增强,更重要的是程序的可靠性大大增强,同时升级和扩展更为方便。执行时间的可确定性在一些在线测量系统中至关重要,操作系统恰有这方面的优势。

本实例就是基于操作系统实现的测温及串口通信程序。一般的基于操作系统的程序设计,是分为三层开发的,第一层硬件层,该层直接面向硬件,控制其基本功能。第二层为操作系统层,该层是一个中间层,主要负责协调好上一层对底层的控制。第三层为应用层,该层是用户的任务层。这样分层的好处是避免重复开发,在一些复杂处理器上是十分的必要。硬件层与操作系统层通过中断或一些 API 函数实现。但在一些较为简单的系统中,如 51 系统,这样实现可能会比较麻烦,效率也低。因此本实例采用了部分混合层,即对一些硬件的操作是直接在应用层控制的,这样尽管程序结构不好,移植性差,但实现起来效率更高更容易。

```
#include"Ucos Core\\includes.h"
#include"absacc.h"
#define SYSCLK        24500000/48   //该频率不是系统的工作频率,而是定时器0、1的频率
//#define BAUDRATE     9600
#define BAUDRATE      19200
sbit SET   = P2^1;
sbit START = P2^2;
sbit STOP  = P2^3;
```

```
sfr16 ADCVAL = 0xbd;
float ictem;
INT16U xdata ad[16];
OS_EVENT * startsem;
OS_EVENT * stopsem;
OS_EVENT * adsem;
OS_STK xdata
stack1[USER_STACK_SIZE],stack2[USER_STACK_SIZE],stack3[USER_STACK_SIZE],
adstack[USER_STACK_SIZE];
void temstart(void * pdat)    REENT;
void get_data(void * pdat)    REENT;
void send_data(void * pdat)   REENT;
void tem_com(void * pdat)     REENT;
void InitTimer0(void);
void Oscillator_Init();
void ADC_Init();
void Voltage_Reference_Init();
void PCA_Init();
void Init_Device(void);
void UART0_Init (void);
/////////////////////////函数体定义/////////////////////////
void Oscillator_Init() {
    OSCICN = 0x87;        //系统频率为 24.5 MHz
    //OSCICN = 0x86;      系统频率为(24.5/2) MHz
    //OSCICN = 0x85;      系统频率为(24.5/4) MHz
    //OSCICN = 0x84;      系统频率为(24.5/8) MHz
    //OSCICN = 0x83;      系统频率为(24.5/16) MHz
    //OSCICN = 0x82;      系统频率为(24.5/32) MHz
    //OSCICN = 0x81;      系统频率为(24.5/64) MHz
    //OSCICN = 0x80;      系统频率为(24.5/128) MHz
}

void ADC_Init() {
    ADC0MX = 0x18;
    ADC0CF = 0xFE;
    ADC0CN = 0xC0;
}

void Voltage_Reference_Init() {
```

```c
    REF0CN = 0x17;
}

void UART0_Init (void) {
    SCON0 = 0x10;
    if (SYSCLK/BAUDRATE/2/256 < 1) {
        TH1 = -(SYSCLK/BAUDRATE/2);
        CKCON &= ~0x0B;
        CKCON |=  0x08;
    }
    else if (SYSCLK/BAUDRATE/2/256 < 4) {
        TH1 = -(SYSCLK/BAUDRATE/2/4);
        CKCON &= ~0x0B;
        CKCON |=  0x09;
    }
    else if (SYSCLK/BAUDRATE/2/256 < 12) {
        TH1 = -(SYSCLK/BAUDRATE/2/12);
        CKCON &= ~0x0B;
    }
    else {
        TH1 = -(SYSCLK/BAUDRATE/2/48);
        CKCON &= ~0x0B;
        CKCON |=  0x02;
    }
    TL1 = TH1;
    TMOD &= ~0xf0;
    TMOD |= 0x20;
    TR1 = 1;
    TI0 = 1;
}

void PCA_Init() {
    PCA0MD&= ~0x40;
    PCA0MD = 0x00;
    P2MDIN = 0xFC;
    P0MDOUT = 0xF8;
    P2SKIP = 0x03;
    XBR0 = 0x01;
    XBR1 = 0x40;
}

void Init_Device(void) {
    PCA_Init();
```

```c
        ADC_Init();
        Voltage_Reference_Init();
        Oscillator_Init();
}
void main(void) {
        Init_Device();
        UART0_Init ();
        OSInit();
        OSTaskCreate(temstart,0,&stack1[0],5);
        OSTaskCreate(get_data,0,&stack2[0],6);
        InitTimer0();
        OSStart();
}
void temstart(void * pdat)    REENT {
        INT8U i;
        pdat = pdat;
        for(;;) {
                startsem = OSSemCreate(0);
                stopsem = OSSemCreate(0);
                adsem = OSSemCreate(0);
                for(i = 0;i<16;i++) {
                    ad[i] = i;
                }
                // OSTaskCreate(task3,0,&stack3[0],7);
                OSTaskCreate(tem_com,0,&adstack[0],7);
                OSTaskCreate(send_data,0,&stack3[0],8);
                OSTaskDel(OS_PRIO_SELF);
        }
}
void get_data(void * pdat)    REENT {
        INT8U i,err;
        pdat = pdat;
        for(;;) {
            AD0INT = 0;
            AD0BUSY = 1;
            for (i = 0;i<16;i++) {
                AD0INT = 0;
                AD0BUSY = 1;
                OSTimeDly(1);
                ad[i] = ADCVAL;
            }
```

第 16 章 嵌入式操作系统

```
            OSSemPost(stopsem);
            OSSemPend(adsem,0,&err);
            //OSTimeDly(10);
            // OSTaskDel(OS_PRIO_SELF);
        }
    }
    void send_data(void * pdat)   REENT {
        INT8U err;
        pdat = pdat;
        for(;;) {
            OSSemPend(startsem,0,&err);
            printf(" % f  ",ictem);
            OSSemPost(adsem);
        }
    }
    void tem_com(void * pdat)   REENT {
        INT8U i,err;
        pdat = pdat;
        for(;;) {
            //OSTimeDly(1);
            OSSemPend(stopsem,0,&err);
            ictem = 0;
            for (i = 0;i<16;i++) {
                ictem = ictem + ad[i];
            }
            ictem = ictem/16/65536;
            ictem * = 2.226;
            ictem - = 0.9;
            ictem/ = 0.00295;//将测量值转化成真实温度值
            OSSemPost(startsem);
        }
    }
```

图 16.2 所示为程序运行结果。

第 16 章 嵌入式操作系统

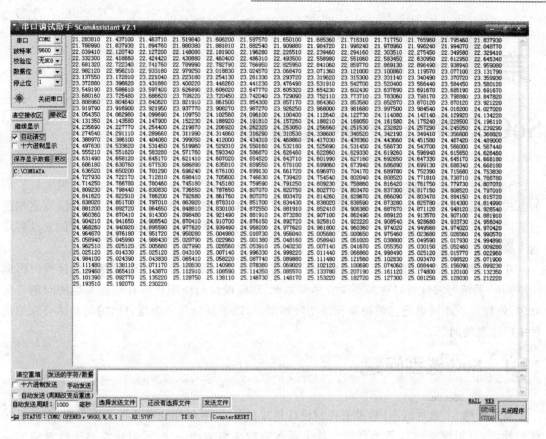

图 16.2 程序运行结果

第 17 章

SoC 应用设计经验点滴

SoC 单片机具有集成度高，功能强大的特点。过去设计单片机系统采取的是积木式扩展的方式。根据需要将外设（如 A/D、D/A、RAM 等）进行片外扩展，体积大自不必说，与之相配合的供电、时钟信号、抗干扰一系列问题都要考虑，哪点考虑纰漏都要出问题，系统的复杂程度越大故障点就越多。

片上系统把许多问题都替我们考虑了，我们要做的只是软件编程进行参数化设置。因此应用 SoC 系统可靠性可以提高不少。尽管如此，SoC 设计与应用仍然有一些共性的问题需要处理，处理好了才可以把它的特点和性能发挥出来，以下将分几节根据自己的切身体会介绍设计中应注意的问题。

17.1 SoC 选型问题

与过去的 51 单片机不同，过去我们设计单片机系统，各种用途单片机几乎不变，变的是扩展的外设，可以说是一服药治百病。片上系统有较丰富的产品线，可根据需要选择对应的系列，当然还要结合性价比。

SoC 有几个有特点的类。

F00x 是早期的产品，这类产品的特点是片内晶振误差较大，串口通信可能会受影响，同时该产品不支持片外并行扩展，尽管可以采用软件方式模拟时序实现，但意义不大。

F02x 这一系列改进了前一代的一些不足，支持并行扩展，片内 XRAM 为 4 KB，ROM 为 64 KB，支持双串口，性价比较高，应用很广泛，介绍这个系列的书籍较多。

F04x 系列的特点是集成了 CAN 总线，比较适合基于 CAN2.0 总线的工作场合，由于寄存器较多，采取了分页技术，给操作带了一点不便，也支持片外并行扩展，支持工业的高压输入可达到 ±60 V，内部含有程控放大器。

F06x 系列侧重于数据采集方面的应用，内部集成了 2 路 1Mb 的 16 位 A/D，为配合数据的传输具有 DMA 功能，以及片内可编程放大器，这些设置都适用于数据采集的需要，但该芯片较贵因此不太适合一般的控制需要。

F1xx 系列特点是大容量 ROM 和 RAM，具有 128 KB 的 ROM 以及 8 KB 的 XRAM，执

行速度为 50~100 MIPS。该类产品有的集成有 16×16 的硬件乘法器,支持并行扩展。因此该类产品适用于运算量较大,程序量较大的场合,如多点 FFT 运算。

F30x 是小体积少引脚产品,它仅有 11 个引脚;ROM 很少,为 2 KB、8 KB;外设很少,只支持串口和 SMBus。

F32x 与 F34x 的特点是集成了 USB2.0 总线,适合于基于 USB 的应用。

F33x 系列价格低廉仅 20 个引脚有超小封装与 DIP 封装,很适合一般工业控制应用。

F350 是唯一一个具有 24 位 A/D 的产品,比较适合称重系统。F41x 集成了智能时钟,片内稳压器,低功耗,比较适用于手持设备。

SoC 的所有产品都有串口,片内晶振。一般 100 脚的都有双串口,绝大部分产品都有 SPI 与 SMBus 总线。以上是 C8051F 的大概特点,具体请查阅相关说明书。

17.2　SoC 系统设计的几点建议

选择了一类 SoC 后,系统设计也很关键,尤其要规划好 PCB 板的设计。SoC 工作的频率较高,对电源的要求较高,因此所选择的线路板至少要 2 层,多层的更好,这样可以设置独立的电源层与接地层。如使用 2 层板强烈建议大面积覆铜并接地。除了从 PCB 考虑外,还要从供电电源考虑,一般开关电源的干扰比线性电源大,在一些高精度采样中影响较大。若条件允许优先使用线性电源,毕竟系统功耗较低,效率影响不大。无论片内是否有稳压器,最好接 3.3 V 稳压器再连接芯片,并在电源入口处加容量为 4.7 μF 与 0.1 μF 的电容。

所有的 C8051F 系列的 SoC 均包含有内部晶振,如没有特殊的应用需求,优先使用它,只是有的片内晶振误差较大,应用于 URAT 中可能精度会不够,这种情况须使用片外晶振,也可使用有源晶振。

SMBus 与 SPI 等总线的上拉电阻选择要根据场合决定。一般阻值小的功耗大,但在高速通信场合抗干扰能力强。同时阻值小总线长度也可延长一些,一般可选 2~10 kΩ,如不考虑功耗阻值可以小一点。如在一个系统中总线扩展的外设可以与 SoC 芯片距离近一点。如不在一个系统中,中间有连线时就要考虑隔离了。

关于系统基准问题,所有的具有 A/D 外设的芯片一般都有片内基准,该基准根据实测的结果。16 位 A/D 以下的一般都能达到要求。此时设计没必要再扩展一个片外基准,因为片内已足够。但是对于高于 16 位的 A/D 如 F350 的基准就明显不够,一般只能达到 18 位左右的精度,如确需高精度可能需要扩展片外基准。

要充分利用 SoC 的可编程 I/O 分配功能,最好在设计 PCB 时再修改原理图,做到最佳的分配方案。使芯片周围与下面的过孔尽可能少,这样在高频工作时意义很大。

要利用好片内的 FLASH,所有芯片内均有 FLASH,大多数情况下用户编程结束后可能剩余部分空间。这部分空间完全可以作为可变参数存储区,擦写寿命近 10 万次,可满足一般

第 17 章 SoC 应用设计经验点滴

需要。只是对该部分操作要 512 B 整页操作。

作好模拟数字弱电强电的隔离问题。有的芯片有专用的数字地与模拟地,这些地不可胡乱接,最好在芯片附近通过磁珠一点连接。少引脚的芯片在片内已连接好了,这要求设计者片外扩展时要严格区分模拟和数字地并一点与芯片地通过磁珠相连。模拟电源与数字电源也应从 +3.3 V 电源处分别引出并分别滤波。对于模拟数字地分开的产品不管 ADC 应用与否,数字地与模拟地都必须连接。SoC 的电压较低,连接其他系统或本系统的高电压外设时要经过光耦隔离。这种做法是非常重要的,应该说这是切断干扰的有效措施。数字量根据速度可使用一般的光耦或高速光耦,模拟量要使用线性光耦。

要协调好片上的资源,SoC 片上资源丰富,定时器(不包括少引脚的产品)一般有 4 个以上,要注意的是这 4 个定时器中一般只有 Timer0/1 可以用作外部的计数器,其他只能作为定时器。同时片上外设 SPI、SMBUS、UART 均需要定时器,有的可能需要不止一个。大部分的产品都具有看门狗功能,但要注意看门狗并非独立的,它是 PCA 一个功能模块实现的,并且 PCA 各模块共用一个时钟源,当看门狗被使能后某些功能被限制。

操作系统的应用问题,根据实测要使操作系统使用得有意义,系统必须要有至少 16 KB 的 ROM,不少于 2 KB 的 RAM。否则功能非常受限,意义也就不大了。如果程序功能简单,可以采用传统的前后台模式,或基于时钟触发的模式,实例中最后一个例子笔者就采用了这种模式。

C8051F 运行速度平均约是同频率普通 MCS-51 单片机的 10 倍。编程时变量尽可能用内部 256 字节 RAM 以及芯片内置的 XRAM,可增加运行速度。对于可以并行扩展的产品,如确需外部扩展数据 RAM 时,要注意速度的匹配性,应选择与 MCU 时钟频率匹配的 RAM,以达到最好的性能。如 25 MHz 时钟频率的 MCU 可选择读/写速度为 45 ns 的数据 RAM。

C8051F 的 I/O 口可配置为推挽输出或漏极开路输出,I/O 拉电流和灌电流极限值为 100 mA。同时芯片总电流也是有要求的,使用时不可超限。所有 I/O 端口允许 5 V 输入。当要求 5 V 输出时需外部加电阻上拉到 5 V,并设置端口为漏极开路。应该说这是对与无 VIO 功能的产品,当具有 I/O 电平设置功能只需把它设置为 5 V 以内的电平即可。为防止 I/O 引脚瞬态大电流,可串接 100 Ω 电阻。如有瞬态大电压应加 TVS 管或快恢复二极管保护端口。未用 I/O 引脚可通过电阻下拉到地,并在内部配置漏极开路输出,使内部引脚通过电阻下拉到地。

要保证 ADC 端口输入电压范围为 $0 \sim V_{REF}$,除具有高压输入端的产品,一般输入值不要超过电源电压,此时尽管已经无意义,但不至于造成损坏。如无法保证,输入信号过大,可在模拟端口增加两个肖特基二极管接到电源和地来保护。可应用内部基准时,为提高性能可在内部基准输出端与模拟地之间并联 0.1 μF 和 4.7 μF 钽电容。此举可降低基准噪声,对 A/D 读数稳定性很有意义。

第 17 章　SoC 应用设计经验点滴

　　除了上面所说的一些应注意的细节外，系统的整体抗干扰措施也很关键。在一些重要的无人值守的场合要考虑系统崩溃后的自恢复问题，看门狗技术是一项可靠的保护措施，大部分的 C8051F 都有硬件看门狗，要很好地利用资源。

　　SoC 片内有多种复位源，是对系统保护的，它分别从各个方面保护系统安全可靠，但要注意识别这众多的复位原因，以及对系统数据的保护与恢复。看门狗复位是系统恢复的最后一道防线，看门狗的喂狗点一定要选择好，不可胡乱设置，该点的选择应该是程序正常可执行到，但是异常时执行不到的地点。有的人喜欢在定时器的中断中喂狗，但本人觉得这样有隐患，可能造成程序跑飞，而且定时器工作正常也恢复不了的情况，这是致命的也是危险的。如果是大循环系统喂狗点，应选在循环的必经某点，但要注意循环时间与看门狗的定时时间不要冲突。若时间保证不了，就要设几个喂狗点，各喂狗点应处在一个大循环中。如果是操作系统，要在一个或几个重要的任务中设点。

　　另外，一定要保证电源的稳定。首先容量要足够，电压值要保持稳定。如现场电压不稳就要注意系统瞬间掉电的问题，此时应加大电源的输出电容，或加装交流稳压器。

第 18 章

应用设计实例

本章将列举几个应用实例,这些都是一些典型的应用,所有代码都一一调试通过。

18.1 LCD 模块与片上系统接口应用实例

显示作为人机对话很重要的一个环节,显示的信息多样化,可以使人机对话更人性化,更友好。较为常用的是 LED 与 LCD 显示系统。而 LCD 以其体积小,功耗低,操作灵活方便而得到人们的青睐。点阵式液晶由于其可以显示汉字、数字、字母、曲线等多种信息,应用很广泛。不同的液晶模块内部的驱动器也不同,有 T6963、KS0108 等等。本文介绍的驱动器采用 ST7565P 控制器,点阵数 128×64dot。适配 Intel8080/M6800 的操作时序电路。具有可选串/并口数据传输方式,软件调节对比度等功能,可使用 3 V 供电,比较适合 3.3 V 供电的片上系统中采用,有着较高的性价比。图 18.1 为该驱动器组成的液晶模块原理框图。

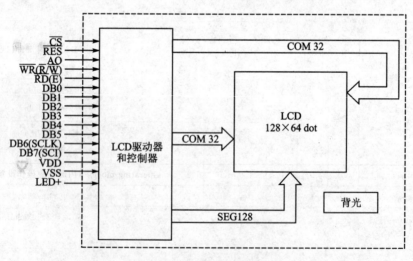

图 18.1 液晶模块原理框图

18.1.1 ST7565 功能介绍

ST7565 控制器适合于 STN 单色显示,其功能较为强大,表 18.1 所列为 ST7565 LCD 驱动器的指令总汇。

表 18.1　ST7565 LCD 驱动器的指令总汇

命令	A0	命令字								功能
		D7	D6	D5	D4	D3	D2	D1	D0	
Display ON/OFF	0	1	0	1	0	1	1	1	D	LCD 显示开/关设置 D=0:关;D=1:开
Display start line set	0	0	1	Display start address						显示 RAM 显示起始行地址设置
Page address set	0	1	0	1	1	Page address				显示 RAM 显示页地址设置
Column address set upper bit	0	0	0	0	1	Most significant column address				显示 RAM 显示列地址高 4 位设置 显示 RAM 显示列地址低 4 位设置(2字节指令)
Column address set lower bit	0	0	0	0	0	Least significant column address				
ADC select	0	1	0	1	0	0	0	0	ADC	ADC 方向 ADC=0,正常;ADC=1,反向
Display normal/reverse	0	1	0	1	0	0	1	1	DNR	LCD 显示设置 DNR=0,正常;DNR=1,反向
Display all points ON/OFF	0	1	0	1	0	0	1	0	DAP	显示像数设置 DAP=0,正常;DAP=1,所有像数开
LCD bias set	0	1	0	1	0	0	0	1	B	LCD 驱动电压的偏压比设置 B=0:1/9 bias;B=1:1/7 bias
Common output mode select	0	1	1	0	0	CNR	*	*	*	COM 输出扫描方向 CNR=0,正向;CNR=1,反向
Power control set	0	0	0	1	0	1	Operating mode			内部电源操作设置
Electronic volume mode set	0	1	0	0	0	0	0	0	1	对比度电流量调节 01h~3Fh:small large (2字节指令)
Electronic volume register set	0	0	0	Electronic volume value						
Booster ratio set	0	1	1	1	1	1	0	0	0	驱动电压率设置 00:2x,3x,4x;01:5x;11:6x (2字节指令)
	0	0	0	0	0	0	Step-up value			

续表 18.1

命 令	A0	命令字								功 能
		D7	D6	D5	D4	D3	D2	D1	D0	
Display data write	1	Write data								写显示数据
Status read	0	Status				0	0	0	0	读状态
Read/modify/write	0	1	1	1	0	0	0	0	0	读/改/写
End	0	1	1	1	0	1	1	1	0	读/改/写结束
Reset	0	1	1	1	0	0	0	1	0	内部重启
V0 voltage regulator internal resistor ratio set	0	0	0	1	0	0	Resistor ratio			内部电阻率(R_b/R_a)设置
Static indicator ON/OFF	0	1	0	1	0	1	1	0	D	静态指针设置 D=0:关;D=1:开 Mode:闪烁模式设置(2字节指令)
Static indicator register set	0	0	0	0	0	0	0	0	Mode	
Power save										省电模式
NOP	0	1	1	1	0	0	0	1	1	空操作
Display data read	1	Read data								读显示数据

下面对驱动器常用的命令进行简要说明:

1. 显示开关

A0=0,向驱动器发送命令字 0xaf 为显示开启,发送命令字 0xae 为显示关闭。

2. 显示起始行设置

本命令用来指定显示 RAM 的行地址(line address),模块的行扫描方向是从 0、63,62~1 逐渐减小的,当设定起始行后,从起始行开始的 8 行是 PAGE0,当行地址到 1 之后,自动转到第 0 和 63 行。一般情况下,本命令设置为 0x40,通过有规律的改变起始行,可以实现上下滚屏,但要注意在滚屏结束后,将原先设定的起始行重新设定。该命令字格式为,D7 位为 0,D6 位为 1,后面的 D0~D5 位为设定的地址。

3. 页地址设定

该命令功能是设置显示的页地址,通过页地址(page address)和列地址(column address)共同来确定数据在显示 RAM 中的位置。系统复位后,页地址默认为 0。该命令字格式为,高 4 位值为 0x0b,后面的 D0~D3 位对应为页地址。对于 128×64 点阵的液晶来说,它的页范围为 0~7。

4. 列地址设定

本命令用来确定显示 RAM 的列地址(Column Address)。列地址分为两部分(高 4 位和低 4 位)写入。显示 RAM 每访问一次,列地址自动加一,一直到 131,因此用户可以连续写入或者读出数据。对本模块来说,共 128 列,剩余的 4 列不显示,当数据写到第 131 列后,列地址自动返回到 0,而且页地址也不会自动增加。格式为:命令字(4 位)+设置值(4 位)。列地址设定时分高低 4 位两次完成。设置时,当高 4 位设置的命令字为 0001,后 4 位的设置值对应列地址的高 4 位,当高 4 位设置命令字为 0000,后 4 位的设置值为列地址的低 4 位值。

5. 状态信息

驱动器内部的状态信息如表 18.2 所列。

表 18.2 驱动器内部信息

BUSY	当 BUSY=1 时,表示正在处理数据或正在复位,此时模块将不接收任何数据,直到 BUSY=0;如果时序能够满足要求,可以不用进行状态检查
ADC	ADC 表示列地址和端地址驱动器的关系。 0:反状态(列地址 131~n——SEG n);1:正常状态(列地址 n——SEG n) (ADC 命令转换状态,对于本模块来说,ADC 必须设置为 1,详细情况参照命令 8)
ON/OFF	ON/OFF 表示显示的状态。 0:显示开;1:显示关 命令 1,显示开/关命令用来切换显示状态
$\overline{\text{RESET}}$	RESET 表示当前是否在复位过程中。 0:工作状态;1:正在复位

6. 显示数据写命令

本命令将要显示的内容写入显示 RAM。因为列地址(column address)在数据写入后自动加 1,用户可以连续向显示 RAM 写入数据。在写入时 A0 应处于高电平。

7. 显示数据读命令

本命令为从显示 RAM 中读取数据,具有地址自加功能,因此可以连续读出数据。在串行模式下,本命令无效。在读出数据时 A0 应处于高电平。

8. 段驱动方向选择

本命令能够使显示 RAM 的列地址和段驱动的输出反向。相当于左右反转。当 ADC 为正常时,列地址从左到右为 0~127,当 ADC 为反向时,列地址从左到右为 131~4。模块正向安装时 ADC 应当设置成正常模式。复位后默认为正常状态。本命令的作用主要是为模块安装时提供方便,适应正向安装与反向安装。

9. 正常与反白显示

本命令可以在不重新向显示 RAM 写数据的情况下,使显示 RAM 中的数据取反,从而实现显示反白的效果。复位后默认为正常显示。命令字 0xa6 为正常显示,0xa7 为反白显示。

10. 显示像素开关设置

本命令功能是强制进行全屏显示,不管显示 RAM 中的数据是什么,执行本命令开启后,命令字为 0xA6,将一直处于全屏显示状态。显示 RAM 中的数据在命令执行后原有值将保持不变。当该命令关闭后即发送命令字 0xA5,重新显示 RAM 中的数据。本命令的优先级高于"正常与反白显示"命令。复位后显示屏处于正常状态,即强制显示关闭。

11. LCD 偏压比设置

本命令设置 LCD 的偏压比,可以取 1/7 或 1/9,在模块中,偏压固定为 1/9。复位后即为1/9偏压。

12. 读/改/写命令

本命令和"END"命令是成对使用的。执行后,读取显示 RAM 中的数据时,列地址(column address)不变,仅写入数据时才使列地址自动加一,这种方式将维持到"END"命令执行以后。当"END"命令执行后,列地址将回到读/改/写命令执行时的列地址。当在某个特定区域内有循环变化的数据时,可以用这个功能来降低用户 MPU 的负担。例如有一个光标。在本模式下除 column address set 命令不能使用外,其他命令均可以使用。命令字结构如表 18.3 所列。

表 18.3 位读/改/写命令字特点

A0	E/RD	RW/WR	D7	D6	D5	D4	D3	D2	D1	D0
0	1	0	1	1	1	0	0	0	0	0

13. 结束读/改/写命令

本命令用来结束读/改/写模式,列地址(Column address)返回到进入读/改/写模式时的值。表 18.4 所列为结束读/改/写的命令字结构,图 18.2 是读/改/写数据时序图。

表 18.4 结束读/改/写的命令字结构

A0	E/RD	RW/WR	D7	D6	D5	D4	D3	D2	D1	D0
0	1	0	1	1	1	0	1	1	1	0

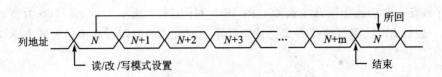

图 18.2 读/改/写数据时序图

14. 复位命令

本命令初始化：显示起使行、列地址、页地址、ADC 和内部分压电阻比等。读/改/写和测试模式被释放。不会影响显示 RAM 中的数据。

15. Common 输出方向选择

当 Common 输出方向选择命令选择正向时，模块的下端为第 0 行，往上依次为 63、62～2、1；当 Common 输出方向选择命令选择反向时，模块的上端为第 0 行，往下是 63、62～2、1；因此当模块正向安装时应当设置命令 15 为反向状态。本命令的作用是在模块安装方向反向时，与命令 8 一起来调换显示起始位置。

16. 内部电源控制

本命令用来设置开关内部电路的电源。本模块中应设置成 0x2F。

17. 内部分压电阻值设置

本命令用来设置内部分压电阻的值，以给 LCD 产生合适的驱动电压。作用是用来调节 LCD 的显示对比度。实际相当于粗调对比度，与命令 18 一起调节显示效果。命令 18 相当于细调对比度。

18. 对比度调节

本命令用来调节 LCD 的亮度。这是一个双字节命令，第 1 字节为进入对比度调节模式的命令 0x81，紧接着第 2 字节写入设定值。两个命令必须按先后顺序依次写入。相当于细调对比度。用本命令设置 6 位数据到对比度调节寄存器中，共 64 级。值越大对比度越强。

18.1.2 基于 ST7565 的模块与处理器接口

ST7565 与微处理器接口，可以分为串口与并口。其中，并口扩展方式又可以分为直接和间接方式。直接方式是通过地址寻址进行操作的，该方式 LCD 在寻址空间中占地址，这对于没有扩展能力的芯片是不可以的。间接方式是并口只作为数据端口，其他时序由其他 I/O 口模拟，此种方式占用了较多的 I/O 资源。并口传输数据效率高，在显示任务较繁重的场合使用。另一种是串口方式，该种方式很灵活，只要具有 5 根空闲的 I/O 即可完成扩展，故移植性强。缺点也是明显的，例如，数据传输效率低，占用 CPU 时间多，不适合用在曲线或数据的实时显示,并且有一些功能如读命令失效。图 18.3 和图 18.4 所示为以 ST7565 为驱动器的液晶模块与一般的 MCU 串口连接方式与并口间接访问方式的框图。在串口方式下 RD、WR 等时序信号不需要控制。

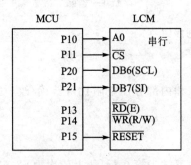

图 18.3　串口连接方式

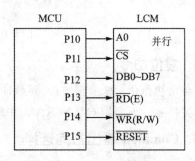

图 18.4　并口间接访问

18.1.3　ST7565 的模块与片上系统接口实例程序

下面程序给出了完整的汉字全角显示、字母及符号半角显示、图像显示等功能;同时,还包括了完整的字母符号库。读者可以直接应用到自己的系统中。由于采用了串口,程序有较好的移植性。

```
#include "C8051F410.h"
#include "intrins.h"
typedef unsigned char uchar;
typedef unsigned int uint;
typedef unsigned long ulong;
void Putcdot(uchar Order);              /*全角输出汉字*/
void Putedot(uchar Order);              /*半角输出字符*/
void Delay(uint delx);
void LcdCommand(uchar Com);             /*LCD写命令*/
void LcdDataWrite(uchar Data);          /*LCD写数据*/
void Initialize(void);                  /*液晶初始化*/
void SetStartLine(uchar StartLine);     /*设定显示RAM起始行*/
void SetPage(uchar Page);               /*设定页地址*/
void SetColumn(uchar Column);           /*设定列地址*/
void ClearScr();
void DisplayPic(uchar Page,uchar
Column,uchar * PicKu);                  /*显示一幅128×64图像*/
void DisplayPic1(uchar Page,uchar
Column,uchar * PicKu);                  /*显示一幅128×64图像*/
```

```
void Oscillator_Init();
void PCA_Init();
void Init_Device(void);
void setcontrast(uchar val);
/******************数组列表********************/
uchar code Ezk[];              /*ASCII 常规字符点阵码表*/
uchar code Hzk[];              /*自用汉字点阵码表*/
uchar code pzk[];              /*自定义 128×64 图像*/

/************接口位定义串口模式*****************/
sbit CS = P2^0;
sbit RESET = P2^1;
sbit A0 = P2^2;
sbit LCDSCL = P2^3;
sbit LCDSI = P2^4;
bit Reversign;
uchar Column,Page;
//sbit up = P3^0;
//sbit down = P3^1;
//sbit bal = P3^7;
/************定义 LCD 常用命令*********************/

#define    DISPON       0xaf     /*显示 on*/
#define    DISPOFF      0xae     /*显示 off*/
#define    DISPFIRST    0x40     /*显示起始行定义*/
#define    DISPN        0xa6     /*正常显示*/
#define    DISPR        0xa7     /*反色显示*/
#define    SETCON       0x81     /*调节对比度*/
//------------------------------------------------
//主函数
//------------------------------------------------
void main(void) {
    Init_Device();
    CS = 0;
    Initialize();
    Delay(1000);
    SetStartLine(0x00);
    ClearScr();
    DisplayPic(0,0,pzk);
```

第18章 应用设计实例

```
        Page = 4;
        Column = 0;
        Reversign = 0;
        Putcdot(0);            //以全角 16×16 点阵正常显示大字
        Putcdot(1);            //以全角 16×16 点阵正常显示连字
        Putcdot(2);            //以全角 16×16 点阵正常显示理字
        Putcdot(3);            //以全角 16×16 点阵正常显示工字
        Putcdot(0);            //以全角 16×16 点阵正常显示大字
        Putcdot(4);            //以全角 16×16 点阵正常显示大字

        Reversign = 1;         //利用标志位实现反白显示,0 正显,1 反显,也可利用反显命令实现
        Page = 6;
        Column = 0;
        Putedot(0);            //以半角 8×16 点阵反白显示 acci 码" "
        Putedot(1);            //以半角 8×16 点阵反白显示 acci 码"!"
        Putedot(2);            //以半角 8×16 点阵反白显示 acci 码"""
        Putedot(3);            //以半角 8×16 点阵反白显示 acci 码"#"
        Putedot(4);            //以半角 8×16 点阵反白显示 acci 码"$"
        Putedot(5);            //以半角 8×16 点阵反白显示 acci 码"%"
        Putedot(6);            //以半角 8×16 点阵反白显示 acci 码"&"
        Putedot(7);            //以半角 8×16 点阵反白显示 acci 码"'"
        Putedot(8);            //以半角 8×16 点阵反白显示 acci 码"("
        Putedot(9);            //以半角 8×16 点阵反白显示 acci 码")"
        Putedot(10);           //以半角 8×16 点阵反白显示 acci 码"*"
        Putedot(11);           //以半角 8×16 点阵反白显示 acci 码"+"
        Putedot(12);           //以半角 8×16 点阵反白显示 acci 码","
        Putedot(13);           //以半角 8×16 点阵反白显示 acci 码"-"
        Putedot(14);           //以半角 8×16 点阵反白显示 acci 码""
        while(1)
        {}
}

void Oscillator_Init() {
        OSCICN = 0x87;         //系统频率为 24.5 MHz
        //OSCICN = 0x86;       系统频率为(24.5/2) MHz
        //OSCICN = 0x85;       系统频率为(24.5/4) MHz
        //OSCICN = 0x84;       系统频率为(24.5/8) MHz
        //OSCICN = 0x83;       系统频率为(24.5/16) MHz
        //OSCICN = 0x82;       系统频率为(24.5/32) MHz
        //OSCICN = 0x81;       系统频率为(24.5/64) MHz
        //OSCICN = 0x80;       系统频率为(24.5/128) MHz
}
```

```
void PCA_Init() {
    PCA0CN = 0x40;
    PCA0MD& =  ~0x40;
}
void Init_Device(void) {
    PCA_Init();
    Oscillator_Init();
}
//--------------------------------------------------
//延时函数
//--------------------------------------------------
void Delay(uint delx) {
    uint i = 0;
    while(i<delx)
    i++;
}
//＊＊＊＊＊＊＊＊＊＊＊＊对比度设置程序＊＊＊＊＊＊＊＊＊/
void setcontrast(uchar val) {
    LcdCommand(SETCON);        //对比度设置
    if((val>0)&&(val<0x40))
    LcdCommand(val);           //具体对比度值 0x01h～0x3F
    else
    LcdCommand(0x20);
}
//写命令参数函数
void LcdCommand(uchar Com) {
    uint i;
    uchar temp;
    temp = Com;
    A0 = 0;
    for(i = 0;i<8;i++) {
        LCDSCL = 0;
        _nop_();;_nop_();;_nop_();
        temp = temp<<1;
        LCDSI = CY;
        LCDSCL = 1;
        _nop_();;_nop_();;_nop_();
    }
}
```

第18章 应用设计实例

```c
//写数据函数
void LcdDataWrite(uchar Data) {
    uint i;
    uchar temp;
    temp = Data;
    A0 = 1;
    for(i = 0;i<8;i++) {
        LCDSCL = 0;
        _nop_();_nop_();_nop_();
        temp = temp<<1;
        LCDSI = CY;
        LCDSCL = 1;
        _nop_();_nop_();_nop_();
    }
}

//初始化 LCD 函数
void Initialize(void) {
    RESET = 0;
    Delay(0x30);
    RESET = 1;
    LcdCommand(0xa2);        //LCD bias set
    LcdCommand(0xa0);        //ADC select
    LcdCommand(0xc8);        //Common select
    LcdCommand(0xa6);        //Display set
    LcdCommand(0xa4);        //point ON\OFF
    setcontrast(20);
    LcdCommand(0x2f);        //Power set
    LcdCommand(0xf8);        //Booster set
    LcdCommand(0x01);
    LcdCommand(0xaf);        //Display ON
}

//设置显示位置
void SetStartLine(uchar StartLine) {
    StartLine = StartLine & 0x3f;
    StartLine = StartLine | 0x40;
    LcdCommand(StartLine);
}

void SetPage(uchar Page) {
    Page = Page & 0x0f;
    Page = Page | 0xb0;
    LcdCommand(Page);
}
```

```c
void SetColumn(uchar Column) {
    uchar temp;
    temp = Column;
    Column = Column & 0x0f;
    Column = Column | 0x00;
    LcdCommand(Column);
    temp = temp>>4;
    Column = temp & 0x0f;
    Column = Column | 0x10;
    LcdCommand(Column);
}
//清屏
void ClearScr() {
    uchar i,j;
    for(i = 0;i<9;i++) {
        SetColumn(0);
        SetPage(i);
        for(j = 0;j<128;j++) {
            LcdDataWrite(0x00);
        }
    }
}
//显示子函数
void DisplayPic(uchar Page,uchar Column,uchar * PicKu) {
    uchar i,j;
    for(j = 0;j<8;j++) {
        SetPage(Page + j);
        SetColumn(Column);
        for(i = 0;i<128;i++) {
            LcdDataWrite(PicKu[j * 128 + i]);
        }
    }
}
void DisplayPic1(uchar Page,uchar Column,uchar * PicKu) {
    uchar i,j;
    for(j = 0;j<8;j++) {
        SetPage(Page + j);
        SetColumn(Column);
```

```c
        for(i = 0;i<128;i++) {
            LcdDataWrite(PicKu[j*128+i]);
        }
    }
}

/******半角字符点阵码数据输出******/
void Putedot(uchar Order) {
    uchar i,bakerx,bakery;              /*共定义4个局部变量*/
    int x;                              /*偏移量,字符量少的可以定义为UCHAR*/
    bakerx = Column;                    /*暂存x,y坐标,已备下半个字符使用*/
    bakery = Page;
    x = Order * 0x10;                   /*半角字符,每个字符16字节*/
    /*上半个字符输出,8列*/
    for(i = 0;i<8;i++) {                /*取点阵码,ROM数组*/
        if(Reversign == 0) {
            SetPage(Page);
            SetColumn(Column);
            LcdDataWrite(Ezk[x]);
        }                               /*写输出1字节*/
        else{
            SetPage(Page);
            SetColumn(Column);
            LcdDataWrite(~Ezk[x]);
        }
        x++;
        Column++;
        if (Column == 128){Column = 0;Page++;Page++;};  /*下一列,如果列越界换行*/
        if (Page>7) Page = 0;           /*如果行越界,返回首行*/
    }                                   /*上半个字符输出结束*/
    Column = bakerx;                    /*列对齐*/
    Page = bakery+1;                    /*指向下半个字符行*/
    /*下半个字符输出,8列*/
    for(i = 0;i<8;i++) {
        /*取点阵码*/
        if(Reversign == 0) {
            SetPage(Page);
            SetColumn(Column);
            LcdDataWrite(Ezk[x]);       /*写输出1字节*/
        }
```

```c
        else{ SetPage(Page);
              SetColumn(Column);
              LcdDataWrite(~Ezk[x]);
        }
        x++;
        Column++;
        if (Column==128){Column=0;Page=Page+2;};      /*下一列,如果列越界换行*/
        if (Page>7) Page=1;                /*如果行越界,返回首行*/
    }                                     /*下半个字符输出结束*/
    Page=bakery;
}                                         /*整个字符输出结束*/
/********全角字符点阵码数据输出*******/
void Putcdot(uchar Order) {
    uchar i,bakerx,bakery;         /*共定义3个局部变量*/
    int x;                         /*偏移量,字符量少的可以定义为UCHAR*/
    bakerx = Column;               /*暂存x,y坐标,已备下半个字符使用*/
    bakery = Page;
    x = Order * 0x20;              /*每个字符32字节*/
    /*上半个字符输出,16列*/
    for(i=0;i<16;i++) {
        if(Reversign==0) {
            SetPage(Page);
            SetColumn(Column);
            LcdDataWrite(Hzk[x]);
        }                          /*写输出1字节*/
        else{
            SetPage(Page);
            SetColumn(Column);
            LcdDataWrite(~Hzk[x]);
        }
        x++;
        Column++;
        if (Column==128){ Column=0;Page++;Page++;}      /*下一列,如果列越界换行*/
        if (Page>6) Page=0;            /*如果行越界,返回首行*/
    }                                 /*上半个字符输出结束*/
    /*下半个字符输出,16列*/
    Column = bakerx;
    Page = bakery+1;
    for(i=0;i<16;i++) {               /*下半部分*/
```

第18章 应用设计实例

```c
        if(Reversign == 0){
          SetPage(Page);
          SetColumn(Column);
          LcdDataWrite(Hzk[x]);          /*写输出1字节*/
        }
        else{
          SetPage(Page);
          SetColumn(Column);
          LcdDataWrite(~Hzk[x]);
        }
        x++;
        Column++;
        if (Column == 128){Column = 0;Page++;Page++;}   /*下一列,如果列越界则换行*/
        if (Page>7) Page = 1;                            /*如果行越界,返回首行*/
      }                                                  /*下半个字符输出结束*/
      Page = bakery;
}                                                        /*整个字符输出结束*/

uchar code pzk[] = {
/*--  调入了一幅图像:牛 --*/
/*--  宽度×高度 = 128×64    --*/
0xFF,0xFF,0xFF,0xFF,0xFF,0xFF,0xFF,0xFF,0x7F,0x7F,0xBF,0x1F,0x3F,0x3F,0x3F,0x3F,
0x3F,0x3F,0x1F,0x1F,0x0F,0x0F,0x1F,0x1F,0x7F,0xFF,0xFF,0xFF,0xFF,0xFF,0xFF,0xFF,
0x00,0x00,0x00,0x00,0x00,0x00,0x00,0x00,0x00,0x00,0x00,0x00,0x00,0x00,0x00,0x00,
0x00,0x00,0x00,0x00,0x00,0x00,0x00,0x00,0x00,0x00,0x00,0x00,0x00,0x00,0x00,0x00,
0x00,0x00,0x00,0x00,0x00,0x00,0x00,0x00,0x00,0x00,0x00,0x00,0x00,0x00,0x00,0x00,
0x00,0x00,0x00,0x00,0x00,0x00,0x00,0x00,0x00,0x00,0x00,0x00,0x00,0x00,0x00,0x00,
0x00,0x00,0x00,0x00,0x00,0x00,0x00,0x00,0x00,0x00,0x00,0x00,0x00,0x00,0x00,0x00,
0x00,0x00,0x00,0x00,0x00,0x00,0x00,0x00,0x00,0x00,0x00,0x00,0x00,0x00,0x00,0x00,
0xFF,0xFF,0xFF,0xFF,0x07,0xFB,0xFD,0xFE,0x7F,0x03,0x00,0x00,0x00,0x00,0x00,0x00,
0x00,0x00,0x00,0x00,0x00,0x00,0x00,0xC0,0x60,0x21,0x07,0x0F,0xCF,0xEF,0xFF,
0x00,0x00,0x00,0x00,0x00,0x00,0x00,0x00,0x00,0x00,0x00,0x00,0x00,0x00,0x00,0x00,
0x00,0x00,0x00,0x00,0x00,0x00,0x00,0x00,0x00,0x00,0x00,0x00,0x00,0x00,0x00,0x00,
0x00,0x00,0x00,0x00,0x00,0x00,0x00,0x00,0x00,0x00,0x00,0x00,0x00,0x00,0x00,0x00,
0x00,0x00,0x00,0x00,0x00,0x00,0x00,0x00,0x00,0x00,0x00,0x00,0x00,0x00,0x00,0x00,
0x00,0x00,0x00,0x00,0x00,0x00,0x00,0x00,0x00,0x00,0x00,0x00,0x00,0x00,0x00,0x00,
0x00,0x00,0x00,0x00,0x00,0x00,0x00,0x00,0x00,0x00,0x00,0x00,0x00,0x00,0x00,0x00,
0xFF,0xFB,0xF9,0xFD,0xFE,0xFF,0x3F,0xC1,0xF8,0xFE,0xFF,0xFF,0xFF,0xF8,0x86,0x7E,
0xFE,0xFA,0x00,0xF8,0xD8,0xD0,0xC0,0xE0,0xE1,0xC2,0xC0,0xF8,0xFE,0xFD,0xFF,0xFE,
0x00,0x00,0x00,0x00,0x00,0x00,0x00,0x00,0x00,0x00,0x00,0x00,0x00,0x00,0x00,0x00,
```

```
0x00,0x00,0x00,0x00,0x00,0x00,0x00,0x00,0x00,0x00,0x00,0x00,0x00,0x00,0x00,
0x00,0x00,0x00,0x00,0x00,0x00,0x00,0x00,0x00,0x00,0x00,0x00,0x00,0x00,0x00,
0x00,0x00,0x00,0x00,0x00,0x00,0x00,0x00,0x00,0x00,0x00,0x00,0x00,0x00,0x00,
0x00,0x00,0x00,0x00,0x00,0x00,0x00,0x00,0x00,0x00,0x00,0x00,0x00,0x00,0x00,
0x00,0x00,0x00,0x00,0x00,0x00,0x00,0x00,0x00,0x00,0x00,0x00,0x00,0x00,0x00,
0xFF,0xFF,0xFF,0xFF,0xFF,0xFF,0xFF,0xFF,0xFF,0xFF,0xFF,0xFF,0xFF,0xFF,0xFF,
0xFF,0xFF,0xFC,0xFD,0xFF,0xFF,0xFF,0xFF,0xFF,0xFF,0xFF,0xFF,0xFF,0xFF,0xFF,
0x00,0x00,0x00,0x00,0x00,0x00,0x00,0x00,0x00,0x00,0x00,0x00,0x00,0x00,0x00,
0x00,0x00,0x00,0x00,0x00,0x00,0x00,0x00,0x00,0x00,0x00,0x00,0x00,0x00,0x00,
0x00,0x00,0x00,0x00,0x00,0x00,0x00,0x00,0x00,0x00,0x00,0x00,0x00,0x00,0x00,
0x00,0x00,0x00,0x00,0x00,0x00,0x00,0x00,0x00,0x00,0x00,0x00,0x00,0x00,0x00,
0x00,0x00,0x00,0x00,0x00,0x00,0x00,0x00,0x00,0x00,0x00,0x00,0x00,0x00,0x00,
0x00,0x00,0x00,0x00,0x00,0x00,0x00,0x00,0x00,0x00,0x00,0x00,0x00,0x00,0x00,
0x00,0x00,0x00,0x00,0x00,0x00,0x00,0x00,0x00,0x00,0x00,0x00,0x00,0x00,0x00,
0x00,0x00,0x00,0x00,0x00,0x00,0x00,0x00,0x00,0x00,0x00,0x00,0x00,0x00,0x00,
0x00,0x00,0x00,0x00,0x00,0x00,0x00,0x00,0x00,0x00,0x00,0x00,0x00,0x00,0x00,
0x00,0x00,0x00,0x00,0x00,0x00,0x00,0x00,0x00,0x00,0x00,0x00,0x00,0x00,0x00,
0x00,0x00,0x00,0x00,0x00,0x00,0x00,0x00,0x00,0x00,0x00,0x00,0x00,0x00,0x00,
0x00,0x00,0x00,0x00,0x00,0x00,0x00,0x00,0x00,0x00,0x00,0x00,0x00,0x00,0x00,
0x00,0x00,0x00,0x00,0x00,0x00,0x00,0x00,0x00,0x00,0x00,0x00,0x00,0x00,0x00,
0x00,0x00,0x00,0x00,0x00,0x00,0x00,0x00,0x00,0x00,0x00,0x00,0x00,0x00,0x00,
0x00,0x00,0x00,0x00,0x00,0x00,0x00,0x00,0x00,0x00,0x00,0x00,0x00,0x00,0x00,
0x00,0x00,0x00,0x00,0x00,0x00,0x00,0x00,0x00,0x00,0x00,0x00,0x00,0x00,0x00,
0x00,0x00,0x00,0x00,0x00,0x00,0x00,0x00,0x00,0x00,0x00,0x00,0x00,0x00,0x00,
0x00,0x00,0x00,0x00,0x00,0x00,0x00,0x00,0x00,0x00,0x00,0x00,0x00,0x00,0x00,
0x00,0x00,0x00,0x00,0x00,0x00,0x00,0x00,0x00,0x00,0x00,0x00,0x00,0x00,0x00,
0x00,0x00,0x00,0x00,0x00,0x00,0x00,0x00,0x00,0x00,0x00,0x00,0x00,0x00,0x00,
0x00,0x00,0x00,0x00,0x00,0x00,0x00,0x00,0x00,0x00,0x00,0x00,0x00,0x00,0x00,
0x00,0x00,0x00,0x00,0x00,0x00,0x00,0x00,0x00,0x00,0x00,0x00,0x00,0x00,0x00,
```

第 18 章 应用设计实例

0x00,0x00,0x00,0x00,0x00,0x00,0x00,0x00,0x00,0x00,0x00,0x00,0x00,0x00,0x00,0x00,
0x00,0x00,0x00,0x00,0x00,0x00,0x00,0x00,0x00,0x00,0x00,0x00,0x00,0x00,0x00,0x00,
0x00,0x00,0x00,0x00,0x00,0x00,0x00,0x00,0x00,0x00,0x00,0x00,0x00,0x00,0x00,0x00,
0x00,0x00,0x00,0x00,0x00,0x00,0x00,0x00,0x00,0x00,0x00,0x00,0x00,0x00,0x00,0x00,
0x00,0x00,0x00,0x00,0x00,0x00,0x00,0x00,0x00,0x00,0x00,0x00,0x00,0x00,0x00,0x00,
0x00,0x00,0x00,0x00,0x00,0x00,0x00,0x00,0x00,0x00,0x00,0x00,0x00,0x00,0x00,0x00,
};

/* 中文字符库定义 */
unsigned char code Hzk[] = {
/*点阵：16×16
    提取点阵方向：纵向
    字节掉转：是
    字节方式：C 语言 */
/*— 文字： 大 —*/
/*— 宋体 12； 此字体下对应的点阵为：宽×高 = 16×16   —*/
0x20,0x20,0x20,0x20,0x20,0x20,0xA0,0x7F,0xA0,0x20,0x20,0x20,0x20,0x20,0x20,0x00,
0x00,0x80,0x40,0x20,0x10,0x0C,0x03,0x00,0x01,0x06,0x08,0x30,0x60,0xC0,0x40,0x00,

/*— 文字： 连 —*/
/*— 宋体 12； 此字体下对应的点阵为：宽×高 = 16×16   —*/
0x40,0x41,0x4E,0xC4,0x00,0x44,0xE4,0x5C,0x47,0xF4,0x44,0x44,0x44,0x04,0x00,0x00,
0x00,0x40,0x20,0x1F,0x22,0x42,0x42,0x42,0x42,0x5F,0x42,0x42,0x42,0x42,0x42,0x00,

/*— 文字： 理 —*/
/*— 宋体 12； 此字体下对应的点阵为：宽×高 = 16×16   —*/
0x44,0x44,0xFC,0x44,0x44,0x00,0xFE,0x92,0x92,0xFE,0x92,0x92,0x92,0xFE,0x00,0x00,
0x10,0x10,0x0F,0x08,0x48,0x40,0x45,0x44,0x44,0x7F,0x44,0x44,0x44,0x45,0x40,0x00,

/*— 文字： 工 —*/
/*— 宋体 12； 此字体下对应的点阵为：宽×高 = 16×16   —*/
0x00,0x00,0x02,0x02,0x02,0x02,0x02,0xFE,0x02,0x02,0x02,0x02,0x02,0x02,0x00,0x00,
0x20,0x20,0x20,0x20,0x20,0x20,0x20,0x3F,0x20,0x20,0x20,0x20,0x20,0x20,0x20,0x00,

/*— 文字： 学 —*/
/*— 宋体 12； 此字体下对应的点阵为：宽×高 = 16×16   —*/
0x40,0x30,0x10,0x12,0x5C,0x54,0x50,0x51,0x5E,0xD4,0x50,0x18,0x57,0x32,0x10,0x00,
0x00,0x02,0x02,0x02,0x02,0x02,0x42,0x82,0x7F,0x02,0x02,0x02,0x02,0x02,0x02,0x00,
};

/*******定义 ASCII 字库 8 列×16 行**********/
uchar code Ezk[] = {
/* 0 -文字:(space)— 0x20 */

0x00,0x00,0x00,0x00,0x00,0x00,0x00,0x00,0x00,0x00,0x00,0x00,0x00,0x00,0x00,0x00,
/*1-文字:! — 0x21 */
0x00,0x00,0x00,0xF8,0x00,0x00,0x00,0x00,0x00,0x00,0x27,0x00,0x00,0x00,0x00,0x00,
/*2-文字:" — 0x22 */
0x00,0x08,0x04,0x02,0x08,0x04,0x02,0x00,0x00,0x00,0x00,0x00,0x00,0x00,0x00,0x00,
/*3-文字:# — 0x23 */
0x40,0x40,0xF8,0x40,0x40,0xF8,0x40,0x00,0x04,0x3F,0x04,0x04,0x3F,0x04,0x04,0x00,
/*4-文字:$ — 0x24 */
0x00,0x70,0x88,0xFC,0x08,0x08,0x30,0x00,0x00,0x1C,0x20,0xFF,0x21,0x22,0x1C,0x00,
/*5-文字:% — 0x25 */
0xF0,0x08,0xF0,0x80,0x70,0x08,0x00,0x00,0x00,0x31,0x0E,0x01,0x1E,0x21,0x1E,0x00,
/*6-文字:& — 0x26 */
0x00,0xF0,0x08,0x88,0x70,0x00,0x00,0x00,0x1E,0x21,0x23,0x24,0x18,0x16,0x20,0x00,
/*7-文字:' — 0x27 */
0x20,0x18,0x00,0x00,0x00,0x00,0x00,0x00,0x00,0x00,0x00,0x00,0x00,0x00,0x00,0x00,
/*8-文字:(— 0x28 */
0x00,0x00,0x00,0x00,0xC0,0x30,0x08,0x04,0x00,0x00,0x00,0x00,0x03,0x0C,0x10,0x20,
/*9-文字:) — 0x29 */
0x04,0x08,0x30,0xC0,0x00,0x00,0x00,0x00,0x20,0x10,0x0C,0x03,0x00,0x00,0x00,0x00,
/*10-文字:* — 0x2a */
0x40,0x40,0x80,0xF0,0x80,0x40,0x40,0x00,0x02,0x02,0x01,0x0F,0x01,0x02,0x02,0x00,
/*11-文字:+ — 0x2b */
0x00,0x00,0x00,0xE0,0x00,0x00,0x00,0x00,0x01,0x01,0x01,0x0F,0x01,0x01,0x01,0x00,
/*12-文字:, — 0x2c */
0x00,0x00,0x00,0x00,0x00,0x00,0x00,0x00,0x80,0x60,0x00,0x00,0x00,0x00,0x00,0x00,
/*13-文字:- — 0x2d */
0x00,0x00,0x00,0x00,0x00,0x00,0x00,0x00,0x01,0x01,0x01,0x01,0x01,0x01,0x01,0x00,
/*14-文字:. — 0x2e */
0x00,0x00,0x00,0x00,0x00,0x00,0x00,0x00,0x00,0x20,0x00,0x00,0x00,0x00,0x00,0x00,
/*15-文字:/ — 0x2f */
0x00,0x00,0x00,0x00,0x00,0xE0,0x18,0x04,0x00,0x40,0x30,0x0C,0x03,0x00,0x00,0x00,
/*16-文字:0 — 0x30 */
0x00,0xE0,0x10,0x08,0x08,0x10,0xE0,0x00,0x00,0x0F,0x10,0x20,0x20,0x10,0x0F,0x00,
/*17-文字:1 — 0x31 */
0x00,0x10,0x10,0xF8,0x00,0x00,0x00,0x00,0x20,0x20,0x3F,0x20,0x20,0x00,0x00,0x00,
/*18-文字:2 — 0x32 */
0x00,0x70,0x08,0x08,0x08,0x88,0x70,0x00,0x00,0x30,0x28,0x24,0x22,0x21,0x30,0x00,
/*19-文字:3 — 0x33 */
0x00,0x30,0x08,0x88,0x88,0x48,0x30,0x00,0x00,0x18,0x20,0x20,0x20,0x11,0x0E,0x00,

/* 20 -文字:4 — 0x34 */
0x00,0x00,0xC0,0x20,0x10,0xF8,0x00,0x00,0x00,0x07,0x04,0x24,0x24,0x3F,0x24,0x00,
/* 21 -文字:5 — 0x35 */
0x00,0xF8,0x08,0x88,0x88,0x08,0x08,0x00,0x00,0x19,0x21,0x20,0x20,0x11,0x0E,0x00,
/* 22 -文字:6 — 0x36 */
0x00,0xE0,0x10,0x88,0x88,0x18,0x00,0x00,0x00,0x0F,0x11,0x20,0x20,0x11,0x0E,0x00,
/* 23 -文字:7 — 0x37 */
0x00,0x38,0x08,0x08,0xC8,0x38,0x08,0x00,0x00,0x00,0x00,0x3F,0x00,0x00,0x00,0x00,
/* 24 -文字:8 — 0x38 */
0x00,0x70,0x88,0x08,0x08,0x88,0x70,0x00,0x00,0x1C,0x22,0x21,0x21,0x22,0x1C,0x00,
/* 25 -文字:9 — 0x39 */
0x00,0xE0,0x10,0x08,0x08,0x10,0xE0,0x00,0x00,0x00,0x31,0x22,0x22,0x11,0x0F,0x00,
/* 26 -文字:: — */
0x00,0x00,0x60,0x60,0x00,0x00,0x00,0x00,0x00,0x00,0x18,0x18,0x00,0x00,0x00,0x00,
/* 27 -文字:/ — */
0x00,0x00,0x00,0x80,0x00,0x00,0x00,0x00,0x00,0x00,0x80,0x60,0x00,0x00,0x00,0x00,
/* 28 -文字:< — */
0x00,0x00,0x80,0x40,0x20,0x10,0x08,0x00,0x00,0x01,0x02,0x04,0x08,0x10,0x20,0x00,
/* 29 -文字:= — */
0x40,0x40,0x40,0x40,0x40,0x40,0x40,0x00,0x04,0x04,0x04,0x04,0x04,0x04,0x04,0x00,
/* 30 -文字:> — */
0x00,0x08,0x10,0x20,0x40,0x80,0x00,0x00,0x00,0x20,0x10,0x08,0x04,0x02,0x01,0x00,
/* 31 -文字:? — */
0x00,0x30,0x08,0x08,0x08,0x88,0x70,0x00,0x00,0x00,0x00,0x26,0x01,0x00,0x00,0x00,
/* 32 -文字:@ — */
0xC0,0x30,0xC8,0x28,0xE8,0x10,0xE0,0x00,0x07,0x18,0x27,0x28,0x27,0x28,0x07,0x00,
/* 33 -文字:A — 0x41 */
0x00,0x00,0xE0,0x18,0x18,0xE0,0x00,0x00,0x30,0x0F,0x04,0x04,0x04,0x04,0x0F,0x30,
/* 34 -文字:B — 0x42 */
0xF8,0x08,0x08,0x08,0x08,0x90,0x60,0x00,0x3F,0x21,0x21,0x21,0x21,0x12,0x0C,0x00,
/* 35 -文字:C — 0x42 */
0xE0,0x10,0x08,0x08,0x08,0x10,0x60,0x00,0x0F,0x10,0x20,0x20,0x20,0x10,0x0C,0x00,
/* 36 -文字:D — 0x44 */
0xF8,0x08,0x08,0x08,0x08,0x10,0xE0,0x00,0x3F,0x20,0x20,0x20,0x20,0x10,0x0F,0x00,
/* 37 -文字:E — 0x45 */
0x00,0xF8,0x08,0x08,0x08,0x08,0x08,0x00,0x00,0x3F,0x21,0x21,0x21,0x21,0x20,0x00,
/* 38 -文字:F — 0x46   */
0xF8,0x08,0x08,0x08,0x08,0x08,0x08,0x00,0x3F,0x01,0x01,0x01,0x01,0x01,0x00,0x00,

/*39-文字:G — 0x47*/
0xE0,0x10,0x08,0x08,0x08,0x10,0x60,0x00,0x0F,0x10,0x20,0x20,0x21,0x11,0x3F,0x00,
/*40-文字:H — 0x48*/
0x00,0xF8,0x00,0x00,0x00,0x00,0xF8,0x00,0x00,0x3F,0x01,0x01,0x01,0x01,0x3F,0x00,
/*41-文字:I — 0x49*/
0x00,0x00,0x00,0xF8,0x00,0x00,0x00,0x00,0x00,0x00,0x00,0x3F,0x00,0x00,0x00,0x00,
/*42-文字:J — 0x4a*/
0x00,0x00,0x00,0x00,0x00,0x00,0xF8,0x00,0x00,0x1C,0x20,0x20,0x20,0x20,0x1F,0x00,
/*43-文字:K — 0x4b*/
0x00,0xF8,0x00,0x80,0x40,0x20,0x10,0x08,0x00,0x3F,0x01,0x00,0x03,0x04,0x18,0x20,
/*44-文字:L — 0x4c*/
0xF8,0x00,0x00,0x00,0x00,0x00,0x00,0x00,0x3F,0x20,0x20,0x20,0x20,0x20,0x20,0x00,
/*45-文字:M — */
0xF8,0xE0,0x00,0x00,0x00,0xE0,0xF8,0x00,0x3F,0x00,0x0F,0x30,0x0F,0x00,0x3F,0x00,
/*46-文字:N — */
0x00,0xF8,0x30,0xC0,0x00,0x00,0xF8,0x00,0x00,0x3F,0x00,0x01,0x06,0x18,0x3F,0x00,
/*47-文字:O — */
0x00,0xE0,0x10,0x08,0x08,0x10,0xE0,0x00,0x00,0x0F,0x10,0x20,0x20,0x10,0x0F,0x00,
/*48-文字:P — */
0xF8,0x08,0x08,0x08,0x08,0x10,0xE0,0x00,0x3F,0x02,0x02,0x02,0x02,0x01,0x00,0x00,
/*49-文字:Q — */
0x00,0xE0,0x10,0x08,0x08,0x10,0xE0,0x00,0x00,0x0F,0x10,0x20,0x2C,0x10,0x2F,0x00,
/*50-文字:R — */
0xF8,0x08,0x08,0x08,0x08,0x90,0x60,0x00,0x3F,0x01,0x01,0x01,0x07,0x18,0x20,0x00,
/*51-文字:S — */
0x60,0x90,0x88,0x08,0x08,0x10,0x20,0x00,0x0C,0x10,0x20,0x21,0x21,0x12,0x0C,0x00,
/*52-文字:T — */
0x08,0x08,0x08,0xF8,0x08,0x08,0x08,0x00,0x00,0x00,0x00,0x3F,0x00,0x00,0x00,0x00,
/*53-文字:U — */
0xF8,0x00,0x00,0x00,0x00,0x00,0xF8,0x00,0x0F,0x10,0x20,0x20,0x20,0x10,0x0F,0x00,
/*54-文字:V — */
0x18,0xE0,0x00,0x00,0x00,0xE0,0x18,0x00,0x00,0x01,0x0E,0x30,0x0E,0x01,0x00,0x00,
/*55-文字:W — */
0xF8,0x00,0xC0,0x38,0xC0,0x00,0xF8,0x00,0x03,0x3C,0x03,0x00,0x03,0x3C,0x03,0x00,
/*56-文字:X — */
0x08,0x30,0xC0,0x00,0xC0,0x30,0x08,0x00,0x20,0x18,0x06,0x01,0x06,0x18,0x20,0x00,
/*57-文字:Y — */
0x08,0x30,0xC0,0x00,0xC0,0x30,0x08,0x00,0x00,0x00,0x00,0x3F,0x00,0x00,0x00,0x00,

第18章 应用设计实例

/*58-文字:Z—*/
0x08,0x08,0x08,0x08,0xC8,0x28,0x18,0x00,0x30,0x2C,0x22,0x21,0x20,0x20,0x20,0x00,
/*59-文字:{—*/
0x00,0x00,0x00,0x80,0x7E,0x02,0x00,0x00,0x00,0x00,0x00,0x00,0x3F,0x20,0x00,0x00,
/*60-文字:\—*/
0x00,0x08,0x70,0x80,0x00,0x00,0x00,0x00,0x00,0x00,0x00,0x01,0x0E,0x30,0xC0,0x00,
/*61-文字:}—*/
0x00,0x02,0x7E,0x80,0x00,0x00,0x00,0x00,0x00,0x20,0x3F,0x00,0x00,0x00,0x00,0x00,
/*62-文字:^—*/
0x00,0x08,0x04,0x02,0x02,0x04,0x08,0x00,0x00,0x00,0x00,0x00,0x00,0x00,0x00,0x00,
/*63-文字:_—*/
0x00,0x00,0x00,0x00,0x00,0x00,0x00,0x00,0x80,0x80,0x80,0x80,0x80,0x80,0x80,0x80,
/*64-文字:`—*/
0x00,0x00,0x02,0x06,0x04,0x08,0x00,0x00,0x00,0x00,0x00,0x00,0x00,0x00,0x00,0x00,
/*65-文字:a—*/
0x00,0x00,0x80,0x80,0x80,0x80,0x00,0x00,0x00,0x19,0x24,0x24,0x24,0x14,0x3F,0x00,
/*66-文字:b—*/
0x00,0xF8,0x00,0x80,0x80,0x80,0x00,0x00,0x00,0x3F,0x11,0x20,0x20,0x20,0x1F,0x00,
/*67-文字:c—*/
0x00,0x00,0x80,0x80,0x80,0x80,0x00,0x00,0x0E,0x11,0x20,0x20,0x20,0x20,0x11,0x00,
/*68-文字:d—*/
0x00,0x00,0x80,0x80,0x80,0x00,0xF8,0x00,0x00,0x1F,0x20,0x20,0x20,0x11,0x3F,0x00,
/*69-文字:e—*/
0x00,0x00,0x80,0x80,0x80,0x00,0x00,0x00,0x0E,0x15,0x24,0x24,0x24,0x25,0x16,0x00,
/*70-文字:f—*/
0x00,0x80,0x80,0xF0,0x88,0x88,0x88,0x00,0x00,0x00,0x00,0x3F,0x00,0x00,0x00,0x00,
/*71-文字:g—*/
0x00,0x00,0x80,0x80,0x80,0x80,0x80,0x00,0x40,0xB7,0xA8,0xA8,0xA8,0xA7,0x40,0x00,
/*72-文字:h—*/
0x00,0xF8,0x00,0x80,0x80,0x80,0x00,0x00,0x00,0x3F,0x01,0x00,0x00,0x00,0x3F,0x00,
/*73-文字:i—*/
0x00,0x00,0x00,0x98,0x00,0x00,0x00,0x00,0x00,0x00,0x00,0x3F,0x00,0x00,0x00,0x00,
/*74-文字:j—*/
0x00,0x00,0x00,0x00,0x98,0x00,0x00,0x00,0x00,0x80,0x80,0x80,0x7F,0x00,0x00,0x00,
/*75-文字:k—*/
0x00,0xF8,0x00,0x00,0x00,0x80,0x00,0x00,0x00,0x3F,0x04,0x02,0x0D,0x10,0x20,0x00,
/*76-文字:l—*/
0x00,0x00,0x00,0xF8,0x00,0x00,0x00,0x00,0x00,0x00,0x00,0x3F,0x00,0x00,0x00,0x00,

```
/*77-文字:m-*/
0x80,0x80,0x80,0x80,0x80,0x80,0x00,0x00,0x3F,0x00,0x00,0x3F,0x00,0x00,0x3F,0x00,
/*78-文字:n-*/
0x00,0x80,0x00,0x80,0x80,0x80,0x00,0x00,0x00,0x3F,0x01,0x00,0x00,0x00,0x3F,0x00,
/*79-文字:o-*/
0x00,0x00,0x80,0x80,0x80,0x00,0x00,0x00,0x0E,0x11,0x20,0x20,0x20,0x11,0x0E,0x00,
/*80-文字:p-*/
0x00,0x80,0x00,0x80,0x80,0x80,0x00,0x00,0x00,0xFF,0x11,0x20,0x20,0x20,0x1F,0x00,
/*81-文字:q-*/
0x00,0x00,0x80,0x80,0x80,0x80,0x00,0x00,0x1F,0x20,0x20,0x20,0x11,0xFF,0x00,
/*82-文字:r-*/
0x00,0x00,0x80,0x00,0x00,0x80,0x80,0x00,0x00,0x00,0x3F,0x01,0x01,0x00,0x00,0x00,
/*83-文字:s-*/
0x00,0x00,0x80,0x80,0x80,0x80,0x00,0x00,0x00,0x13,0x24,0x24,0x24,0x24,0x19,0x00,
/*84-文字:t-*/
0x00,0x80,0x80,0xE0,0x80,0x80,0x80,0x00,0x00,0x00,0x00,0x1F,0x20,0x20,0x20,0x00,
/*85-文字:u-*/
0x00,0x80,0x00,0x00,0x00,0x00,0x80,0x00,0x00,0x1F,0x20,0x20,0x20,0x10,0x3F,0x00,
/*86-文字:v-*/
0x80,0x00,0x00,0x00,0x00,0x00,0x80,0x00,0x00,0x07,0x18,0x20,0x18,0x07,0x00,0x00,
/*87-文字:w-*/
0x80,0x00,0x00,0x80,0x00,0x00,0x80,0x00,0x0F,0x30,0x0E,0x01,0x0E,0x30,0x0F,0x00,
/*88-文字:x-*/
0x80,0x00,0x00,0x00,0x00,0x00,0x80,0x00,0x20,0x11,0x0A,0x04,0x0A,0x11,0x20,0x00,
/*89-文字:y-*/
0x80,0x00,0x00,0x00,0x00,0x80,0x00,0x00,0x87,0x98,0x60,0x18,0x07,0x00,0x00,
/*90-文字:z-*/
0x00,0x80,0x80,0x80,0x80,0x80,0x80,0x00,0x00,0x30,0x28,0x24,0x22,0x21,0x20,0x00,
/*91-文字:{-*/
0x00,0x00,0x00,0x80,0x7E,0x02,0x00,0x00,0x00,0x00,0x00,0x00,0x3F,0x20,0x00,0x00,
/*92-文字:|-*/
0x00,0x00,0x00,0xFF,0x00,0x00,0x00,0x00,0x00,0x00,0xFF,0x00,0x00,0x00,0x00,
/*93-文字:}-*/
0x00,0x02,0x7E,0x80,0x00,0x00,0x00,0x00,0x20,0x3F,0x00,0x00,0x00,0x00,0x00,
/*94-文字:~-*/
0x00,0x06,0x01,0x01,0x06,0x04,0x03,0x00,0x00,0x00,0x00,0x00,0x00,0x00,0x00,0x00,
};
```

18.2　FFT 变换与谱分析

傅里叶变换是一种将信号从时域变换到频域的变换形式，是声学、语音、电信和信号处理与分析等领域中重要的分析工具。直接计算 DFT（数字傅里叶变换）的计算量与变换区间长度 N 的平方成正比，当 N 较大时，计算量太大，所以直接用 DFT 算法进行谱分析和信号的实时处理是不切实际的。

快速傅里叶变换（FFT）算法，是快速计算 DFT 的一种高效方法，可以明显地降低运算量，大大地提高 DFT 的运算速度，运算时间缩短一至两个数量级，从而使 DFT 在实际应用中得到了广泛的应用。

本例将介绍 FFT 的基本原理与实际例程，其运算结果与 MATLAB 的结果进行对照。

18.2.1　快速傅里叶变换（FFT）算法的原理

长度为 N 的序列 $x(n)$ 的离散傅里叶变换 $X(k)$ 为：

$$X(k) = \sum_{n=0}^{N-1} x(n) W_N^{nk}, k = 0, \cdots, N-1$$

FFT 不是一种新的变换，而是 DFT 的快速算法。N 点的 DFT 可以分解为两个 $N/2$ 点的 DFT，每个 $N/2$ 点的 DFT 又可以分解为两个 $N/4$ 点的 DFT。以此类推，当 N 为 2 的整数次幂时（$N=2^M$），由于每分解一次降低一阶幂次，所以通过 M 次的分解，最后全部成为一系列 2 点 DFT 运算。以上就是按时间抽取的快速傅里叶变换（FFT）算法。当需要进行变换的序列的长度不是 2 的整数次方的时候，为了使用以 2 为基的 FFT，可以用末尾补零的方法，使其长度延长至 2 的整数次方。例如，一个 $N=8$ 点的 FFT 运算用如图 18.5 所示的 8 点 FFT 蝶形运算流程图来表示。

一般而言，FFT 算法分为按时间抽取的 FFT（DIT）和按频率抽取的 FFT（DIF）两大类。两种算法均为原位运算，且运算量相同。不同的是 DIF 为输入顺序，输出乱序。运算完毕再运行"二进制倒读"程序。DIT 为输入乱序，输出顺序。先运行"二进制倒读"程序，再进行求 DFT。

W_N^k 被称为旋转因子，具有周期性和对称性，可预先算好并保存，而且 k 的变化范围是 $0\sim(N/2)-1$。综上，FFT 的基本思想是利用 W_N 的周期性和对称性，使长序列的 DFT 分解为更小点数的 DFT，利用这些小的 DFT 的计算来代替大的 DFT 的计算，从而达到提高效率的目的。

18.2.2　利用 FFT 进行频谱分析

若信号本身是有限长的序列，计算序列的频谱就是直接对序列进行 FFT 运算求得 $X(k)$，$X(k)$ 就代表了序列在 $[0,2\pi]$ 之间的频谱值。

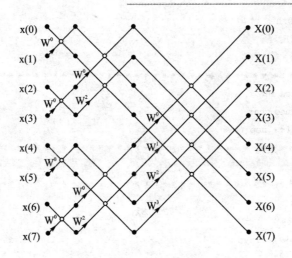

图 18.5 8 点 FFT 蝶形运算流程图

幅度谱 $\qquad |X(k)| = \sqrt{X_R^2(k) + X_I^2(k)}$

相位谱 $\qquad \varphi(k) = \arctan \dfrac{X_I(k)}{X_R(k)}$

若信号是模拟信号，用 FFT 进行谱分析时，首先必须对信号进行采样，使之变成离散信号，然后就可按照前面的方法用 FFT 来对连续信号进行谱分析。按采样定理，采样频率 f_s 应大于 2 倍信号的最高频率。为了满足采样定理，一般在采样之前要设置一个抗混叠低通滤波器。用 FFT 对模拟信号进行谱分析的方框图如图 18.6 所示。

图 18.6 模拟信号进行谱分析的方框图

18.2.3 FFT 算法在片上系统上的实现

FFT 运算过程中，需要较多的资源，若对实时性有要求，则对处理机的运算速度要求较高。这其中尤其是 N 值较大的情况。大多数 FFT 的算法是在专用芯片或 DSP 中实现。传统 51 单片机中资源有限，要运行 FFT 变换，就必须片外扩展 RAM，以便弥补先天的 RAM 不足，即使这样还要对运算的点数以及运算的数据类型进行必要的取舍。因此一般采用定点数据格式，即使这样，运算时间仍较长。

由于 C8051F410 采用了改进的 CIP51 内核，使其在性能上提高很大，系统频率可以最高达到 50 MHz。流水线式取指令，强化了高速运行的效率问题。同时片上集成了 2 KB 的 Xdate 寻址的 RAM，使得在单片上运行 FFT 成为现实。以下是算法的测试程序：

```c
#include "C8051F410.h"
#include <INTRINS.H>
#include <math.h>
//***********************************************************
#define uint unsigned int
#define uchar unsigned char
#define nop() _nop_();_nop_();
//***********************************************************
//函数定义
//***********************************************************
void Port_IO_Init();
void PCA_Init();
void Oscillator_Init();
void Interrupts_Init();
void FFT_fun(void);
//以下为函数体
void PCA_Init() {
    PCA0MD& = ~0x40;
    PCA0MD = 0x00;
}
void Oscillator_Init() {
    //uchar i;
    OSCICN = 0x87;       //系统频率为 24.5 MHz
    //OSCICN = 0x86;     系统频率为(24.5/2) MHz
    //OSCICN = 0x85;     系统频率为(24.5/4) MHz
    //OSCICN = 0x84;     系统频率为(24.5/8) MHz
    //OSCICN = 0x83;     系统频率为(24.5/16) MHz
    //OSCICN = 0x82;     系统频率为(24.5/32) MHz
    //OSCICN = 0x81;     系统频率为(24.5/64) MHz
    //OSCICN = 0x80;     系统频率为(24.5/128) MHz
    /* OSCICN = 0x87;
    CLKMUL = 0x80;
    for (i = 0; i < 20; i++);         // Wait 5 μs for initialization
    CLKMUL| = 0xC0;
    while ((CLKMUL & 0x20) == 0);
    */
}
void Interrupts_Init() {
    EIE2 = 0x02;
```

```
    IE = 0x80;
}
void Init_Device(void) {
    PCA_Init();
//  Port_IO_Init();
    Oscillator_Init();
    //Interrupts_Init();
}
//***************************************************************
//此处定义待转换的数据
//***************************************************************
float code
FFT_Re2[128] = {4.7118,0.8295,3.3932,0.3847,0.1528,0.9673,1.3063,3.2249,2.2774,-0.4472,
-0.9591,2.7820,1.0373,-1.8464,-0.5260,-1.8637,3.9503,4.1903,-4.8186,-0.7694,1.4055,2.5846,
1.7041,-0.2199,2.1235,0.4551,-0.2415,1.8060,-3.0893,-0.0807,0.9476,1.6226,1.2291,2.9815,
0.3562,-1.4466,-1.9058,0.8440,-1.5334,2.1963,0.7197,-0.7835,1.3805,0.5128,1.1364,-0.4722,
2.1752,3.0508,-0.4379,-2.0954,0.1507,0.4826,2.4100,-0.4783,-3.0598,-0.4717,-1.4833,-1.0193,
-3.5605,-3.4226,-2.1324,0.9098,0.4459,-6.3305,1.8757,-0.6979,1.3298,6.2908,1.8015,1.5346,
2.4714,-1.9822,3.3645,-2.9865,-3.2202,-1.8191,-0.2860,2.6685,-3.8964,3.0369,-0.0258,2.8077,
1.7202,0.2783,0.3038,5.1992,1.7373,-0.6724,0.7426,-0.5642,0.6065,1.7540,0.9151,-1.8661,
-4.2920,-0.3916,2.2971,-3.9698,-3.7617,-0.4843,-4.0060,3.2087,1.5158,0.2403,-2.1116,3.0965,
4.8797,1.9798,2.4618,-2.1597,-0.6424,2.2715,0.6530,-3.4901,0.6248,-0.7718,2.1917,-1.4268,
-1.1314,1.6288,0.5751,-1.3851,-0.9518,3.1002,2.9274,0.3820,0.5018,2.9017};
float xdata FFT_Im[128];                    //FFT运算的虚部
//***************************************************************
//此处定义旋转因子实部
//***************************************************************
float code
Wr_Buff[64] = {1,0.9988,0.9952,0.9892,0.9808,0.9700,0.9569,0.9415,0.9239,0.9040,0.8819,0.8577,
0.8315,0.8032,0.7730,0.7410,0.7071,0.6716,0.6344,0.5957,0.5556,0.5141,0.4714,0.4276,0.3827,
0.3369,0.2903,0.2430,0.1951,0.1467,0.0980,0.0491,0,-0.0491,-0.0980,-0.1467,-0.1951,-0.2430,
-0.2903,-0.3369,-0.3827,-0.4276,-0.4714,-0.5141,-0.5556,-0.5957,-0.6344,-0.6716,-0.7071,
-0.7410,-0.7730,-0.8032,-0.8315,-0.8577,-0.8819,-0.9040,-0.9239,-0.9415,-0.9569,-0.9700,
-0.9808,-0.9892,-0.9952,-0.9988};
//***************************************************************
//此处定义旋转因子虚部
//***************************************************************
float code
Wi_Buff[64] = {0,-0.0491,-0.0980,-0.1467,-0.1951,-0.2430,-0.2903,-0.3369,-0.3827,-0.4276,
```

-0.4714,-0.5141,-0.5556,-0.5957,-0.6344,-0.6716,-0.7071,-0.7410,-0.7730,-0.8032,-0.8315,
-0.8577,-0.8819,-0.9040,-0.9239,-0.9415,-0.9569,-0.9700,-0.9808,-0.9892,-0.9952,-0.9988,
-1,-0.9988,-0.9952,-0.9892,-0.9808,-0.9700,-0.9569,-0.9415,-0.9239,-0.9040,-0.8819,
-0.8577,-0.8315,-0.8032,-0.7730,-0.7410,-0.7071,-0.6716,-0.6344,-0.5957,-0.5556,-0.5141,
-0.4714,-0.4276,-0.3827,-0.3369,-0.2903,-0.2430,-0.1951,-0.1467,-0.0980,-0.0491};

```c
    float xdata Res[128];                         //转换结果
    float xdata FFT_Re1[128];                     //转换结果
    float xdata FFT_Re[128];                      //进行FFT运算前实部数据
    float data Result1_r;
    float data Result1_i;
    float data Result2_r;
    float data Result2_i;
    float data p;
//*************************************************************
//主函数
//*************************************************************
main(void) {
    unsigned char i,l = 0;
    Init_Device();
    for(i = 0;i<128;i++) {
        FFT_Re[i] = FFT_Re2[i];
        //FFT_Re[i] = (1 + sin(l * 2 * p/128)) * 1000   ;此处为笔者利用函数生成数据
        Res[i] = 0;                               //结果数组初始化
        FFT_Re1[i] = 0;                           //数序变换时要用到的数组
        FFT_Im[i] = 0;                            //数据分存的虚部
    }
    FFT_fun();                                    //执行FFT运算
    while(1);
    return 1;
}
//*************************************************************
//FFT_fun：计算128点浮点FFT
//*************************************************************
void FFT_fun(void) {
//定义局部变量
    unsigned char i;
    unsigned char j;
    unsigned char a;
    unsigned char b;
```

```c
unsigned char c;
unsigned char k = 0;
unsigned char temp = 0;
unsigned char revers = 0;
for(i = 0;i<128;i++)
    FFT_Re1[i] = FFT_Re[i];
for(i = 0;i<128;i++) {
    for(j = 0;j<7;j++) {
        a = (i&(0x01<<j));
        b = (6 -(j<<1));
        c = 6 - 2 * (6 - j);
        if(j<3)
            revers + = a<<b;
        else if(j>3)
            revers + = a>>c;
        else
            revers + = a;
    }
    FFT_Re[i] = FFT_Re1[revers];
    revers = 0;
}                                           //128 点输入序列位倒序
for(i = 0;i<7;i++) {                        //第一重循环控制蝶形的级数
    for(j = 0;(j+(1<<i))<128;j++) {         //控制每级的蝶形和旋转因子
        if(k<64) {
            c = k;
            k + = (1<<(6 - i));
        }
        else
            k = 0;
        if(temp<(1<<i)) {
            temp++;
            a = j;
            b = (j+(1<<i));
            Result1_r = FFT_Re[a] + Wr_Buff[c] * FFT_Re[b]- Wi_Buff[c] * FFT_Im[b];
            Result1_i = FFT_Im[a] + Wi_Buff[c] * FFT_Re[b] + Wr_Buff[c] * FFT_Im[b];
            Result2_r = FFT_Re[a]- Wr_Buff[c] * FFT_Re[b] + Wi_Buff[c] * FFT_Im[b];
            Result2_i = FFT_Im[a]- Wi_Buff[c] * FFT_Re[b]- Wr_Buff[c] * FFT_Im[b];
            FFT_Re[a] = Result1_r;
            FFT_Im[a] = Result1_i;
```

```
                FFT_Re[b] = Result2_r;
                FFT_Im[b] = Result2_i;
            }
            else {
                j = (j+(1<<i)-1);
                temp = 0;
            }
        }
        k = 0;
        temp = 0;
    }
    for(i = 0;i<128;i++)                              //幅度谱运算
    Res[i] = sqrt(FFT_Re[i] * FFT_Re[i] + FFT_Im[i] * FFT_Im[i]);
}
```

18.2.4 结果与思考

本实例是利用 C8051F410 单片实现 128 点浮点 FFT 运算。运算的数据采用了模拟数据，数据是利用 MATLAB 按以下解析式生成的：

$$\sin(2\times pi\times 5\times t)+\sin(2\times pi\times 20\times t)+2\times randn(size(t))$$

其中，采样频率为 100 Hz。这样可以较方便地对结果运算的正确性进行比对。当然利用片上的 A/D 采集一段序列，也是可以的，但要注意数据的类型。更方便的是可以利用 C51 数学函数库中的函数，生成一段序列。

为了节省 RAM 的消耗，序列被定义成了 float code，并在程序中对参与运算的数组 FFT_Re[i]、Res[i]、FFT_Re1[i]、FFT_Im[i]赋值。其实按照 C51 的语法是可以在定义时赋值的，笔者经过大量的试验证明此举是不可以的，运行程序后即死机，试了许多次都如此；但是，如果把数组的维数改小，则又正常了。因此可能是在初始化大数组时，由于较耗时，片上的看门狗造成了芯片的复位。笔者采用后赋值的方法后一切就正常了，当然可以通过修改 startup.a51 解决。

图 18.7~图 18.11 是在片上系统上进行 128 点浮点 FFT 运算后得到的结果，这里仅列出部分数据。图 18.10 是相同的数据在 MATLAB 环境中得到的结果。数据对比可以看出，两者的结果是一致的。数据存在一些微小的差别是因为程序中为提高运算效率把旋转因子进行了量化查表。这其中产生了一些误差，造成和 MATLAB 的数值不完全一致，这些差别是非常小的。图 18.11 和图 18.12 是信号的时域波形与频域功率谱。可以看出时频域的信号是对应的，更证明了算法的正确性。

FFT_Re	X:0x000600...
[0]	43.4155 ...
[1]	29.44396 ...
[2]	9.416734 ...
[3]	27.80662 ...
[4]	-4.738025 ...
[5]	12.79931 ...
[6]	53.37997 ...
[7]	-13.79034 ...
[8]	0.3811703 ...
[9]	-9.148711 ...
[10]	-2.760883 ...
[11]	21.07655 ...
[12]	6.47626 ...
[13]	4.402736 ...
[14]	-18.70698 ...
[15]	12.93243 ...
[16]	7.014866 ...
[17]	22.94632 ...
[18]	-10.47727 ...
[19]	3.933662 ...
[20]	1.256624 ...

图 18.7 FFT 结果实部

FFT_Im	X:0x000400...
[0]	0 ...
[1]	-3.07869 ...
[2]	-15.51706 ...
[3]	20.59449 ...
[4]	-21.33467 ...
[5]	-9.108226 ...
[6]	-24.50371 ...
[7]	46.48192 ...
[8]	-15.90038 ...
[9]	13.28068 ...
[10]	-24.17327 ...
[11]	22.57811 ...
[12]	0.6832047 ...
[13]	2.115156 ...
[14]	10.25402 ...
[15]	15.60602 ...
[16]	8.313193 ...
[17]	-23.47715 ...
[18]	-11.30186 ...
[19]	7.316289 ...
[20]	-10.30183 ...

图 18.8 FFT 结果虚部

Res	X:0x000200...
[0]	43.4155 ...
[1]	29.60448 ...
[2]	18.15087 ...
[3]	34.60262 ...
[4]	21.85445 ...
[5]	15.7093 ...
[6]	58.73545 ...
[7]	48.48446 ...
[8]	15.90495 ...
[9]	16.12685 ...
[10]	24.33043 ...
[11]	30.88676 ...
[12]	6.512197 ...
[13]	4.884462 ...
[14]	21.33298 ...
[15]	20.26809 ...
[16]	10.87739 ...
[17]	32.8285 ...
[18]	15.4112 ...
[19]	8.306731 ...
[20]	10.37819 ...

图 18.9 FFT 功率谱

数位	结果
0	43.4155
1	29.6035
2	18.1502
3	34.6018
4	21.8539
5	15.7092
6	58.7337
7	48.4846
8	15.9047
9	16.1260
10	24.3307
11	30.8863
12	6.5128
13	4.8837
14	21.3328
15	20.2671
16	10.8774
17	32.8270
18	15.4110
19	8.3069
20	10.3778

图 18.10 MATLAB 计算的功率谱

第18章 应用设计实例

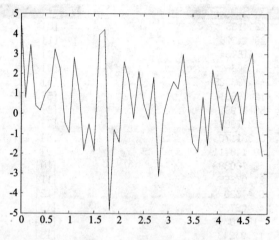

图 18.11 信号的时域波形

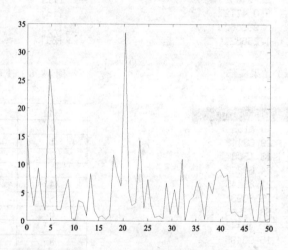

图 18.12 信号的频域功率谱

思考:标准 FFT 计算程序数据类型都是浮点的,这对于浮点计算能力很强的 DSP 或 PC 机无疑是最好的选择,因为这样可以不必过多地考虑数据范围,是否溢出。对于定点的 DSP 与单片机来说浮点数据类型并不是最好的选择,因为它的运算效率比定点数来说要低很多,所以在此类机器上一般尽可能采用定点类型。本文是 128 点的浮点 FFT,主要是受片上 2 KB 的 RAM 所限,点数无法加大。事实上,对于数据宽度只有 8 位的处理器来说,并不是最好的选择。若希望进行更多点的 FFT,同时希望要提高运算的实时性,可以采用 16 位整型数,但此时要注意数据的溢出问题。

18.3 低频自定义信号发生器

18.3.1 系统功能概述

信号源作为一种基本电子设备无论是在教学、科研还是在产品调试中，都有着广泛的应用。凡是产生测试信号的仪器，统称为信号源，也称为信号发生器，它用于产生被测电路所需特定参数的电测试信号。

信号源可以根据输出波形的不同，划分为正弦波信号发生器、矩形脉冲信号发生器、函数信号发生器和随机信号发生器等4大类。最常用的产生方法是利用运放等分立元件形成非稳态的多谐振荡器，然后根据形成波形的需要进行如积分等的相关运算。内部系统包括主振级、主振输出调节电位器、电压放大器、输出衰减器、功率放大器、阻抗变换器以及指示电路。这种信号源只能产生少数几种波形，自动化程度较低，且仪器体积大、灵活性与准确度差。

随着计算机、数字集成电路和微电子技术的发展，当今高性能的信号源均通过频率合成技术（DDS）来实现。信号源能产生波形的种类多、频率高，而且还要体积小、可靠性高、操作灵活、使用方便及可由计算机控制。须说明的是这类信号发生器均是由专用的芯片加上微控制器作为外围管理实现的，对控制要求很高。图18.13所示为典型的DDS原理模式图。

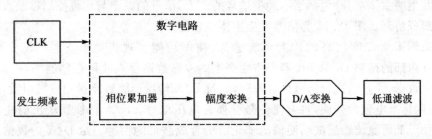

图 18.13　DDS 模式图

本实例并不是为了专门研究此类信号发生装置，只是利用片上系统资源本身，设计实现信号发生器。其特点是结构简单。

18.3.2 系统结构与原理

周期性信号的几个典型的特征包括频率、幅值、相位。所有的信号发生装置无不从这几点入手。模拟式的信号发生器通过电位器调整上述值。数字式DDS模式原理如图18.13所示，此模式下需一定的振荡脉冲，以及用于分频需要的定时器，通过它产生相位与频率信号。信号的幅值变化通过D/A完成，必要的存储空间存储信号数据。对比片上系统C8051F410的片上资源，12位电流模式D/A，多用途的定时器，其中之一的功能可作为D/A转换的时基信号，足够的 ROM 与片上 2 KB RAM,内置的可分频晶振与高精度基准。事实上这些资源已经具备了 DDS 的基础,配合软件是可以完成 DDS 模式信号发生的功能的。图 18.14 为基于低频信号发生器的系统框图。

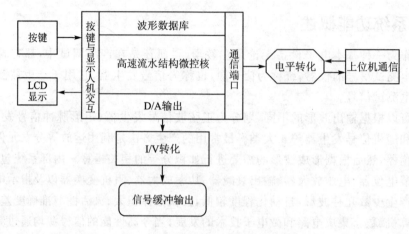

图 18.14　信号发生系统原理框图

1. 信号发生主体

信号发生的主体部分,包括了不同类信号的产生,信号的频率与相位控制以及人机对话部分均由此部分协调。图 18.15 为信号发生主体原理图。

由于采用了集成度较高的片上系统芯片,使得功能实现很简单。本系统充分利用了 C8051F410 内部的两路 D/A 变换器。将要产生的波形数据存入波形存储器中,由 CPU 读取这些单元的数据,并开始执行信号生成程序,通过 D/A 转换器将数字量变成模拟量,该模拟量是电流,利用标准电阻的变换,将电流信号变换为电压信号。D/A 转换器输出的一系列的阶梯电压信号经低通滤波器滤波后便输出了光滑的合成波形的信号。给 D/A 送数据是按照一定的时间周期,具体数值和要发生的波形频率有关。系统中使用了定时器 3 作为时基信号发生器,利用 D/A 的定时器溢出更新模式。溢出的计算标准与要发生的点数有关。本系统波形发生点数为 256,则溢出更新步长时间为波形频率的 1/256。从分析可知,波形库中存储波形幅值的数据越多,输出的波形越逼近实际波形。

2. I/V 变换与阻抗匹配

D/A 转换输出的是电流信号,须进行 I/V 变换。该部分就完成 I/V 变换及阻抗匹配。事实上,电流电压变换要通过运放来实现,已取得最好的效果。这里简单地通过 1 kΩ 标准电阻转换,在要求不高的场合也是可以的,但是此种方式带来的问题是内阻增大,动态性不好。为了改善这些不足,采用了两个运放连接为跟随器方式作为输出缓冲。为了简单这里省去了信号的幅度调整功能,输出为固定的 0～2 V。要使幅度可调须再接一级程控放大环节,可以通

第18章 应用设计实例

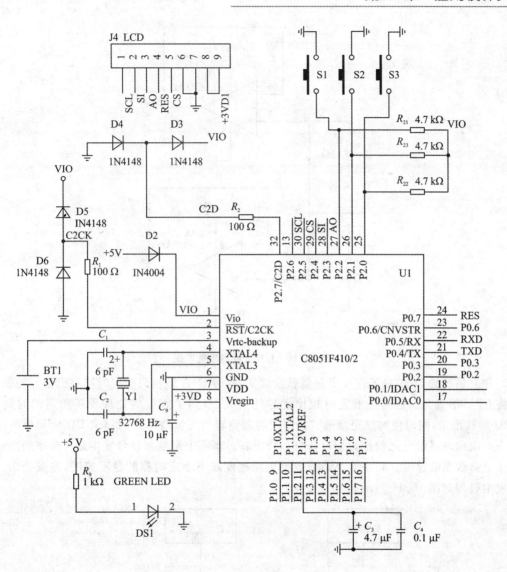

图 18.15 信号发生主体原理图

过运放与数字电位器实现。图 18.16 所示为 I/V 变换与阻抗匹配。

3. 自定义波形发生

本信号发生器可以发生常用的正弦波、锯齿波、三角波、方波。每种波形的点数均为 256，波形的数据已经转化为 16 位整型数存于函数表中。

波形发生过程是这样的：首先设定发生函数的频率，根据设定的数值决定系统可分频晶振的分频数及定时器的振荡源及定时器的设置值。定时器溢出值应按方式周期的 1/256 考

第 18 章 应用设计实例

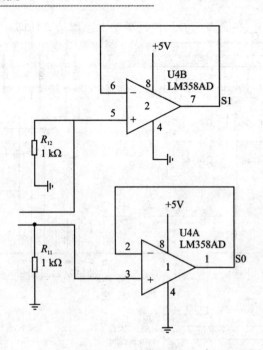

图 18.16　I/V 变换与阻抗匹配

虑。片上系统的 D/A 可工作在定时器触发模式，此时 D/A 转换只受定时器溢出信号控制，可不需 CPU 的参与。这与一般定时相比优越性很大，节约了大量的处理现场所需的时间，把 CPU 解放出来，同时使时序更准确。当将定时器设置为可重载模式，那末 CPU 所须做的仅是在下一次定时器触发之前把数据准备好以待更新。事实上影响本信号发生最大频率的因素取决于更新数据的速度。频率太高造成数据更新速度跟不上定时器的触发速度，造成错误。波形发生过程如图 18.17 所示。

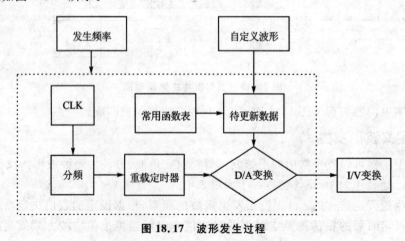

图 18.17　波形发生过程

关于自定义波形发生,和前面说的几种波形发生原理是一样的,不同的只是前几种常用波形,数据已经固化到了 ROM 中可直接使用,自定义波形需要使用者自己定义后再使用。自定义波形可以在 PC 机上根据解析式得到,也可以根据离散值设计,当然基本要求是波形的点数应改为 256,同时最大值应改为小于等于 4095,满足此条件即可。

18.3.3 系统软件设计

对于典型的波形数据,可以通过计算得到结果。但是这样势必大大占用了 CPU 的带宽,使得发生的频率大大降低。为了减少 CPU 计算所带来的时间延迟,采用查表的方法。利用软件生成正弦等信号,并把这些数据固化,CPU 的开销仅仅是一个查表的时间消耗,从而大大地节省了硬件开销。

本信号发生器软件的编制核心是查表法。对于正弦信号,每一个点的值的确定方法为:

$$A = 2048 \times [\sin(I \times \pi/256) + 1] \qquad I = 0, \cdots, 255$$

由于片上的 D/A 不能输出负值,因而向上偏置了一半量程,程序如下:

```
#include "C8051F410.h"
#include <INTRINS.H>
#include <math.H>
#define uint unsigned int
#define uchar unsigned char
#define nop() _nop_();_nop_();
union tcfint16{
    uint myword;
    struct{uchar hi;uchar low;}bytes;
}myint16;                    //用联合体定义 16 位操作
// Peripheral specific initialization functions,
// Called from the Init_Device() function
uchar tem,dotd;
uint daval,daval1;
bit update;
uchar code hsb[];
xdata uint sintab[255];
xdata uint rectab[255];
xdata uint tritab[255];
uint code sint[];
uint code trit[];
uint code rect[];
sfr16 IDA0DAT = 0x96;
sfr16 IDA1DAT = 0xf4;
#define SYSCLK         24500000       // SYSCLK frequency in Hz
```

```c
sfr16 TMR3RL = 0x92;              // T3 reload value
sfr16 TMR3 = 0x94;                // T3 counter
//sbit ET3 = EIE1^7
void setf(uint f,uchar dot) {
    unsigned long int tt;
    //tt = 65536 -(SYSCLK/12/1000) * adt;
    tt = 65536 -(SYSCLK/f/dot);
    TMR3RL = tt;
    TMR3 = tt;
}
void chbyte(uint dadata, bit DAflag) {    //将自分成字节并赋给 D/A
    myint16.myword = dadata;
    if( DAflag == 0) {
        IDA0L = myint16.bytes.low;
        IDA0H = myint16.bytes.hi;
    }
    else {
        IDA1L = myint16.bytes.low;
        IDA1H = myint16.bytes.hi;
    }
}
void delay(uint time){            //延迟 1 ms
    uint i,j;
    for (i = 0;i<time;i++){
        for(j = 0;j<300;j++);
    }
}
void DAC_Init() {
    IDA0CN = 0xb7;                //D/A0 使能并应用 T3 模式
    IDA1CN = 0xb7;                //D/A1 使能并应用 T3 模式
    //IDA0CN = 0xF7;              //D/A0 使能并应用为写字节立即转换模式
    //IDA1CN = 0xF7;              //D/A1 使能并应用为写字节立即转换模式
    //IDA0CN = 0xf3;              //D/A0 使能并应用 8 位定时器 3
    //IDA1CN = 0xf3;              //D/A1 使能并应用 8 位定时器 3
}
void Oscillator_Init() {
    // int i = 0;
    OSCICN = 0x87;
    /*
    CLKMUL = 0x8C;
```

```
    for (i = 0; i < 20; i++);          // Wait 5 μs for initialization
    CLKMUL| = 0xC0;
    while ((CLKMUL & 0x20) == 0);    */
}
void Port_IO_Init() {
    P0SKIP = 0x03;
}
void Timer_Init() {
    CKCON = 0x40;
    TMR3CN = 0x04;                     //0x08,0x0c
    //TMR3CN = 0x00;                   //0x08,0x0c
}
void PCA_Init() {
    PCA0MD& = ~0x40;
    PCA0MD = 0x00;
}
void Init_Device(void) {
    PCA_Init();
    Oscillator_Init();
    DAC_Init();
    Port_IO_Init();
    Timer_Init();
}
main() {
    uint u,t;
    Init_Device();                     //初始化硬件设置
    delay(10);
    for(u = 0;u<256;u++) {
        sintab[u] = sint[u];
        rectab[u] = rect[u];
        tritab[u] = trit[u];
    }
    daval = 0;
    chbyte(daval, 1);
    //dotd = 64;
    setf(1000,255);
    //t = 256/dotd;
    //timeset(1);
    // TMR3RL = 64549;
    //TMR3 = 64549;
```

```c
    EA = 1;
    //TR3 = 1;                              //启动定时器 T3
    //EIE1 = EIE1|0x80;
    update = 1;
    tem = 0;
    while(1){
       /* if(update = = 1) {
            daval = rectab[tem];
            daval1 = tritab[tem];
            update = 0;
       }  */
       if((TMR3CN&0x80) = = 0x80) {
            daval = rectab[tem];
            daval1 = tritab[tem];
            IDA1DAT = daval;
            IDA0DAT = daval1;
            //tem = tem + t;
            tem = tem + 1;
            TMR3CN& = ~(0x80);
            //update = 1;
       }
    }
}

void T3_ISR() interrupt 14                  //T3 定时中断,更新 DAC1 输出,DAC1 为锯齿波输出
{ }
/ * * * * * * * * * * *正弦波* * * * * * * * * * * /
uint code sint[] = {2048,2098,2148,2199,2249,2299,2349,2398,2448,2497,2546,2594,2643,2690,
2738,2785,2832,2878,2924,2969,3013,3057,3101,3144,3186,3227,3268,3308,
3347,3386,3423,3460,3496,3531,3565,3599,3631,3663,3693,3722,3751,3778,
3805,3830,3854,3877,3899,3920,3940,3959,3976,3993,4008,4022,4035,4046,
4057,4066,4074,4081,4086,4090,4094,4095,4095,4095,4094,4090,4086,4081,
4074,4066,4057,4046,4035,4022,4008,3993,3976,3959,3940,3920,3899,3877,
3854,3830,3805,3778,3751,3722,3693,3663,3631,3599,3565,3531,3496,3460,
3423,3386,3347,3308,3268,3227,3186,3144,3101,3057,3013,2969,2924,2878,
2832,2785,2738,2690,2643,2594,2546,2497,2448,2398,2349,2299,2249,2199,
2148,2098,2048,1998,1948,1897,1847,1797,1747,1698,1648,1599,1550,1502,
1453,1406,1358,1311,1264,1218,1172,1127,1083,1039,995,952,910,869,828,
788,749,710,673,636,600,565,531,497,465,433,403,374,345,318,291,266,242,
219,197,176,156,137,120,103,88,74,61,50,39,30,22,15,10,6,2,1,0,1,2,6,
10,15,22,30,39,50,61,74,88,103,120,137,156,176,197,219,242,266,291,318,
345,374,403,433,465,497,531,565,600,636,673,710,749,788,828,869,910,952,
995,1039,1083,1127,1172,1218,1264,1311,1358,1406,1453,1502,1550,1599,1648,
```

1698,1747,1797,1847,1897,1948,1998};
/***************锯齿波***************/
　uint code trit[] = {
0,16,32,48,64,80,96,112,128,144,160,176,192,208,
224,240,256,272,288,304,320,336,352,368,384,400,416,432,
448,464,480,496,512,528,544,560,576,592,608,624,640,656,
672,688,704,720,736,752,768,784,800,816,832,848,864,880,
896,912,928,944,960,976,992,1008,1024,1040,1056,1072,1088,1104,
1120,1136,1152,1168,1184,1200,1216,1232,1248,1264,1280,1296,1312,1328,
1344,1360,1376,1392,1408,1424,1440,1456,1472,1488,1504,1520,1536,1552,
1568,1584,1600,1616,1632,1648,1664,1680,1696,1712,1728,1744,1760,1776,
1792,1808,1824,1840,1856,1872,1888,1904,1920,1936,1952,1968,1984,2000,
2016,2032,2048,2064,2080,2096,2112,2128,2144,2160,2176,2192,2208,2224,
2240,2256,2272,2288,2304,2320,2336,2352,2368,2384,2400,2416,2432,2448,
2464,2480,2496,2512,2528,2544,2560,2576,2592,2608,2624,2640,2656,2672,
2688,2704,2720,2736,2752,2768,2784,2800,2816,2832,2848,2864,2880,2896,
2912,2928,2944,2960,2976,2992,3008,3024,3040,3056,3072,3088,3104,3120,
3136,3152,3168,3184,3200,3216,3232,3248,3264,3280,3296,3312,3328,3344,
3360,3376,3392,3408,3424,3440,3456,3472,3488,3504,3520,3536,3552,3568,
3584,3600,3616,3632,3648,3664,3680,3696,3712,3728,3744,3760,3776,3792,
3808,3824,3840,3856,3872,3888,3904,3920,3936,3952,3968,3984,4000,4016,
4032,4048,4064,4080};
uint code rect[] = {4095,4095,4095,4095,4095,4095,4095,4095,4095,4095,4095,4095,4095,4095,
4095,4095,4095,4095,4095,4095,4095,4095,4095,4095,4095,4095,4095,
4095,4095,4095,4095,4095,4095,4095,4095,4095,4095,4095,4095,4095,
4095,4095,4095,4095,4095,4095,4095,4095,4095,4095,4095,4095,4095,
4095,4095,4095,4095,4095,4095,4095,4095,4095,4095,4095,4095,4095,
4095,4095,4095,4095,4095,4095,4095,4095,4095,4095,4095,4095,4095,
4095,4095,4095,4095,4095,4095,4095,4095,4095,4095,4095,4095,4095,
4095,4095,4095,4095,4095,4095,4095,4095,4095,4095,4095,4095,4095,
4095,4095,4095,4095,4095,4095,4095,4095,4095,4095,4095,4095,4095,
4095,4095,0,0,0,0,0,0,0,0,0,0,0,0,0,0,0,0,0,0,0,0,0,0,0,0,0,
0,0,0,0,0,0,0,0,0,0,0,0,0,0,0,0,0,0,0,0,0,0,0,0,0,0,
0,0,0,0,0,0,0,0,0,0,0,0,0,0,0,0,0,0,0,0,0,0,0,0,0,0,
0,0,0,0,0,0,0,0,0,0,0,0,0,0,0,0,0,0,0,0,0,0,0,0,0,0,
0,0,0,0,0,0,0,0,0,0,0,0,0,0,0,0,0};

18.3.4 结　果

有关信号发生的结果如图 18.18～图 18.19 所示。

第18章 应用设计实例

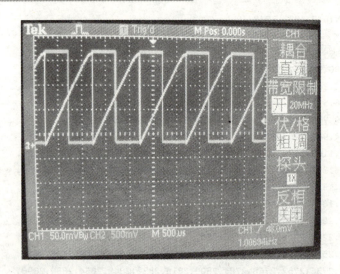

图 18.18 正弦波与锯齿波双输出

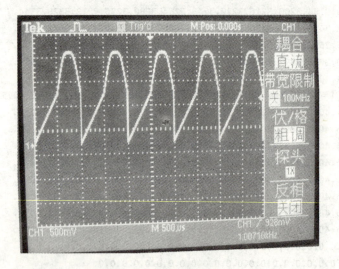

图 18.19 自定义波形输出

18.4 低成本无人值守数据采集器

18.4.1 数据采集功能概述

在计算机广泛应用的今天,数据采集的重要性是十分显著的。是计算机与外部物理世界连接的桥梁。数据采集是指将温度、压力、位移、流量等模拟量采集并转换成数字量后,再由计算机或单片机进行存储、处理或显示的过程。各种类型信号采集的难易程度差别很大。实际采集时,噪声也可能带来干扰。常见的采集方法有:数据采集器、通过传感器和 A/D 转换后将数据送给处理器、通过传感器和自身带有 A/D 转换功能的微处理器进行数据采集等。

具体地说,就是对传感器输出的模拟信号进行采样并转换成计算机能识别的数字信号,然后送入计算机进行相应的计算和处理,得出所需的数据。与此同时,将计算得到的数据进行显示或打印,以便实现对某些物理量的监视,其中一部分数据还将被生产过程中的计算机控制系统用来控制某些物理量。数据采集系统性能的好坏,主要取决于其精度和速度。在保证精度的条件下,应选择尽可能高的采样速度,以满足实时采集、实时处理和实时控制对速度的要求。

数据采集的过程主要包括信号传感、模/数转换以及数据处理。各种待采集的物理量,如温度、压力、位移、流量等都是非电量。首先要把这些非电量转换成电信号,然后才能实现进一步的处理。把各种物理量转换成电信号的器件称为传感器。传感器的类型有很多,如测量温度的传感器有热电偶、热敏电阻等;测量机械力的有压力(敏)传感器、应变片等;测量机械位移的有电感位移传感器、光栅位移传感器等;测量气体的有气敏传感器等。敏感元件是整个传感器的核心元件,如温度传感器通过热电偶或热电阻将温度信号转换成电信号。但这个信号是模拟量,不能直接送给 CPU 或数字式 PID 控制模块,必须进行模/数转换。该转换的过程也就是模拟信号的采集过程,包括 3 个基本步骤:采样、量化、编码。把时间上连续的模拟信号,按一定的时间间隔抽出一个样本数据,转变为时间上离散的信号,这一过程称为信号的采样。连续信号在任何时刻的数值都是已知的,但在采样后,除了能掌握采样时刻的数值外,其他信号就丢失了。采样周期越大,信息丢失越严重。所以在实际的数据采集中,必须要保证一定的采样频率。量化是一种用有限字长的数字量逼近模拟量的过程,即为模拟量数字化的过程。编码是将已经量化的数变为二进制码,以便计算机接收并处理。模拟信号经过这 3 步转换后,变成时间上离散、幅值上量化的数字信号。模拟信号转换为数字信号之后,计算机就可以接收了。数据处理就是计算机将接收到的数字信号进行相应的计算,得到所需的数据,同时进行存储、显示或者打印的过程。在经过数据处理之后,通过计算机的人机交互界面,可以很直观地看到现场工艺参数的变化。

现在有很多的公司或厂家生产各种各样的数据采集器,根据数据采集器的用途不同,大体上可分为两类:在线式数据采集器和便携式数据采集器。便携式数据采集器是为适应一些现场数据采集而设计的,适合于脱机使用的场合。高速数据采集器数据量惊人,需很大的空间存储。便携式数据采集器一般依赖于便携式计算机,通过串口、并口或 USB 等接口,上传并保存数据。还有一些通过内置的大容量 FLASH 或固态硬盘就地存储,这样可保证设备全天候工作。接下来要介绍的基于片上系统的数据采集器,最大特点是结构简单,成本低,功耗低,对于缓变信号的采集有独特的优势。

18.4.2 基于C8051F410的采集系统

片外的 A/D 芯片很多，价格也较贵，特别是一些中速或高速的转换芯片，其费用比微处理器本身要贵好多倍，采集的通道数也要受限制。C8051F410 片内集成有一个 12 位 SAR 方式的 ADC0，最大转换速率为 200 ksps。在 A/D 转换器的外围是一个 27 通道单端输入可编程的模拟多路选择器，用于选择 ADC0 的输入。27 个通道意味着片上的端口 P0~P2 可以作为 ADC0 的输入，同时片内温度传感器的输出和电源电压 V_{DD}，以及电源地 GND，也可以作为 ADC0 的输入。如此设计用户可以很方便地将其组成自己的数据采集系统，甚至可以考虑温度变化与电源波动的补偿。

除了一般 12 位逐次逼近 A/D 的基本功能与输入通道的扩充外，它还扩展了许多有用的功能比如自动累加、窗口比较、低功耗的突发模式，这样可以在数据采集过程中对 CPU 的依赖降到最小，提高了它的工作效率，给编程应用者带来了诸多方便。

有多种方式可以很方便的进行 A/D 转换的启动，分别是：软件命令、定时器 2 溢出、定时器 3 溢出和外部转换启动信号。这种灵活性允许用软件事件、周期性信号或外部硬件信号触发转换。在完成 1、4、8 或 16 次采样并由硬件累加器完成累加后，一个状态位指示转换完成。转换结束后，结果数据字被锁存到 ADC0 数据寄存器中。当系统时钟频率很低时，突发模式允许 ADC0 自动从低功耗停机状态被唤醒，采集和累加样本值，然后重新进入低功耗停机状态，不需要 CPU 干预。这在一些电池供电的手持或野外全天候工作场合意义重大。

综合这些特点，它非常实用于多点位缓变信号的测量，比如温度、湿度、应力等。下面将介绍笔者基于这一芯片设计的数据采集系统。

1. 输入通道隔离

信号隔离技术是使模拟信号在发送时不存在穿越发送和接收端之间屏障的电流连接。这允许发送和接收端外的地或基准电平之差值可以高达几千伏，并且防止了可能损害信号的不同地电位之间的环路电流。信号地的噪声可使信号受损。隔离可将信号分离到一个干净的信号子系统地，使传感器、仪器仪表或控制系统与电源之间互相隔离，从而保证整个系统装置的工作安全、可靠及稳定。

对于开关量或数字量来说采用光耦隔离非常简单和有效。光电耦合器件是把发光器件（如发光二极管）和光敏器件（如光敏三极管或光敏二极管）组装在一起，通过光线实现耦合构成电—光和光—电的转换器件。图 18.20 很方便地说明了隔离的原理。

在很多系统中，模拟信号也必须要求隔离，模拟信号所考虑的电路参量完全不同于数字信号。当然这里有不同系统非等电位，尤其是地电位的不同，要使不同系统间在一起可靠工作，不产生冲突隔离是不可避免的。另外，基于安全需要，须隔断与基准电平之间不安全的电流通路。此种要求在医疗仪器中常见。

模拟量隔离曾采用 V-F-V 模式,即将电压信号先经过 V/F 变换,让频率信号来跨越发送器和接收器之间的隔离屏障,最后再经过 F/V 变换还原出原始信号。隔离屏障一般选用变压器或数字光耦。这项技术很成熟,应用也很广,缺陷也很大,那就是信号的带宽要求不能太宽。

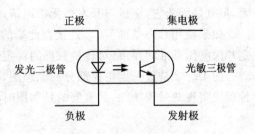

图 18.20 光电耦合原理

模拟信号通常先要考虑精度或线性度、频率响应、噪声等。经过线性化后的光耦可以较简单的完成这一任务,以前由于专用的线性光耦价钱昂贵,常采用同一批次的电流传输比较大的数字光耦线性化来实现,但光耦配对与补偿很麻烦。现在线性光耦价钱有所降低,应用很方便、经济。图 18.21 所示为输入通道隔离的原理图。在这里使用了常用的 HCNR200,是安捷伦公司的产品,配合使用两片 LM358 可以很方便地实现隔离,线性度可以达到千分之一以上。本系统可以实现多路数据采集,图 18.21 仅表示了一路,为了达到较好的隔离效果,各路之间的供电电源也应该是彼此独立的。

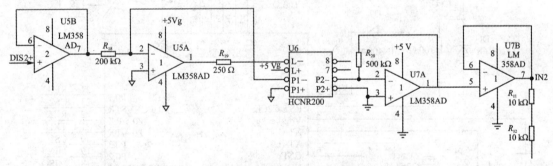

图 18.21 输入通道隔离原理图

2. 数采主控系统

C8051F410 片内集成了许多外设,使得片外设计非常简单。有利于提高控制系统的可靠性。使用了电平嵌位二极管,目的是保护在系统编程仿真过程可能对 I/O 口的损坏,只在调试阶段需要,如果不需要在系统编程时可以去掉。按键数量有限使用 I/O 口简单实现。显示部分采用 128×64 图形液晶显示模块,该模块核心驱动芯片是 ST7565P,支持并口或串口扩展应用,带蓝色的背光支持 3.3 V。

本系统几个技术细节很重要,高速度与低功耗始终是一对矛盾因素,为了在其中找到较好的结合点,芯片内采用了降低内核电压的方式。芯片内集成了 2.1~5.25 V 的输出电压可编程为 1.5 V 或 2.2 V 的低压差线性稳压器。由于芯片内空间狭小,不可能设计足够大的去耦电容。芯片的 V_{DD} 端支持向片外供电,此端不可悬空应接一个不小于 4.7 μF 的电容,即使不向外送电,此电容也不可省。笔者就曾在此犯了错误,认为该电容只是在向外输送电流时才需

第18章 应用设计实例

要,但就是因为它,造成与开发器无法通信,连上电容后正常。

如果使用片内基准 V_{REF},连接在此端的 4.7 μF 与 0.1 μF 并联电容也不能省略,它直接决定片内电压基准的噪声,对转换数据的稳定性也至关重要。

图 18.22 是数采器主控部分的原理图,图中的电池与片外手表晶振是利用片内的智能时钟模块实现的时钟功能,更重要的是利用时钟的唤醒机制可以实现超低功耗与无人值守。

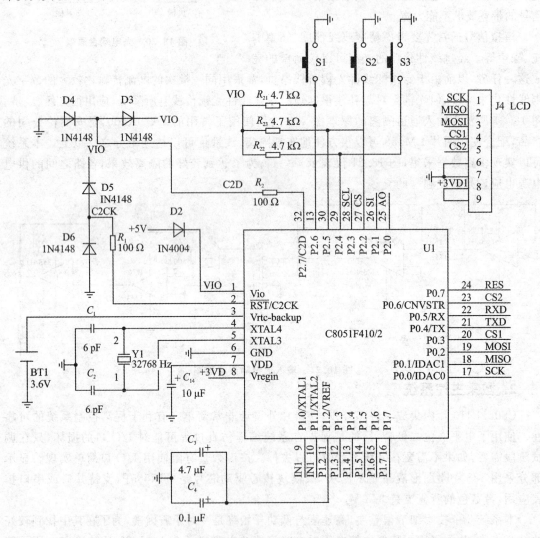

图 18.22 数采器主控部分原理图

3. 数据回收

数采系统采集的大量数据需要上传给 PC 机,进一步处理分析,无论是在线式还是离线式工作模式都有这一功能。根据数据量的不同,传输方式也不同,以此决定通信方式的设计来实现下位机同上位机之间数据的交互。

一般常用的通信方式有两种:并行通信和串行通信。并行通信的特点是多位数据同时传送,因此传输速度快,常用于对传输速度要求较高的场合,比如打印机、DMA 并口数据传输等。但是,由于并口通信是使用 TTL 电平,经过长距离的传输会产生一定的压降导致高低电平模糊,因而并行通信的传输距离一般比较短,且通信线较多。除了传输的数据信号线外,还需要一些必备的握手信号线,控制也比较复杂。长距离的数据传输,无一例外都采用的是串行传输模式,传输中采用特殊的电平驱动,可以使数据长距离传输,安全可靠。

目前 USB 是非常适用的,低速的可达到 12M 位,高速的为 480M 位,这在一些专业高速的数采器上已大量使用。这对于数据量大且要求即插即用时很适合。就实际情况而言,采用 USB 需外扩接口芯片以及应用很麻烦,且无法做到远距离无人值守,因此本系统采用了扩展和应用都非常简单方便的 RS232 串口,这对后续的扩展应用很有利。

任何通信方式都必须规定一定的通信协议,通信协议是指通信双方的一种约定。在约定中包括了数据格式、同步方式、传送速度、传送步骤、检纠错方式以及控制字符定义等,通信双方必须共同遵守。根据总线的协议以及驱动的电平不同,常用的串行通信有 RS232,485 总线。其中 RS232 口是最简单的一种通信形式,但只能应用于点对点式通信,并且通信距离受限。485 适合远距离,并且总线上可挂多组负载的情况。它在发送数据时,是一位一位地按顺序发送,因此在全双工方式下也仅需 3 根线:发送、接收和地线。

由于 RS232C 接口使用的电压范围为 $-15 \sim +15$ V,而 TTL 电平电压范围在 $0 \sim 5$ V 之间。RS232C 接口不能直接和 TTL 器件相连,必须通过芯片进行逻辑和电平的转换。在本系统中采用了 MAXIM 公司的 MAX232 芯片来完成 TTL 到 EIA 的双向电平转换。

在本系统中,与上位机的串口通信接口电路主要是由 MAX232 芯片及其外围电路组成,MAX232 是一种工作在 $+5$ V 电压下、16 引脚的直插芯片,内部集成两组转换功能,每一组都能实现 EIA-RS-232 与 TTL/CMOS 电路之间电平和逻辑关系的相互变换。其中 11、12 脚与单片机的收发端口相连,13、14 脚与 DB-9 的收发端相连。应用电路如图 18.23 所示。

4. 数据存储

存储器的生产技术可以分为两类:易失性和非易失性。易失性存储器在断电后存储的数据会丢失,而非易失性存储器则不然。传统的易失性存储器包括 SRAM(静态随机存储器)和 DRAM(动态随机存储器)。它们都源自 RAM 技术——随机存取存储器技术。

RAM 的主要优点是容易使用且读/写操作类似。但传统 RAM 的主要缺点是其只能被用来做暂时性的存储。传统的非易性存储器技术均源自 ROM 技术,即只读存储器技术。经过

第18章 应用设计实例

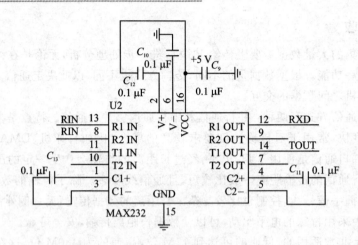

图 18.23　RS232 电平转换

各种技术的改进，工程师们创造出 FLASH 和 EEPROM 存储器，这些改进的存储器开始能够进行写入操作了。但这种基于 ROM 技术生产的存储器都有不易写入、写入需要特大功耗等缺点。所以传统的基于 ROM 技术制造的存储器不适于多次写入操作的应用领域。而铁电存储器（FRAM）则是第一个非易失性的 RAM 存储器。

铁电存储器（FRAM）在性能方面与 EEPROM 和 FLASH 相比有三点优势：首先，铁电存储器的读/写速度更快。与其他存储器相比，铁电存储器的写入速度要快 10 万倍以上。读出速度同样也很快，和写操作在速度上几乎没有太大的区别。其次，FRAM 存储器可以无限次擦写，而 EEPROM 则只能进行 100 万次的擦写。同时铁电存储器所需功耗远远低于其他非易失性存储器。功耗低，静态电流小于 1 μA，读写电流小于 10 μA；非易失性，掉电后数据能保存 10 年；可以无限次擦写。FRAM 保存数据不是通过电容上的电荷，而是由存储单元电容中铁电晶体的中心原子位置进行记录。直接对中心原子的位置进行检测是不能实现的。实际的读操作过程是：在存储单元电容上施加一已知电场（即对电容充电），如果原来晶体中心原子的位置与所施加的电场方向使中心原子要达到的位置相同，中心原子不会移动；若相反，则中心原子将越过晶体中间层的高能阶到达另一位置，在充电波形上就会出现一个尖峰，即产生原子移动的比没有产生移动的多了一个尖峰。把这个充电波形同参考位（确定且已知）的充电波形进行比较，便可以判断检测的存储单元中的内容是"1"或"0"。无论是 2T2C 还是 1T1C 的 FRAM，对存储单元进行读操作时，数据位状态可能改变而参考位则不会改变（这是因为读操作施加的电场方向与原参考位中原子的位置相同）。由于读操作可能导致存储单元状态的改变，需要电路自动恢复其内容，所以每个读操作后面还伴随一个"预充"（precharge）过程来对数据位恢复，而参考位则不用恢复。晶体原子状态的切换时间小于 1 ns，读操作的时间小于 70 ns，加上"预充"时间 60 ns，一个完整的读操作时间约为 130ns。写操作和读操作十分类似，只要施加所要的方向的电场改变铁电晶体的状态就可以了,而无需进行恢复。但是写操作仍要保留一个"预充"时间,所以总的时间与读操作相同。FRAM 的写操作与其他非易失性存储器的写操作相比,速度要快得多,而且功耗小。

目前 Ramtron 公司的 FRAM 主要包括两大类:串行 FRAM 和并行 FRAM。其中串行 FRAM 又分 I^2C 两线方式的 FM24×× 系列和 SPI 三线方式的 FM25xx 系列。串行 FRAM 与传统的 24xx、25xx 型的 EEPROM 引脚及时序兼容,可以直接替换,如 Microchip、Xicor 公司的同型号产品;并行 FRAM 价格较高但速度快,由于存在"预充"问题,在时序上有所不同,不能和传统的 SRAM 直接替换。FRAM 产品具有 RAM 和 ROM 优点,读/写速度快并且可以像非易失性存储器一样使用。

铁电存储器 FM25L256 是由 Ramtron 生产的 512 Kb(64 KB)串行非易失性存储器。其主要特点是:采用 SPI 总线控制;2.7~3.6 V 单电源供电,适合的时钟频率高达 25 MHz,读/写速度快。因此,FRAM 结合了 SRAM 和 DRAM 易写入的特性,又具有 FLASH 和 EEPROM 的非易失性的特点。

图 18.24 所示为 FM25L512 的引脚分布,各引脚功能如下:

$\overline{CS}$:片选(输入);

$\overline{HOLD}$:硬件保护模式(输入);

$\overline{WP}$:硬件写保护(接高电平);

SI:串行数据输入;

SO:串行数据输出;

SCK:串行移位时钟(输入);

V_{DD}:电源;

V_{SS}:地。

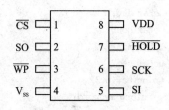

图 18.24 铁电存储器 FM25L512

FM25L512 单片的容量是 64 KB,根据需要可以扩展多片。C8051F41x 器件内部位于外部数据存储器空间的 2048 字节 RAM,此部分空间可以通过 MOVX 和 DPTR 访问。它可以作为数据缓冲区,当采样速率较高时直接向铁电存储器写数据可能会带来时间上的延迟。对于 16 位 MOVX @ DPTR 操作,16 位外部数据存储器地址的高 5 位是被"忽略"的。因此,这个 2048 字节的 RAM 以取模的方式映射到整个 64 KB 的外部数据存储器地址范围。即每隔 2 KB 的地址空间 RAM 地址相当于归零复位,此种设计很巧妙,因为在达到 RAM 块的边界时不必对地址指针复位。这样 RAM 就相当于一个环形存储器,循环采样时非常方便。

18.4.3 系统软件部分

```
#include "C8051F410.h"
#include <INTRINS.H>
```

第18章 应用设计实例

```c
#include <stdio.h>
#define uint unsigned int
#define uchar unsigned char
#define ulong unsigned  long int
#define nop() _nop_();_nop_();
uchar dis_buf[4],update;
uint disval;
bit doing,sendbit;
uchar cysec;
uchar   month12[] = {0,31,28,31,30,31,30,31,31,30,31,30,31};
//xdata uint databuf[22];
uint xdata   * databuf = 0x0000;
uint val;
ulong time;
uint year;
uchar month;
uchar day;
uchar hour;
uchar min;
uchar sec;
union tcfint32{
    ulong mydword;
    struct{uchar by4;uchar by3;uchar by2;uchar by1;}bytes;
}mylongint;//用联合体定义 32 位操作
//--------------------------------------------------------------------------------
// Global CONSTANTS
//--------------------------------------------------------------------------------

#define SYSCLK          24500000        // SYSCLK frequency in Hz
#define BAUDRATE        115200          // Baud rate of UART in bps
//#define BAUDRATE       9600            // Baud rate of UART in bps
//#define BAUDRATE       1200            // Baud rate of UART in bps
#define TIMER2_RATE     10000           // T2 overflow rate in Hz
sfr16 TMR2RL = 0xca;                    // T2 reload value
sfr16 TMR2 = 0xcc;                      // T2 counter
sfr16 ADC0 = 0xbd;                      // ADC Data Word Register
void delay(uint time);
void Oscillator_Init();
void ADC_Init();
void Voltage_Reference_Init();
void Timer2_Init (int counts);
void Timer2_ISR (void);
```

```c
void alarm();
void ymdtime(uint year,uchar month,uchar day,uchar hour,uchar min,uchar sec);
void Oscillator_Init() {
    OSCICN = 0x87;                  //系统频率为 24.5 MHz
    //OSCICN = 0x86;                系统频率为(24.5/2) MHz
    //OSCICN = 0x85;                系统频率为(24.5/4) MHz
    //OSCICN = 0x84;                系统频率为(24.5/8) MHz
    //OSCICN = 0x83;                系统频率为(24.5/16) MHz
    //OSCICN = 0x82;                系统频率为(24.5/32) MHz
    //OSCICN = 0x81;                系统频率为(24.5/64) MHz
    //OSCICN = 0x80;                系统频率为(24.5/128) MHz
    /* OSCICN = 0x87;
    CLKMUL = 0x80;
    for (i = 0; i < 20; i++);       // Wait 5 μs for initialization
    CLKMUL| = 0xC0;
    while ((CLKMUL & 0x20) == 0);
    */
}

void delay(uint time){              //延迟 1 ms
    uint i,j;
    for (i = 0;i<time;i++){
        for(j = 0;j<300;j++);
    }
}

void ADC_Init() {
    //   ADC0MX = 0x18;
    // ADC0CF = 0xFE;
    // ADC0CN = 0xC0;
    ADC0MX = 0x10;
    ADC0CF = 0xFE;
    ADC0CN = 0x03;
    ADC0TK = 0xF6;
}

void Voltage_Reference_Init() {
    REF0CN = 0x17;
}

void rtcset() {
    RTC0KEY = 0xA5;
    RTC0KEY = 0xF1;
    RTC0ADR = 0x07;
```

```c
    RTC0DAT = 0xf0;
    while ((RTC0ADR & 0x80) == 0x80);              //查询BUSY位
    RTC0ADR = 0x06;
    RTC0DAT = 0x18;
    while ((RTC0ADR & 0x80) == 0x80);              //查询BUSY位
}

void setalar() {
    uchar i;
    uchar  setalarbuf[] = {   0x0,0x0,0x0,0x0,0x0,0x0 };
    setalarbuf[0] = 0;
    setalarbuf[1] = 0;
    setalarbuf[2] = mylongint.bytes.by1;
    setalarbuf[3] = mylongint.bytes.by2;
    setalarbuf[4] = mylongint.bytes.by3;
    setalarbuf[5] = mylongint.bytes.by4;
    RTC0ADR = 0x08;
    for(i = 0;i<= 5;i++) {
        RTC0DAT = setalarbuf[i];
        while ((RTC0ADR & 0x80) == 0x80);          //查询BUSY位
    }
}

////////////////////////////串口初始化//////////////////////////
void UART0_Init (void) {
    SCON0 = 0x10;                                  // SCON0: 8 - bit variable bit rate
                                                   //        level of STOP bit is ignored
                                                   //        RX enabled
                                                   //        ninth bits are zeros
                                                   //        clear RI0 and TI0 bits
    if (SYSCLK/BAUDRATE/2/256 < 1) {
        TH1 = -(SYSCLK/BAUDRATE/2);
        CKCON &= ~0x0B;                            // T1M = 1; SCA1:0 = xx
        CKCON |=  0x08;
    }
    else if (SYSCLK/BAUDRATE/2/256 < 4) {
        TH1 = -(SYSCLK/BAUDRATE/2/4);
        CKCON &= ~0x0B;                            // T1M = 0; SCA1:0 = 01
        CKCON |=  0x09;
    }
    else if (SYSCLK/BAUDRATE/2/256 < 12) {
        TH1 = -(SYSCLK/BAUDRATE/2/12);
        CKCON &= ~0x0B;                            // T1M = 0; SCA1:0 = 00
    }
```

```
   else {
      TH1 = -(SYSCLK/BAUDRATE/2/48);
      CKCON &= ~0x0B;                      // T1M = 0; SCA1:0 = 10
      CKCON |= 0x02;
   }
   TL1 = TH1;                              // init T1
   TMOD &= ~0xf0;                          // TMOD: T 1 in 8-bit autoreload
   TMOD |= 0x20;
   TR1 = 1;                                // START T1
   TI0 = 1;                                // Indicate TX0 ready
}
/////////定时器2初始化/////////////////////
void Timer2_Init (int counts) {
   TMR2CN = 0x00;                          // STOP T2; Clear TF2H and TF2L;
                                           // disable low-byte interrupt; disable
                                           // split mode; select internal timebase
   CKCON |= 0x10;                          // T2 uses SYSCLK as its timebase

   TMR2RL = -counts;                       // Init reload values
   TMR2 = TMR2RL;                          // Init T2 with reload value
   ET2 = 0;                                // disable T2 interrupts
   TR2 = 1;                                // start T2
}
void getdata() {
   while ((!AD0INT)&&(doing==1));
   AD0INT = 0;
   val = ADC0;
}
void PCA_Init() {
   PCA0MD&= ~0x40;
   // PCA0MD = 0x00;
   P2MDIN = 0xFC;
   P0MDOUT = 0xF8;
   P2SKIP = 0x03;
   XBR1 = 0x40;
   XBR0 = 0x01;                            // Enable UART on P0.4(TX) and P0.5(RX)
}
void Init_Device(void) {
```

```
    PCA_Init();
    ADC_Init();
    Voltage_Reference_Init();
    Oscillator_Init();
}
void settime() {
    uchar i;
    uchar  settimebuf[] = {0x0,0x0,0x0,0x0,0x0,0x0 };
    settimebuf[0] = 0;
    settimebuf[1] = 0;
    settimebuf[2] = mylongint.bytes.by1;
    settimebuf[3] = mylongint.bytes.by2;
    settimebuf[4] = mylongint.bytes.by3;
    settimebuf[5] = mylongint.bytes.by4;
    RTC0ADR = 0x00;
    delay(10);
    for(i = 0;i<= 5;i++) {
        RTC0DAT = settimebuf[i];
        while ((RTC0ADR & 0x80) == 0x80);           //查询 BUSY 位
    }
    RTC0ADR = 0x06;
    RTC0DAT = 0x9a;
    while ((RTC0ADR & 0x80) == 0x80);               //查询 BUSY 位
}
void gettime() {
    uchar tem;
    RTC0ADR = 0x06;
    RTC0DAT = 0x99;
    while ((RTC0ADR & 0x80) == 0x80);               //查询 BUSY 位
    while (( RTC0ADR&0x01) == 0x01);                //查询 RTC0CAP 位
    delay(10);
    while ((RTC0ADR & 0x80) == 0x80);               //查询 BUSY 位
    RTC0ADR = 0x02;
    RTC0ADR =   RTC0ADR|0x80;
    while ((RTC0ADR & 0x80) == 0x80);               //查询 BUSY 位
    tem = RTC0DAT;
    mylongint.bytes.by1 = tem;
    RTC0ADR =   RTC0ADR|0x80;
    while ((RTC0ADR & 0x80) == 0x80);               //查询 BUSY 位
    tem = RTC0DAT;
    mylongint.bytes.by2 = tem;
```

```c
        RTC0ADR = RTC0ADR|0x80;
        while ((RTC0ADR & 0x80) == 0x80);            //查询BUSY位
        tem = RTC0DAT;
        mylongint.bytes.by3 = tem;
        RTC0ADR = RTC0ADR|0x80;
        while ((RTC0ADR & 0x80) == 0x80);            //查询BUSY位
        tem = RTC0DAT;
        mylongint.bytes.by4 = tem;
        time = mylongint.mydword;
}
void comtime() {
    ulong temp;
    uint tt,mm;
    year = time/0x1e13380;
    temp = 0x15180 * (year * 365 + (year + 2)/4);
    if(temp >= time)
    {year--;}
    temp = time - 0x15180 * (year * 365 + (year + 2)/4);
    tt = temp/0x15180;
    year = year + 1970;
    month = 1;
    mm = month12[1];
    while(tt >= mm) {
        month++;
        mm = mm + month12[month];
    }
    day = 1 + month12[month]-(mm - tt);
    if((year % 4 == 0)&&(month == 2))
    {day++;}
    hour = ((time % 0x15180)/0xe10) ;
    min = ((time % 0xe10)/0x3c) ;
    sec = time % 0x3c ;
}
void ymdtime(uint year,uchar month,uchar day,uchar hour,uchar min,uchar sec) {
    ulong temp;
    uchar i;
    if(year<1970)
    {year = 1970;}
    else if(year>2105)
    {year = 2105;}
    if((year % 4 == 0)&&(month == 2))
```

```
        {temp = 0x15180 * ((year - 1970) * 365 + ((year - 1968)/4) - 1);}
        else
        {temp = 0x15180 * ((year - 1970) * 365 + (year - 1968)/4);}
        for(i = 0;i<month;i++)
        {temp = temp + month12[i] * 86400;}
        temp = temp + (day - 1) * 86400 + (ulong)hour * 3600 + (uint)min * 60 + sec;
        mylongint.mydword = temp;
    }
    main() {
        uint kk;
        Init_Device();
        delay(10);
        rtcset();
        delay(30);
        val = 0;
        cysec = 5;
        doing = 0;
        sendbit = 0;
        ymdtime(2008,2,2,10,56,9);        //设定时间和报警值为 2020 年 2 月 29 日 20 时 56 分 9 秒
        settime();
        delay(30);
        setalar();
        gettime();
        comtime();
        Timer2_Init (SYSCLK/TIMER2_RATE);
        UART0_Init();
        delay(30);
        EA = 1;
        EIE1 = EIE1|0x02;                 //智能时钟中断使能
        while(1) {
            while(doing) {
                getdata();
                * databuf = val;
                databuf++;
                RTC0ADR = 0x06;
                RTC0DAT = 0x99;
            }
            while(sendbit) {
                if(databuf<1024) {
                    kk = * databuf;
                    printf (" %x",kk);
                    databuf++;
                }
```

```
                else
                {sendbit = 0;}
                RTC0ADR = 0x06;
                RTC0DAT = 0x99;
        }
    }
    RTC0ADR = 0x06;
    RTC0DAT = 0x99;
}
void RTC_ISR (void) interrupt 8 {
    RTC0ADR = 0x06;
    RTC0DAT = RTC0DAT&0xf3;
    if(doing == 0) {
        doing = 1;
        sendbit = 0;
        gettime();
        time = time + cysec;
        mylongint.mydword = time;
        setalar();
        ADC0CN| = 0x80;
        RTC0ADR = 0x06;
        RTC0DAT = RTC0DAT&0xfb;
    }
    else {
        RTC0ADR = 0x06;
        RTC0DAT = RTC0DAT&0xf3;
        ADC0CN& = 0x7f;
        gettime();
        time = time + 25;
        mylongint.mydword = time;
        setalar();
        doing = 0;
        sendbit = 1;
        databuf = 00;
        RTC0ADR = 0x06;
        RTC0DAT = RTC0DAT&0xfb;
    }
}
```

　　本程序给出了系统时控数据采集的核心代码,较好地实现了定时采样功能。值得一提的是该功能是基于单芯片实现的。例子中只给出了一路的数据采集,事实上 C8051F410 是支持多路采集的。本例中利用 2 KB 片上 RAM 作为系统的循环采样缓冲器,采样深度为 1K 字,如要求多路数据采集那么采样深度随路数的增加大小也将减小。系统还包括人机对话以及数据非易失存储部分代码,有些章节专门介绍,这里就不赘述。

18.4.4　总结与思考

　　基于片上系统 C8051F410 可以实现低成本无人值守的数据采集与观测系统。充分利用片上的智能时钟以及芯片的多项低功耗特性,既完成数据采样任务,又大大延长了电能的使用时间。利用片上的时控功能,可以很方便的实现定时刻循环采样,定时刻数据传输。当然要实现真正无人值守,还需要一套无线数据传输系统。本系统采用了铁电存储器是为了简单,同时用于数据量不太大的场合。其实目前 SD 卡的价格非常便宜,容量也很大,通过系统的 SPI 总线可以很方便地扩展,可真正做到海量存储。只是 SPI 的软件开发复杂一点,特别是基于文件系统的开发。

18.5　智能水压力发生器

18.5.1　背　景

　　在海洋工程中,波浪荷载作用下饱和砂土中将产生孔隙水压力,孔隙水压力的产生会引起土体强度的降低,从而导致土体结构的破坏;在每一级波浪荷载作用下,孔隙水压力将不断升高,这会导致土中有效应力的降低,土样将会丧失抵抗剪切的能力,砂土将会产生较大的变形或液化。抽象到在试验室内研究该问题,首先要解决的是如何能够产生动态的孔隙水压力,这是研制本仪器的最初目的。

　　另外,在高速公路和城市快速道路建设中,普遍存在早期损害现象,而其中发生频率较高的是早期水损害。沥青面层内部若含有一定的水分,水将在沥青混合料内部运动,加上车辆荷载的反复作用,使面层中的水形成循环动孔隙水压力,这部分水将逐渐浸入到沥青与集料的界面上,沥青膜渐渐地从集料表面剥离,最终会导致沥青与集料之间的粘结力丧失,造成水损害破坏。本仪器的研制,可在试验室里模拟该工况,即研究循环动孔隙水压力作用下的沥青混合料的力学性能。

　　在试验室内,以往的动三轴试验,都是通过对饱和试样施加模拟的动主应力,测定试样在动主应力作用下应力、应变和孔隙水压力的变化过程,从而确定饱和试样在动应力作用下的破坏强度。特别是对于动孔隙水压力的量测,都是基于动应力作用下引起的孔隙水压力的变化,被动地量测孔隙水压力的变化,然后通过数学分析和力学研究,从而建立一个合理反映土体应力应变关系的数学模型。而现在研究的课题试图直接在饱和试样上作用循环孔隙水压力,通过微机控制,产生预设的循环孔隙水压力波形,从而获得饱和试样在循环动水压力作用下的力学特性。步进电机推动活塞杆产生压力水,压力信息通过压力传感器,反馈给控制系统,控制系统保持压力的稳定或按某种规律变化。系统原理框图如图 18.25 所示。

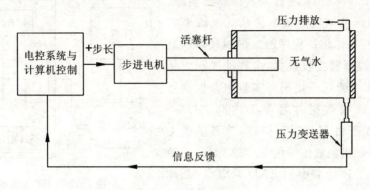

图 18.25　系统原理框图

18.5.2　主控芯片在系统编程

本项目采用了 winbond 公司的产品 W78E516B 作为系统 CPU。W78E516B 是一种 8 位微控制器,与标准的 8052 完全兼容。64 KB 的 APROM 存储应用程序,4 KB LDROM 存储控制 ISP 操作的程序。2 块存储器均为 MTP-ROM,方便系统更新。为配合 ISP 操作,笔者自制了 ISP/232 电缆,电缆上有转换开关,进行 ISP/232 功能转换。该系统调试的许多工作都是在现场完成的,调试效率就变得很关键了。调试时反应出来的程序问题在笔记本电脑上修改编译后,生成 BIN 文件,然后利用自制电缆马上进行程序的在线修改更新,给调试带来了很大的便利性,同时大大加快了项目的进程。为使读者较好地理解 ISP 的应用有必要介绍一下 W78E516 的 ISP 功能和操作。

在 MTP 产品中,W78E516 颇具特色。它在 ISP 功能方面具有突出的优点:

(1) 开发的灵活性。可由设计者自定任何编程通信协议,经计算机或简单工具,将要修改的程序通过任何 I/O 口或 UART 口送入单片机内,不能像其他具有 ISP 功能的芯片那样,而必须针对其特定引脚及特殊的 TIMMING 协议来实现。

(2) 操作的连续性。市场上目前具有 ISP 功能的单片机在执行 ISP 操作时(在未带配件的情况下)必须停止其他操作;而有些应用希望此时 UART 或 TIMER/COUNTER 等功能仍然能够运作。W78E516 可以满足这种要求。因为在执行 ISP 操作时只是控制权从 64 KB APROM 变换到 4 KB LDROM,故仍可由 4KB 中的程序来继续操作控制。

(3) 断电时具有存储数据能力。因 W78E516 拥有 2 块大小不同的闪速存储器,其中 1 块可用于存储断电后仍必须被单片机保留的数据,因此,设计者可减少外接 EEPROM 芯片的线

第 18 章 应用设计实例

路与成本。

除具有上述特点外，W78E516 在执行 ISP 操作时不需辅以任何配件，受到用户的欢迎。

在系统内对 W78E516 进行 ISP 操作的实验。可以由 PC 机和微控制器组成的主从式系统来实现。PC 机经串行通信将新程序的二进制代码以数据形式下载，微控制器接收数据，由软件控制更新 64 KB APROM 中的程序代码。实验中微控制器经 RS232 接口接收数据并暂存于内部 AUX – RAM 中，不需扩展外部数据存储器，节省了板上空间。系统与 PC 机的通信采用 RS232 标准，为简化硬件，只使用了该标准中的 TXD、RXD 以及地线，电平转换由 MAXIM232 专用芯片完成。实验电路原理图如图 18.26 所示。

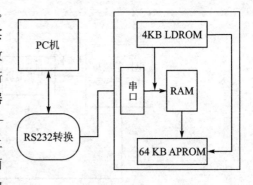

图 18.26　ISP 模式原理图

18.5.3　在系统编程功能寄存器说明

在系统编程控制寄存器 CHPCON 说明如表 18.5 所列。

表 18.5　在系统编程控制寄存器(CHPCON)

位	名 称	功 能
7	软件复位	该位置 1 且 FBOOTSL 和 FPROGEN 都置为 1 时，微控制器复位，重新开始正常操作。读该位结果为逻辑 1 时，可以确认 CPU 处于 F04KBOOT 模式
6	—	保留
5	—	保留
4	ENAUXRAM	0：使 AUX – RAM 无效；1：使 AUX – RAM 有效
3	0	必须置为 0
2	0	必须置为 0
1	EBPPRTSL	程序地址选择。 1：装载程序位于 64 KB 的 APROM，4 KB LDROM 是重新编程的目标地址 0：装载程序位于 4 KB 的存储器，64 KB 的 APROM 是重新编程的目标地址
0	FPROGEN	MTP – ROM 编程使能。 1：使编程功能有效。微控制器进入在系统编程状态。在这种编程模式下，清除、编程、读操作在设备进入空闲模式后可以实现 0：不能对 ROM 执行写操作

编程状态下 MTP-ROM 的控制字节寄存器 SFRCN 说明如表 18.6 所列。

表 18.6 MTP-ROM 的控制字节寄存器(SFRCN)

位	名 称	功 能
7	—	保留
6	WFWIN	选择 ISP 操作目标存储器。 0：对 LDROM 重新编程； 1：对 APROM 重新编程
5	OEN	MTP-ROM 输出使能
4	CEN	MTP-ROM 使能
3,2,1,0	CTRL3～0	ROM 控制信号

18.5.4 系统编程的实现过程

微控制器通常执行 APROM 中的程序。如果 APROM 中的程序需要修改，用户需要通过设置 CHPCON 寄存器来激活在系统编程模式。在默认情况下，CHPCON 是只读的，必须依次向寄存器中写入♯87H 和♯59H，才能使 CHPCON 的写特性有效。激活 CHPCON 的写特性后，将其 0 位置位，进入在系统编程模式。ISP 操作包括进入/退出在系统编程模式、编程、擦除、读等，它们是在 CPU 处于空闲模式时完成的，因此，设置 CHPCON 寄存器后使 CPU 进入空闲模式，并由定时器中断的发生来控制执行每一种 ISP 操作的时间。定时器中断到来时，转入 LDROM 中执行相关的中断服务程序。第一次执行 RETI 指令后，PC 指针清零，指向 LDROM 中的 00H。当 APROM 中的内容被完全更新后，将 CHPCON 的第 0、1、7 位设置为逻辑 1，通过软件复位的方式返回 APROM 执行其中的新程序。在应用程序须频繁更新的情况下，这种在系统编程方式使工作简单而高效。

在默认情况下，上电复位后 W78E516 从程序中启动。在某些情况下，可以使 W78E516 从 LDROM 中启动。当 APROM 中的程序不能正常运行，W78E516 无法跳到 LDROM 中执行 ISP 操作时，CPU 进入 F04KBOOT 模式。在应用系统设计中一定要注意 P2、P3、ALE、EA 和 PSEN 引脚在复位时的值，以避免意外激活编程模式或 F04KBOOT 模式。复位时进入 F04KBOOT 模式时 P4.3、P2.7、P2.6 引脚电平及时序如图 18.27 所示及表 18.7 所列。

表 18.7 P4.3 或 P2.7、P2.6 引脚电平

P4.3	P2.7	P2.6	模 式
X	L	L	F04KBOOT
L	X	X	F04KBOOT

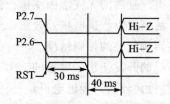

图 18.27 进入 F04KBOOT 模式时序图

W78E516 处于在系统编程模式时，MTP-ROM 可以被反复编程和检验。向 MTP-ROM 中完整、正确地写入新代码后，新代码即被保护起来。W78E516 有专用设置寄存器组 (special setting re-gisters)，其中包括安全性寄存器 (security register) 和公司/器件识别寄存器 (company/device ID registers)，处于编程模式时不能访问这些寄存器。安全性寄存器在 LDROM 空间的地址是 0FFFFH，当它的各个位被从 1 编程为 0 后就不能再被改变，将它们重新置位的唯一方式是执行全部擦除操作，这样就能保证其安全性。

一般情况下，具有 ISP 功能的微控制器一般都具备 2 块程序存储区（暂时称为 A-ROM 和 B-ROM），其中 A-ROM 用于存储通常状况下的应用程序，B-ROM 用于存储控制 ISP 操作的程序，向 A-ROM 中写入新代码。有些微控制器，A-ROM 和 B-ROM 中的程序代码均能控制 ISP 操作，由特殊功能寄存器来选择其一，为设计人员提供了灵活的设计应用空间。针对不同类型的 ISP 器件，对 CPU 进行在系统编程的方法具有共同之处。

上述内容对于用户在自己的系统中设计 ISP 程序或将 FLASH 作为存储数据之用意义很大。如作为调试或烧写程序之用，可使用官方提供的 PC 端软件 ISPwriter，以及用户 LDROM 固件 LDU40325.BIN，后面的数字不同，功能和批号也不同。

进行 ISP 时，需要有 PC 机和以 78E516B 为核心的微控制器组成的主从式系统。在本测试系统中 PC 机除了进行测试数据回收外，另一项功能就是程序的在线更新。功能的转换通过笔者自制的通信转换电缆完成，利用电缆上的转换开关进行数据回收与 ISP 功能的切换。进行 ISP 时，LDROM 掌握了单片机的控制权。此时编译好的程序二进制代码经串行通信口以数据形式下载到了单片机的内部 RAM 中。该 RAM 就是内部扩展了 256 字节、可 MOVX 寻址的 RAM。实验中微控制器经串口接收到数据后，先进行 CRC 校验，如正确无误则把数据写入到 64 KB APROM 中。就这样程序被分成了许多小块下载并写入到了 APROM 中，每一块大小为 256 字节。在进行 ISP 操作之前，要把厂家提供的 BIN 文件烧写到单片机的 LDROM 中，该过程需要支持双程序存储器编程的编程器。该程序有自动选择波特率的功能，它可以自动选择通信最可靠且速度最大的波特率，笔者所用的晶振是 11.0592 MHz 自动选择结果为 19 200。图 18.28 是 ISPwriter 打开的界面。

18.5.5 智能水压力发生器的开发设计

自动控制水压力发生器是一个受微机控制的水压力激励器。气缸内充满无气水，活塞杆的运动使得气缸内的无气水因受压而使压力升高，压力升高的变化来补偿由于损耗引起的压力降低。活塞杆由步进电机通过滚珠丝杆驱动，步进电机是系统内的动力元件。对它的控制好坏直接影响最终的控制精度。

本系统的开发使用了廉价的 78E516，该单片机是台湾华邦电子公司的产品。在大陆应用很广泛，性价比较高。步进电机是一种脉冲控制的动力元件，在正常工作的条件下，脉冲的频率决定着电机的运行速度。而系统压力的变化取决于电机速度和量程。因此系统必须有一套

第 18 章 应用设计实例

图 18.28 ISPwriter 界面

脉冲频率可变的装置,利用单片机自身的定时器可以实现输出脉冲的变化,但是此时只能工作在 16 位模式,频率发生的范围较窄。当系统周期性变化时对 CPU 的依赖也较强。从以上因素考虑,扩展了一片 82C54,利用其中两个定时器串联,使得发生频率的范围大大拓宽,采用 2 MHz 有源晶振作为输入信号。按键由专用的芯片 82C79 扩展,减小 CPU 在人机对话方面的时间消耗。压力传感器输出信号为 0~5 V,扩展 12 位 A/D 转换器 Max197 进行数字量化。为便于图形菜单显示,扩展了 128×64 点阵的图形液晶,这里既显示菜单又显示压力曲线。扩展看门狗电路 Max813 来保证系统的可靠性。64 KB 的 RAM 空间采用 3-8 译码器 74HC138 进行地址资源分配。应该说该系统的设计和扩展模式是常用和经典的。现在对比片上系统看起来,设计稍嫌繁琐,不过性能经过实践检验还是满足要求的。

1. 系统硬件原理图

系统硬件原理图如图 18.29 和图 18.30 所示。

第 18 章 应用设计实例

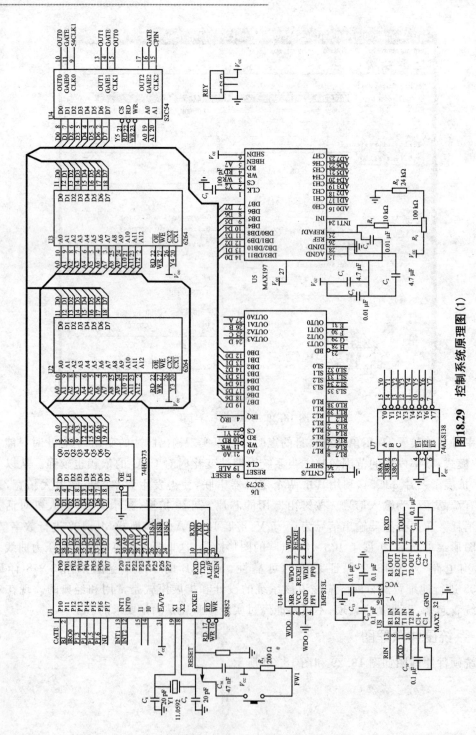

图18.29 控制系统原理图(1)

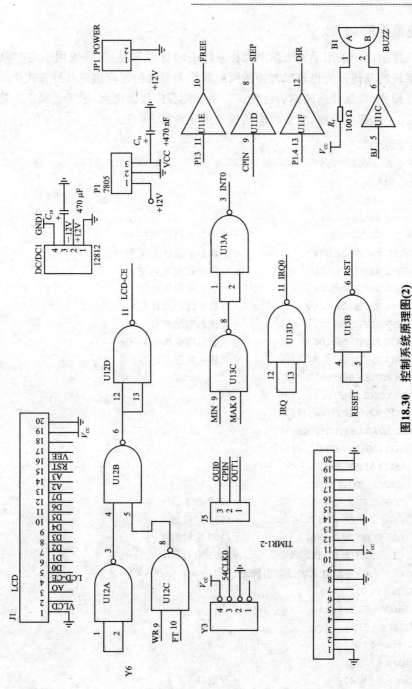

图18.30 控制系统原理图(2)

第18章 应用设计实例

2. 系统源程序

本系统软件的设计采用了类似简单操作系统的时钟触发模式,即采用了定时器作为时钟嘀嗒发生。系统的其他行为也是以时钟的周期数作为驱动的。应该说此种方式承续性能优于一般的大循环模式,以及普通的前后台方式。由于此程序较为庞大,限于篇幅不能将源程序一一例出,以下是它的部分程序,完整的应用程序见光盘第18章。

```
#include"W78E516.h"
#include <absacc.h>
#include<math.h>
#include<INTRINS.H>
#define Uchar unsigned char
#define WCOML XBYTE[0xc008]        /*写指令代码地址左*/
#define RCOML XBYTE[0xc009]        /*读状态字地址左*/
#define WDATL XBYTE[0xc00a]        /*写显示数据地址左*/
#define RDATL XBYTE[0xc00b]        /*读显示数据地址左*/
#define WCOMR XBYTE[0xc004]        /*写指令代码地址右*/
#define RCOMR XBYTE[0xc005]        /*读状态字地址右*/
#define WDATR XBYTE[0xc006]        /*写显示数据地址右*/
#define RDATR XBYTE[0xc007]        /*读显示数据地址右*/
#define COM XBYTE [0x3fff]
#define DAT XBYTE [0x3ffe]
#define MAX197COM XBYTE[0x5fff]
#define MAX197ADLOW XBYTE[0x5f7f]
#define MAX197ADHIG XBYTE[0x5fff]
#define RAMADR XBYTE[0x6000]
#define RAMADR1 XBYTE[0x8000]
#define   COM8253 XBYTE[0xbf03]    /*8253命令口*/
#define   C1      XBYTE[0xbf00]    /*8253定时器0*/
#define   C2      XBYTE[0xbf01]    /*8253定时器1*/
#define   C3      XBYTE[0Xbf02]    /*8253定时器2*/
/************液晶显示器接口引脚定义***************/
sbit    Elcm = P2^7;
sbit    CSALCM = P2^2;
sbit    CSBLCM = P2^3;
sbit    Dilcm = P2^0;
sbit    Rwlcm = P2^1;
sfr     Datalcm = 0x80;            /*数据口*/
/************常用操作命令和参数定义***************/
#define    DISPON      0x3f        /*显示on*/
```

```c
#define     DISPOFF      0x3e       /*显示 off*/
#define     DISPFIRST    0xc0       /*显示起始行定义*/
#define     SETX         0x40       /*X定位设定指令(页)*/
#define     SETY         0xb8       /*Y定位设定指令(列)*/
#define     Lcdbusy      0x80       /*LCM忙判断位*/
/******************key******************/
/*#define    left     0x6
#define     right    0x1
#define     up       0x4
#define     down     0x5
#define     kf1      0x2
#define     kf2      0x3
#define     esc      0x7
#define     enter    0x0 */
#define     left     28
#define     right    25
#define     up       27
#define     down     29
#define     kf1      31
#define     kf2      26
#define     esc      30
#define     enter    24
sbit   free = P1^3;
sbit   dir  = P1^4;
sbit   gate = P1^0;
sbit   pdw  = P1^7;
sbit   speak= P1^1;
/*************显示分区边界位置***************/
#define     MODL     0x00       /*左区*/
#define     MODM     0x40       /*左区和中区分界*/
#define     LCMLIMIT 0x80       /*显示区的右边界*/
#define     MACHINECOMM_OK   0x11

/****************全局变量定义****************/
Uchar  adn,col,row,cbyte,qm,dat1,key,shu,sn;        /*列x,行(页)y,输出数据*/
unsigned char   rcvdata = 0,xsy,xsx;                /*从串口存储接收的变量*/
bit xy;                                              /*画线方向标志:1水平*/
unsigned int    addata;
unsigned int    max,min,cy,xhcs,limitv;
unsigned char   keysize,keystate,setbit;
```

第 18 章　应用设计实例

```
bit overflow;
bit Reversign;
bit scdsign;
bit statsign;
bit trisign;
bit sinsign;
bit drawsize;
bit sjsign;
bit shugra;
bit oldnew;
bit qhsign;                              /*波形发生时前后半周期*/
bit sdsign;
bit settime;
bit studyok;
bit maxwz;
bit gatebit;
bit sdgate;
Uchar xdata * RAMDATA ;
/*unsigned int idata BUF8253[3]=0;*/
unsigned  char  dis_buf[4]={0};
unsigned int   adsz;
/*unsigned int  BUF8253;*/
/************************函数列表************************/
void Lcminit(void);                      /*液晶模块初始化*/
void Delay(Uchar);                       /*延时,入口数为 ms*/
void lcdbusyL(void);                     /*busy 判断、等待(左区)*/
void lcdbusyM(void);                     /*busy 判断、等待(中区)*/
void lcdbusyR(void);                     /*busy 判断、等待(右区)*/
void Putedot(Uchar);                     /*半角字符输出*/
void Putcdot(Uchar);                     /*全角(汉字)输出*/
void Wrdata(Uchar);                      /*数据输出给 LCM*/
void Lcmcls( void );                     /*LCM 全屏幕清零(填充 0)*/
void wtcom(void);                        /*公用 busy 等待*/
void Locatexy(void);                     /*光标定位*/
void WLocatexy(void);                    /*光标定位*/
void WrcmdL(Uchar);                      /*左区命令输出*/
void WrcmdM(Uchar);                      /*中区命令输出*/
/*void WrcmdR(Uchar);*/                  /*右区命令输出*/
void Putstr(Uchar * puts,Uchar i);       /*中英文字符串输出*/
```

```c
void Rollscreen(Uchar x);              /* 屏幕向上滚动 */
void Rddata(void);                     /* 从液晶片上读数据 */
void Linehv(Uchar length);             /* 横(竖)方向画线 */
void point(void);                      /* 打点 */
void Linexy(Uchar endx,Uchar endy);
sbit clflag = ACC^7;
void fmdelay( Uchar);
void sound();
/* void soundb( Uchar ); */
void lcdexam(void);

void send();                           /* 发送子程序 */
void initial(void);                    /* 串口初始化子程序 */
void waveset(void);
void maincd(void);
void zhsj();
void xssj();
void Putedotb(Uchar Order);
void mykey();
void ca1();
void ca2();
void ca3();
void ca4();
void keydown();
void keyup();
void ca2_1();
void ca2_2();
void ca2_3();
void scd();
void keydown2();
void keyup2();
void scdscan();
void scd2();
void ca2_32();
void ca2_12();
void qxbd();
void quxian();
void defvalue();
void dismax();
```

```c
void dismin();
void discy();
void disci();
void sxvalue();
void setval();
void setvv();
void jtsz();
void disjt();
void diswave();
void scanyl();
void hsbsy();
void valcx();
void sinwave();
void xssjb();
void disset();
void disxssj();
void disxsxh();
void getkey();
void scd3();
void scd3f();
void ca3_1();
void ca3_2();
void sinstudy();
void bxstudy();
void tristudy();
void statyl();
void format();
void jtylck();
void study();
void reset();
void xxdh();                    /*学习对话框*/
void disjyl();
void fuwei();
/*void sdms();*/
void sdfx();
void sdzx();
void sdtz();
void disjtsd();
void wcsxxdh();
```

```c
void jtsjxs();
void ssxsck();
void ust0();
/******************数组列表********************/
Uchar code Ezk[];                      /*ASCII 常规字符点阵码表*/
Uchar code Hzk[];                      /*自用汉字点阵码表*/
Uchar code STR1[];                     /*自定义字符串*/
Uchar code STR2[];
Uchar code STR3[];
//Uchar code STR4[];
Uchar code hsb[];
/******************主程序********************/
void main() {
    Uchar sd;
    float ss;
    speak = 1;
    Delay(60);
    free = 0;
    /* reset(); */
    /* fmdelay(4); */
    fmdelay(5);
    Delay(60);
    fmdelay(4);
    Lcminit();
    Delay(56);
    fmdelay(5);
    P1_2 = 1;
    COM = 0xd1;
    do {ACC = COM;}
    while(clflag == 1);
    COM = 0x01;COM = 0x34;
    fuwei();
    reset();
    format();
    max = 1000;
    min = 0;
    cy = 5000;
    xhcs = 9000;
    sinsign = 0;
```

```
trisign = 0;
keysize = 1;
keystate = 1;
scdsign = 0;
oldnew = 0;
sdsign = 0;
studyok = 0;
EA = 1;
EX0 = 0;
ET0 = 0;
maincd();
while(1) {
    mykey();
    switch(key) {
        case right:{
            if((keystate = = 1)&&(sdsign! = 1))
              {keydown();}
            else if(keystate = = 2)
              {keydown2();}
            else if(keystate = = 3) {
              if(setbit<3) {
                setbit + + ;
                sxvalue();
              }
            }
            break;
        }
        case kf1: {
            / * if (pdw = = 0)
                {EA = 1;EX0 = 1;} * /
            if(keystate = = 1) {
                sdsign = 1;
                gate = 0;
                scany1();
                scany1();
                limitv = addata;
                COM8253 = 0x36;
                C1 = 0X90;C1 = 0X3;
                dir = 1;
```

```
shu = 0;
shugra = 0;
oldnew = 0;
setbit = 0xff;
ssxsck();
sdtz();
ust0();
do{
   if(pdw! = 0) {
        EA = 1;
        EX0 = 1;
   }
  ss = 0;
  addata = 0;
  sdgate = gate;
  gate = 0;
  scanyl();
  for(sd = 0;sd<10;sd + + ) {
    scanyl();
    ss = ss + addata;
  }
  gate = sdgate;
  ss = ss * 0.48828/10;
  ss = ss * 0.9;
  ss = ss + limitv * 0.1;
  addata = floor(ss);
  limitv = addata;
  if(sn> = 20) {
             TR0 = 0;
             ET0 = 0;
             addata = 0;
             studyok = gate;
             gate = 0;
             jtsjxs();
             ust0();
             gate = studyok;
  }
} while(key! = esc);
sdsign = 0;
```

```
            TR0 = 0;
            ET0 = 0;
            gate = 0;
            maincd();
            keysize = 1;
            keystate = 1;
            scdsign = 0;
            oldnew = 0;
        }/****************手动正向****************/
        else if(keystate == 2)
        {}
        else if(keystate == 3) {
            sjsign = 1;
            if(keysize == 1)
            {limitv = 1999;}
            else if(keysize == 2)
            {limitv = 1999;}
            else if(keysize == 3)
            {limitv = 9999;}
            else if(keysize == 4)
            {limitv = 9999;}
            setval();
            sxvalue();
        }
        break;
    }
    case kf2: {
        if(keystate == 1)
        {}/****************手动反向****************/
        else if(keystate == 2)
        {}
        else if(keystate == 3) {
            sjsign = 0;
            if(keysize == 1)
            {limitv = 1999;}
            else if(keysize == 2)
            {limitv = 1999;}
            else if(keysize == 3)
            {limitv = 9999;}
```

```c
            else if(keysize == 4)
            {limitv = 9999;}
            setval();
            sxvalue();
        }
        break;
    }
    case up: {
        if((keystate == 1)&&(sdsign! = 1))
            {keyup();}
        else if(keystate == 2)
            {keyup2();}
        else if(keystate == 3) {
            if(keysize>1) {
                setbit = 0xff;
                dismax();
                dismin();
                discy();
                disci();
                setbit = 0;
                keysize--;
                sxvalue();
            }
        }
        else if(keystate == 4) {
          if(keysize == 1){
            keysize = 2;
            scd3f();
          }
          else {
            keysize = 1;
            scd3();
          }
        }
      break;
    }
    case down: {
        if((keystate == 1)&&(sdsign! = 1))
            {keydown();}
```

```c
        else if(keystate == 2)
            {keydown2();}
        else if(keystate == 3) {
            if(keysize<4) {
              if(statsign == 0) {
                setbit = 0xff;
                dismax();
                dismin();
                discy();
                disci();
                setbit = 0;
                keysize++;
                sxvalue();
              }
            }
        }
        else if(keystate == 4) {
          if(keysize == 1) {
            keysize = 2;
            scd3f();
          }
          else {
            keysize = 1;
            scd3();
          }
        }
        break;
    }
    case left: {
        if((keystate == 1)&&(sdsign! = 1))
            {keyup();}
        else if(keystate == 2)
            {keyup2();}
        else if(keystate == 3) {
          if(setbit>0) {
            setbit--;
            sxvalue();
          }
        }
```

```c
        break;
    }
    case esc: {
        if(keystate == 1) {
            EX0 = 0;
            if(sdsign == 1) {
                if(oldnew == 0) {
                    gate = 0;
                    sdtz();
                    oldnew = 1;
                }
                else if( oldnew == 1){
                    maincd();
                    sdsign = 0;
                    keysize = 1;
                    keystate = 1;
                    scdsign = 0;
                    oldnew = 0;
                    sdsign = 0;
                }
            }
        }/**************手动停****************/
        else if(keystate == 2) {
            keysize = 1;
            keystate = 1;
            scdsign = 0;
            statsign = 0;
            maincd();
        }
        else if(keystate == 3) {
            keysize = 1;
            keystate = 2;
            if(statsign == 1) {
                scd2();
            }
            else {
                scdsign = 0;
                scd();
            }
```

```c
            }
            else if(keystate == 4) {
                keysize = 1;
                keystate = 1;
                scdsign = 0;
                statsign = 0;
                maincd();
            }
            break;
    }
    case enter: {
        if(keystate == 1) {     /*按键状态一*/
            if(sdsign! = 1) {
                switch(keysize) {
                    case 1: {         /********静压*********/
                        keystate++;
                        statsign = 1;
                        keysize = 1;
                        scd2();
                        break; }
                    case 2: {         /*********三角波*******/
                        keystate++;
                        trisign = 1;
                        keysize = 1;
                        /* scdscan();   */
                        scd();
                        break;}
                    case 3: {         /*******正弦波********/
                        keystate++;
                        sinsign = 1;
                        /* scdscan();*/
                        keysize = 1;
                        scd();
                        break;}
                    case 4: {         /*******设参数*********/
                        /* quxian(); */
                        /* diswave(); */
                        keystate = 4;
                        keysize = 1;
```

```c
                    scd3();
                    break;}
            }
        }
    }
    else if(keystate == 2) {            /*按键状态二*/
        if(statsign == 1) {             /*********静压力设置*********/
            switch(keysize) {
                case 1: {
                    {keystate++;
                    keysize = 1;
                    Reversign = 1;
                    setbit = 0;
                    jtsz();
                    disjt();
                    setbit = 0;
                    break; }
                case 2: {
                    keystate++;
                    Lcminit();
                    statyl();
                    break;}
            }
        }
        else {              /*************三角波和正弦波设置********/
            switch(keysize) {
                case 1: {   /*********设定***************/
                    /*   statsign = 1; */
                    keystate++;
                    Reversign = 0;
                    keysize = 1;
                    waveset();
                    setbit = 0x00;
                    dismax();
                    setbit = 0xff;
                    dismin();
                    discy();
                    disci();
                    setbit = 0;
```

```
                    break;}
            case 2:{         /************学习************/
                /* trisign = 1;
                    scdscan();      */
                /* hsbsy(); */
                /* sinstudy(); */
                xxdh();
                bxstudy();
                study();
                sinsign = 0;
                trisign = 0;
                keysize = 1;
                keystate = 2;
                scdsign = 0;
                scd();
                break;}
            case 3:{         /*************执行*************/
                /* sinsign = 1;
                scdscan(); */
                /* sinwave(); */
                break;}
            }
        }
    }
    else if(keystate == 3)    /*按键状态三*/
    { }
    else if(keystate == 4) {
        if(keysize == 1) {
            keysize = 1;
            keystate = 1;
            scdsign = 0;
            statsign = 0;
            maincd();}
        else
        { }
    }
    break;}
}
}
```

```
}
void setval() {
    if(keysize == 1) {
        addata = max;
        setvv();
        max = addata;}
    else if(keysize == 2) {
        addata = min;
        setvv();
        min = addata; }
    else if(keysize == 3) {
        addata = cy;
        setvv();
        cy = addata; }
    else if(keysize == 4) {
        addata = xhcs;
        setvv();
        xhcs = addata;}
}
void setvv() {
    if(sjsign == 1) {
        if(setbit == 0) {
            if((addata + 1000) <= limitv)
            {addata = addata + 1000;}
        }
        else if(setbit == 1) {
            if((addata + 100) <= limitv)
            {addata = addata + 100;}
        }
        else if(setbit == 2) {
            if((addata + 10) <= limitv)
            {addata = addata + 10;}
        }
        else if(setbit == 3) {
            if((addata + 1) <= limitv)
            {addata = addata + 1;}
        }
    }
    else if(sjsign == 0) {
```

```
if(setbit == 0) {
    if((addata >= 1000))
    {addata = addata - 1000;}
}
else if(setbit == 1) {
    if((addata >= 100))
    {addata = addata - 100;}
}
else if(setbit == 2) {
    if((addata >= 10))
    {addata = addata - 10;}
}
else if(setbit == 3) {
    if((addata >= 1))
    {addata = addata - 1;}
}
}
}

void sxvalue() {
    if(keysize == 1) {
        if(statsign == 1)
        {disjt();}
        else
            dismax();
    }
    else if(keysize == 2)
    {dismin();}
    else if(keysize == 3)
    {discy();}
    else if(keysize == 4)
    {disci();}
}

void keyup2() {
    Reversign = 0;
    if(statsign == 1) {
        switch(keysize) {
            case 1: {
                ca2_1();
                keysize = 2;
```

```
                    Reversign = 1;
                    ca2_32();
                    break; }
                case 2: {
                    ca2_32();
                    keysize = 1;
                    Reversign = 1;
                    ca2_1();
                    break;}
            }
        }
        else {
            switch(keysize) {
                case 1: {
                    ca2_1();
                    keysize = 3;
                    Reversign = 1;
                    ca2_3();
                    break;  }
                case 2: {
                    ca2_2();
                    keysize --;
                    Reversign = 1;
                    ca2_1();
                    break;}
                case 3: {
                    ca2_3();
                    keysize --;
                    Reversign = 1;
                    ca2_2();
                    break;}
            }
        }
    }
void keydown2() {
    Reversign = 0;
    if(statsign == 1) {
        switch(keysize) {
            case 1: {
```

```
                    ca2_1();
                    keysize = 2;
                    Reversign = 1;
                    ca2_32();
                    break;  }
                case 2: {
                    ca2_32();
                    keysize = 1;
                    Reversign = 1;
                    ca2_1();
                    break;}
            }
        }
        else {
            switch(keysize) {
                case 1: {
                    ca2_1();
                    keysize++;
                    Reversign = 1;
                    ca2_2();
                    break;  }
                case 2: {
                    ca2_2();
                    keysize++;
                    Reversign = 1;
                    ca2_3();
                    break;}
                case 3: {
                    ca2_3();
                    keysize = 1;
                    Reversign = 1;
                    ca2_1();
                    break;}
            }
        }
    }
    void keyup() {
        Reversign = 0;
        switch(keysize) {
```

```
            case 1: {
                ca1();
                keysize = 4;
                Reversign = 1;
                ca4();
                break; }
            case 2: {
                ca2();
                keysize --;
                Reversign = 1;
                ca1();
                break;}
            case 3: {
                ca3();
                keysize --;
                Reversign = 1;
                ca2();
                break;}
            case 4: {
                ca4();
                keysize --;
                Reversign = 1;
                ca3();
                break;}
        }
    }
void keydown() {
        Reversign = 0;
        switch(keysize) {
            case 1: {
                ca1();
                keysize ++ ;
                Reversign = 1;
                ca2();
                break; }
            case 2: {
                ca2();
                keysize ++ ;
                Reversign = 1;
```

```
                ca3();
                break;}
            case 3:{
                ca3();
                keysize++;
                Reversign=1;
                ca4();
                break;}
            case 4:{
                ca4();
                keysize=1;
                Reversign=1;
                ca1();
                break;}
        }
}
/*************************检索按键************************/
void mykey(){
    P1_2=1;
    COM=0xd1;
    do {ACC=COM;}
    while(clflag==1);
    COM=0x01;COM=0x34;
    do{}
    while(P1_2!=0);
    COM=0x40;
    sound();
    key=DAT;
}
/************************取得按键值***************************/
void getkey(){
    /*P1_2=1;*/
    if(P1_2==0){
        COM=0xd1;
        ACC=COM;
        while(clflag==1)
        {COM=0x01;COM=0x34;}
        COM=0x40;
        sound();
```

```
        key = DAT;
    }
}
/***************外中断0作为行程限定********************/
void xckz(void) interrupt 0 {
    gate = 0;
    /* reset();*/
}
/******************定时器0初始化********************/
void ust0(void) {
    TMOD = 0x01;
    /* TMOD = TMOD&0xf0 + 0x01;*/
    /* TH0 = 0x4c;TL0 = 0x81;*/
    TH0 = 0x97;TL0 = 0xd5;
    sn = 0;
    TR0 = 1;ET0 = 1;EA = 1;
}
/*********************定时器0中断****************/
void t0i(void) interrupt 1 {
    /* TH0 = 0xd8;TL0 = 0xf0;*/
    bit keybit;
    gatebit = gate;
    gate = 0;
    keybit = 0;
    TH0 = 0x97;TL0 = 0xd5;
    sn ++ ;
    while(shu == 1) {
        getkey();
        if(sdsign == 1) {
            switch(key) {
                case right: {
                    gate = 0;
                    sdzx();
                    dir = 1;
                    gate = 1;
                    keybit = 1;
                    break;}
                case left: {
                    gate = 0;
```

```c
                        sdfx();
                        dir = 0;
                        gate = 1;
                        keybit = 1;
                        break;}
                    case enter: {
                        gate = 0;
                        sdtz();
                        keybit = 1;
                        break;}
                }
            }
            shu = 0;
            if(key == kf1)
                {/* shugra = ! shugra; */}
        }
        if(P1_2 == 0)
            shu++;
        else
        {shu = 0;}
        if(keybit == 0)
        {gate = gatebit;}
}
/*********************把数据转换为BCD码*******************/
void zhsj() {
    unsigned char ii;
    ii = addata/1000;
    dis_buf[0] = ii;
    ii = ((addata % 1000)/100);
    dis_buf[1] = ii;
    ii = ((addata % 100)/10);
    dis_buf[2] = ii;
    ii = addata % 10;
    dis_buf[3] = ii;
    for(ii = 0;ii<4;ii++) {
        dis_buf[ii] = dis_buf[ii] + 0x30;
    }
}
/*********************显示测试数据***************************/
```

```c
void xssjb() {
    Uchar i,x;
    for(i = 0;i<4;i++) {
        x = (dis_buf[i]- 0x20);
        Putedot(x);}
}
/************************显示数据***********************/
void xssj() {
    Uchar i,x;
    for(i = 0;i<4;i++) {
        x = (dis_buf[i]- 0x20);
        if(setbit == 0xaa||setbit == i)
        {Reversign = 1;}
        Putedotb(x);
        Reversign = 0;
    }
}
/************************画曲线***********************/
void qxbd() {
    Uchar xsy1,xsx1;
    if(drawsize == 0) {
        xsy = addata/64;
        if(xsx<127)
        {xsx = xsx + 1;}
        else
        {xsx = 0;}
        col = xsx;
        row = 63 - xsy;
        point();
    }
    else {
        if(xsx == 0) {
            col = 0;
            xsx ++ ;
            xsy = addata/64;
            xsy = 63 - xsy;
            goto qexit;
        }
        col = xsx;
```

```
        row = xsy;
    xsyl = addata/64;
    xsyl = 63 - xsyl;
    if(xsx<127) {
        xsxl = xsx;
        xsxl = xsxl + 1;
        if(xsy == xsyl) {
            xy = 1;
            Linehv(1);
            xsx = xsxl;
            xsy = xsyl;
        }
        else {
            Linexy(xsxl,xsyl);
            xsx = xsxl;
            xsy = xsyl;}
    }
    else {
        xsx = 0;
        col = xsx;
qexit: row = xsy;
        point();
    }
  }
}

/********************波形重现数值显示********************/
void valcx() {
    col = 0;
    row = 0;
    /*Delay(40);*/
    Lcminit();
    Reversign = 0;
    col = 0;
    row = 0;
    Putcdot(27);
    col = 0;
    row = 2;
    Putcdot(28);
```

```
col = 0;
row = 4;
Putcdot(29);
col = 0;
row = 6;
Putcdot(30);
col = 16;
row = 0;
Putedot(45);
Putedot(29);
col = 16;
row = 2;
Putedot(44);
Putedot(29);
col = 72;
row = 0;
Putedot(52);
Putedot(29);
/* STR[0] = "s"; */
col = 72;
row = 2;
Putedot(35);
Putedot(29);
col = 0;
row = 0;
xy = 1;
Linehv(127);
col = 0;
row = 32;
xy = 1;
Linehv(127);
col = 0;
row = 63;
xy = 1;
Linehv(127);
col = 16;
row = 16;
xy = 1;
Linehv(112);
```

```
    col = 0;
    row = 0;
    xy = 0;
    Linehv(63);
    col = 15;
    row = 0;
    xy = 0;
    Linehv(63);
    col = 71;
    row = 1;
    xy = 0;
    Linehv(63);
    col = 127;
    row = 1;
    xy = 0;
    Linehv(63);
}

/*********************静态压力窗口**********************/
void jtylck() {
/*  Delay(40); */
    Lcminit();
    Reversign = 0;
    col = 24;
    row = 2;
    Putcdot(27);
    Putcdot(28);
    col = 72;
    row = 2;
    Putcdot(29);
    Putcdot(30);
    col = 16;
    row = 12;
    xy = 1;
    Linehv(96);
    col = 16;
    row = 56;
    xy = 1;
    Linehv(96);
    col = 16;
```

```
        row = 36;
        xy = 1;
        Linehv(96);
        col = 16;
        row = 12;
        xy = 0;
        Linehv(44);
        col = 112;
        row = 12;
        xy = 0;
        Linehv(44);
        col = 64;
        row = 12;
        xy = 0;
        Linehv(44);
}
/******************实时显示窗口********************/
void ssxsck() {
/*      Delay(40); */
        Lcminit();
        Reversign = 0;
        col = 24;
        row = 2;
        Putcdot(44);
        Putcdot(45);
        col = 72;
        row = 2;
        Putcdot(29);
        Putcdot(30);
        col = 16;
        row = 12;
        xy = 1;
        Linehv(96);
        col = 16;
        row = 56;
        xy = 1;
        Linehv(96);
        col = 16;
        row = 36;
```

```
        xy = 1;
        Linehv(96);
        col = 16;
        row = 12;
        xy = 0;
        Linehv(44);
        col = 112;
        row = 12;
        xy = 0;
        Linehv(44);
        col = 64;
        row = 12;
        xy = 0;
        Linehv(44);
    }
/*******************波形设置******************************/
void waveset() {
/*      STR[0] = "K";
        STR[1] = "p"; */
        col = 0;
        row = 0;
/*      Delay(40);          /*延时大约40 ms,等待外设准备好*/
        Lcminit();
        col = 8;
        row = 0;
        Putcdot(0);
        Putcdot(1);
        Putcdot(2);
        col = 105;
        row = 0;
        Putstr(STR1,2);
        col = 8;
        row = 2;
        Putcdot(0);
        Putcdot(3);
        Putcdot(2);
        col = 105;
        row = 2;
        Putstr(STR1,2);
```

```
col = 8;
row = 4;
Putcdot(4);
col = 40;
row = 4;
Putcdot(5);
/ * STR[0] = "s"; * /
col = 105;
row = 4;
Putstr(STR2,1);
col = 8;
row = 6;
Putcdot(17);
col = 40;
row = 6;
Putcdot(18);
/ * STR[0] = "C"; * /
col = 105;
row = 6;
Putstr(STR3,1);
/ * x = 0; * /
col = 0;
row = 0;
xy = 1;              / * 方向标志。定为水平方向 * /
Linehv(127);         / * 画一条横线(0,0)-(191,0) * /
col = 0;
row = 16;
xy = 1;
Linehv(127);         / * 画一条横线(0,15)-(191,15) * /
col = 0;
row = 32;
xy = 1;
Linehv(127);         / * 画一条横线(0,32)-(191,32) * /
col = 0;
row = 48;
xy = 1;
Linehv(127);         / * 画一条横线(0,32)-(191,32) * /
col = 0;
row = 63;
```

第18章 应用设计实例

```
        xy = 1;
        Linehv(127);        /*画一条横线(0,32)-(191,32)*/
        col = 0;
        row = 0;
        xy = 0;             /*方向标志。定为垂直方向*/
        Linehv(63);         /*画一条竖线(0,1)-(0,31)*/
        col = 127;
        row = 0;
        xy = 0;
        Linehv(63);         /*画一条竖线(191,1)-(191,31)*/
        col = 63;
        row = 1;
        xy = 0;
        Linehv(63);         /*画一条竖线(191,1)-(191,31)*/
}
/******************显示测试数据**************************/
void disxsxh() {
    zhsj();
    col = 80;
    row = 5;
    xssjb();
}
/******************显示静态压力数据**************************/
void disjyl() {
    zhsj();
    col = 72;
    row = 5;
    xssjb();
}
/******************显示测试数据**************************/
void disxssj() {
    float sj;
    sj = 0.48828 * addata;
    addata = floor(sj);
    zhsj();
        col = 24;
        row = 5;
        xssjb();
}
```

/***********************显示测试数据***************************/
```
void disjtsd() {
    zhsj();
    col = 24;
    row = 5;
    xssjb();
}
/****************波形发生时显示设定值*****************/
void disset() {
    setbit = 0xff;
    addata = max;
    zhsj();
    col = 32;
    row = 0;
    xssj();
    addata = min;
    zhsj();
    col = 32;
    row = 0;
    xssj();
    addata = cy;
    zhsj();
    col = 88;
    row = 0;
    xssj();
    addata = xhcs;
    zhsj();
    col = 88;
    row = 2;
    xssj();
}
    void dismax() {
        addata = max;
        zhsj();
        col = 73;
        row = 0;
        xssj();
    }
    void dismin() {
```

第18章 应用设计实例

```
    addata = min;
    zhsj();
    col = 73;
    row = 2;
    xssj();
}

void discy() {
    addata = cy;
    zhsj();
    col = 73;
    row = 4;
    xssj();
}

void disci() {
    addata = xhcs;
    zhsj();
    col = 73;
    row = 6;
    xssj();
}

void defvalue() {
    dismax();
    dismin();
    discy();
    disci();
}

/*************************主菜单****************************/
void maincd() {
    col = 0;
    row = 0;
    /* Delay(40);          /*延时大约 40 ms,等待外设准备好*/
    Lcminit();
    Reversign = 1;
    ca1();
    Reversign = 0;
    ca2();
    ca3();
    ca4();
```

```
/*
x = 0;
col = 25;
row = 0;
xy = 1;
Linehv(78);
col = 25;
row = 15;
xy = 1;
Linehv(78);
col = 25;
row = 31;
xy = 1;
Linehv(78);
col = 25;
row = 47;
xy = 1;
Linehv(78);
col = 25;
row = 63;
xy = 1;
Linehv(78);
col = 25;
row = 1;
xy = 0;
Linehv(63);
col = 103;
row = 1;
xy = 0;
Linehv(63);
}                                   */
/*************************二级菜单**************/
void scd() {     /*************三角波正弦波二级菜单*********/
    Lcminit();
    Reversign = 1;
    ca2_1();
    Reversign = 0;
    ca2_2();
    ca2_3();
```

```c
    }
    void scd2(){/**********静压力二级菜单****************/
        Lcminit();
        Reversign = 1;
        ca2_1();
        Reversign = 0;
        ca2_32();
    }
    void scd3() {/**************设参数的二级菜单*************/
        Lcminit();
        Reversign = 1;
        ca3_1();
        Reversign = 0;
        ca3_2();
    }
    void scd3f() {
        Lcminit();
        Reversign = 0;
        ca3_1();
        Reversign = 1;
        ca3_2();
    }
    /*********************菜单1~~4***************/
    void ca1() {
        col = 36;
        row = 0;
        Putedot(17);
        Putedot(14);
        Putcdot(6);
        Putcdot(7);
        Putcdot(8);
    }
    void ca2() {
        col = 36;
        row = 2;
        Putedot(18);
        Putedot(14);
        Putcdot(9);
```

```
    Putcdot(10);
    Putcdot(11);
}
void ca3(){
    col = 36;
    row = 4;
    Putedot(19);
    Putedot(14);
    Putcdot(12);
    Putcdot(13);
    Putcdot(11);
}
void ca4() {
    col = 36;
    row = 6;
    Putedot(20);
    Putedot(14);
    Putcdot(14);
    Putcdot(15);
    Putcdot(16);
}
/*******************二级菜单1~~4***************/
void ca2_1() {
    col = 40;
    row = 1;
    Putedot(17);
    Putedot(14);
    Putcdot(19);
    Putcdot(20);
}
void ca2_2(){
    col = 40;
    row = 3;
    Putedot(18);
    Putedot(14);
    Putcdot(21);
    Putcdot(22);
}
```

```c
void ca2_12(){
    col = 40;
    row = 2;
    Putedot(17);
    Putedot(14);
    Putcdot(19);
    Putcdot(20);
}

void ca2_32(){
    col = 40;
    row = 4;
    Putedot(18);
    Putedot(14);
    Putcdot(23);
    Putcdot(24);
}

void ca2_3(){
    col = 40;
    row = 5;
    Putedot(19);
    Putedot(14);
    Putcdot(23);
    Putcdot(24);
}

void ca3_1(){
    col = 40;
    row = 1;
    Putedot(17);
    Putedot(14);
    Putcdot(33);
    Putcdot(32);
}

void ca3_2(){
    col = 40;
    row = 4;
    Putedot(18);
    Putedot(14);
    Putcdot(31);
```

```
    Putcdot(32);
}
void disjt() {
    addata = max;
    zhsj();
    col = 64;
    row = 3;
    xssj();
}
void jtsz() {
    Lcminit();
    col = 13;
    row = 3;
    Putcdot(25);
    Putcdot(26);
    Putcdot(2);
    Reversign = 0;
    col = 97;
    row = 3;
    Putstr(STR1,2);
    col = 15;
    row = 24;
    xy = 1;            /*方向标志。定为水平方向*/
    Linehv(100);
    col = 15;
    row = 40;
    xy = 1;
    Linehv(100);
    col = 115;
    row = 24;
    xy = 0;
    Linehv(16);
}
/***************8253初始化程序********************************/
void init8253M(void){
    COM8253 = 0x36;
    C1 = 0XEA;C1 = 0X60;
    COM8253 = 0x7a;
    C2 = 0;C2 = 0;
```

```
    COM8253 = 0xba;
    C3 = 0;C3 = 0;
}
/****************8253 数据转换************************/
void   cbfp() {
    Uchar h,l;
    l = C3;
    _nop_();
    _nop_();
    h = C3;
    addata = 65536 -(h * 256 + l);
}

void service_int1(void) interrupt 2 using 1{
    unsigned char x,y;
    /* unsigned int z; */
    x = MAX197ADLOW;
    _nop_();
    _nop_();
    _nop_();
    _nop_();
    y = MAX197ADHIG;
    addata = (x + (unsigned int)y * 256);
    adsz = adsz + addata;
    adn + + ;
    /* addata = z; */
    /* addata = addata + z; */
}
/********************显示波形*****************/
void diswave() {
    /* Uchar i;
    drawsize = 1;
    ww:xsx = 0;
    for(i = 0;i<128;i + +)
    {scanyl();
    qxbd();}
    Lcminit();
    goto ww; */
}
```

/************************查询压力************************/
```c
void scanyl() {
    EX1 = 1;    /* Enable EX1 Interrupt */
    EA = 1;     /* Enable Global Interrupt Flag */
    adn = 0;
    adsz = 0;
    addata = 0;
    while(adn<10) {
        _nop_();
        /* MAX197COM = 0x60; */
        MAX197COM = 0x40;
        _nop_();
        _nop_();
        _nop_();
        _nop_();
        _nop_();
        _nop_();
        _nop_();
        _nop_();
        _nop_();
        _nop_();
        _nop_();
        _nop_();
        /*
        MAX197COM = 0x80;
        _nop_();
        _nop_();
        _nop_();
        _nop_(); */
        Delay(5);
    }
    EX1 = 0;
    szlb();
}
```
/************************正弦波重现************************/
```c
void sinwave(void) {
    Uchar ci,setci;
    RAMDATA = &RAMADR1;
```

```
setci = * RAMDATA;
RAMDATA = &RAMADR;
drawsize = 1;
shu = 0;
ci = 0;
limitv = 1;
dir = 0;
COM8253 = 0x36;
C1 = 0Xea;C1 = 0x60;
gate = 1;
do{scanyl();
    _nop_();
    _nop_();
}while(addata>1);
gate = 0;
dir = 1;
shugra = 1;
oldnew = 0;
qhsign = 0;
valcx();
disset();
ust0();
gate = 0;
sn = 10;
do {
    if(sn>=5) {
        gate = 0;
        TR0 = 0;
        ET0 = 0;
        ci++;
        if(ci>setci) {
            ci = 1;
            dir = ! dir;
            qhsign = ! qhsign;
            if(qhsign == 0) {
                limitv++;
                RAMDATA = &RAMADR;
                COM8253 = 0x36;
                C1 = * RAMDATA;
```

```c
            _nop_();
            RAMDATA++;
            C1 = *RAMDATA;
            RAMDATA++;
            /* P1_0 = 1; */
        }
    }
    else if(ci <= setci) {
        COM8253 = 0x36;
        C1 = *RAMDATA;
        _nop_();
        RAMDATA++;
        C1 = *RAMDATA;
        RAMDATA++;
        /* P1_0 = 1; */
    }
    if(shugra == 0) {
        if(oldnew == 1)
        {   valcx();
            disset();
            oldnew = 0;
        }
        scanyl();
        /* addata = 9999; */
        disxssj();
        addata = limitv;
        disxsxh();
    }
    else {
        if(xsx == 127||oldnew == 0) {
            Lcminit();
            xsx = 0;
        }
        scanyl();
        qxbd();
        oldnew = 1;
    }
ust0();
gate = 1;
```

第 18 章 应用设计实例

```
        }
    }while(key! = esc&&studyok! = 0);
    TR0 = 0;
    ET0 = 0;
    gate = 0;
    free = 1;
    if(studyok = = 0)
    { wcsxxdh(); }
    keysize = 1;
    keystate = 2;
    scdsign = 0;
    studyok = 0;
    scd();
}
/ * * * * * * * * * * * 静态压力实现 * * * * * * * * * * * * * * * * * * * * * * * * /
void statyl() {
    float sj;
    Uchar ci;
    drawsize = 1;
    dir = 1;
    shu = 0;
    shugra = 0;
    studyok = 0;
    oldnew = 0;
    setbit = 0xff;
    jtylck();
    addata = max;
    disjtsd();
    scanyl();
    scanyl();
    limitv = addata;
    jtsjxs();
    ust0();
    addata = 0;
    if(max>30) {
        overflow = 0;
    }
    else if(max< = 30)
    {overflow = 1;}
```

```c
if(overflow == 0) {
    gate = 0;
    COM8253 = 0x36;
    /* C1 = 0Xb0;C1 = 0X4; */
    /* C1 = 0X70;C1 = 0X17; */
    C1 = 0X2c;C1 = 0X1;
    do {
        if(pdw! = 0) {
            EA = 1;
            EX0 = 1;
        }
    /* if(overflow == 0) */
        gate = 0;
        addata = 0;
        sj = 0;
    /* Delay(10); */
        scanyl();
        /* scanyl(); */
        for(ci = 0;ci<10;ci++) {
            scanyl();
            sj = sj + addata;
        }
        gate = 1;
        /* sj = 0.48828 * addata */
        sj = sj * 0.48828/10;
        sj = sj * 0.9;
        sj = sj + limitv * 0.1;
        addata = floor(sj);
        limitv = addata;
        if(addata> = max - 20) {
            gate = 0;
    /*      COM8253 = 0x32;
            C1 = 0Xea;C1 = 0X60; */
        }
        else
        {gate = 1;}
        if(sn> = 10) {
            TR0 = 0;
            ET0 = 0;
```

第18章 应用设计实例

```
            studyok = gate;
            gate = 0;
            jtsjxs();
            ust0();
            gate = studyok;
        }
}while(key! = esc&&limitv> = max - 20);
studyok = 0;
/* if(overflow = = 1) */
do {
    if(pdw! = 0) {
        EA = 1;
        EX0 = 1;
    }
    addata = 0;
    gate = 0;
    sj = 0;
    /* Delay(2);
    scanyl();
    _nop_(); */
    scanyl();
    for(ci = 0;ci<10;ci + +) {
        scanyl();
        sj = sj + addata;
    }
    sj = sj * 0.48828/10;
    /* sj = 0.48828 * addata; */
    /*  gate = 0; */
    sj = sj * 0.9;
    sj = sj + limitv * 0.1;
    addata = floor(sj);
    /*   if(addata>max + 2)
           {addata = max + 2;} */
limitv = addata;
if(addata<max - 5) {
    COM8253 = 0x32;
    C1 = 0X58;C1 = 0X02;
    gate = 1;
}
```

```
        else
        {gate=0;}
        if(sn>=10){
            TR0=0;
            ET0=0;
            addata=0;
            studyok=gate;
            gate=0;
            jtsjxs();
            ust0();
            gate=studyok;}
}while(addata<max-5&&key!=esc);
if(key==esc)
{goto backexit;} }
ust0();
if(overflow==1){
    do{
        if(pdw!=0){
            EA=1;
            EX0=1;
        }
        addata=0;
        gate=0;
        sj=0;
        gate=0;
        Delay(2);
        scanyl();
        _nop_();
        scanyl();
        for(ci=0;ci<10;ci++){
            scanyl();
            sj=sj+addata;
        }
        sj=sj*0.48828/10;
        sj=sj*0.9;
        sj=sj+limitv*0.1;
        addata=floor(sj);
      /* if(addata>max+2)
        {addata=max+2;} */
```

```
            limitv = addata;
            if(addata> = max) {
                gate = 0;
                ust0();
            }
            else {
                COM8253 = 0x32;
                C1 = 0X58;C1 = 0X02;
                gate = 1;
            }
            if(sn> = 10) {
                TR0 = 0;
                ET0 = 0;
                addata = 0;
                studyok = gate;
                gate = 0;
                jtsjxs();
                ust0();
                gate = studyok;
            }
        }while(limitv> = max&&key! = esc);
        if(key == esc)
        {goto backexit;}
    }

    do{
      if(sn> = 45) {
        TR0 = 0;
        ET0 = 0;
        gate = 0;
        if(overflow == 0) {
          if(pdw! = 0) {
            EA = 1;
            EX0 = 1;
          }
          sj = 0;
          gate = 0;
          scany1();
          for(ci = 0;ci<10;ci + + ) {
```

```
                scanyl();
                sj = sj + addata;
            }
            sj = sj * 0.48828/10;
            sj = sj * 0.9;
            sj = sj + limitv * 0.1;
            addata = floor(sj);
        /* if(addata>max + 2)
            {addata = max + 2;} */
            limitv = addata;
            if(addata<max - 5) {
                COM8253 = 0x32;
                C1 = 0X58;C1 = 0X02;
                gate = 1;
            }
            else {
                gate = 0;
                ust0();
            }
        }
    if(overflow == 1) {
        if(pdw! = 0){
            EA = 1;
            EX0 = 1;
        }
        sj = 0;
        gate = 0;
        scanyl();
        for(ci = 0;ci<10;ci++ ) {
            scanyl();
            sj = sj + addata;
        }
        sj = sj * 0.48828/10;
        sj = sj * 0.9;
        sj = sj + limitv * 0.1;
        addata = floor(sj);
        /*   if(addata>max + 2)
            { addata = max + 2;} */
        limitv = addata;
```

第18章 应用设计实例

```
            if(addata >= max) {
                gate = 0;
                ust0();
            }
            else {
                COM8253 = 0x32;
                C1 = 0X58;C1 = 0X02;
                gate = 1;
            }
        }
        jtsjxs();}
    }while(key! = esc);
backexit: TR0 = 0;
        ET0 = 0;
        EX0 = 0;
        gate = 0;
        keysize = 1;
        keystate = 2;
        scdsign = 0;
        scd2();
}

void jtsjxs() {
    if(shugra == 0) {
        if(oldnew == 1) {
            jtylck();
            addata = max;
            disjtsd();
            oldnew = 0;
        }
        addata = limitv;
        disjyl();
    }
    else {
        if(xsx == 127||oldnew == 0) {
            Lcminit();
            xsx = 0;
        }
        addata = limitv;
        qxbd();
```

```
        oldnew = 1;
    }
}
/*************************系统复位***********************/
void reset() {
    shu = 0;
    adn = 0;
    if(pdw! = 0) {
        /* fuwei(); */
        free = 1;
        COM8253 = 0x36;
        /* C1 = 0X58;C1 = 0X2; */
        C1 = 0Xb0;C1 = 0X4;
        dir = 0;
        gate = 1;
        ust0();
        do{if(sn = = 100) {
            sn = 0;
            adn + + ;}
        }while((pdw! = 0)&&(key! = esc)&&(adn<30));
}
    gate = 0;
    TR0 = 0;ET0 = 0;EA = 0;
    if(pdw = = 0) {
        Delay(30);
        fmdelay(20);
        Delay(50);
        Lcminit();
        Delay(50);
        fmdelay(20);
        Delay(50);
        fmdelay(5);
    }
    else if(pdw! = 0) {
        Delay(20);
        fmdelay(5);
        Delay(50);
        fmdelay(5);
        Delay(50);
```

```c
            fmdelay(30);
        }
    }
    /*********************学习子程序*********************/
    void bxstudy(void) {
        Uchar xdata * RAMDATA1;
        float sj;
        gate = 0;
        RAMDATA = &RAMADR;
        RAMDATA1 = &RAMADR1;
        xsy = cy/200;
        *RAMDATA1 = xsy;
        RAMDATA1 + + ;
        RAMDATA1 + + ;
        sn = 180/xsy;
        sn = sn * 2;
        for(shu = 0;shu< = xsy;shu + + ) {
            overflow = 0;
            if(trisign = = 1) {
                sj = (float)(max - min)/xsy;
                sj = shu * sj * 2.048;
                addata = floor(sj);
            }
            else if(sinsign = = 1) {
                sj = shu * (3.1416/(float)xsy);
                sj = 1 + sin(sj - 1.5708);
                /* addata = (unsigned int)hsb[shu * sn] * 256;
                addata = addata + (unsigned int)hsb[shu * sn + 1];
                sj = (float)addata; */
                /* sj = sj * (max - min) * 2.048/20000; */
                sj = sj * (max - min) * 1.024;
                addata = floor(sj);
            }

            cbyte = addata % 256;
            *RAMDATA1 = cbyte;
            RAMDATA1 + + ;
            cbyte = addata/256;
            *RAMDATA1 = cbyte;
            RAMDATA1 + + ;
```

```
    }
    _nop_();
    _nop_();
    RAMDATA = RAMDATA1;
    RAMDATA --;
    RAMDATA --;
    RAMDATA --;
    for(shu = 0;shu<xsy;shu ++ ) {
      RAMDATA --;
      cbyte = * RAMDATA;
      RAMDATA ++ ;
      _nop_();
      _nop_();
      RAMDATA = RAMDATA;
      * RAMDATA1 = cbyte;
      RAMDATA1 ++ ;
      RAMDATA1 = RAMDATA1;
      _nop_();
      _nop_();
      cbyte = * RAMDATA;
      * RAMDATA1 = cbyte;
      RAMDATA1 ++ ;
      RAMDATA --;
      RAMDATA --;
      _nop_();
      _nop_();
    }
}

/*************************学习程序********************/
void study() {
    Uchar sycs,nci,yd;
    Uchar xdata * RAMDATA1;
    float sj;

    RAMDATA1 = &RAMADR1;
    RAMDATA = &RAMADR;
    sycs = * RAMDATA1;
    RAMDATA1 ++ ;
    RAMDATA1 ++ ;
```

```
/* sycs = sycs * 2; */
gate = 0;
COM8253 = 0x36;
    C1 = 0Xea;C1 = 0x60;
    gate = 1;
dir = 1;
do{
    scanyl();
    _nop_();
    _nop_();
}while(addata<1);
gate = 0;
/* init8253M(); */
for(nci = 1;nci< = sycs;nci + + ) {
    init8253M();
    sn = 0;
    overflow = 0;
    limitv = 0;
    addata = 0;
    yd = 0;
    yd = * RAMDATA1;
    RAMDATA1 + + ;
    limitv = limitv + yd;
    yd = * RAMDATA1;
    RAMDATA1 + + ;
    limitv = limitv + yd * 256;
    /* ust0();
    TR0 = 1;
    ET0 = 1; */
    gate = 1;
    do {
            scanyl();
            _nop_();
            _nop_();
    }while(addata<limitv);
gate = 0;
TR0 = 0;
ET0 = 0;
if(overflow = = 0) {
```

```
            COM8253 = 0x8a;
            cbfp();
            if(addata< = 20000) {
                sj = (float)addata * 10 * 0.92;
                sj = 6000000/sj;
                addata = floor(sj);
                /*   addata = addata - 5; */
                    yd = addata % 256;
                    * RAMDATA = yd;
                    RAMDATA + + ;
                    yd = addata/256;
                    * RAMDATA = yd;
                    RAMDATA + + ;
                }
        }
        else error();
}
_nop_();
_nop_();
RAMDATA1 = RAMDATA;
RAMDATA --;
RAMDATA --;
RAMDATA --;
for(nci = 1;nci<sycs - 1;nci + + ) {
    RAMDATA --;
    yd = * RAMDATA;
    RAMDATA + + ;
    _nop_();
    _nop_();
        RAMDATA = RAMDATA;
    * RAMDATA1 = yd;
    RAMDATA1 + + ;
    RAMDATA1 = RAMDATA1;
    _nop_();
    _nop_();
    yd = * RAMDATA;
    * RAMDATA1 = yd;
    RAMDATA1 + + ;
    RAMDATA --;
```

```
        RAMDATA--;
        _nop_();
        _nop_();
    }
    studyok = 1;
}
/************液晶屏初始化**********/
void Lcminit(void) {
    cbyte = DISPOFF;         /*关闭显示屏*/
    WrcmdL(cbyte);
    WrcmdM(cbyte);
/*  WrcmdR(cbyte); */
    cbyte = DISPON;          /*打开显示屏*/
    WrcmdL(cbyte);
    WrcmdM(cbyte);
/*  WrcmdR(cbyte); */
    cbyte = DISPFIRST;       /*定义显示起始行为零*/
    WrcmdL(cbyte);
    WrcmdM(cbyte);
/*  WrcmdR(cbyte); */
    Lcmcls();
    col = 0;                 /*清屏*/
    row = 0;
    WLocatexy();
}
void fmdelay(shu) {
    unsigned int ci1,ci2;
    speak = 0;
    for(ci1 = 0;ci1<shu;ci1 + + )
    {for(ci2 = 0;ci2<4000;ci2 + + );}
    speak = 1;
}
void sound() {
    unsigned int ci1,ci2;
    speak = 0;
    for(ci1 = 0;ci1<5;ci1 + + )
    {for(ci2 = 0;ci2<4000;ci2 + + );}
    speak = 1;
```

```c
}
/***************串行通信初始化***************/
void initial() {                    /*初始化子程序*/
    IP = 0x10;                      /*定义串口为高优先级中断*/
    IE = 0x97;                      /*允许串口,中断0、1,定时器0*/
    TCON = 0x05;

    TMOD = 0x21;                    /*定时器1为自动装入(auto-load)方式*/
    PCON = 0;                       /*SMOD(PCON.7)=1时,波特率翻倍.
                                      /*SMOD=1(晶振为11.0592 MHz时为0)*/

    SCON = 0xD0;                    /*串行口工作方式:9位UART,波特率可变*/
    TH1 = 0xf3;
    TL1 = 0xf3;
    PCON = 0x80|PCON;               /*SMOD=1;波特率设置:9 600bps(E8——24 MHz)*/
    /*SMOD = 0 = 4.8kbps
    /*TH1 = TI1 = 0xfd,SMOD = 0 ,= 19.2 kbps
    TR1 = 1;                        /*启动定时器1*/
}
/***************串行通信接收函数***************/
void Rcv_INT(void) interrupt 3 {
    if(RI) {                        /*如果收到数据则进行下面的操作*/
        ACC = SBUF;                 /*将串行通信的缓存中的数据存入寄存器A*/
        rcvdata = ACC;              /*将寄存器A中的数据存入变量rctavda*/
        RI = 0;                     /*RI清零*/
    }
}
```

参考文献

[1] C8051F41x 应用手册[EB/OL]. www.silabs.com,2006.

[2] 马忠梅,籍顺心,张凯等. 单片机的 C 语言实用程序设计[M]. 北京:北京航空航天大学出版社,2000.

[3] 童长飞. C8051F 系列单片机开发与 C 语言编程[M]. 北京:北京航空航天大学出版社,2005.

[4] 徐爱钧,彭秀华. 单片机高级语言 C51 Windows 环境编程与应用[M]. 北京:电子工业出版社,2001.

[5] 潘琢金,施国君. C8051Fxxx 高速 SoC 单片机原理及应用[M]. 北京:北京航空航天大学出版社,2002,

[6] Labrosse Jean J. μC/OS-II 源代码公开的实时嵌入式操作系统[M]. 第 2 版. 邵贝贝,译. 北京:北京航空航天大学出版社,2003.

[7] 周航慈,吴光文. 基于嵌入式实时操作系统的程序设计技术[M]. 北京:北京航空航天大学出版社. 2006.

[8] 靳达. 单片机应用系统开发实例导航[M]. 北京:人民邮电出版社,2003.

[9] 范风强,兰掸丽. 单片机语言 C51 应用实战集锦[M]. 北京:电子工业出版社,2003.

[10] 刘光斌,刘冬,姚志成. 单片机系统实用抗干扰技术[M]. 北京:人民邮电出版社,2003.

[11] 鲍可进. C8051F 单片机原理及应用[M]. 北京:中国电力出版社,2006.

[12] 李文仲,段朝玉. C8051F 系列单片机与短距离无线数据通信[M]. 北京:北京航空航天大学出版社,2007.